かんたん Perl

深沢 千尋 著　Chihiro Fukazawa

プログラミングの教科書
Programming Language Learning Book

技術評論社

注意事項

　本書に記載された内容は、情報の提供のみを目的としております。したがって、本書の運用は、必ずお客様ご自身の責任と判断によって行ってください。これらの情報の運用結果について、著者および技術評論社はいかなる責任も負いません。

　なお、本書の記載内容は、2015年12月末日現在のものを掲載しておりますので、ご利用時には変更されている場合もあります。あらかじめご了承ください。

サンプル ファイル

　本書のサンプル ファイルは、弊社ウェブ サイトからダウンロードすることができます。

http://gihyo.jp/book/2016/978-4-7741-7791-5/support/

補足情報

　本書の正誤情報などの補足情報は、弊社ウェブ ページに掲載させていただいております。ご確認いただけますようお願いします。

http://gihyo.jp/book/2016/978-4-7741-7791-5/support/

※本書に記載されている会社名、製品名は各社の登録商標または商標です。
　なお、本文中では、®、™マークは明記しておりません。

まえがき　〜あなたが Perl を学ぶべき理由〜

　本書では、やさしい言語 Perl を使って、プログラミングを学びます。なるべくやさしく書きますので、ゆっくりお読みください。

　さて、そもそもプログラミングをなぜ行うのでしょうか。ぼくがコンピューターを触り始めた 1970 年代は、ちょっと凝ったことをするには、まずプログラムを自作しなければなりませんでした。時代は変わって、今は誰もがプログラミングなどせずにパソコンを使っています。プリインストール ソフトやフリーウェア、Web サービスで仕事が完結します。

　こんな時代でも、まだプログラムを学ぶ価値があるのでしょうか。「ある」とぼくは考えます。市販のソフトは大げさで面倒です。何かするたびに重いソフトを開いて、あちこちボタンを押して・・・。便利なはずのパソコンによって、かえって面倒が増えた。そう思うことはありませんか。

- 同じ手作業を何回も繰り返してる気がする・・・
- 毎日の作業の流れを自動化できないか？
- たった 1 つの機能を実行するのに、別のソフトに切り替える必要あるの？

　ここまで来たら、プログラムを自作すべきです。あなたはもう頭の中に独自のプログラムをお持ちだからです。全仕事を自作プログラムでやる必要はありませんが、自作プログラムのスパイスをちょっと加えることで、作業は激変します。いざとなったら自作ソフトがあるという自信を持つことで、コンピューターを支配し、大きな自由を得ることができるのです。

　さて、プログラムを学ぶための言語として、ここでは Perl をおすすめします。Perl は、もともと簡単なプログラミングでちょこっと仕事を済ませることを目的にした、軽量言語（LL）の代表選手です。

　簡単に習得でき、「やさしいことはやさしく、難しいこともそれなりに」できます。Windows でも、Mac でも、Linux でも動作します。プロも愛用する道具ですが、どこか楽しく、ユーモラスな仕様になっています。一体この世に「ユーモラスなプログラミング言語」なんてものがあるんでしょうか。説明は難しいんですが、これは本当の話です。Perl を学ぶのは楽しいことですが、Perl について説明するのも楽しいことです。いいことずくめのことばかり書いていますが、本当でしょうか？　だまされたと思って、とりあえず中身を見てください。本文でお会いしましょう。

2015 年 12 月吉日　深沢千尋

本書の表記について

本書では下のような書式を使いますので、理解にお役立てください。とは言っても、実際に本文を読めば判断できる場合がほとんどなので、あまりこのページを真剣に読み込んでいただく必要はありません。

■ プログラムとその実行

本書には、完全に動作するプログラムやその一部分がおびただしく登場します。これを表すのに`typewriter font`のような、いわゆるタイプライター フォントを使っています。このフォントが出てきたら、Perl の関数、演算子、宣言、プログラムの変数名、あとはコンピューター上のファイル名、OS のコマンド名など、要はそのまま打ち込まねばならないものだと思ってください。それに対して普通の英語は normal font のようなフォントを使います。

（例）
`print` 関数は文字列を出力します。print という英語から来ています。

サンプル プログラムやその一部分、その他コード例は、青バックで表します。

（例）
```
#! /usr/bin/perl
#
# printHello.pl -- こんにちはとあいさつする

print "Hello!\n";
```

なお、`#` から行末までの青い字はプログラム中のコメントを示します。

また、3行目の「`#`」のあとの「`printHello.pl`」はサンプル プログラムを置いた Web サイト（*http://gihyo.jp/book/2016/978-4-7741-7791-5/support/*）中のファイル名を表します。

サンプル プログラムでは、前のプログラムを改造して次のプログラムを書く、ということがよくあります。その場合、変更点をなるべく**太字**にしています。

（例）
```
#! /usr/bin/perl
#
# printGoodbye.pl -- print 関数で「さようなら」と言う
```

```
print "Goodbye...¥n";
```

これでどこを修正入力すればいいかよく分かると思います。なお、プログラムの一部を「**…前略…**」「**…中略…**」などを使って端折っている場合もあります。

(例)

```
#! /usr/bin/perl
#
# printLongSpeech.pl -- print 関数で長いあいさつをする

print "本日は皆様お集まりくださいましてありがとうございます。¥n";
print "ではここで新郎新婦に成り代わりまして一言ごあいさつを申し上げます。¥n";

…中略…

print "以上簡単ではございますが私からのごあいさつに代えさせていただきます。¥n";
```

本文中では、1つ前のサンプルを見れば省略部分が推察できると思います。

サンプル プログラムの1行が本書の1行に入らない場合、行末に ↩ というアイコンを書いています。打ち込むときは改行しないで一気に書いてください。

(例)

```
#! /usr/bin/perl
#
# printLongSpeechInOneLine.pl -- print関数1回で長いあいさつをする

print "本日は皆様お集まりくださいましてありがとうございます。¥nではここ ↩
で新郎新婦に成り代わりまして一言ごあいさつを申し上げます。¥n…中略…以上 ↩
簡単ではございますが私からのごあいさつに代えさせていただきます。¥n";
```

なお、本書のプログラムは CGI を除けばコマンド ラインで実行します。実行画面や、テスト データの中身は、以下のように グレー バック にします。

(例)

```
C:¥Perl¥perl>printLongSpeech.pl
本日は皆様お集まりくださいましてありがとうございます。
ではここで新郎新婦に成り代わりまして一言ごあいさつを申し上げます。

…中略…

以上簡単ではございますが私からのごあいさつに代えさせていただきます。
```

上記の実行例は Windows の「コマンド プロンプト」のイメージです。この場合 C:¥Perl¥perl が現在の作業ディレクトリです。**太字**で書いている **printLongSpeech.pl** はプログラムを実行するときに手で打ち込むコマンドです。

■ 構文と数式

　Perl の一般的な構文には青囲みを付けます。以下は print 関数の使い方です。

> print 文字列

　その他の情報をグレー囲みにすることがあります。以下は数学の公式です。

> 三角形の面積 ＝ 底辺 × 高さ ÷ 2

■ 本文

　本文中で**新出の技術用語**や、**重要な部分**などはこのように太字になっています。
　本書のサンプル プログラム サイト *http://gihyo.jp/book/2016/978-4-7741-7791-5/support/* のようなインターネット上の URL は斜字になっています。なお、書名は『白抜きカッコ』に入れています。

（例）
『プログラミング Perl』(Larry Wall, Tom Christiansen, Jon Orwant著、近藤嘉雪訳、オライリー・ジャパン刊)

> **MEMO**
> 　補足説明や例外事項、発展させた知識、余談など、本文の流れとは外れることは、このように「メモ」にくくっています。「メモ」の内容がよく分からない方は、飛ばしていただいてもかまいません。

　本文中には「みなさんここでちょっと考えてみてください」という挑戦形式のクイズがはめ込まれています。お急ぎでない場合はぜひ立ち止まってお考えください。ただし、あまりにも答えを出すことにこだわってしまって、何時間もウンウンうなってしまい、最終的に続きを読むのがイヤになってしまうというのは困ります。面倒になったらサッサと答えを読んでしまってください。ぼく(この本の筆者)はこの手の問題付きの本を読むときたいていそうしています。

各章の章末には「まとめ」が付いています。その章の内容が要約してありますので、一読してピンと来なかったら該当箇所を再読してください。前の方が分からないと後になって辛いので、1章1章確実に理解されることをおすすめします。

　「練習問題」は各章の知識の一部を生かしてプログラミングの腕試し、脳トレができる問題が入っています。ぜひ挑戦してください。ただし、これも、あまりにも時間が掛かったり、そもそも問題文の意味がよくわからないような場合は、さっさと解答を見るのも手です。（解答はP.546にあります。）

　「練習問題」のうしろには「コラム」が付いています。息抜きにお読みください。一応前後の本文の興味を引き立てることを題材に選んでいるつもりではありますが、あまりそうなっていない場合もあります。「コラム」は特にぼくの主観に基づいて踏み込んで書いていますので、批評的にお読みください。

外国語の表記

　技術書では英語のカタカナ表記は末尾の音引きを取るのが慣わしになっていますが、本書の場合は英語での発音を尊重して音引きをなるべく付けています。

（例）
　×コンピュータ
　○コンピューター

なお、二語以上からなる熟語や句の場合は英単語単位で空白を入れています。

　×リストコンテキスト
　○リスト コンテキスト

西洋人の名前の場合も同様です。

　× Larry Wall
　×ラリー・ウォール
　×ラリーウォール
　○ラリー ウォール

　ただし『プログラミング Perl』（Larry Wall, Tom Christiansen, Jon Orwant著…）のような書名に続く著者名の表記の場合は出版社の表記を尊重しています。

なお、新出のカタカナ語や頭字語の場合は丸カッコ（　）を使って原語と英語をそのまま訳出した意味を書いています。

（例）
　キー（key、鍵）
　CPU（Central Processing Unit、中央演算装置）

　技術書ではカタカナ語や頭字語が頻出しますが、これらを呪文として放置していくとどんどん分からなくなってきますので、もとの英語とその意味も合わせて読んでおかれることを強くおすすめします。
　こんなところです。

目 次

まえがき 3
本書の表記について 4
 プログラムとその実行 4
 構文と数式 6
 本文 6
 外国語の表記 7

第1章　最初はあいさつから 21

1-1　最初のプログラム 22
 プログラムを使わずにPerlを使ってみる 22
 1行だけプログラムを書いてみる 24
 コメント行と空行 25
 シュバング行 26

1-2　print関数をマスターしよう 26
 関数と引数 26
 文字列と改行とエスケープ文字列 27
 不要なバックスラッシュ（¥） 30

1-3　式、文、セミコロン（;） 30
 式と文 30
 セミコロン（;） 31

 まとめコーナー 33

練習問題 34

 コラム　知識のリンゴの木 36

第2章　数と計算 37

2-1　足し算、引き算、掛け算、割り算、カッコ！ 38
 `print`で計算しよう 38
 次は引き算だ 39
 次は割り算だ 39
 演算子と優先順位 41
 カッコによる順番の変化 42

2-2　変数を導入しよう！ 42
 変数 42

スカラー変数の作成 44
スカラー変数の代入 45
代入式も値を持つ 45
演算子=の優先順位 46
標準体重に戻ります 47
計算結果の表示 47

2-3 右辺の変数を変更する代入 48
「$x = $x + 1」!? 48

2-4 演算子がいっぱい 49
+=と-= 49
++と-- 50
変数を変化させる演算子のまとめ 51

2-5 警告／厳格モード 52
use warningsで警告モード 52
use strictで厳格モード 54
myで変数を宣言する 56

2-6 関数の使い方 58
sqrt関数を使ってみよう 58
引数をカッコで囲むかどうか 59
printのカッコに気を付けろ！ 61

まとめコーナー 63

練習問題 65

コラム コメントと人間性 66

第3章 文字列とコンテキスト 67

3-1 文字列 68
文字列リテラル 68
文字列も変数に入る 68
二重引用符の変数展開 69
しかし落とし穴が・・・ 69
$記号を表示したい・・・ 72

3-2 文字列と演算子 73
ドット演算子(.) 73
反復演算子(x) 74
.=とx=演算子 75
文字列変数が数値として使える 76

3-3 文字列と関数 ··· 78
- `print`の改行いらない版 `say` ··· 78
- 文字列の長さを測る `length` ··· 79
- 部分文字列を返す `substr`（左辺にも使える！） ··· 80
- 部分文字列を検索して位置を返す `index` ··· 84

3-4 不思議な値 undef ··· 86
- 定義していない値を使うと怒られる ··· 86
- 強制的に未定義状態を作り出す `undef` 関数 ··· 87
- Perlには文脈がある（文字列コンテキストと数値コンテキスト） ··· 88

まとめコーナー ··· 92

練習問題 ··· 94

コラム 豆プログラム集のすすめ ··· 96

第4章 リストと配列 ··· 97

4-1 リストとは何か ··· 98
- リストはすでに出てきた ··· 98

4-2 配列とは何か ··· 100
- 配列にリストを代入する ··· 100
- 配列を順番でアクセスする ··· 100
- 配列要素に値を代入する ··· 102
- 二重引用符で配列を展開する ··· 104

4-3 リストと配列 ··· 105
- リストに配列を代入する ··· 105
- リスト同士の代入 ··· 107
- リストをインデックスで参照する ··· 108

4-4 リストの中に配列を入れる ··· 109
- 配列が入ったリストへの代入 ··· 111

4-5 配列の伸び縮み ··· 112
- 配列はよくばり ··· 112
- 配列の自動生成 ··· 113
- よくばり配列問題の解決 ··· 115

4-6 スライス ··· 116
- スライスで配列を輪切りにしろ！ ··· 116
- 飛び飛びのスライス ··· 118

4-7 通し番号を打て！ ドットドット（..） ··· 119

マジック インクリメント………………………………………… 120

4-8 スカラー コンテキストとリスト コンテキスト………… 121
　　スカラー コンテキストを強制する`scalar`関数 ……………… 122

4-9 プログラムの引数 …………………………………………… 123
　　Perlの自作プログラムで引数を取る ………………………… 124
　　月名を引数で調べる …………………………………………… 126

4-10 配列関連の関数、演算子 ………………………………… 127
　　引数利用の極致！ Perlの命令を実行する`eval` …………… 127
　　qw演算子 ………………………………………………………… 130
　　配列要素を追加／削除する `push`、`pop`、`shift`、`unshift`………… 134
　　配列をソートする`sort`関数 ………………………………… 140
　　配列を逆転する`reverse`関数 ………………………………… 141
　　文字列を配列化する`split` …………………………………… 142
　　配列を文字列化する`join` …………………………………… 145
　　現在時刻を返す`localtime(time)` …………………………… 146

　まとめコーナー ……………………………………………………… 148

練習問題 ……………………………………………………………… 151

　コラム　それ、何がうれしいの？ ……………………………………… 152

第5章　ハッシュ …………………………………………………… 153

5-1 ハッシュとは何か ……………………………………………… 154
　　ハッシュの作り方 ……………………………………………… 154
　　配列を使ったハッシュの初期化 ……………………………… 156
　　ハッシュはどの順番でも書ける ……………………………… 156
　　シンタックス シュガー `=>` …………………………………… 157
　　ハッシュ定義のさらに見やすい書き方（おすすめ）………… 157
　　ハッシュの検索 ………………………………………………… 158
　　ハッシュ スライス ……………………………………………… 160

5-2 ハッシュ エントリーの追加、更新 …………………………… 162
　　ハッシュ エントリーを実行中に追加する …………………… 162
　　同じキーの値の上書き ………………………………………… 164

5-3 ハッシュを操作する関数 ……………………………………… 165
　　`delete`関数（エントリーの削除）…………………………… 165
　　エントリーの存在をチェックする`exists`関数 …………… 167
　　キーをリストアップする`keys`関数 ………………………… 169
　　値をリストアップする`values`関数 ………………………… 170

まとめコーナー	172
練習問題	174
コラム シジルの愉悦	175

第6章 枝分かれのifと真偽 ... 177

6-1 制御構造とは何か ... 178
順次処理と制御 ... 179

6-2 枝分かれの制御文〜`if`（もしも）と`else`（それ以外） ... 180
`if`文 ... 184
`else`文 ... 185
数値比較演算子`==`（イコール イコール） ... 185
文をまとめるブロック ... 186

6-3 真偽の研究 ... 187
真偽値を直接表示してみる ... 187
逆に1と空文字列を条件式として使ってみる ... 188
1だけが真か？ ""だけが偽なのか？ ... 189
割り切れたら偽 ... 192
フラグ ... 193

6-4 3つ以上の分岐：`elsif` ... 195

6-5 条件文のバリエーション ... 198
`if`の反対`unless` ... 198
後置式の`if`、`unless` ... 198

6-6 真偽値の演算子 ... 199
否定の`not` ... 200
かつ（`and`） ... 201
または（`or`） ... 203
`or`と`and`を組み合わせる ... 205
閏年ならば死ね！（`or`と`and`の短絡） ... 208

6-7 比較演算子のいろいろ ... 210
`==`以外の数値比較演算子 ... 210
数値の比較演算子のまとめ ... 212

6-8 文字列としての比較、数値としての比較 ... 214
`eq`と`ne` ... 214
文字列としての大小比較 ... 214

6-9 3値演算子 ... 217

　　　　数値順のソートに使う宇宙船演算子`<=>` ················ 217
　　　　大きい順にも並べたい ················ 219
　　　　文字列順のソートもカスタマイズしたい（`cmp`演算子） ················ 220
　　まとめコーナー ················ 221
練習問題 ················ 224
　　コラム TIMTOWTDI 精神 ················ 226

第7章　繰り返しと脱出 ················ 227

7-1 **第3の制御構造、反復処理** ················ 228
　　　　条件が真であれば繰り返す`while` ················ 229
7-2 **`next`と`last`** ················ 233
　　　　今回は許しておいてやる`next` ················ 233
　　　　恐怖の無限ループ ················ 234
　　　　ループを脱出する`last`文 ················ 236
7-3 **後置式の`while`** ················ 238
7-4 **`foreach`と`for`** ················ 239
　　　　配列を処理する`foreach` ················ 239
　　　　`foreach`は`for`とも書ける ················ 241
　　　　`for`と`..`で数を数える ················ 241
7-5 **`for`とハッシュ** ················ 242
　　　　`keys`と`for`の組み合わせ ················ 242
　　　　`for`とハッシュを使って、リストの重複を取り除く ················ 243
7-6 **`for`のネスティング** ················ 245
　　　　`for`で素数を調べよう（`for`の中の`if`） ················ 245
　　　　二重ループとラベル付き`for`でたくさん素数を調べる ················ 247
　　　　`for`で配列を書きかえる ················ 250
7-7 **制御変数の省略と、謎の物体`$_`** ················ 253
　　　　実は`$_`を使えた関数 ················ 255
7-8 **`for`の補足事項いろいろ** ················ 256
　　　　後置式の`for` ················ 256
　　　　C言語風の`for(;;)`文 ················ 257
　　　　`while`と`for`の使い分け ················ 259
　　まとめコーナー ················ 260
練習問題 ················ 261

| コラム | 素数プログラムはどっちが速いか ··· 262

第8章　自作関数サブルーチン　265

8-1　サブルーチンの導入　266
サブルーチンの導入 ··· 267
メイン プログラムとサブルーチン ·· 270

8-2　サブルーチンの呼び出しと引数　272
サブルーチンの書き方 ··· 273
サブルーチン側で引数を受ける ·· 273
サブルーチンと`shift`関数 ·· 274
サブルーチンの値を返す`return`関数 ··· 275
`return`関数の省略 ··· 276
`my`宣言によるローカル化 ·· 277

8-3　サブルーチンからサブルーチンを呼ぶ　284
戻り値を使わないサブルーチン ·· 286
引数を取らないサブルーチン ··· 288
戻り値を複数返すサブルーチン ·· 288
引数を受け取らず、戻り値も返さないサブルーチン ······························ 290

8-4　`sort`関数のカスタマイズ　290
サブルーチンは自作の関数である ·· 293
制御構造の研究は以上です ·· 294

| まとめコーナー | ·· 294

練習問題　295

| コラム | インデントの楽しみ ··· 297

第9章　ファイル処理　299

9-1　ファイルとは　300
テキスト ファイルの構造 ·· 301
改行コードの怪 ··· 304
ファイルの書き出しはもうできている ·· 304

9-2　標準出力とリダイレクト　305
リダイレクトしたファイルをダンプする ·· 306
`warn`と`die`と標準エラー出力 ··· 307
標準エラー出力もファイルに保存したい ·· 310

| 9-3 | 次は標準入力だ | 311 |

改行文字の謎 ………………………………………………………… 313

| 9-4 | STDINループを作る | 315 |

ヌル文字をSTDINに渡す ……………………………………………… 315
STDINループ ……………………………………………………… 316
STDINへの入力のリダイレクト ………………………………………… 318
$_ の導入 …………………………………………………………… 318
フィルター ………………………………………………………… 320

| 9-5 | フィルターの応用 | 321 |

フィルターの応用1：行番号を振ろう ……………………………………… 321
フィルターの応用2：コメント行だけを抜き出そう ………………………… 322

| 9-6 | リスト コンテキストでの<STDIN> | 323 |

| 9-7 | ダイアモンド演算子（<>） | 325 |

リスト コンテキストでのダイアモンド演算子 ……………………………… 327

| 9-8 | ファイル名を指定した処理（読み込み編） | 329 |

open関数（読み込み） ……………………………………………… 329
<ファイルハンドル>式 …………………………………………… 330
close関数 ………………………………………………………… 331
open関数を使ったファイルの入力処理（実例） ………………………… 331
open関数のエラーに対処する ……………………………………… 334

| 9-9 | 出力のopen関数 | 335 |

open関数を使ったファイルの出力処理（実例） ………………………… 337

| 9-10 | ファイル処理のいろいろ | 338 |

select関数で出力のファイルハンドルを切り替える ……………………… 338
ファイルテスト演算子でファイルの状態を調べる ………………………… 339
アペンド（追加書き）のopen ……………………………………… 342
もう1つの特殊ファイルハンドルDATA ……………………………… 345

まとめコーナー …………………………………………………… 346

練習問題 ………………………………………………………… 349

コラム （マイ）ベスト プラクティス ………………………………… 351

第10章 日本語処理 ………………………………………… 355

| 10-1 | 文字コードって何 | 356 |

英語はASCII …………………………………………………… 356

改行コード ………………………………………………… 359
　　　ダンプしてみる …………………………………………… 359
　　　プログラムもダンプしてみる …………………………… 362
　　　Mac/UNIXでも英語で`Hello` ……………………………… 363

10-2　日本語を表示する …………………………………… 366
　　　Shift_JIS …………………………………………………… 369
　　　Shift_JISのコード表、1バイト編（`wincode1_mod.txt`）……… 371
　　　Shift_JISのコード表、2バイト編（`wincode2_mod.txt`）……… 374
　　　Shift_JISで「申します」が化ける ………………………… 376
　　　その場しのぎの解決法～余計な¥を挿入する …………… 381
　　　根本的な解決法～UTF-8を使う ………………………… 383

10-3　`utf8`プラグマ モジュール …………………………… 388
　　　プログラムはUTF-8で、出力はShift_JISで ……………… 389
　　　Mac/UNIXではUTF-8を使おう ………………………… 389
　　　`use utf8` ………………………………………………… 391
　　　utf8プラグマ モジュールをMac/UNIXで使う ………… 396

10-4　`binmode`関数 …………………………………………… 397
　　　`binmode`関数で`Wide character`警告を消す …………… 398
　　　一方そのころMac/UNIXでは… ………………………… 400

10-5　プログラムのUTF-8化に関する問題とその解決 …… 401
　　　UTF-8を使ったPerlのまとめ …………………………… 401
　　　WindowsとMac/UNIXの違いを追求する ……………… 406

10-6　入力ファイルの文字コード指定 ……………………… 411
　　　`STDIN`からの入力 ……………………………………… 411
　　　自作ファイル ハンドルの文字コード指定 ……………… 417
　　　自作ファイル ハンドルの文字コード指定2 …………… 420

10-7　`decode`関数と`encode`関数 …………………………… 422
　　　引数の`decode` …………………………………………… 422
　　　`encode`関数 ……………………………………………… 425
　　　WindowsのスクリプトをMac/UNIXに移植するには（まとめ）…… 427

　まとめコーナー ……………………………………………… 428

練習問題 …………………………………………………………… 431

　コラム　エラー メッセージは友達だ！ …………………………… 433

第11章 正規表現 ... 435

11-1 正規表現とマッチ演算子 ... 436
マッチ演算子(//) ... 436
最も簡単な正規表現ドット(.) ... 439
ここで注意！utf8と正規表現について ... 441

11-2 量指定子 ... 443
マッチ変数$& ... 445
最大マッチ ... 446
最小マッチ ... 448

11-3 位置指定 ... 449
先頭の^、末尾の$ ... 449
単語境界の¥b ... 450

11-4 文字クラス ... 451
文字クラスの否定 ... 452
文字クラスのショートカット（ちょっと要注意） ... 453
日本語文字クラス(1)〜ひらがなとカタカナ ... 455
日本語文字クラス(2)〜漢字 ... 456

11-5 カッコ(())と縦バー(|) ... 457
カッコ(())によるグループ化と量指定子 ... 457
カッコ(())による捕獲 ... 458
捕獲を行わないカッコ((?:〜)) ... 460
縦バー(|)による選択条件 ... 460
縦バーの落とし穴 ... 462

11-6 まだまだマッチ演算子の隠された機能が・・・ ... 464
正規表現を変数に入れる ... 464
split関数と正規表現 ... 465
$_以外のスカラー変数にマッチ演算子を作用させる ... 467

11-7 メタ文字と区切り文字 ... 470
メタ文字 ... 470
正規表現のアットマーク(@)にも注意 ... 473
スラッシュ(//)以外も使える ... 474

11-8 修飾子 ... 477
文字クラスのショートカットをASCII状態で使う/a ... 477
大小文字を無視する/i ... 479
空白、コメントを入れる/x ... 480
何回もマッチする/g ... 481

11-9	置換の基礎	484
	固定文字列の置換	484
	位置指定を使う置換	486
	置換による削除	488
	カッコによる捕獲と置換を組み合わせる	489

11-10	高度な置換	490
	結合演算子=~と置換	490
	繰り返しの言葉を削除する（グループ化と量指定子）	491
	/g修飾子	493
	/e修飾子	495
	ループ置換	496
	ファイル全部を一気読み (slurp)	501
	変換演算子 (`tr///`)	508

まとめコーナー ……… 510

練習問題 ……… 513

コラム 無理をしない ……… 516

第12章　モジュール入門／フォルダー処理、CGI … 517

12-1	モジュール、オブジェクト指向	518

12-2	ディレクトリ処理には`File::Find`	519
	いきなりサンプル プログラム	519

12-3	CGIプログラム入門	526
	CGI入門	526
	CGIからごあいさつ	528
	コマンド ラインでCGIを無理矢理実行してみる	530
	ローカルのHTMLを作ってみる	533
	CGI.pmを使わないCGIスクリプトを作ってみる	534
	フォームからデータを入力する	535

まとめコーナー ……… 541

練習問題 ……… 542

コラム 豆プログラム共用のススメ ……… 543

[章末練習問題] 解答・解説 ……… 545

付録 567

付録-A Windowsによる最初のプログラム 568
ActivePerlのインストール 568
インストーラーのダウンロード 568
インストーラーの実行 571
Windowsエクスプローラーのメニューバーを表示する 572
Perlの動作確認をする 573
プログラムを作るフォルダーを作る 574
環境変数を設定する 574
プログラムを作成 577
プログラムを実行 578

付録-B Mac/UNIXによる最初のプログラム 581
OS XではPerlはもともとインストールされている（はず） 581
ターミナルを開く 581
文字コードの環境確認 582
プログラムを置くフォルダー 584
PATHを通す 585
プログラムを作成する 588
パーミッションを変更する 590
いよいよ実行 591

付録-C オンライン マニュアル perldoc 592

付録-D 参考文献 594

エラー メッセージ索引 596
索引 597

あとがき 605

CHAPTER

第1章
最初はあいさつから

プログラミング言語の勉強では最初に「こんにちは〜」的なあいさつをしがちです。本書でもまず、Perlにあいさつをさせてみましょう。

> CHAPTER 01 最初はあいさつから

1-1 最初のプログラム

まずは1本プログラムを動かしてみましょう。でもその前に、プログラムを書かないでPerlに一仕事させてみます。

プログラムを使わずにPerlを使ってみる

お手元のパソコンには、Perlはインストールされているでしょうか。LinuxやMacであれば、すでに入っていると思います。Windowsの場合は、「付録A（P.568）」を参照して、インストールを済ませてください。

では、Perlが入っているかどうかを確認しましょう。LinuxやMacでは「ターミナル」を、Windowsでは「コマンド プロンプト」を起動して、「`perl -v`」と打ち込んで Enter キーを押してみてください。下図はWindowsの例です。

図1-1：Windowsで「perl -v」を実行してみた

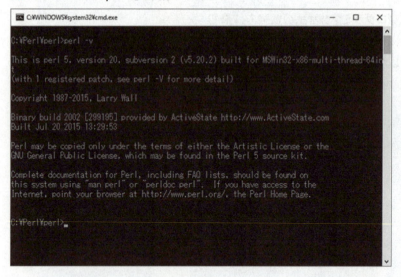

がさがさっと英語で何か言われました。これは、お手元のコンピューターにインストールされているPerlのバージョン情報です。-vはバージョンのVです。このように表示されない場合は、Perlのインストールがうまくいっていないので、環境を見直してください。以下は、うまく行ったという前提で、先に進みます。

`perl`と打ち込んでください。

何も表示されなくなったと思います。これは予定の行動です。

ここで「print("hello¥n");」と打ち込んで Enter キーを押してください。ちょっと長いですが正確に打ってください。ピー・アール・アイ・エヌ・ティー、カッコ開ける、二重引用符、エッチ・イー・エル・エル・オー、バックスラッシュ、エヌ、二重引用符、カッコ閉じる、セミコロンです。打ち間違ったら BackSpace キーで戻って打ち直してください。（Windows の場合は、hello のあとに¥を、Mac を含む UNIX 系 OS の場合は \ を入力してください。）

> **MEMO**
> Mac の方で \ が入力できない方は P.588 をご参照ください。

> **MEMO**
> 今後 Mac、Linux、およびその他の UNIX 系の OS を総称して Mac/UNIX と書きます。

バッチリ打ち込めたら Enter キーを押してください。

で、次の行で Ctrl + D キー（Ctrl キーを押しながら D キー）を押して、さらに Enter キーを押してください。（Mac/UNIX の場合は Ctrl + D キーだけで OK です。

図1-2：Windowsでプログラムなしにperlに仕事をさせてみた

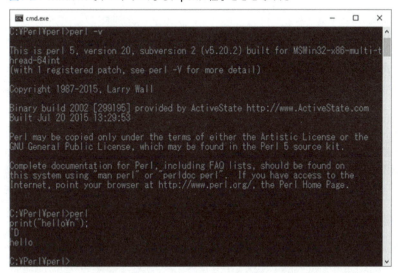

見事に「hello」と表示されたと思います。

これは、コマンドラインで「perl」とだけ入力すると、プログラムを入力するモードになり、何らかのプログラムを入力して、Ctrl + D キーで入力を終了し

た状態です。このように、perlコマンドに続いてプログラムをいきなりその場で入力して動かすことができます。

1行だけプログラムを書いてみる

しかしまあ、普通は前もってプログラムを作っておいて、それを動かすと思います。プログラムの動かし方は、OSによって異なります。WindowsとMacについてセットアップの仕方をそれぞれ付録（P.568、581参照）に載せてありますので、まずはそちらを済ませてください。

済んだら、以下のプログラムが動くようになっていると思います。

```perl
#! /usr/bin/perl
#
# printHello.pl -- こんにちはとあいさつする

print "こんにちは。Perlともうします！￥n";
```

> **MEMO**
>
> 本書で￥という風に半角の円記号で印刷されている字ですが、原稿時点で入力したのは文字コードで言うと0x5Cという文字で、半角の円記号に見えているのは日本語版Windowsだからです。
>
> （日本語版Windows）
> 　print "こんにちは。Perlともうします！￥n";
>
> （Mac/UNIX）
> 　print "こんにちは。Perlともうします！\n";
>
> 　Macも含むUNIX系のマシンでは、\（バックスラッシュ）という字になります。同じ字がOSによって見え方が変わるわけです。
> 　本書では印刷される字形としては基本的に半角の円記号（￥）を書きます。Mac/UNIXのコマンドライン画面など、バックスラッシュ（\）に見えてしかるべきところは\を書くこともあります。呼び方としてはバックスラッシュに統一します。

Windowsでは下のように動作します。

```
C:￥Perl￥perl>printHello.pl
こんにちは。Perlともうします！
```

Macを含むUNIX系のマシンでも、下のように動作します。

```
$ printHello.pl
こんにちは。Perlともうします！
```

このように、ファイル名を打ち込むと、あらかじめ決められた動作が起こります。
では、プログラムの内容を1行ずつ解説します。

■ コメント行と空行

プログラムは機械に対して人間が指示をするものですが、そのほかに後で人間が読みやすいように説明を書いておくことができます。この説明をコメント（comment、注釈）と言います。Perlでは、ポンド記号（#）を書いたらその行は最後までコメントという意味になり、機械はその部分を読み飛ばします。

> **MEMO**
>
> ポンド記号（#）はシャープ（♯）と似ていますが、別の記号です。横の線が斜めなのがシャープです。

> **MEMO**
>
> Perlを理解して気を利かせてくれるエディターの場合は分かりやすくコメント部分の色が変わります。

1行目の

```
#! /usr/bin/perl
```

はシバング行という特殊な行です。この行についてはすぐ下で説明します。

2行目の

```
#
```

は先頭に#と書いただけの行です。なんとなく間を空けるために書いてみました。これでもコメント行ですので、読み飛ばされます。

3行目の

```
# printHello.pl -- こんにちはとあいさつする
```

は、プログラムのファイル名と簡単な説明を、人間（ぼくと、読者のみなさん）にするために書いた行です。行頭に#を書いているので、行全体がコメントになっています。

4行目の

は、何も書かない行です。プログラムとしては何も意味がなく、単に読み飛ばされます。これを空行と言います。

なお、行の途中からコメントを開始することもできます。

```
print "こんにちは。Perlともうします！¥n"; # print関数。
```

上のように書くと、行の前半の「`print "こんにちは。Perlともうします！¥n";`」の部分はプログラムの本体（コンピューターに与える指示）に、後半の「`# print関数。`」の部分はコメント（人間のための説明）にすることができます。

シュバング行

```
#! /usr/bin/perl
```

　この行はUNIX系のOSにとっては特別な行で、このファイルがPerlのプログラムであることを示します。この行が先頭にあれば、「printHello.pl」をコマンドラインで起動するとPerlのプログラムとして実行されます。
　このように「`#!`」を書いた行をシュバング行（shebang line）と言います。シュバング行はファイルを指定したプログラムに渡すことを指示するのに使います。

> **MEMO**
> 　`/usr/bin/perl`というのは使用するMac/UNIXの中でのPerlエンジンの格納場所を示します。お使いのシステムによっては`/bin/perl`のような違う場所のこともあります。「`which perl`」で探せます。

> **MEMO**
> 　Perlではなくてシェルスクリプトの場合は「`#! /bin/sh`」などとシュバング行を書きます。

　Windowsの場合はシュバング行ではなく、ファイル名が拡張子「.pl」で終わることによってPerlに関連付けられます。ですからシュバング行は書かなくていいのですが、PerlはWindowsでもMac/UNIXでも大体同じプログラムを使い回せるのが利点なので、Windowsでも書くことにしましょう。

1-2 print関数をマスターしよう

　いよいよ本体の「`print`」を研究します。これは関数と呼ばれるものの一種です。

関数と引数

　ここまでは注釈や空行など、どうでもいい部分を学んできました。ついに、ここからこのプログラムの本体部分を解説します。と言っても、本体は1行しかありません。

```
print "こんにちは。Perlともうします！\n";
```

　この文を実行することで「こんにちは。Perlともうします！」という文字列が画面に表示され、その後で改行します。

　printは関数(function)というものの1つです。functionと言う英語には「機能」という意味もありますが、プログラム用語の関数も、ある機能を起こすもののことを言います。printは「文字列を表示する」という機能を果たす関数です。

　"こんにちは。Perlともうします！\n"という文字列が、print関数に渡されたデータです。このように、関数に渡すデータを引数(argument)と言います。

　ということで、この文はprintという関数に、"こんにちは。Perlともうします！\n"という引数を渡して実行しています。

文字列と改行とエスケープ文字列

　文字列(string)は"こんにちは"、"Good Morning"、"北川謙二"のように文字を並べたものです。Perlでは二重引用符("")で文字列を囲みます。

> **MEMO**
> 一重引用符('')も使えますが本書では説明を割愛します。

　最後の\nは改行を表します。"\n"と書いても、「\n」(バックスラッシュとエヌ)という文字列は表示されず、改行(newline)が起こります。コンピューターの表示で改行するところには、見えない文字、改行コードが入っています。二重引用符の中に「\n」と書くと、改行コードに置き換えられます。次のプログラムを見てください。

```
#! /usr/bin/perl
#
# explainNewLine.pl -- 改行について説明する

print "改行を好きなところで起こせます。\nほらね！\n";
```

　実行します。

```
C:\Perl\perl>explainNewLine.pl
改行を好きなところで起こせます。
ほらね！
```

　最初のプログラムprintHello.plではprint関数1回で1行を表示していましたが、今度はprint関数1回で2行を表示しています。

　文字列の末尾の他に、中間にも「\n」を書いているわけです。便利ですが、次の場合は困ります。

```
#! /usr/bin/perl
#
# explainNewLine2.pl -- 改行について説明する（バグあり）

print "改行を好きなところで起こせます。¥nほらね！これは¥nと書きます！¥n";
```

実行します。

```
C:¥Perl¥perl>explainNewLine2.pl
改行を好きなところで起こせます。
ほらね！これは
と書きます！
```

変な感じになってしまいましたね。「これは**¥n**と書きます！」という部分は、「¥n」をそのまま表示したかったのですが、コンピューターは改行を表示してしまいました。これはバグ（bug）と言って、プログラムの間違いです。

では、改行ではなくて¥nと表示させたいときはどうすればいいでしょうか。この場合は¥¥と2回書けば、「¥」がそのまま表示されることになっています。ということで、デバッグ（debug バグを直すこと）してみます。

```
#! /usr/bin/perl
#
# explainNewLine3.pl -- 改行について説明する（バグ修正！）

print "改行を好きなところで起こせます。¥nほらね！これは¥¥nと書きます！¥n";
```

では実行してみます。

```
C:¥Perl¥perl>explainNewLine3.pl
改行を好きなところで起こせます。
ほらね！これは¥nと書きます！
```

バッチリですね！

¥nのように、¥で始まる文字列で改行などの特殊文字を表したものをエスケープ文字列（escape sequence）と言います。

> **MEMO**
>
> ¥nをprintして出力されるデータは、WindowsとUNIX系マシンで違います。これはPerlではなく、OSそのものから来る違いです。詳しくはP.313で述べますが、ここでは「¥nを書くと改行が入る」と簡単に理解しておいてください。

もう1個エスケープ文字列を紹介します。「タブ」です。テキスト ファイルを書いていて、Tabキーを押すとびよ～んと字が離れるやつですね。あれも実は「タブ文字」という見えない字が入っています。タブのエスケープ文字列は¥tです。

プログラムで表示させてみます。

```
#! /usr/bin/perl
#
# explainTab.pl -- タブについて説明する (バグあり!)

print "Perlでタブを書くことができます。\tほらね。これには\tと書きます!\n";
```

実行してみます。

```
C:\Perl\perl>explainTab.pl
Perlでタブを書くことができます。     ほらね。これには     と書きます!
```

ってまた同じ失敗を繰り返してしまいましたね…。「これには\tと書きます!」のところはちゃんと「\t」と表示したかったのですが。修正は読者のみなさんにお任せします。

他にも、簡単に実験できるエスケープ文字列を挙げます。

表1-1：エスケープ文字列のいろいろ

エスケープ文字列	表示される文字列
\n	改行
\t	タブ
\a	ベル (パソコンから音が出ます)
\\	\そのもの

他にもエスケープ文字列はたくさんあります。

> **MEMO**
>
> ちょっとヒトコト、コンピューターの勉強と英語について申し述べます。
> ここまで、コメントはcomment、関数はfunction、引数はargumentのように英語がポコポコついてきたのを不安に思った方がいるかもしれません。こんなのをいちいちおぼえないとPerlはマスターできないんでしょうか。
> 実際には、本書を読む限りにおいては、気にする必要はありません。チラチラ横目に見るぐらいでオッケーです。
> ただ、Perlやコンピューターで遊んでいると、そのうちどうしようもなく英語に出会うことになります。特にエラー メッセージが多いです。あと、Perlのプログラムも、基本的に英語っぽい言葉で書きます。もう「print (印字せよ)」というのが出てきましたね。
> ですから、Perlと英語を一度に見た方が効率的に勉強できると思いますので、本書では新しい言葉が出てくるたびにちょこちょこ英語も添えています。なんとなくチラチラ見ておいてください。

不要なバックスラッシュ（¥）

上で、二重引用符の中で¥nはエスケープ文字列で改行に置き換えられる。¥¥は1つの¥に置き換えられると申しました。では、¥nや¥tのようにエスケープ文字列として定義されていない文字列として¥が登場するとどうなるでしょうか。以下のコードで実験します。

```
#! /usr/bin/perl
#
# singleBS.pl -- 意味のないバックスラッシュ（¥）

print "二重引用符の中で意味もなく¥を書くとどうなるでしょうか？¥n";
```

こうなります。

```
C:¥Perl¥perl>singleBS.pl
二重引用符の中で意味もなくを書くとどうなるでしょうか？
```

上の例では「を」というひらがなの前に1つのバックスラッシュを書いていますが、「¥を」というエスケープ文字列は定義されていません。この場合は¥は書かなかったものとして消失することになります。

Perlの二重引用符文字列の中でのバックスラッシュ（¥）の役割をまとめます。

- ¥n（改行）、¥t（タブ）のようにバックスラッシュ（¥）と決まった文字列を組み合わせてエスケープ文字列を書くことができる
- ¥¥のようにバックスラッシュを2回連続で書くと、バックスラッシュ1個に置換される
- エスケープ文字列を定義されていない文字の前で¥を1個だけ書くと、削除される

> **MEMO**
>
> このバックスラッシュ（¥）の働きはC言語やJavaなどでも同じです。

1-3 式、文、セミコロン（;）

ここではプログラムを構成する単位である「式」、「文」という言葉と、文を区切るセミコロン（;）について学びます。

式と文

ここで、

```
"こんにちは。Perlともうします！¥n"
```
という文字列は「こんにちは。Perlともうします！¥n」という値(value)を持っています。で、

```
print "こんにちは。Perlともうします！¥n"
```
という関数も、値を持ちます。

　print関数は、引数の文字列を表示すると同時に、「表示に成功したかどうか」を真偽値というもので返します。関数が返す値のことを戻り値(return value)と言います。

　でも、コンピューターがちゃんと動いていれば、printを実行すれば表示は成功するに決まっているし、printが失敗するほどコンピューターが壊れていれば、このプログラムを実行することもできないので、この関数の戻り値である「表示に成功したかどうか」はこのプログラムでは使わず、無視しています。

　さて、Perlではこの文字列や関数のように値を持つものを式(expression)と言います。あとで出てきますが「5」という数値や「3 + 5」という数式も式です。

表1-2：いろいろな式とその値

式	値
`"Hello!¥n"`	文字列「Hello!（改行）」
`print "Hello!¥n"`	「Hello!（改行）」と表示できたか（絶対成功するので無視する）
`5`	5（数値）
`3 + 5`	8（数値）

　で、式を使って書いた、プログラムの命令の単位を文(statement)と言います。

```
print "こんにちは。Perlともうします！¥n";
```
は1つの文です。

　まとめると、値を返すものが式で、式を使って書いたものが文です。ちょっと難しくなりましたが、そんなもんかと思って読み流してくださって結構です。

セミコロン (;)

　上のプログラムでは、セミコロン(;)をprint関数の後に書いています。

```
print "こんにちは。Perlともうします！¥n";
```

　このセミコロンは、文と文とを区切るものです。

　ただし、プログラムの最後の文のうしろにはセミコロンを書かなくてもオッケーです。いま見ているプログラムは1個しか文がありませんので、実はセミコ

ロンは省略できます。

```
#! /usr/bin/perl
#
# printHello2.pl -- こんにちはとあいさつする(2)

print "こんにちは。Perlともうします！セミコロンはなくてもオッケーです！¥n"
```

これでも動きます。

```
C:¥Perl¥perl>printHello2.pl
こんにちは。Perlともうします！セミコロンはなくてもオッケーです！
```

ただし、文を書いたらセミコロンで締めるのがおすすめです。というのは、プログラムを書いた後で文を追加したくなるかもしれないからです。セミコロンを書かないで2個文を書いたらどうなるでしょうか。やってみましょう。

```
#! /usr/bin/perl
#
# printHello3.pl -- あいさつを2回する（バグっています）

print "こんにちは。Perlともうします！¥n"
print "ではさようなら！¥n"
```

上ではセミコロンなしで文を2個書いています。実行するとどうなるでしょうか。エラーが発生し、怒られます。

```
C:¥Perl¥perl>printHello3.pl
syntax error at C:¥Perl¥perl¥printHello3.pl line 6, near "print"
Execution of C:¥Perl¥perl¥printHello3.pl aborted due to compilation errors.
```

エラー メッセージを翻訳してみます。

```
C:¥Perl¥perl¥printHello3.pl の6行目、「print」の近くで文法エラー
C:¥Perl¥perl¥printHello3.pl の実行はコンパイル エラーで異常終了した。
```

たいしたことは言ってくれませんね。エラーが発生した6行目は2回目のprint関数ですので、その前の行の末尾にセミコロンを書いてみます。

```
#! /usr/bin/perl
#
# printHello4.pl -- あいさつを2回する（バグ修正）

print "こんにちは。Perlともうします！¥n";
print "ではさようなら！¥n"
```

1.3 式、文、セミコロン (;)

どうでしょうか。

```
C:\Perl\perl>printHello4.pl
こんにちは。Perlともうします！
ではさようなら！
```

オッケーですね。でもまたうしろに別の文を追加したらエラーになります。ということで、文を書いたら必ずセミコロンで締めることにしましょう。

```
#! /usr/bin/perl
#
# printHello5.pl -- あいさつを2回する（完成版）

print "こんにちは。Perlともうします！\n";
print "ではさようなら！\n";
```

最終行のセミコロンは必須ではありませんが、書いた方がいいということです。

✓ まとめコーナー

お疲れ様でした。これで第1章「Perlであいさつする方法」は終わりにします。あまり進まなかった気もしますが、それでも結構いろんな言葉が出てきましたね。ここでちょっとまとめます。

- Perlでは#の後にコメント（comment）を書ける
- #から改行までがコメントである。この部分はコンピューターに無視される
- 空行（改行だけの行）を書いて適当に間を空けることもできる。これも無視される
- #!で始まる行はシュバング行（shebang line）と言ってMac/UNIXでは特別な意味がある
- PerlのプログラムをMac/UNIXで使うときは#!/usr/bin/perlで始める。Windowsでも書いた方がいい

- `print`という関数で文字列をコマンドライン画面に表示できる
- 関数（function）とは引数（argument）を受けて何らかの動作を行うもの
- 二重引用符（""）で文字を囲んで文字列を作ることができる
- ""の中に\nと書くと改行で置き換わる
- 「\n」そのものを書きたいときは\\nと書く
- \tと書くとタブ文字で置き換わる
- \n、\t、\\のような、バックスラッシュ（\）で始まって特殊文字に置き換

わるものをエスケープ文字列（escape sequence）と言う
- ""で囲んだ文字列は、その文字列という値（value）を持つ
- print関数は、表示が成功したかどうかという値を持つ
- 3や、3 + 5のような数式も値を持つ。このように値を持つものを式（expression）と言う

- 式を並べて書いたプログラムの単位を文（statement）と言う
- 文はセミコロン（;）で区切る
- 最後の文のうしろにセミコロンは書かなくてもいいが、書くようにした方がいい

いかがでしょうか。このへんは「用語」が多くて退屈ですね。今後いろいろな例の中で、用語を繰り返して使いますので、それを読めば実感が出てくると思います。この時点であまり丸暗記しようとしなくてもオッケーです。

練習問題　　　　　　　　　　　　　　　　　　　（解答はP.546参照）

Q1

サンプル プログラム サイト（http://gihyo.jp/book/2016/978-4-7741-7791-5/support/「かんたんPerl」で検索）から、次のバグったプログラムをダウンロードして実行してください。どんなエラー メッセージが出てきましたか。「本来こう動作させたかった」のように実行するには、どこをどう直せばいいですか。

```
#! /usr/bin/perl
#
# bugHello.pl -- こんにちはとあいさつする（バグあり）

print "こんにちは。Perlの練習です。¥n":
```

（本来こう動作させたかった）

```
C:¥Perl¥perl>bugHello.pl
こんにちは。Perlの練習です。
```

Q2

同じく次のバグったプログラムをダウンロードして実行してください。どんなエラー メッセージが出てきましたか。「本来こう動作させたかった」のように実

行するには、どこをどう直せばいいですか。

```
#! /usr/bin/perl
#
# bugDomo.pl -- どうもどうもとあいさつする（バグあり）

print   "どうもどうも。Perlの練習です。¥n";
```

（本来こう動作させたかった）

```
C:¥Perl¥perl>bugDomo.pl
どうもどうも。Perlの練習です。
```

知識のリンゴの木

　リンゴの木と言えば、よく人間の知恵と結びつけて語られます。
　まず、旧約聖書に出てくるアダムとイヴの知恵の木の実の話が有名ですね。(リンゴというのは後世の俗説だそうですが。) あとニュートンが重力を発見したリンゴの話も有名です。(あれも俗説だそうです。) そしてビートルズが作ったレコード会社、そして何と言っても有名なコンピューターの会社もAppleですね。どのリンゴも、人間が自分で考えることによって次の段階に進むことの象徴のようで興味深いですね。
　ぼくはいくつかセミナーの講師に招かれるうちに、2つのタイプの生徒さんがいることに気づきました。一方は、すぐに役立つ豆知識をパパッとリファレンス的に手に入れたいと思う人で、他方は非常に根本から、体系的な知識を身に着けたいと思う人です。どちらも違う意味で頭がいいんだと思います。コンピューターの本にも「今すぐ役立つ！」的な知識がページ単位で整理されていて、毎日の仕事の中でパパッと好きなところから読めるタイプのものと、基礎から説き起こしていて、最初から最後までじっくり読ませようとするタイプがあると思います。
　好みは分かれると思いますが、ぼくの説明法はどうしようもなく後者で、最初から、いろいろ数珠つなぎでおぼえて行って欲しいと思うタイプです。たしかに空腹な時は、誰でもリンゴの実だけが欲しいし、なんなら皮をむいて切り分けて欲しいと思うでしょう。しかしながら、リンゴの実を木からもいでしまったら後はしなびていくだけですし、切り分けてしまったらもうどんどん変色して腐ってしまいます。一方、リンゴの木をまるごと1本手に入れたら、管理が大変ですし、実がなるためにある程度時間が必要ですが、いったん実がなるまで面倒をみれば、毎年新鮮な実が大量に手に入ります。
　実務で役立つ知恵の木の実も二種類あって、ノウハウ的な知識はどうしてもすぐ古くなるか、関連がないバラバラの知識なので忘れてしまいますが、体系的な知識を多くの枝葉的なムダ知識と共にドンとおぼえてしまえば、あとで自分で研究するための基礎になるし、一度おぼえたらいつまでも忘れないという効果があると思います。
　本書ではPerlのリンゴの苗木を、1本まるごとお届けしようと思います。読者のみなさんもここまで読んでしまった以上は覚悟を決めて、一緒に1本のリンゴの木をじっくり育てて行きましょう。もっとも、Perlのリンゴの木は非常に世話がラクチンで、いきなりおもしろい実を付けるので、すぐに楽しめると思います。

CHAPTER

第2章
数と計算

コンピューターは、電子計算機というくらいで、計算が大の得意です。ということで、Perlにもさっそく計算をさせてみましょう。

> CHAPTER 02 数と計算

2-1 足し算、引き算、掛け算、割り算、カッコ！

初めに、小学校の算数で出てくる計算をやらせてみます。

printで計算しよう

いま、本屋さんに行って、技術評論社の『Software Design総集編 2001～2012』(2,079円)と、『新iPhone「女子」よくばり活用術』(1,659円)、『すぐわかるオブジェクト指向Perl』(3,780円)の3冊を買ったとすると、合計金額はいくらでしょうか。

```perl
#! /usr/bin/perl
#
# goukei.pl -- 本の代金を計算する

print "合計金額は", 2079 + 1659 + 3780, "円です！\n";
```

では実行してみます。

```
C:\Perl\perl>goukei.pl
合計金額は7518円です！
```

結構大金を使いましたね！ では内容を解説します(あいかわらず1行ですが…)。プログラムで実行しているのは、前の章に出てきたprintですね。ただし、以下の部分が違います。

```
print "合計金額は", 2079 + 1659 + 3780, "円です！\n"
```

まず、太字で示しているように、引数が3つ、カンマ(,)で区切って渡されています。これを**リスト**(list)と言います。リストは複数の式をカンマでつないだものです。詳しくは第4章で述べます。

また、2つ目の引数として、数式が引用符なしで渡されています。printに渡されている引数のリストの要素(カンマで区切られたもの)は以下の3つの式です。

(1) **"合計金額は"** という文字列

これは普通の文字列ですが、改行\nを含んでいません。この場合、改行しませんので、次の要素がくっついて表示されます。

(2) **2079 + 1659 + 3780** という数式

ここがポイントです。2079、1679、3780という数字を、+のような計算に使う記号ではさむと、数式が作られます。数式を引用符で囲まずに書くと、「2079 + 1659 + 3780」という文字列ではなく、計算の答、7518で置き換えられます。

まだ改行が現れないので、次の要素がくっついて表示されます。

(3) "円です！¥n" という文字列

ここで文字列の末尾に改行が現れましたので、ここで改行が起こります。

ということで、結果的に、print関数に"合計金額は7518円です！¥n"という1個の文字列を渡したのと同じ結果になりました。2079 + 1659 + 3780という計算は、Perlがしてくれましたね。

次は引き算だ

足し算をマスターしたところで、引き算とまいりましょう。

7518円という結構な金額に軽くショックを受けていたら、店員さんがポイントカードから832円使えますと言ってくれました。ということでこれを全部使うことにしましょう。

```
#! /usr/bin/perl
#
# shiharai.pl -- 支払代金を計算する

print "支払代金は", 2079 + 1659 + 3780 - 832, "円です！¥n";
```

太字がさっきのプログラムとの変更部分です。では実行してみます。

```
C:¥Perl¥perl>shiharai.pl
支払代金は6686円です！
```

ちゃんと引き算もできましたね。足し算が引き算になっただけなので説明は省略します。

次は割り算だ

しかし、6686円でもまだ結構な大金ですので、ぼくは一計を案じました。

いつも本を買うと、友達グループの3人で回し読みになるので、この3人にも払ってもらうことにしましょう。要は自分も入れて4人でワリカンにします。これはいい考えだ！ さっそく計算します。

```
#! /usr/bin/perl
#
# warikan.pl -- ワリカンを計算する（バグあり！）

print "ワリカン代金は", 2079 + 1659 + 3780 - 832 / 4, "円です！¥n";
```

ここで注意することが1つあります。足すのは+（プラス）、引くのは-（マイナス）と普通ですが、割るは÷ではなく/（スラッシュ）を使うということです。

ちなみに掛け算は*（アスタリスク）になります。

ではプログラムを実行します。

```
C:\Perl\perl>warikan.pl
ワリカン代金は7310円です！
```

計算結果が出ました！ では友達から7310円ずつ徴収しましょう！

いや、それはダメですね…。1人7310円だと、4人の合計で3万円近くになってしまいます。ていうか1人当たりの金額が1人で払う時より高くなっています。どこが悪いんでしょうか。ちょっと考えてみてください。

ハイ、お分かりですね。どちらかというと、Perlの問題じゃなくて算数の問題ですね。足し算、引き算よりも掛け算、割り算が優先しますので、

```
2079 + 1659 + 3780 - 832 ÷ 4
```

ではなくて、カッコを使って

```
(2079 + 1659 + 3780 - 832) ÷ 4
```

と書くべきでした。Perlもカッコが使え、計算の順番も算数と一緒なので（Perlが算数に合わせてあるので）、正しくはこうなります。

```perl
#! /usr/bin/perl
#
# warikan2.pl -- ワリカンを計算する（バグ修正！）

print "ワリカン代金は", (2079 + 1659 + 3780 - 832) / 4, "円です！\n";
```

実行します。

```
C:\Perl\perl>warikan2.pl
ワリカン代金は1671.5円です！
```

これで答えが出ましたね。

2.1 足し算、引き算、掛け算、割り算、カッコ!

> **MEMO**
> 端数の処理はP.284で研究します。とりあえずプログラムを書いた人が手数料として多めに徴収すればいいのではないでしょうか。

■ 演算子と優先順位

さっき計算で使った+、-、/のような、計算をする記号のことを**演算子**(operator)、演算子が働く対象のことを**オペランド**(operand)と言います。

```
3 + 5
```

という数式において、+が演算子で、3と5がオペランドです。

また、3 + 5という式の値は8になります。

ではいろいろな演算子で遊んでみましょう。

```perl
#! /usr/bin/perl
#
# operators.pl -- 演算子で遊ぼう

print "今年は", 28 + 30 * 4 + 31 * 7, "日です\n";
print "2014を4で割ると余りは", 2014 % 4, "です\n";
print "1バイトの文字の種類は2の8乗ですから", 2 ** 8, "です\n";
print "Unicodeの文字数は", 16 ** 2 - 1024 * 2 + 1024 ** 2, "です\n";
```

実行結果です。

```
C:\Perl\perl>operators.pl
今年は365日です
2014を4で割ると余りは2です
1バイトの文字の種類は2の8乗ですから256です
Unicodeの文字数は1046784です
```

ここでは以下の演算子を使ってみました。

表2-1:演算子と優先順位

演算子	意味	演算子	意味	演算子	意味	結合の優先順位
+	足す	-	引く			低い
*	掛ける	/	割る	%	余りを求める	中くらい
**	べき乗					高い

結合の優先順位とは、どの演算子を先に計算するか、ということです。掛け算は足し算より先に結合しますので、3 + 5 * 8 は3 + 40で、答えは43です。

%は普通の算数では使いませんが、モジュロ演算子と言って、割り算の余りを

求める演算子です。＋と－は同じ順位、＊と／と％は同じ順位です。

＊＊はべき乗の計算をします。べき乗というのはn^m（nのm乗）つまりnをm回掛け合わせた数のことです。

カッコによる順番の変化

もし、優先順位を変えたければ、カッコを使います。さっきの本の代金ワリカン大作戦の場合は、＋と－を、／より先に行うためにカッコを使っていました。

```perl
print "ワリカン代金は", (2079 + 1659 + 3780 - 832) / 4, "円です！¥n";
```

これでカッコの中が先に計算されます。

2-2 変数を導入しよう！

次に、中学生数学レベルの「変数」を導入します。

変数

Wikipedia調べですが、人間の標準体重は、以下の式で計算できるそうです（BMIによる方法）。

標準体重(kg) ＝ 身長(m)^2 × 22

これぐらいの計算なら電卓でできそうなものですが、せっかくですからPerlで計算してみましょう。恥を晒しますが、本書を執筆時点で、ぼくの身長が1.8m、体重が82kgということで、ぼくについて調べてみます。

```perl
#! /usr/bin/perl
#
# stdWeight.pl -- 標準体重を計算する

print "あなたの身長は1.8mですね！¥n";
print "あなたの体重は82kgですね！¥n";
print "あなたの身長だと標準体重は", (1.8 ** 2) * 22, "kgです！¥n";
print "あなたは", 82 - (1.8 ** 2) * 22, "kg太りすぎです！¥n";
```

では実行してみます。

```
C:¥Perl¥perl>stdWeight.pl
あなたの身長は1.8mですね！
あなたの体重は82kgですね！
```

```
あなたの身長だと標準体重は71.28kgです！
あなたは10.72kg太りすぎです！
```

　ありがとうPerlくん。この指摘を重く受け止めて、ダイエットに励もうと思います。

　プログラムの内容的には、特に問題ありませんね。(1.8 ** 2) * 22などの計算を交えて、print文でメッセージを表示しています。

　さて、このプログラムには少々難点があります。それは、1.8mというぼくの身長が3箇所に、82kgという体重が2箇所に繰り返し書かれているところです。また、標準体重を求める公式も2回繰り返し書かれています。

　ぼくの身長はもう変わらないと思いますが、体重はしょっちゅう変動します。また標準体重の公式も、これから学説に変化があって変わらないとも限りません。

　同じ数字や式を何回も繰り返して書いていたら、それはほとんどコンピューターの機能を使って簡略化するべきところです。このような「繰り返しはダメだよ」という教えをDon't Repeat Yourselfの頭文字を取ってDRY原則と言います。

　では上のプログラムをスッキリ簡略化するにはどうすればいいのでしょうか。

　ここでは**変数**(variable)と言うものを導入します。

　変数は、中学校の数学で出てくるxとかyと一緒で、数値を文字に入れて考えるものです。これを導入してプログラムを書きかえてみます。

```perl
#! /usr/bin/perl
#
# stdWeight2.pl -- 標準体重を計算する（変数版）

$height = 1.8;
$weight = 82;

$stdWeight = ($height ** 2) * 22;
$tooMuch   = $weight - $stdWeight;

print "あなたの身長は", $height, "mですね！\n";
print "あなたの体重は", $weight, "kgですね！\n";
print "あなたの身長だと標準体重は", $stdWeight, "kgです！\n";
print "あなたは", $tooMuch, "kg太りすぎです！\n";
```

　いかがでしょうか。とりあえず実行してみます。

```
C:\Perl\perl>stdWeight2.pl
あなたの身長は1.8mですね！
あなたの体重は82kgですね！
あなたの身長だと標準体重は71.28kgです！
あなたは10.72kg太りすぎです！
```

当然ながらさっきと同じ結果ですね。ではプログラムの内容をチェックしていきます。

スカラー変数の作成

```
$height = 1.8;
$weight = 82;
```

最初に変数 $height、$weight を作り、1.8、82 という値を代入しています。

$height、$weight のような変数（variable、変化するもの）に対して、1.8、82のような数値を**数値リテラル**（numeric literal、数字で直接書いたもの）と言います。

我々がコンピューターのプログラムに、$height という変数を用意すると、Perlはコンピューターのメモリーに $height 用のスペースを確保します。

メモリーはパソコンの部品ですね。この中にはトランジスターがびっしり植えられていて、1つ1つのトランジスターがデータを2進数で（0か1で）保存します。このトランジスターによって作られたデータを格納する部分をメモリー空間と言いますが、この中に $height 用の場所が与えられます。

図2-1：メモリー

$height、$weight というのはこのプログラムで身長と体重を格納するためにぼくが作った変数です。変数の前に付けるドル記号 $ は Perl 特有の規則で、この $height がスカラーを格納する変数であることを示します。この $ のような、名前に付ける記号を**シジル**（sigil）と呼びます。

スカラー（scalar）というのは、数値や文字列のような、ただ1つの値を持つ量のことです。長さ、重さ、金額などはみなスカラー値で、これらを格納するのはスカラー変数です。現在のプログラムでは、人間の身長がスカラー値で、それを格納するために $height というスカラー変数を使っています。

> **MEMO**
> ちなみに英語風に scalar を読むとスケイラーです。スカラーはドイツ語風ですね。

この $height という名前はぼくが勝手に決めたもので、$takasa でも

$shinchouでもかまいません。英字、数字、アンダースコア _ を組み合わせて、$height2とか、$shinchou_2などという名前を付けることもできます。$の次の最初の文字は英文字にしてください。

> **MEMO**
> 実際には変数名の先頭に数字も使えますが、制約があってややこしいので本書では使いません。

スカラー変数の代入

さて、下の文をもう一度見てみます。

```
$height = 1.8;
$weight = 82;
```

この2つの文は、$heightという変数に1.8、$weightという変数に82という数値を代入しています。

ここで=は等しいという意味では**なく**、左にあるスカラー変数に、右にあるスカラー値を**代入する**(assign) という意味の演算子です。

=の左側を**左辺**(left side)、右側を**右辺**(right side)と言います。

> **MEMO**
> 後で述べますが「右辺と左辺が等しい」という意味の比較の演算子にはイコールを2個連結させた==を使います。代入が=で、等しいが==というのはC言語から始まった伝統ですが、比較よりもはるかに書く回数が多い代入に短い=を使うようにした、という実用上の理由と言われています。

代入式も値を持つ

また、=演算子の実行によって左辺に右辺の値が代入されますが、その式自体も代入した値という「式の値」を持ちます。どういうことかというと、

```
$height = 1.8;
```

という文を実行することによって$heightに1.8という数値が入ると同時に、この$height = 1.8という式自体も1.8という値を持ちます。

しかしながら、上の文では、この式の値は特に使われていません。

しかし、次のような文だとどうでしょう。

```
$height_sato = $height_suzuki = 1.8;
```

この文の実行の結果、$height_satoも$height_suzukiも両方1.8になります。というのは$height_suzuki = 1.8という式は、$height_suzukiに

1.8という値を代入すると同時に、式自体が1.8という値を持つからです。

そして、その式の値が`$height_sato`に代入されます。（この代入式の値も1.8になりますが、使われずに捨てられています。）

また、=式が連鎖される場合は、右側から実行されます。（これを演算子=は右結合であると言います。）つまり、上の文はこう書くのと一緒です。

```
$height_sato = ($height_suzuki = 1.8);
```

カッコを使わない方も、使った方も、

- `$height_suzuki`に1.8を代入し、その代入式の戻り値が1.8になる
- その結果値1.8を`$height_sato`に代入する

という2つの作用が連続的に起こった結果、`$height_sato`も`$height_suzuki`も1.8になります。これはなかなか便利です。

演算子=の優先順位

なお、すでに書きましたが、= は +、-、*、/、% と同じく演算子です。

```
60 * 60
```

という式の値は、60と60を掛けた数、3600になります。

```
$oneHourSec = 60 * 60
```

という式の値は、60 * 60という計算をまず行ってから、その数を変数`$oneHourSec`という変数に代入し、その結果`$oneHourSec`の値は3600になります。（`$oneHourSec`には、1時間の秒数が入ります。）

と同時に、この代入式の値も3600になりますが、この式の値は捨てられます。

=の結合は+、-、*、/、%のいずれよりも弱いです。右辺に何か計算式を入れて、左辺に代入するとき、右辺の計算をすっかり終わってから代入します。

ただ、次のようなトリッキーな書き方もできます。

```
$oneDaySec = ($oneHourSec = 60 * 60) * 24
```

この式を実行すると、2つの変数`$oneDaySec`と`$oneHourSec`はどうなるでしょうか。

結果としては、まずカッコの中が優先的に計算されて`$oneHourSec`が3600になると同時に、カッコの中の代入式の値が3600になって、それを24倍したもの（86400）が`$oneDaySec`に入ります。（これは1日の秒数です。）

このように、=も演算子であること、=の結合の強さは+、-、*、/、%よりも弱いこと、カッコを使えば計算の順序を変えられることを押さえてください。

標準体重に戻ります

話が長くなりましたが、続きを見ていきます。

```
$stdWeight = ($height ** 2) * 22;
```

これは標準体重を計算して`$stdWeight`という変数に代入しています。右辺で`$height`(身長)をまず2乗して、その後22倍することで標準体重を求め、それを変数に代入しています。

次の文に進みます。

```
$tooMuch   = $weight - $stdWeight;
```

この文は、さきほど計算した標準体重`$stdWeight`をぼくの体重`$weight`から引いて、余計な体重`$tooMuch`を求めています。

計算結果の表示

役者がそろった所ですべての変数をメッセージ付きで表示します。

```
print "あなたの身長は", $height, "mですね！\n";
print "あなたの体重は", $weight, "kgですね！\n";
print "あなたの身長だと標準体重は", $stdWeight, "kgです！\n";
print "あなたは", $tooMuch, "kg太りすぎです！\n";
```

この最初のprint文、

```
print "あなたの身長は", $height, "mですね！\n";
```

だけを解説しましょう。これは、print関数に次の3つの引数を渡しています。

(1) 文字列 `"あなたの身長は"`
(2) スカラー変数 `$height`
(3) 文字列 `"mですね！\n"`

2番目の引数として、スカラー変数`$height`をむき出しで渡しています。こうすると、変数が格納している数値(この場合は1.8)に置き換わります。もしこの文を

```
print "あなたの身長は", $height * 100, "cmですね！\n";
```

と書きかえたらどうなるでしょうか。やってみると分かりますが、

```
あなたの身長は180cmですね！
```

と表示がセンチメートル単位に変わります。この`$height * 100`のように、変数入りの数式をprintに渡すこともできます。

2-3 右辺の変数を変更する代入

ここで、プログラムを学ぶ上で引っ掛かりがちな「$x = $x + 1」というナゾの書き方を学びます。

「$x = $x + 1」!?

さて、これまで出てきた=(代入)文を振り返ってみます。

```
#! /usr/bin/perl
#
# printWeight.pl -- 体重を表示する

$weight = 82;

print "私の体重は", $weight, "kgです。\n";
```

最初の$weight = 82;は、$weightというスカラー変数に82という数値を代入しています。この文以降、$weightという変数は82という数値を持ちます。

では、以下のように2つの文を書いたらどうなるでしょうか。

```
#! /usr/bin/perl
#
# printWeight2.pl -- 体重を表示する2

$weight = 82;
$weight = $weight + 2;

print "私の体重は", $weight, "kgです。\n";
```

実験してみます。

```
C:\Perl\perl>printWeight2.pl
私の体重は84kgです。
```

このように、2つの文の連続実行によって、$weightの値は84になります。2キロ体重が増加した状態ですね。2個目の文に注目してください。

```
$weight = $weight + 2;
```

これが「$x = $x + 1」という形の式です。$xが$x + 1に等しい、と読むと変な感じがしますが、この場合の=は等しいではなくて代入です。この文は右辺(=の右側)をまず計算してから、その結果を左辺(=の左側)に代入します。前の方に

```
$tooMuch  = $weight - $stdWeight;
```

という文が出てきましたが、これは`$weight`から`$stdWeight`を引くという計算がまず行われ、その答えを`$tooMuch`に代入しましたね。同じことが

```
$weight = $weight + 2;
```

についても起こります。`$weight`という変数には、この文が実行されるまでに82という値が設定されていました。ですから、

```
$weight = $weight + 2;
```

の実行によって、「82足す2」という計算がまず起こり、その計算結果、つまり、式`$weight + 2`の値84によって、`$weight`が上書きされます。ということで、長くなりましたが、

```
$weight = $weight + 2;
```

の実行によって、`$weight`に2が足されるということになります。

2-4 演算子がいっぱい

　計算用の演算子は他にもバリエーションがあって、うまく使うと短くて分かりやすいプログラムが書けます。

■ += と -=

前の節では、`$weight`という変数に2を足すことを以下のように書きました。

```
$weight = $weight + 2;
```

2kg増えたわけですが、5kg減ったことは以下のように書きます。

```
$weight = $weight - 5;
```

　このように、ある変数に対してある数を足したり引いたりすることは、プログラムでよく行われるので、簡略化した書き方が用意されています。
　2を足す方はこう書きます。

```
$weight += 2;
```

　5を引く方はこう書きます。

```
$weight -= 5;
```

このように、+= はプラスとイコール、-= はマイナスとイコールをつなげて書きます。いずれも短くなりましたし、$weightに対して2を足す、5を引く、ということが分かりやすくなったと思います。

　この$weight -= 5という式も値を持ち、計算後（増加または減少後）の変数の値になります。つまり、

```
$weight -= 5;
```

によって$weightは5減りますが、減った後の$weightが式の値になります。もっとも、この場合1つの文に1つの式が書かれているだけなので、式の値は使わずに捨てられています。

　以下は式の値を使った例です。

```
$age_kojima = 25;
$age_ooshima = $age_kojima += 1;
```

　小嶋さんという人の年齢は25でしたが、翌年1つ歳を取り、そして大島さんという人も同じ年になったということを計算しています。上の2行目の式で、$age_kojimaという変数は1加算されて26になりましたが、同時に$age_kojima += 1という式は26という値を持ちました。= による代入は右から行われますので、$age_ooshimaも26になります。

++ と --

　1を加えるのは、計算の中でもよく使いますので、専用の演算子も用意されています。

　まず、1を加えるには ++ という演算子を使います。プラスを2個連続で書きます。これを変数の直前に書くと、その変数を1加算します。また、式の値としては足した結果を戻します。今、$iという変数に1が入っていたとすると、

```
++$i;
```

という文を実行することによって、$iは2に増えます。さらに、この文の戻り値は2になります。さっきの年齢の例は

```
$age_kojima = 25;
$age_ooshima = ++$age_kojima;
```

と書いてもオッケーです。

> **MEMO**
> 　1を加算することをコンピューター用語では**インクリメント**（increment）と言います。よって、++のことをインクリメント演算子とも呼びます。

反対に1を減らすには--という演算子を使います。マイナスを2個連続で書きます。$iに2が入っている状態で、

```
--$i;
```

という文を実行することによって、$iは1に減ります。さらに、この文の戻り値は1になります。

> MEMO
>
> 　1を減算することをコンピューター用語では**デクリメント**（decrement）と言い、--のことをデクリメント演算子とも呼びます。

　さて、++$iのように、変数に先立って++演算子を書くことを、インクリメント演算子の前置式と言います。

　それに対して、$i++と書くと、$iに1が加算されるのは変わりませんが、式の値は増加する**前**の値になります。こっちはインクリメント演算子の後置式と言います。

```
$age_kojima = 25;
$age_ooshima = ++$age_kojima;
```

というプログラムでは、++$age_kojimaという前置式のインクリメント演算子の実行によって、$age_kojimaが26に増加すると同時に、++$age_kojimaという式の値が26だったために、$age_ooshimaも26になっていました。

　しかし、これを後置式にして、

```
$age_kojima = 25;
$age_ooshima = $age_kojima++;
```

と書くと、$age_kojima++という後置式のインクリメント演算子の実行によって、$age_kojimaは26に増加しますが、$age_kojima++という式の値は25ですので、$age_ooshimaには25が代入されます。

　ピンと来ない場合は前置式のみを使うのも手です。ぼくはそうしています。

変数を変化させる演算子のまとめ

　次の表では、これまで出てこなかったものも含めて、変数に作用する演算子をまとめて説明します。

表2-2：計算用演算子

演算子	Perlの例	機能	戻り値
+=	$x += 5	$xに5を足す	$xに5を足した値
-=	$x -= 3	$xから3を引く	$xから3を引いた値
*=	$x *= 2	$xに2を掛ける	$xに2を掛けた値
/=	$x /= 4	$xを4で割る	$xを4で割った値
%=	$x %= 7	$xを7で割った余りで$xを置き換える	$xを7で割った余り
**=	$x **= 2	$xを2乗する	$xを2乗した数
++（前置式）	++$x	$xに1を足す	$xに1を足した値
--（前置式）	--$x	$xから1を引く	$xから1を引いた値
++（後置式）	$x++	$xに1を足す	もともとの$xの値
--（後置式）	$x--	$xから1を引く	もともとの$xの値

2-5 警告／厳格モード

　ここではプログラムの間違いを事前にチェックしてくれるwarnings、strictプラグマ モジュールというものを使ってみます。

■ use warningsで警告モード

　さて、標準体重のプログラムを作っていて、以下のようにバグが忍び込んでしまったとします。

```perl
#! /usr/bin/perl
#
# stdWeight3.pl -- 標準体重を計算する（バグあり！）

$height = 1.8;
$weight = 82;

$stdWeight = ($height ** 2) * 22;
$tooMuch   = $weight - $stdWeight;

print "あなたの身長は", $haight, "mですね！¥n";
print "あなたの体重は", $weight, "kgですね！¥n";
print "あなたの身長だと標準体重は", $stdWeight, "kgです！¥n";
print "あなたは", $tooMuch, "kg太りすぎです！¥n";
```

　どこがバグっているかすぐ分かりますね。でもあえて実行します。

```
C:¥Perl¥perl>stdWeight3.pl
あなたの身長はmですね！
あなたの体重は82kgですね！
あなたの身長だと標準体重は71.28kgです！
```

あなたは10.72kg太りすぎです！

「あなたの身長はmですね！」というのが異様ですね。「あなたの性格はMですね！」ならまだ分かるんですが。これは

```
print "あなたの身長は", $haight, "mですね！\n";
```

という文の、$haightという変数の部分がスッ飛ばされた形です。

$haightはここまでに出てきた$heightとは別物で、赤の他人です。ここで初登場した$haightは、何の値もセットされていません。

実は、初めて登場する変数は、**undef**または**未定義値**と呼ばれる値が入っています。undef（あんでふ、とぼくは呼んでいます）はundefined（まだ定義されていない）の略で、数字として扱えばゼロに、文字列として扱えば""（空文字列、ヌル）として使われる値です。

Мемо

変数を数字として扱うこと（数値コンテキスト）、文字として扱うこと（文字列コンテキスト）については、P.88で研究します。

いずれにしても、これは我々がやりたかったことではありません。しかし、プログラムをしていて、こういう打ち間違いはしょっちゅう起こる現象ですね。何のエラーも出さず「あなたの身長はmです」などと急に口走られても困ります。これを防ぐには、以下のようにします。

```perl
#! /usr/bin/perl
#
# stdWeight4.pl -- 標準体重を計算する（バグ警告モード）

use warnings;

$height = 1.8;
$weight = 82;

$stdWeight = ($height ** 2) * 22;
$tooMuch   = $weight - $stdWeight;

print "あなたの身長は", $haight, "mですね！\n";
print "あなたの体重は", $weight, "kgですね！\n";
print "あなたの身長だと標準体重は", $stdWeight, "kgです！\n";
print "あなたは", $tooMuch, "kg太りすぎです！\n";
```

唯一の変更点は`use warnings;`です。この**warnings**はプラグマ モジュールと呼ばれるものの一種で、useした以降のプログラムの動作を変えます。これ

を使うと、このプログラムで変なことが起こったら、**警告**（warning）が表示されます。では実行します。

```
C:\Perl\perl>stdWeight4.pl
Name "main::haight" used only once: possible typo at C:\Perl\perl\s
tdWeight4.pl line 13.
Use of uninitialized value $haight in print at C:\Perl\perl\stdWeig
ht4.pl line 13.
あなたの身長はmですね！
あなたの体重は82kgですね！
あなたの身長だと標準体重は71.28kgです！
あなたは10.72kg太りすぎです！
```

最初に英語で怒られましたね。翻訳してみます。

```
C:\Perl\perl\stdWeight4.plの13行目に出てくる名前 "main::haight" は1回
しか使われていない: たぶんタイポである。
C:\Perl\perl\stdWeight4.plでは初期化していない値$haightをprintで使って
いる。
```

main::haightはhaightのことです。main::は今は気にしないとします。

普通人間は、変数を作ったら、まず代入して次に表示したり、まず代入して次に計算に使ったりという風に、必ず2箇所以上で使います。しかし、$haightは1回しか使ってない。これはタイポ（typo、打ち間違いのこと）ではないか？ そして初期化していない$haightをいきなりprintで表示しているが、これはやりたいことじゃないんじゃないか？ という警告です。

ということで、$haightが悪い、ということは分かりますね。警告しながらも、一応実行はしてくれます。

use strictで厳格モード

さらに厳しい**厳格モード**を実現する**strict**プラグマ モジュールというのがあります。

use warningsは警告は出すけど実行してしまうのがちょっと不安なので、さらにstrictを使います。

```perl
#! /usr/bin/perl
#
# stdWeight5.pl -- 標準体重を計算する（警告、厳格モード）

use strict;
use warnings;
```

2.5 警告／厳格モード

```
$height = 1.8;
$weight = 82;

$stdWeight = ($height ** 2) * 22;
$tooMuch   = $weight - $stdWeight;

print "あなたの身長は", $haight, "mですね！¥n";
print "あなたの体重は", $weight, "kgですね！¥n";
print "あなたの身長だと標準体重は", $stdWeight, "kgです！¥n";
print "あなたは", $tooMuch, "kg太りすぎです！¥n";
```

このように、use strict;を書いてみました。strictは**厳格な**という意味です。では実行します。

```
C:¥Perl¥perl>stdWeight5.pl
Global symbol "$height" requires explicit package name at C:¥Perl¥p
erl¥stdWeight5.pl line 8.
Global symbol "$weight" requires explicit package name at C:¥Perl¥p
erl¥stdWeight5.pl line 9.
Global symbol "$stdWeight" requires explicit package name at C:¥Per
l¥perl¥stdWeight5.pl line 11.
Global symbol "$height" requires explicit package name at C:¥Perl¥p
erl¥stdWeight5.pl line 11.
Global symbol "$tooMuch" requires explicit package name at C:¥Perl¥
perl¥stdWeight5.pl line 12.
Global symbol "$weight" requires explicit package name at C:¥Perl¥p
erl¥stdWeight5.pl line 12.
Global symbol "$stdWeight" requires explicit package name at C:¥Per
l¥perl¥stdWeight5.pl line 12.
Global symbol "$haight" requires explicit package name at C:¥Perl¥p
erl¥stdWeight5.pl line 14.
Global symbol "$weight" requires explicit package name at C:¥Perl¥p
erl¥stdWeight5.pl line 15.
Global symbol "$stdWeight" requires explicit package name at C:¥Per
l¥perl¥stdWeight5.pl line 16.
Global symbol "$tooMuch" requires explicit package name at C:¥Perl¥
perl¥stdWeight5.pl line 17.
Execution of C:¥Perl¥perl¥stdWeight5.pl aborted due to compilation
errors.
```

うわっ、めっちゃくちゃ怒られましたね。でも、厳しくして欲しいと言って怒られたのだから、予定の現象ですね。ていうか、よくよく見ると、このエラーは2種類しかありません。

最後の「Execution of ... aborted due to compilation errors.」は、コンパイル エラーがあるので実行を中断したという意味です。詳しい説明

は割愛しますが、Perlは実行前にコンパイルということをして、プログラムを機械用に変換します。「コンパイルの時点で間違いがあるから実行はやめました」ということです。間違った結果を出すぐらいなら、実行しない方がマシですね。

> **MEMO**
>
> もっと細かく言うと、Perlのコンパイルはいわゆる機械語ではなく、Perlエンジンperl.exe用のバイト コードというものに変換します。

> **MEMO**
>
> strictモードにしたから、warningsモードが必要ないわけではありません。strictは見逃すけれど、warningsは警告するパターンのプログラムは、そのうち出てきます。

myで変数を宣言する

ではstrictが出力したエラーを見ていきましょう。

```
Global symbol "$height" requires explicit package name at C:¥Perl¥perl¥stdWeight5.pl line 8.
```

翻訳すると「プログラム C:¥Perl¥perl¥stdWeight5.pl の8行目で、グローバル シンボル$heightは明示的なパッケージ名を必要としている」と言う意味です。これはちょっと意味がわからないと思います。パッケージ、グローバル シンボルといった概念は、本書では使いません。簡単に説明すると、strict指定のもとでは、$heightという名前をパッケージ名というもので修飾しなければならない、ということです。このメッセージを出なくするには、以下のように修正する必要があります。

```perl
#! /usr/bin/perl
#
# stdWeight6.pl -- 標準体重を計算する（警告、厳格モード）

use strict;
use warnings;

my $height = 1.8;
my $weight = 82;

my $stdWeight = ($height ** 2) * 22;
my $tooMuch   = $weight - $stdWeight;

print "あなたの身長は", $haight, "mですね！¥n";
print "あなたの体重は", $weight, "kgですね！¥n";
print "あなたの身長だと標準体重は", $stdWeight, "kgです！¥n";
```

```
print "あなたは", $tooMuch, "kg太りすぎです！\n";
```

変数が最初に登場する前に、必ず**my**というキーワードを付けています。これは、この変数を特にパッケージというものに属させないという意味です。myが付いた、パッケージに属さない変数のことを**レキシカル変数**と言います。ちょっと難しいですが、本書では、パッケージの機能を使用しませんので、すべての変数にmyを付けてレキシカル変数にします。ですから、本書では簡単に

- 変数を最初に登場させるときは、必ずmyを付ける
- myを付ければuse strict付きで怒られない

という2点だけおぼえてください。

では、このプログラムを実行してみます。

```
C:\Perl\perl>stdWeight6.pl
Global symbol "$haight" requires explicit package name at C:\Perl\p
erl\stdWeight6.pl line 14.
Execution of C:\Perl\perl\stdWeight6.pl aborted due to compilation
errors.
```

やはり怒られていますが、別にもう凹みませんね。$haightのパッケージ名が云々と言われているのですが、これは予定の行動です。直しましょう。

```perl
#! /usr/bin/perl
#
# stdWeight7.pl -- 標準体重を計算する（警告、厳格モード）

use strict;
use warnings;

my $height = 1.8;
my $weight = 82;

my $stdWeight = ($height ** 2) * 22;
my $tooMuch   = $weight - $stdWeight;

print "あなたの身長は", $height, "mですね！\n";
print "あなたの体重は", $weight, "kgですね！\n";
print "あなたの身長だと標準体重は", $stdWeight, "kgです！\n";
print "あなたは", $tooMuch, "kg太りすぎです！\n";
```

実行します。

```
C:\Perl\perl>stdWeight7.pl
あなたの身長は1.8mですね！
あなたの体重は82kgですね！
```

```
あなたの身長だと標準体重は71.28kgです！
あなたは10.72kg太りすぎです！
```

無事に実行されましたね。

warnings、strictプラグマ モジュールは、付けても付けなくてもプログラマーの自由です。別に細かいことはいちいち怒られないで、テキトーにやりたいんだよ！ と思う方は外すこともできます。でも、本書では必ず付けることにしましょう。実務でも、これは付けるのが常識です。

> **MEMO**
> my宣言は、1本のプログラムの中で同じ変数名を違う意味で使う場合にも使用します。P.277をごらんください。

2-6 関数の使い方

数を計算するには演算子の他に関数も使えます。

■ sqrt関数を使ってみよう

ここまで使ってきた関数はprintだけでしたが、ここでprint以外の関数の使い方を研究します。

円の面積は「半径の2乗×円周率」ですので、半径が11.3mmである10円玉の面積は以下のように計算できます。

```
#! /usr/bin/perl
#
# 10yen.pl -- 10円玉について学ぶ

use strict;
use warnings;

print "10円玉の半径は11.3mm、面積は約", 11.3 ** 2 * 3.14,
  "平方mmです\n";
```

実行します。

```
C:\Perl\perl>10yen.pl
10円玉の半径は11.3mm、面積は約400.9466平方mmです
```

では、逆に10円玉の面積が約400.9466平方mmであることを知っていて、半径が知りたい場合は、どうすればいいでしょうか。

円の面積 ＝ 半径^2 × 円周率

ですから、

> 半径 ＝ √円の面積 ÷ 円周率

ですね。ここで、平方根を求める関数sqrtを使います。上のプログラムをこう書きかえます。

```perl
#! /usr/bin/perl
#
# 10yen2.pl -- 10円玉について学ぶ

use strict;
use warnings;

print "10円玉の面積は約400.9466平方mm、半径は",
  sqrt(400.9466 / 3.14), "mmです\n";
```

どうでしょうか。

```
C:\Perl\perl>10yen2.pl
10円玉の面積は約400.9466平方mm、半径は11.3mmです
```

バッチリですね。sqrtという関数はsquare rootの略で、平方根を取ります。sqrt(X)と書くと、Xの平方根という数値になります。ここでXはsqrt関数の引数、sqrt関数の戻り値はXの平方根です。

引数をカッコで囲むかどうか

2つの数の平方根を取ってみます。

```perl
#! /usr/bin/perl
#
# sqrt.pl -- 平方根の実験

use strict;
use warnings;

print "2の平方根は", sqrt(2), "です\n";
print "3の平方根は", sqrt 3, "です\n";
```

実行します。

```
C:\Perl\perl>sqrt.pl
2の平方根は1.4142135623731です
3の平方根は1.73205080756888です
```

バッチリですね。ところで、おもしろいことに気づかれたのではないでしょうか。

```
print "2の平方根は", sqrt(2), "です\n";
```

と言う風に引数をカッコで囲んでも、

```
print "3の平方根は", sqrt 3, "です\n";
```

のように囲まなくても、同じように正しい平方根が返っています。これはPerlの特徴です。好きなように書けばいいのですが、一般的にカッコがない方が見やすいと思います。ただし、さっきの10円玉の半径を求めるプログラムはちょっと微妙です。さきほどの10yen2.plから、sqrt関数のカッコを取ってみます。

```
#! /usr/bin/perl
#
# 10yen3.pl -- 10円玉について学ぶ

use strict;
use warnings;

print "10円玉の面積は約400.9466平方mm、半径は",
  sqrt 400.9466 / 3.14, "mmです\n";
```

sqrt関数と割り算は、どっちが先に計算されるでしょうか。結果的には割り算が先に実行され、正しく半径11.3mmが計算されます。

次に直径を計算してみます。直径は半径の2倍ですから、

```
#! /usr/bin/perl
#
# 10yen4.pl -- 10円玉について学ぶ（バグあり）

use strict;
use warnings;

print "10円玉の面積は約400.9466平方mm、直径は",
  sqrt 400.9466 / 3.14 * 2, "mmです\n";
```

でいいでしょうか。やってみれば分かりますが、400.9466 / 3.14 * 2が全部計算されてからsqrt関数に渡されるので、15.980613254816mmという微妙に間違った数になります。この場合は

```
#! /usr/bin/perl
#
# 10yen5.pl -- 10円玉について学ぶ（バグ修正）

use strict;
use warnings;
```

```
print "10円玉の面積は約400.9466平方mm、直径は",
  sqrt(400.9466 / 3.14) * 2, "mmです¥n";
```

とsqrtに渡したい部分だけカッコで囲むと正しい直径22.6mmが求められます。一般的に、

```
関数 計算式;
```

という風にカッコなしで書くと、計算式をすべて計算した答えを関数に渡すことになります。よって

```
関数 3 + 4 * 8;
```

と書くと、関数に35を渡すことになり、関数の戻り値が式の値になります。

```
関数(計算式) 残りの計算式;
```

とカッコ付きで書くと、カッコの中の計算式を計算して関数に渡し、その戻り値を使って残りの計算式を計算します。

```
関数(3 + 4) * 8;
```

と書くと、関数に7を渡し、その関数の戻り値を8倍したものが式の値になります。
　お分かりでしょうか。不安な場合はカッコ形式を使って引数の範囲をはっきりさせればいいと思います。不要なところにカッコがあっても問題にはなりません。

■ printのカッコに気を付けろ！

　さて、さらに細かすぎて伝わらないけど大事な話です。printの文字列に改行を入れなければ、次のprintの文字列がくっついて表示される、ということを利用すれば、printを分けて書くことも可能です。

```
#! /usr/bin/perl
#
# shiharai2.pl -- 支払代金を計算する

use strict;
use warnings;

# 3行に分けて書いている
print "支払代金は";
print 2079 + 1659 + 3780 - 832;
```

```
print "円です！¥n";
```

これでも合計金額が正しく表示されます。

```
C:¥Perl¥perl>shiharai2.pl
支払代金は6686円です！
```

さて、ワリカンのプログラムもprintを分けて書いてみたらどうでしょうか。

```
#! /usr/bin/perl
#
# warikan3.pl -- ワリカンを計算する（バグあり！）

use strict;
use warnings;

print "ワリカン代金は";
print (2079 + 1659 + 3780 - 832) / 4;
print "円です！¥n";
```

これがちょっと、うまく行きません。

```
C:¥Perl¥perl>warikan3.pl
Useless use of division (/) in void context at C:¥Perl¥perl¥warikan3.pl line 9.
ワリカン代金は6686円です！
```

ワリカン前の金額になってしまいます。過剰請求です。また、「Useless use of division (/) in void context」（無意味な文脈で、不必要な割り算 (/) が使われた）という警告が表示されています。これは、

```
print (2079 + 1659 + 3780 - 832) / 4
```

のprint関数が、

```
(2079 + 1659 + 3780 - 832) / 4
```

という数式を完全に計算したものを引数として受けるのか、それとも、

```
(2079 + 1659 + 3780 - 832)
```

までを引数に使うのか、という問題です。

　print関数は、うしろのカッコ入りの数式までが自分の引数と判断します。

　これはカッコ（()）を使ったために、カッコの中だけを引数として判断した（その結果わけがわからない「/ 4」が警告された）という現象です。

問題の解決としては、残りの数式(/ 4)もprintに渡してやるために、カッコを2重にします。

```
#! /usr/bin/perl
#
# warikan4.pl -- ワリカンを計算する（修正！）

print "ワリカン代金は";
print ((2079 + 1659 + 3780 - 832) / 4);
print "円です！¥n";
```

これで正しい答1671.5円が表示され、警告は消えます。

このように、printの直後にカッコが来ると、そのカッコの中だけが引数として使われるので注意が必要です。でもwarningsプラグマ モジュールを使っているので、間違いが分かって良かったですね。

☑ まとめコーナー

本編もいろいろありましたね。

- print関数にはカンマで区切った複数の式からなるリストを渡せる
- 数式を引用符で囲まずにむき出しに書くと数式の計算結果という値を持つ
- 数式は数値と+、-、*、/、%、**のような演算子(operator)から成る
- +は和、-は差、*は積、/は商、%は剰余、**はべき乗を求める
- 演算子は数値を取って計算し、値を返す
- 演算子の働く対象をオペランド(operand)という
- 演算子には結合の優先順位がある
- +と-は低く、*、/、%は中間で、**は高い
- ()を使って演算子の優先順位を変えることができる
- 「$変数名」のように、ドル記号($)を名前に付けるとスカラー変数ができる
- スカラー変数は、英数字、アンダースコア(_)を使える
- 本書では面倒なので、数字で始まる変数名は使わない
- 変数に対して、1.8、93のような数字を直接プログラムに書いたものを数値リテラルと言う
- $x = 3のように演算子=を使う。これは代入の演算子であり、等しいとい

- う意味ではない
- `$x = 3`の結果`$x`には3が返され、同時に式`$x = 3`は代入した数3という値を持つ
- その結果`$z = $y = $x = 3`は`$z = ($y = ($x = 3))`と同じ結果になり、`$x`、`$y`、`$z`が全部3になる
- `$x = $x + 3`という式が書ける。`$x`は3を加算され、`$x = $x + 3`という式の値は加算された`$x`の値になる
- `$x += 3`と書いても同じで、`$x`に3が加算され、式の値は加算後の`$x`の値になる
- `++$x`と書くと、`$x`に1が加算され、式の値は加算後の`$x`の値になる
- `$x++`と書いても`$x`に1が加算されるが、式の値は加算前の`$x`の値になる
- `$x = $x - 5`という式が書ける。`$x`は5を減算され、`$x = $x - 5`という式の値は減った`$x`の値になる
- `$x -= 5`と書いても同じで、`$x`から5が減算され、式の値は減算後の`$x`の値になる
- `--$x`と書くと、`$x`から1が減算され、式の値は減算後の`$x`の値になる
- `$x--`と書いても`$x`から1が減算されるが、式の値は減算前の`$x`の値になる
- 他に`*=`、`/=`、`%=`、`**=`などの演算子もある
- `use warnings`を使うと、本来の意図でないと思われるプログラムの動きを警告してくれる
- `use strict`を使うと、厳格な姿勢でのプログラミングが要求される
- この`warnings`、`strict`などをプラグマ モジュールと言う
- 本書では原則的に常に`warnings`、`strict`モジュールを使用し、最も厳しい基準でエラーや警告の出ないプログラムを目指す
- `use strict`の場合、変数名は最初に登場させるときに`my`を付ける
- 式には関数も使える。関数は引数を得て、戻り値を返す
- `sqrt`関数は、引数に数値を得て、戻り値に引数の平方根を返す
- 関数は引数をカッコで囲んでもいいし、囲まなくてもいい
- カッコで囲む場合も、囲まない場合もどこまでが引数か意識する
- カッコで囲まない場合は、後続の数式全部が引数になる
- カッコで囲む場合は、カッコの後に何かあっても無視される

練習問題 （解答はP.547参照）

Q1
2のゼロ乗はいくつになるか、Perlで計算してください。

Q2
9÷0はいくつになるか、Perlで計算してください。（いや、おっしゃることは重々分かりますが、無理矢理計算してみてください。）

Q3
ヘロンの公式を使って、次の三角形の面積を求めてください。
ただしaは3、bは4、cは5とします。

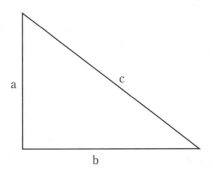

三辺a、b、cを持つ三角形の面積Sは以下のように求められる。

$$s = \frac{1}{2}(a + b + c) \quad \text{とすると} \quad S = \sqrt{s(s-a)(s-b)(s-c)}$$

図：ヘロンの公式

Q4
同じ公式を使って、上図の三角形の面積を求めてください。
ただしaは1、bは1、cは10とします。
何が起こりましたか。それはなぜですか。

COLUMN
コメントと人間性

　本書の最初の方で、Perlでは#から改行までが全部コメントになる、コメントはプログラムの中にメモが書けて便利、という話をしましたが、これまではあまりコメントを書きませんでした。というのは、出てきたプログラムが大して難しくないので、そのまま読めばいいので、あえて書かなかったのです。そもそもプログラムというのは、それ自身が可能な限り読みやすく、分かりやすく書くのが基本です。不必要なコメントに頼るのはダサいです。

　コメントが役に立つのは次のような場合です。以前消費税がアップしたとき、ぼくは会社を辞めた先輩のプログラムを直さなければならなくなりましたが、

```
#my $tax = 0.03;      # 消費税率
my $tax = 0.05;       # 1997-04-01 改訂消費税率 (mj@example.com)
```

というコメントがあって助かりました。（最初の3%の消費税率は、1行まるごとコメント化されています。）ぼくは下のように直しました。

```
#my $tax = 0.03;      # 消費税率
#my $tax = 0.05;      # 1997-04-01 改訂消費税率 (mj@example.com)
my $tax = 0.08;       # 2014-04-01 改訂消費税率 (cf@example.com)
                      # 2014年末チェックすること
```

　ここでは、前に動いていたプログラムの先頭に#を書いて打ち消し、そのうしろに修正と共に自分の連絡先も書いたわけです。自信がない修正をする場合は、ぼくはこうしています。

　逆に書かなくていいのは

```
my $root_5 = sqrt(5);   # sqrtは平方根を求める関数
```

などとプログラム入門書みたいなことをわざわざ書くパターンです。どうかすると

```
my $root_5 = sqrt(5);   # sqrtは3乗根を求める関数
```

などと**ウソ**を書く人もいます。コメントを書くことでかえって混乱を招いてしまっているわけです。
　コメントには人間性が出ます。過不足なく小粋に書きたいものです。

CHAPTER

第3章
文字列とコンテキスト

これまで数値のデータを使ってきましたが、Perlは文字列のデータも使えます。むしろ、大得意です。そして、あるデータを数値として使うのか、文字列として使うのか、「文脈」を踏まえて使います。コンピューターに「文脈」とか分かるものでしょうか？

CHAPTER 03 文字列とコンテキスト

3-1 文字列

第2章ではデータとしての数値の扱いを研究しましたが、本章では**文字列**（string）について研究します。文字列は数値同様、スカラー値のデータです。

■ 文字列リテラル

3、500、0.5など、数値をむき出しに書いた式を数値リテラルと言いましたが、"おはよう！"、"JPY"、"75%"のように、文字列を二重引用符（""）で囲んだものを**文字列リテラル**（string literal）と言います。一般に**リテラル**（literal、直定数）とは、プログラムの中に数値や文字列を直に書いた式のことです。

> **MEMO**
> Perlでは一重引用符（''）も使えますが、本書では使いません。

■ 文字列も変数に入る

前回は$lengthというスカラー変数に身長を入れたりしましたが、実は文字列も変数に入ります。しかも、数値と同じ$で始まるスカラー変数に入ります。

プログラミング言語によっては変数の型宣言が必須であり、C言語ではint型で宣言した変数には整数しか入らない、という風になりますが、Perlで使うスカラー変数には型宣言が必要なく、同じスカラー変数に文字列も数値も入れることができます。以下のプログラムを見てください。

```
#! /usr/bin/perl
#
# name.pl -- 名前を言う

use strict;
use warnings;

my $name = "車寅次郎";

print "私の名前は", $name, "です！\n";
```

実行します。

```
C:\Perl\perl>name.pl
私の名前は車寅次郎です！
```

このように、$nameというスカラー変数に代入演算子で文字列リテラルを入れて、printで表示しました。ここまでは数値と一緒です。

二重引用符の変数展開

さて、上のprint文ではカンマで分割して3要素のリストを渡しましたが、もっとラクチンに書く方法があります。実は、二重引用符("")の中にスカラー変数を書くと、格納している値に変えてくれるという便利機能があるのです。これを**変数展開**と言います。こうします。

```perl
#! /usr/bin/perl
#
# name2.pl -- 名前を表示する（引用符の中にスカラー変数を入れる）

use strict;
use warnings;

my $name = "車寅次郎";

print "私の名前は$nameです！\n";
```

では実行してみましょう。

```
C:\Perl\perl>name2.pl
私の名前は車寅次郎です！
```

結果は一緒ですね。最初の、カンマを使ったprint文はこうでした。

```perl
print "私の名前は", $name, "です！\n";
```

ここでは、print文には3要素からなるリストが渡されていました。

- 1要素目："私の名前は"という文字列
- 2要素目：$nameというスカラー変数
- 3要素目："です！\n"という文字列

それに対して、二重引用符の変数展開を使ったprint文はこうなりました。

```perl
print "私の名前は$nameです！\n";
```

ここでは、print文にはただ1つの文字列が渡されています。スカラー変数$nameはその値に置き換わります。

しかし落とし穴が…

しかし、落とし穴がないわけでもありません。前の章の標準体重プログラムを見てください。

```perl
#! /usr/bin/perl
#
```

CHAPTER 03 文字列とコンテキスト

```perl
# stdWeight7.pl -- 標準体重を計算する（警告、厳格モード）

use strict;
use warnings;

my $height = 1.8;
my $weight = 82;

my $stdWeight = ($height ** 2) * 22;
my $tooMuch   = $weight - $stdWeight;

print "あなたの身長は", $height, "mですね！\n";
print "あなたの体重は", $weight, "kgですね！\n";
print "あなたの身長だと標準体重は", $stdWeight, "kgです！\n";
print "あなたは", $tooMuch, "kg太りすぎです！\n";
```

　この最後のprint四連打が、カンマがいっぱいでごちゃごちゃしていますね。変数展開を使ってスッキリさせてみます。

```perl
#! /usr/bin/perl
#
# stdWeight8.pl -- 標準体重を計算する（すっきりして見えるがバグあり）

use strict;
use warnings;

my $height = 1.8;
my $weight = 82;

my $stdWeight = ($height ** 2) * 22;
my $tooMuch   = $weight - $stdWeight;

print "あなたの身長は$heightmですね！\n";
print "あなたの体重は$weightkgですね！\n";
print "あなたの身長だと標準体重は$stdWeightkgです！\n";
print "あなたは$tooMuchkg太りすぎです！\n";
```

　書いた時点でダメっぽいですが、実行してみましょう。

```
C:\Perl\perl>stdWeight8.pl
Global symbol "$heightm" requires explicit package name at C:\Perl\
perl\stdWeight8.pl line 14.
Global symbol "$weightkg" requires explicit package name at C:\Perl
\perl\stdWeight8.pl line 15.
Global symbol "$stdWeightkg" requires explicit package name at C:\P
erl\perl\stdWeight8.pl line 16.
Global symbol "$tooMuchkg" requires explicit package name at C:\Per
l\perl\stdWeight8.pl line 17.
```

```
Execution of C:\Perl\perl\stdWeight8.pl aborted due to compilation
errors.
```

はい、おなじみのやつ、出ました！ エラーの内容は簡単ですね。

```
print "あなたの身長は$heightmですね！\n";
```

のように、$heightというスカラーにメートルという意味のmがくっついて、$heightmという新しい変数として解釈されてしまいましたが、これはmy宣言してないので例の「パッケージがどうとか…」というメッセージが出ています。

これは二重引用符の中で、変数と固定の英数字がくっつかないようにすればいいです。

```
print "あなたの身長は$heightメートルですね！\n"; # カタカナにしてみた
```

とか

```
print "あなたの身長は$height mですね！\n"; # 後にスペースを入れてみた
```

などの、Perlの技術とは関係ない逃げを打つのも一法です。

一方、Perlの新知識を使って解決するにはこうします。

```perl
#! /usr/bin/perl
#
# stdWeight9.pl -- 標準体重を計算する（ブレース（{}）を使ってみる）

use strict;
use warnings;

my $height = 1.8;
my $weight = 82;

my $stdWeight = ($height ** 2) * 22;
my $tooMuch   = $weight - $stdWeight;

print "あなたの身長は${height}mですね！\n";
print "あなたの体重は${weight}kgですね！\n";
print "あなたの身長だと標準体重は${stdWeight}kgです！\n";
print "あなたは${tooMuch}kg太りすぎです！\n";
```

このように、スカラー変数$heightの名前部分heightをブレース（{}、いわゆる中カッコ）で囲んで${height}と書きます。これで$heightという名前のスカラー変数であるという解釈が強制されるので、この部分が値に置換されます。

お好みの方法を使ってください。

> CHAPTER 03 文字列とコンテキスト

$記号を表示したい…

次のプログラムもうまく行きません。

```perl
#! /usr/bin/perl
#
# scalar.pl -- スカラー変数について説明する（バグあり）

use strict;
use warnings;

my $i = 120;

print "スカラー変数$iには$iが入っています...\n";
```

実行します。

```
C:\Perl\perl>scalar.pl
スカラー変数120には120が入っています...
```

前の方の`$i`はそのまま「$i」とドル記号と小文字の`i`を出したかったのですが、失敗しています。前にも`\n`と書こうとして同じような状況がありましたね。この場合も「\と表示するには\\と書く」のと同じ原理で、\を$の前に書きます。

```perl
#! /usr/bin/perl
#
# scalar2.pl -- スカラー変数について説明する（バグ修正）

use strict;
use warnings;

my $i = 120;

print "スカラー変数\$iには$iが入っています...\n";
```

実行します。

```
C:\Perl\perl>scalar2.pl
スカラー変数$iには120が入っています...
```

オッケーですね。このように、二重引用符の中でヤバそうな文字の前に\を書いてその特殊機能を打ち消すことを「**バックスラッシュでエスケープする**」と言います。ちなみに、別にエスケープする必要がない文字の前に\を書くのも合法です。ここでは、ピリオドが""の中に書けたかどうか不安になったとします。

```perl
#! /usr/bin/perl
#
# scalar3.pl -- スカラー変数について説明する（過剰なエスケープ）
```

```
use strict;
use warnings;

my $i = 120;

print "スカラー変数\$iには$iが入っています\.\.\.\n";
```

これでも大丈夫です。

```
C:\Perl\perl>scalar3.pl
スカラー変数$iには120が入っています...
```

　まったく変わりません。以前にも出てきましたが、このようにバックスラッシュ（\）は、特に特殊文字でない字の前に単独で（1個だけ）書かれた場合は「無視」されます。\.における\は、\n（改行）の場合のような特殊文字を作るものでも、\$や\\の場合のような「特殊文字の特殊性を打ち消すために追加されたもの」でもありません。この場合、書かなかったこととされて「...」と普通にピリオドが3つ表示されます。

3-2 文字列と演算子

　数値には+、-、*、/などの演算子が使えましたが、文字列にも使えます。

ドット演算子（.）

　まず**ドット演算子**を紹介します。ピリオド1個（.）です。印刷のゴミではありませんから注意してください。これは、複数の文字列を結合するときに使います。

```
#! /usr/bin/perl
#
# name_cat.pl -- 名前を表示する（ドット演算子による結合）

use strict;
use warnings;

my $myouji = "車";
my $namae  = "寅次郎";
my $fullname = $myouji . $namae;

print "姓は$myouji、名は$namae、フルネームは$fullnameです。\n";
```

　実行します。

```
C:¥Perl¥perl>name_cat.pl
姓は車、名は寅次郎、フルネームは車寅次郎です。
```

このプログラムのミソはこれです。

```
my $fullname = $myouji . $namae;
```

$myoujiというスカラーには"車"、$namaeというスカラーには"寅次郎"という文字列リテラルが入っていました。で、$fullnameは、この2つの文字列をドット演算子で結合したもので初期化しています。

このドット演算子のオペランドは$myoujiと$namaeです。式「$myouji . $namae」の値は、ドット演算子の左の文字列のうしろに右の文字列を結合したものになります。で、この式の値が$fullnameに代入されています。

反復演算子(x)

次に反復演算子を説明します。これは普通に英語で使うアルファベットのx(小文字のエックス)を演算子に使います。以下のプログラムを見てください。

```
#! /usr/bin/perl
#
# news_rep.pl -- ニュースを表示する（反復演算子）

use strict;
use warnings;

my $news = "バスガス爆発";

print "今日のニュースは$newsです！¥n";

$news = $news x 3;

print "$newsです！¥n";
```

実行します。

```
C:¥Perl¥perl>news_rep.pl
今日のニュースはバスガス爆発です！
バスガス爆発バスガス爆発バスガス爆発です！
```

大変ですね。ここがミソです。

```
$news = $news x 3;
```

$newsというスカラーには"バスガス爆発"という文字列が入っていました。これを演算子xによって、3回繰り返した文字列を作り、同じ$newsを上書きし

ています。

演算子xに対して、オペランドは`$news`と3です。式`$news x 3`の値は、xの左側の文字列を右側の数値で繰り返した文字列になります。

この式の値「バスガス爆発バスガス爆発バスガス爆発」で、もともとの`$news`を上書き代入しています。

.= と x= 演算子

前章で、`$x = $x + 3`という式は`$x += 3`のように`+=`という演算子を使って簡略化できることを学びましたね。

ドット演算子とx演算子にも、対応する`.=`と`x=`があります。まずは`.=`を研究します。

```perl
#! /usr/bin/perl
#
# name_cat2.pl -- 名前を表示する（.=演算子）

use strict;
use warnings;

my $name = "車";

print "$nameです。¥n";

$name .= "寅次郎";

print "$nameです。¥n";
```

実行します。

```
C:¥Perl¥perl>name_cat2.pl
車です。
車寅次郎です。
```

プログラムのミソはここです。

```
$name .= "寅次郎";
```

`$name`には"車"が入っていましたが、`.=`演算子によって、そのうしろに"寅次郎"を追加された値で、`$name`は置き換えられます。

x=演算子は右に数字を書きます。

```perl
#! /usr/bin/perl
#
# news_rep2.pl -- ニュースを表示する（x=演算子）
```

```perl
use strict;
use warnings;

my $news = "バスガス爆発";

print "今日のニュースは$newsです！\n";

$news x= 3;

print "$newsです！\n";
```

これはさっきと同じ結果になります。

```
C:\Perl\perl>news_rep2.pl
今日のニュースはバスガス爆発です！
バスガス爆発バスガス爆発バスガス爆発です！
```

文字列変数が数値として使える

　Perlのスカラー変数は数値と文字を両方格納でき、数値を格納して文字列として使うことも、文字列を格納して数値として使うこともできます。

```perl
#! /usr/bin/perl
#
# numStr.pl -- 数字と文字で遊ぼう

use strict;
use warnings;

my $num;

print "1のあとに0を4回書くと:", $num = "1" . "0" x 4, "\n";
print "それから5を引くと:", $num -= 5, "\n";
print "それを3回繰り返すと:", $num x= 3, "\n";
print "これを3で割った余りは:", $num %= 3, "\n";
```

　実行してみます。

```
C:\Perl\perl>numStr.pl
1のあとに0を4回書くと:10000
それから5を引くと:9995
それを3回繰り返すと:999599959995
これを3で割った余りは:0
```

　では解説します。

```perl
my $num;
```

まずポツンと`$num`を宣言して`strict`で怒られないようにしています。この時点では`$num`には`undef`が入っています。

```
print "1のあとに0を4回書くと:", $num = "1" . "0" x 4, "\n";
```

これは、まず

```
$num = "1" . "0" x 4
```

という代入式によって、`$num`に1のあとに0を4個くっつけた数字を代入しています。

ドット演算子`.`と反復演算子`x`は、`x`の方が`.`よりも結合の優先順位が高いので（`*`と`+`に似てますね）さきに`"0" x 4`で`"0000"`が生成されて、それを`"1"`のあとにくっつけて`"10000"`が生成されます。代入演算子`=`は`x`よりも`.`よりも優先順位が低いので、`"10000"`という文字列が完全に生成されてから`$num`に代入されます。

で、この代入式を

```
print "1のあとに0を4回書くと:", $num = "1" . "0" x 4, "\n";
```

のように`print`に渡すリストの第2要素として渡しています。

代入式は代入されたものという値を持ちますから、`$num = "1" . "0" x 4`という式が10000という値を持ち、それを`print`表示しています。こうして、文字列の作成と表示をコンパクトに書いています。

```
print "それから5を引くと:", $num -= 5, "\n";
```

ここでは、`$num`を数値として扱って5を引いています。`$num -= 5`という式は10000から5を引いた後の値になりますので、9995が`print`で表示されます。

`$num`という変数に入っているデータは、1という数字の後に0という数字を4回くっつけているだけだと考えれば文字列ですが、マイナス演算子`-`を使って5を引くと9995になったところを見ると、数値としても使えることが分かります。

```
print "それを3回繰り返すと:", $num x= 3, "\n";
```

ここでは、また`$num`を文字列として使い、`x=`で3回繰り返した値で更新しています。9995を3回繰り返したので、999599959995になります。

```
print "これを3で割った余りは:", $num %= 3, "\n";
```

今度はまた数値として扱い、`$num`を3で割った余りで`$num`を置き換えています。

このように、Perlのデータは数値として扱えば数値としてふるまい、文字列と

して扱えば文字列としてふるまいます。と書くと難しいようですが、我々が紙に数字を書くときと一緒で、数字は文字列でもあり数値でもあるということで、自然な動きだと思います。この自然さがPerlの他の言語にはない強みです。

> **MEMO**
> 余談ですが、どんな数字も3回繰り返すと3で割り切れます。

3-3 文字列と関数

前章ではsqrtという数値を計算する関数を使いましたが、文字列も当然関数が使えます。いくつか紹介します。

printの改行いらない版say

これまで文字列を渡す関数としてはprintを使ってきましたが、ここからはprintの代わりに**say**というものを使ってみます。sayはprintとほとんど同じですが、最後に\nを勝手に付けてくれるものです。これで、わざわざプログラムに\nを書く必要がなくなります。

```perl
#! /usr/bin/perl
#
# numStr2.pl -- 数字と文字で遊ぼう（say版）

use 5.010;
use strict;
use warnings;

my $num;

say "1のあとに0を4回書くと:", $num = "1" . "0" x 4;
say "それから5を引くと:", $num -= 5;
say "それを3回繰り返すと:", $num x= 3;
say "これを3で割った余りは:", $num %= 3;
```

say関数はPerl 5.10の新機能です。お使いの環境ではPerl 5.8などが生き残っているかもしれませんが、その場合は地味にprintを使って末尾は\nでシメてください。

> **MEMO**
> お使いのPerlのバージョンはperl -vというコマンドを実行すれば分かります。

で、Perl 5.10の新機能を使うと宣言するために最初に

```
use 5.010;
```

と書きます。

あとはprintをsayにして、末尾の¥nを省略するだけです。

文字列の長さを測るlength

lengthは英語で長さのことで、文字列の長さを返す関数です。

> **MEMO**
>
> 日本語文字列の長さを測るのには、ちょっとコツが要ります。それはP.391で研究しますが、ここでは半角英数字のみを使って実験します。

それでは用例です。

```perl
#! /usr/bin/perl
#
# length.pl -- length関数で遊ぼう

use 5.010;
use strict;
use warnings;

my $num;

say "最初は 1234:", $num = "1234";
say "長さは:", length $num;
say "3で割った余りは:", $num % 3;

say "3回つなげると:", $num x= 3;
say "長さは:", length $num;
say "3で割った余りは:", $num % 3;
```

なげやりなプログラムですが、実行してみます。

```
C:¥Perl¥perl>length.pl
最初は 1234:1234
長さは:4
3で割った余りは:1
3回つなげると:123412341234
長さは:12
3で割った余りは:0
```

OKですね。length関数はこのように文字列を引数に取って、その長さを返

します。`length("abc")`は3を返します。

部分文字列を返す`substr`(左辺にも使える!)

`substr`はsub-stringの略で、部分文字列という意味です。この関数は、文字列と数値を渡して、文字列の一部を取り出したり置き換えたりします。`substr`関数の使い方には以下のように、引数が2個、3個、4個のバリエーションがあります。

```perl
my $date = "YYYYMMDD";
substr $date, 6;
    # 文字列$dateの7文字目から以降全部を返す("DD"が返る)
substr $date, 4, 2;
    # 文字列$dateの5文字目から2文字分を返す("MM"が返る)
substr $date, 4, 2, "XX";
    # 文字列$dateの5文字目から2文字分"XX"に置き換え
    # 置き換える前の文字列を返す
    # ($dateの中身は"YYYYXXDD"になり、substrの戻り値は"MM"になる)
```

第1引数には、文字列を取り出すもとになる文字列を渡します。上では`$date`という変数を引数に渡していますが、`"20151123"`のような文字列リテラルを渡してもかまいません。

第2引数には、取り出したい部分文字列の先頭位置を渡します。これを**オフセット**(offset)と言います。オフセットはゼロ始まりで指定します。たとえば、`"abcdefghij"`という文字列のeは先頭から5文字目ですが、オフセットは4になります。

この第2引数までが必須引数で、これ以降はオプションです。

第3引数は長さ(取り出す文字数)を渡します。

第4引数は置き換え後の文字列を渡します。

ではガンガン実験しましょう。まず最初に、`substr`関数を使って文字列の一部を取り出すパターンのプログラムを作ります。

```perl
#! /usr/bin/perl
#
# substr.pl -- substr関数で遊ぼう

use 5.010;
use strict;
use warnings;
```

```
my $date = "20151123";

say "¥$date:", $date;
say "月日は5文字目以降:", substr($date, 4);
say "年は最初の4文字:", substr($date, 0, 4);
```

実行します。

```
C:¥Perl¥perl>substr.pl
$date:20151123
月日は5文字目以降:1123
年は最初の4文字:2015
```

ではsubstr関数にしぼって見て行きましょう。

```
say "月日は5文字目以降:", substr($date, 4);
```

の実行結果は以下の通りになります。

```
月日は5文字目以降:1123
```

このようにsubstr関数に、$dateの他に数字の引数を1つだけ渡した場合は、その引数は開始位置になります。

文字列の最初の位置をゼロと数えますので、月日が始まる5文字目はオフセット4になり、それより先の1123が戻り値になります。

```
say "年は最初の4文字:", substr($date, 0, 4);
```

の実行結果は以下の通りになります。

```
年は最初の4文字:2015
```

このように引数に開始位置と長さを渡すこともできます。
先頭から4文字ですので、2015が答えになります。

次は、substr関数で文字列の一部を書きかえるプログラムを書きます。

```
#! /usr/bin/perl
#
# substr2.pl -- substr関数で遊ぼう2

use 5.010;
use strict;
use warnings;

my $date = "20151123";
```

CHAPTER 03 文字列とコンテキスト

```
say "¥$date:", $date;
say "来年は:", substr($date, 0, 4) += 1;
say "現在の¥$dateは:", $date;
say "年を8888にする:", substr($date, 0, 4) = "8888";
say "現在の¥$dateは:", $date;
say "9999年にする:", substr($date, 0, 4, "9999");
say "現在の¥$dateは:", $date;
```

実行します。

```
C:¥Perl¥perl>substr2.pl
$date:20151123
来年は:2016
現在の$dateは:20161123
8888年にする:8888
現在の$dateは:88881123
9999年にする:8888
現在の$dateは:99991123
```

ではミソ部分を解説します。

```
my $date = "20151123";

say "¥$date:", $date;
```

ここまで実行した結果は以下の通りです。

```
$date:20151123
```

どうってことないですね。スカラー変数$dateに20151123という値を入れて、そのまま表示しています。

続いて以下の文を実行します。これはちょっとおもしろいですよ。

```
say "来年は:", substr($date, 0, 4) += 1;
```

substr関数で$dateの先頭4文字を取り出したものに1を加算しています。

お分かりでしょうか。これまで関数は、何らかの引数を渡されて値を返していました。代入文であれば、イコール(=)の右側に来ていました。このような関数の働きを**右辺値**(rvalue)といいます。

一方、ここでのsubstr関数は、+=演算子の左側に来て、1を加算するという演算の対象になっています。いじられる側に回っているわけです。このような関数の働きを**左辺値**(lvalue)といいます。この結果は以下の通りです。

```
来年は:2016
```

substr関数によって取り出された年(2015)に、+=演算子によって1を加算

したものが表示されています。では次の

```
say "現在の¥$dateは:", $date;
```

の結果はどうなっているでしょうか。こうなっています。

```
現在の$dateは:20161123
```

　つまり、substr関数と+=関数によって$dateのデータが部分的に書きかえられたということになります。8桁の数字列の上の4桁だけを取って、加算するという操作が可能になったわけです。これは便利だ！ これが左辺値の威力です。
　もう1個、左辺値の用例が出てきます。

```
say "8888年にする:", substr($date, 0, 4) = "8888";
```

　今度は、先頭から4文字分に8888をセットして、8888年という未来の日付にしています。

```
8888年にする:8888
```

　ここで表示されたのは代入式substr($date, 0, 4) = "8888"の式の値で、"8888"が代入されたから8888が表示されています。もう1回$dateを見てみます。

```
say "現在の¥$dateは:", $date;
```

　どうでしょうか。

```
現在の$dateは:88881123
```

　やはり$dateの年部分が書きかわっています。

　最後に引数が4つのケースです。

```
say "9999年にする:", substr($date, 0, 4, "9999");
```

　第4引数"9999"は、$dateの先頭から4文字分を置き換える文字列です。このように4つの引数を使うことで、substr関数だけで文字列を置き換えることができます。このsubstr関数の戻り値を表示します。

```
9999年にする:8888
```

　このsubstr関数は、先頭4文字を9999に置き換えているんですが、戻り値としては**置換前の値**8888を返します。（細かい！）
　これは特定の場所に入っている文字が何か分からないが、とりあえず伏せ字にして、どんな文字が入っていたのか別場所に格納するような処理に便利でしょう。

最後に、再度$dateを表示します。

```
現在の$dateは:99991123
```

無事置き換えが起こっています。

> **MEMO**
> ていうかこの本のこのへん、なげやりになって読んでませんか。じっくり読むとおもしろいので、理解するまで前後を読み返してください！

もう1回説明します。プログラムと実行結果を左右に並べてみます。

表3-1：左辺値による置き換えと第4引数による置き換え

プログラム	実行結果	説明
say "8888年にする:", substr($date, 0, 4) = "8888";	8888年にする:8888	substr関数を左辺値で使い、新しい値を代入
say "現在の¥$dateは:", $date;	現在の$dateは:88881123	
say "9999年にする:", substr($date, 0, 4, "9999");	9999年にする:8888	substr関数を引数4つで使い、新しい値を代入
say "現在の¥$dateは:", $date;	現在の$dateは:99991123	

以上、高機能で柔軟ですが、ちょっと複雑なsubstr関数の使い方でした。

> **MEMO**
> 日本語データでsubstr関数を使うには、文字コードの知識が必要です。第10章を参照のこと。

部分文字列を検索して位置を返すindex

Web検索などをはじめ、検索はコンピューターで最も便利な機能の1つです。**index**関数は、文字列の中から別の文字列を検索し、その先頭からのオフセットを返します。

文字列の中での位置を渡すと部分文字列を返すのがsubstrでしたね。indexは部分文字列を渡すと文字列の中での位置を返しますので、逆の働きになります。

index関数には以下のように、引数が2個と3個の、2つのバリエーションがあります。

```
index $str, "love"
    # 文字列$strの先頭から"love"を検索しオフセットを返す
index $str, "love", 9
    # 文字列$strの10文字目から"love"を検索しオフセットを返す
```

3.3 文字列と関数

簡単な例を書きます。ローマ字（ABCDEFG・・・）の特定の文字が先頭から数えて何番目か知りたくなることはありませんか。これを調べてみます。

```
#! /usr/bin/perl
#
# index.pl -- index関数で遊ぼう

use 5.010;
use strict;
use warnings;

my $str = "0ABCDEFGHIJKLMNOPQRSTUVWXYZ";

my $pos_1 = index $str, "J";
my $pos_2 = index $str, "T", $pos_1;
my $pos_3 = index $str, "A", $pos_2;

say "Jは先頭から探して$pos_1文字目";
say "Tは$pos_1文字目から探して$pos_2文字目";
say "Aは$pos_2文字目から探して$pos_3文字目";
```

結果です。

```
C:\Perl\perl>index.pl
Jは先頭から探して10文字目
Tは10文字目から探して20文字目
Aは20文字目から探して-1文字目
```

では解説します。

```
my $str = "0ABCDEFGHIJKLMNOPQRSTUVWXYZ";
```

最初に文字列を`$str`に代入します。Aのオフセットがゼロでなく1になるように、最初にアルファベットには存在しないダミーの値0を入れています。

```
my $pos_1 = index $str, "J";
```

これは引数2個の`index`の例です。先頭から"J"を探して、見つかった位置を`$pos_1`に入れています。"J"が10文字目に見つかりますので、`$pos_1`は10になります。

```
my $pos_2 = index $str, "T", $pos_1;
```

これは引数3個の`index`の例です。`$pos_1`、つまり、さきほど"J"が見つかった位置から検索をはじめます。"T"を探して、見つかった位置は`$pos_2`に入れています。"T"は先頭から20文字目に見つかりますので、`$pos_2`は20になります。

```
my $pos_3 = index $str, "A", $pos_2;
```

　これも引数3個のindexです。$pos_2、つまり、さきほど"T"が見つかった場所から検索をはじめます。"A"を探して、見つかった位置は$pos_3に入れています。ところが、"A"は先頭(オフセット1)にはありますが、"T"以降には存在しません。この場合はどうなるのでしょうか。

```
say "Jは先頭から探して$pos_1文字目";
say "Tは$pos_1文字目から探して$pos_2文字目";
say "Aは$pos_2文字目から探して$pos_3文字目";
```

　これで、3つの出現箇所が発表されています。実行結果はこうなります。

```
Jは先頭から探して10文字目
Tは10文字目から探して20文字目
Aは20文字目から探して-1文字目
```

　"J"は10文字目、"T"は20文字目でオッケーですね。
　問題は見つからなかった"A"ですが、文字のオフセットとしてはありえないマイナス1になっています。
　このように、indexで見つからない場合は-1が返ります。これで見つからなかったことが分かります。

3-4 不思議な値 undef

　以前、登場させた変数に何も初期化しないまま表示すると警告される、と申しました。そのとき変数には、数値としてみればゼロが、文字列としてみれば空文字列("")が入っているように見える、都合のいいデータundefが入っている、と申しました。
　でも、本当にそんなデータがあるんでしょうか。数値のデータも、文字列のデータも扱えるようになった今、このundefについて研究してみましょう。

▍定義していない値を使うと怒られる

　テストしてみます。

```
#! /usr/bin/perl
#
# undef.pl -- undefで遊ぼう

use 5.010;
use strict;
```

```
use warnings;

my $var;

say "¥$varには=>$var<=が入っています";
say "10の¥$var乗は", 10 ** $var, "です";
```

では実行してみます。

```
C:¥Perl¥perl>undef.pl
Use of uninitialized value $var in concatenation (.) or string at
C:¥Perl¥perl¥undef.pl line 11.
$varには=><=が入っています
Use of uninitialized value $var in exponentiation (**) at C:¥Perl¥p
erl¥undef.pl line 12.
10の$var乗は1です
```

予想通り、use warningsによって警告が出ましたね。

```
say "¥$varには=>$var<=が入っています";
```

において「未定義の値$varが結合(.)文字列として使われています」と言われていますが、予定の行動です。警告はされても実行は行われて、

```
$varには=><=が入っています
```

と表示されています。これは、=>と<=の間にundefを結合した結果です。警告はされましたが、空文字列""が入りました。

また、

```
say "10の¥$var乗は", 10 ** $var, "です";
```

において「未定義の値$varがべき乗(**)で使われています」と警告されていますが、

```
10の$var乗は1です
```

と表示されています。10^0は1ですので予想通り数字として解釈するとゼロになっているようです。

強制的に未定義状態を作り出すundef関数

では、すでにちゃんとした値が入っている変数を、強制的に未定義化することはできるでしょうか。これには**undef関数**を使います。

```
#! /usr/bin/perl
#
```

> CHAPTER 03 文字列とコンテキスト

```
# undefFunc.pl -- undef関数で遊ぼう

use 5.010;
use strict;
use warnings;

my $var = 10;

say "¥$varには=>$var<=が入っています";
say "10の¥$var乗は", 10 ** $var, "です";

undef $var;

say "¥$varには=>$var<=が入っています";
say "10の¥$var乗は", 10 ** $var, "です";
```

実行します。

```
C:¥Perl¥perl>undefFunc.pl
$varには=>10<=が入っています
10の$var乗は10000000000です
Use of uninitialized value $var in concatenation (.) or string at
C:¥Perl¥perl¥undefFunc.pl line 16.
$varには=><=が入っています
Use of uninitialized value $var in exponentiation (**) at C:¥Perl¥p
erl¥undefFunc.pl line 17.
10の$var乗は1です
```

前半では正常に$varの中身10と、$10^{10}$である10000000000を表示しています。その後、

```
undef $var;
```

によって$varはundef化して、さきほどと同じ警告メッセージが表示されましたが、文字列としては空文字列""が、数値としてはゼロが表示されました。

このように、undef関数を使って、実のあるデータが入っていた変数をundef化することができます。

MEMO

Mac/UNIXではエラーメッセージとsay表示の順番が変わることがありますが、内容は一緒です。

Perlには文脈がある（文字列コンテキストと数値コンテキスト）

このように、Perlでは同じデータを「文字列として」解釈したり、「数値として」解釈したりすることがあります。こうして同じものの解釈を変えることをコンテ

キスト（context、文脈）と言います。

　日本語という言語にもコンテキストがあります。同じ「金」という漢字でも、「日本の体操が金を取った」というときはキンと読んで金メダルのことになりますし、「しょせん金の世の中や」と書くとカネと読んでマネーという意味になりますね。

　Perlでは、同じデータをコンテキストによってさまざまに処理します。一例をお見せします。

```perl
#! /usr/bin/perl
#
# context.pl -- contextで遊ぼう

use 5.010;
use strict;
use warnings;

my $var = "10.00";

say "￥$varには=>$var<=が入っています";
say "￥$varの長さは", length($var), "です";
say "10の￥$var乗は", 10 ** $var, "です";


say "---";

$var += 0;

say "￥$varには=>$var<=が入っています";
say "￥$varの長さは", length($var), "です";
say "10の￥$var乗は", 10 ** $var, "です";


say "---";

$var .= ".0000";

say "￥$varには=>$var<=が入っています";
say "￥$varの長さは", length($var), "です";
say "10の￥$var乗は", 10 ** $var, "です";


say "---";

$var = "XYZ";

say "￥$varには=>$var<=が入っています";
say "￥$varの長さは", length($var), "です";
say "10の￥$var乗は", 10 ** $var, "です";
```

　実行します。

> CHAPTER **03** 文字列とコンテキスト

```
C:\Perl\perl>context.pl
$varには=>10.00<=が入っています
$varの長さは5です
10の$var乗は10000000000です
---
$varには=>10<=が入っています
$varの長さは2です
10の$var乗は10000000000です
---
$varには=>10.0000<=が入っています
$varの長さは7です
10の$var乗は10000000000です
---
$varには=>XYZ<=が入っています
$varの長さは3です
Argument "XYZ" isn't numeric in exponentiation (**) at C:\Perl\perl
\context.pl line 37.
10の$var乗は1です
```

では解説します。

```
my $var = "10.00";

say "\$varには=>$var<=が入っています";
say "\$varの長さは", length($var), "です";
say "10の\$var乗は", 10 ** $var, "です";

say "---";
```

最初に10.00という文字列を$varに入れています。

この変数をlength関数に渡すと、**文字列コンテキスト**で評価されますので長さ5が返ります。

しかし、10 ** $varを計算するときは**数値コンテキスト**で評価されますので、$10^{10.00}$つまり10^{10}つまり10の十乗つまり10000000000（100億）が返ります。

この結果、

```
$varには=>10.00<=が入っています
$varの長さは5です
10の$var乗は10000000000です
---
```

のように表示されます。なお、今回ずらずら似たような解答が並んで見づらいので、適当に"---"という文字列を表示して区切り目にしてみました。

```
$var += 0;
```

$varに0という数値を加算されます。この計算の結果、$varは無駄な小数点

3.4 不思議な値undef

以下がなくなって10になります。表示はこうです。

```
$varには=>10<=が入っています
$varの長さは2です
10の$var乗は10000000000です
```

10は、文字列としては長さが2ですが、10^{10}は先ほどと同じ100億です。

```
$var .= ".0000";
```

次にうしろに.0000という文字列をくっつけてみました。これで10.0000というデータになりました。長さが7ですが、$10^{10.0000}$はあいかわらず10000000000です。

10、10.00、10.0000という3つの値が入った$varを、length関数に渡すとそれぞれ2、5、7と違う値を返しますが、10 ** $varを計算すると、みな10000000000(10の10乗=100億)という値を返します。

lengthに渡すと「ということは$varを文字列として使いたいようだ」とPerlは判断し、10の長さは2、10.00の長さは5と答えを返します。

べき乗(**)に使うと「ということは$varを数値として使いたいようだ」とPerlは判断し、10 ** 10も10**10.00も10000000000になります。

最後にXYZという絶対数字ではないものを渡してみました。長さは3で、それはいいんですが、その後に「べき乗なのに"XYZ"という数字じゃないのを渡してるよー」という警告を発しています。

警告を無視して10^{XYZ}を計算すると1になります。数字でない文字列をムリヤリ数字として解釈するとゼロになるようです。10^0は1です。

このように、Perlは$varという同じ変数の値を、数値として使おうとしているのか、文字列として使おうとしているのか感じ取って、ちょうど良く解釈します。

前にも書きましたが、同じメモ用紙に「10」と書いてあっても、それは数字2個からなる文字列と捉えることも、10という数値として捉えることもありますので、これは自然なふるまいです。これがコンテキストです。

コンテキストには他に、真偽値コンテキスト、リスト コンテキスト、スカラーコンテキストというのがあります。これは次の章で出てきます。また、文字列コンテキストと数値コンテキストの違いも、比較演算子を学ぶときにもう一度研究します。

✓ まとめコーナー

本章も内容たっぷりでしたね。きちんとおぼえているかチェックしてください。

- 二重引用符で文字列を囲むと文字列リテラルが作れる
- "こんにちは"、"JPY"、"車寅次郎"など
- これを`$var`のようなドル記号始まりのスカラー変数に入れることができる
- "今日の気温は`$temparature`度です"のように二重引用符で囲んだ文字列の中にスカラー変数を入れ込むことができる
- これは実行時に"今日の温度は20度です"のように値に展開される。これを二重引用符の変数展開と言う
- "私の体重は`$weight`kgです"のように、変数`$weight`に単位kgを英数字で連続させたい場合、困る。この場合は"私の体重は`${weight}`kgです"のように名前部分をブレースで囲んで対策できる
- 「`$million`」という文字列をそのまま表示したい場合、ただ単に"`$million`"と書くとスカラー変数の値が展開されてしまう。この場合は、"\\`$million`"のようにバックスラッシュでエスケープする
- ドット演算子 . は文字列を結合する。"車" . "寅次郎"という式は"車寅次郎"と同値である
- 反復演算子xは文字列を繰り返す。"ヘ" x 3 という式は"ヘヘヘ"と同値である
- .= 演算子は `$var .= "文字列"`のように使い、`$var`の末尾に文字列を結合する。式の値は結合した文字列になる
- x= 演算子は`$var x= 3`のように使う。この場合`$var`に最初"うへへ"と入っていたとすると、演算子の実行によって`$var`は"うへへうへへうへへ"となる
- 文字列用の演算子で数字を文字として演算し、計算で使うことができる。1 . 0 x 3 という式の値は1000という数値と同じ
- `say`関数は`print`と同じく文字列を表示するが、最後に強制的に"\\n"を入れてくれる
- `say`関数を使う場合、Perl 5.10以上を使用し、さらに最初に`use 5.010`と書くことが必要である

- `length`関数は文字列の長さを返す
- `substr`関数は文字列のオフセットと長さを得て部分文字列を返す
- `substr`は左辺値として使うことができる。この場合いま指し示している部分文字列を置き換えることができる
- `substr`には第4引数を使って文字列を置き換えることもできる。左辺値を使うこととの違いは、`substr`の戻り値として置き換え**前**の文字列が返ることである
- `index`関数は文字列とその中にあるかもしれない部分文字列を渡して検索する
- あったらオフセットを、なければ-1を返す
- 第3引数として検索の開始位置を渡すこともできる

- 何も代入していない変数には`undef`（未定義値）という値が入っている
- `undef`は数字としてはゼロ、文字列としては空文字`""`として扱える
- 計算に使ったり表示したりすると警告はされるがプログラムは動く
- `undef`関数で中身のある変数を強制的に未定義値にできる

- Perlの変数は文字列と数値を両方格納できるので、どちらが要求される場面か判断して処理している。これをコンテキストと言う
- `$var`という変数に`"10.0000"`という文字列を格納して`length`関数に渡すと、`$var`は文字列コンテキストで解釈される（関数の値は7になる）
- 同じ`$var`を使って$10^{\$var}$という式を書くと10.0000は数値コンテキストで10と同じ値に解釈される（式の値は10^{10}つまり10000000000になる）

いかがでしょうか。あやふやな点があれば、改めて見返しておいてください。

練習問題

（解答はP.549参照）

Q1

クイズです。

```perl
#! /usr/bin/perl
#
# lengthContext.pl -- 文脈と長さで遊ぼう！

use 5.010;
use strict;
use warnings;

my $n =  ?  ;

say "最初の長さ: ", length($n);

$n += 3;

say "3を足すと長さは:", length($n);

$n /= 4;

say "4で割ると長さは:", length($n);
```

このプログラムを実行すると、結果は以下のようになりました。

```
C:\Perl\perl>lengthContext.pl
最初の長さ: 3
3を足すと長さは:2
4で割ると長さは:3
```

このようになるように、$nの初期値を決めてください。

Q2

次のプログラムの穴埋めをして、月の英語名から順番を返すプログラムを作ってください。

```perl
#! /usr/bin/perl
#
# monthName.pl -- 月の名前から順番を割り出そう

use 5.010;
use strict;
use warnings;
```

```
my $year = "January 1 February 2 March 3 April 4 May 5 June 6
July 7 August 8 September 9 October 10 November 11 December 12";

my $month = "March";  # 他の月を調べたいときはここを変更する
```

```
        ?
```

```
say "英語で$monthは$num月のことです。";
```

結果は以下のようになります。

```
C:¥Perl¥perl>monthName.pl
英語でMarchは3月のことです。
```

COLUMN 豆プログラム集のすすめ

　本書では、10行以内の、小さな小さなプログラムの作成を盛んに行っています。小さいプログラムだけに大きな仕事はできませんが、こういうプログラムを「手駒」として持っておくと大変役立ちます。

　本書に書いた「小さなプログラム」は以下のような特徴を持っています。
（1）短い。パソコンの画面をスクロールしないでも全貌が見渡せる
（2）Perl言語のある1つの機能（関数、演算子、文法）の使い方の用例になっていて、2つ以上の新しい、難しいことが出てこない
（3）新しくおぼえる機能以外は、すでに書いたプログラムからの使い回しが多い
（4）実際に動作する

　プログラミング言語を学ぶにおいて、このようなプログラムをたくさん作ってみる方式は、非常にオススメです。
　本書では入門書である関係上、多くのPerlの機能を、かなりの有名どころであっても割愛しています。興味のあるみなさんは、perldoc（P.592参照）や、参考文献（P.594参照）で勉強してください。で、その際に是非ご自分の力で、実際に動く豆プログラムを作ってください。（腕試しとして、本書では割愛したrindex関数を使ったプログラムを作ってみてください。）
　その時、まずはできる限り小さいプログラム、役に立たないプログラム、ただ1つの機能をデモするプログラムをストイックな姿勢で作ることをおすすめします。

　もちろん最終的には実際に役に立って、リッチな機能を持つ、魔法のような堂々たるプログラムを作ることが目標です。しかしながら、そのための一歩として、ミニマルなプログラムで腕試しを繰り返すのがいいと思います。
　この方式でプログラミング言語の勉強を続けていると、お手元のコンピューターに大量の豆プログラム集ができます。それは、あなたが1個1個手で動作を確かめた、プログラミング言語の機能リファレンス マニュアルです。これは本当の宝物です。ある機能の使い方を忘れてしまっても、ピッと検索すれば、自分が過去に動かした実績がある使用例が、一瞬にして得られるわけです。

CHAPTER

第4章
リストと配列

本章では、複数のデータをまとめて処理するリストと配列について学びます。また、プログラムに引数を渡すことで、グッと実用的なプログラムが書けるようになります。

4-1 リストとは何か

第2章では数値、第3章では文字列という2種類のスカラーをこってり研究してきました。数値も文字列も $var のようなスカラー変数に入れることができ、区別なく扱うことが可能でしたね。

本章では、複数のスカラーをまとめて管理するデータ構造であるリストと、リストを格納する配列の機能をご紹介しましょう。

リストはすでに出てきた

もっとも、リストはすでに登場しています。

```
#! /usr/bin/perl
#
# warikan2.pl -- ワリカンを計算する（バグ修正！）

print "ワリカン代金は", (2079 + 1659 + 3780 - 832) / 4, "円です！\n";
```

これは、本を買ったお金の計算ですね。

ここで、print関数の引数は3要素のリストです。

(1) "ワリカン代金は"という文字列
(2) (2079 + 1659 + 3780 - 832) / 4という数式
(3) "円です！\n"という文字列

の3つの式を、カンマ（,）でくっつけたものですね。

このように、複数の式をカンマでくっつけたものを**リスト**(list)と言います。

そして、リストを構成する、カンマでくくられた個々の式のことを**要素**(element)と言います。上のリストは3要素から成っています。

普通は、リストを扱うときは、まとまりを際立たせるためにカッコ（()）でくくります。余計なカッコがあっても実行には影響しないので、上のプログラムはこうも書けます。

```
#! /usr/bin/perl
#
# warikan2mod.pl -- ワリカンを計算する（カッコを書いてみた）

print ("ワリカン代金は", (2079 + 1659 + 3780 - 832) / 4, "円です！\n");
```

printやsayはリストを引数に得る関数です。

4.1 リストとは何か

3.14や365のような数字を直接書いたものを数値リテラル、"September"や"車寅次郎"のような文字列を直接書いたものを文字列リテラルと言いましたね。このように、プログラムの中に直接値を書いて式を作るものをリテラルと言いますが、

```
("ワリカン代金は", (2079 + 1659 + 3780 - 832) / 4, "円です！¥n")
```

のように、プログラムの中で直接リストを書いたものを、**リスト リテラル**（list literal）と言います。

リスト リテラルは、

```
# 英語の月名
("January", "February", "March", "April", "May", "June", "July",
 "August", "September", "October", "November", "December")
```

のように文字列リテラルを並べたり、

```
#小の月
(2, 4, 6, 9, 11)
```

のように数字リテラルを並べたりして作ることもできます。

```
("Chihiro", "Fukazawa", 180, 82)
```

のように、文字列リテラルと数字リテラルを混ぜこぜにしたリストを作ることもできます。このリストはぼく（この本の著者）の名前、苗字、身長、体重をリスト化したものです。このリストを使うには、何のデータをどういう順番で並べるかをおぼえておく必要があります。

リストをどうやって作るかはわかりましたが、では何に使えばいいのでしょうか。それをこの章で研究します。とりあえず、リスト リテラルとは、

- 式をカンマで区切って並べる
- 普通は全体をカッコで囲む

ということだけおぼえておいてください。

4-2 配列とは何か

　数値、文字列といったスカラー値は、両方とも`$var`などというスカラー変数に格納できましたね。同じように、リストを変数に入れることができます。この変数を、**配列**（array）と呼びます。

　配列変数は`@arr`のように書きます。スカラー変数のドル記号（`$`）に続いて、アットマーク（`@`）という新しいシジルを使うことに注目してください。

> **MEMO**
> 　スカラー（scalar）変数はsに良く似た`$`、配列は英語でアレイ（array）だからaに良く似た`@`と言う風にイメージ的におぼえてください。

配列にリストを代入する

　配列にリストを代入するには、代入演算子（`=`）を使って、

```
@month = ("January", "February", "March", "April",
         "May", "June", "July", "August", "September",
         "October", "November", "December")
```

のように書きます。カンマの前後には自由にスペースを入れられますが、改行も入れられます。上の例では、見やすさを考慮して、`"April"`の後で改行して、2行目はいくぶんスペースを空けてうしろから始めています。このように、場合によって行頭にちょっと空白を入れて見やすくすることを**字下げ**（indentation、インデント）と言います。

配列を順番でアクセスする

　さて、上のように作られた`@month`という配列の6番目の要素にアクセスするにはどうすればいいでしょうか。

　これは下のように書きます。

```
$month[5]
```

　この式の値は`"June"`になります。

　まず、先頭が`@`ではなくて`$`であることに注意してください。配列はリストですが、各要素はスカラーですから、`$`始まりになります。

　そして末尾に、ブラケット（`[]`、角カッコ）で囲んで、要素の順番を数字で書きます。この数字を**インデックス**（index、指標）と言います。

ここで注目点ですが、インデックスは**ゼロ始まり**です。@monthで言えば、$month[0]という式が"January"、$month[11]が"December"という値を持ちます。

プログラムを書いてみましょう。

```
#! /usr/bin/perl
#
# month.pl -- 月名を調べる（難点あり）

use 5.010;
use strict;
use warnings;

my $num = 1;
my @month = ("January", "February", "March", "April",
        "May", "June", "July", "August", "September",
        "October", "November", "December");

say "$num番目の月は$month[$num]です！";
```

では実行します。

```
C:\Perl\perl>month.pl
1番目の月はFebruaryです！
```

1番目が2月、というのは思いっきり実感に反していますね。これはどうするか。世の中の常識の方を変えて、年の始まりはゼロ月、と言う風にすれば実はものすごくいろんな意味でラクなんですが（プログラマーは泣いて喜ぶと思います）、ぼくにも読者のみなさんにもそこまでの権力はありません。最も簡単な解決法としてはこうします。

```
#! /usr/bin/perl
#
# month2.pl -- 月名を調べる（1を引いて調整）

use 5.010;
use strict;
use warnings;

my $num = 1;
my @month = ("January", "February", "March", "April",
        "May", "June", "July", "August", "September",
        "October", "November", "December");

say "$num番目の月は$month[$num - 1]です！";
```

さあどうだ。

```
C:\Perl\perl>month2.pl
1番目の月はJanuaryです！
```

いい感じに直りましたね。でも、なんかプログラムにマイナス1とか書くのが割り切れない気がします。

あるいは、月のリストにダミーの要素を加えるということもできます。この場合"Dummy"とか"Error"とか、ありえない月の名前を入れてもいいですが、undefを入れるのもオシャレです。

```perl
#! /usr/bin/perl
#
# month3.pl -- 月名を調べる（undef版）

use 5.010;
use strict;
use warnings;

my $num = 1;
my @month = (undef, "January", "February", "March",
        "April", "May", "June", "July", "August",
        "September", "October", "November", "December");

say "$num番目の月は$month[$num]です！";
```

これで、ゼロ番目でなくて1番目の要素が"January"という常識的な感じになります。

ここで書いたundefは引数なしのundef関数で、未定義値を返します。$month[0]の値が未定義値になるわけです。

配列要素に値を代入する

これまで、$month[1]、$month[2]のような配列要素からデータを読み取っていましたが、これらの配列要素にはデータの代入もできます。

さきほどのmonth3.plは、第1要素（インデックスが0の要素）が未定義値であったため、ゼロ月を調べると、Perlエンジンから警告が出ます。やってみましょう。

```perl
#! /usr/bin/perl
#
# month4.pl -- 月名を調べる（undef版でゼロ月を調べる）

use 5.010;
use strict;
use warnings;
```

```perl
my $num = 0;
my @month = (undef, "January", "February", "March",
             "April", "May", "June", "July", "August",
             "September", "October", "November", "December");

say "$num番目の月は$month[$num]です！";
```

実行結果は以下の通りです。

```
C:¥Perl¥perl>month4.pl
Use of uninitialized value $month[0] in concatenation (.) or strin
g at C:¥Perl¥perl¥month4.pl line 14.
0番目の月はです！
```

予定の行動ではあったんですが、未定義値を読み出そうとしたため「Use of uninitialized value…」という警告が発生し、「0番目の月はです！」と気持ち悪い感じの表示になってしまいました。

そこで、ゼロ月に当たる配列の第1要素に、"なし"という文字列を入れてみます。

```perl
#! /usr/bin/perl
#
# month5.pl -- 月名を調べる（ゼロ月を"なし"で上書きする）

use 5.010;
use strict;
use warnings;

my $num = 0;
my @month = (undef, "January", "February", "March",
             "April", "May", "June", "July", "August",
             "September", "October", "November", "December");

$month[0] = "なし";

say "$num番目の月は$month[$num]です！";
```

実行します。

```
C:¥Perl¥perl>month5.pl
0番目の月はなしです！
```

うまくいきました。ポイントはこの部分です。

`$month[0] = "なし";`

いままで$month[0]のような配列要素は、値の読み取りに使っていましたが、

ここでは"なし"という値を代入しています。この配列要素には、@monthの初期化によってundefが入っていたのですが、これが"なし"という文字列に置き換えられます。このように、配列変数@monthに入っている$month[0]、$month[1]といった個々の配列要素は、それぞれがスカラー変数として読み書きできることが分かります。

二重引用符で配列を展開する

`month3.pl`をちょっと改造してみます。

```perl
#! /usr/bin/perl
#
# month6.pl -- 月名を調べる（undef版）そして一年間の月名を表示

use 5.010;
use strict;
use warnings;

my $num = 1;
my @month = (undef, "January", "February", "March",
        "April", "May", "June", "July", "August", "September",
        "October", "November", "December");

say "$num番目の月は$month[$num]です！";
say "一年間の月名は@monthです！";
```

このsay文

```
say "一年間の月名は@monthです！";
```

では、二重引用符("")の中に配列@monthを入れ込んでいます。

このsayを実行すると、配列の@monthの中身がすべて展開され、しかも1個1個の要素の間に見やすくスペースが入ります。超便利です。では実行してみます。

```
C:¥Perl¥perl>month6.pl
1番目の月はJanuaryです！
Use of uninitialized value $month[0] in join or string at C:¥Perl¥perl¥month6.pl line 15.
一年間の月名は January February March April May June July August September October November Decemberです！
```

あれ、ちょっと警告が出ましたね。これはundefが入っているゼロ月（$month[0]）を表示しようとして、「joinまたは文字列の中で未定義値$month[0]を使ってるけどいいんですか」と言われている状況です。$month[0]（ゼロ月の月名）にはundefが入っているので、これは仕様です。警

告ですから say 自体は実行され、一年間の月名が列挙されています。

> **MEMO**
> 「December」の後には、「です！」という文字列が間を開けずに表示されているのに、「月名は」と「January」の間には1個スペースがはさまっています。これは、このスペースの前にundef（文字列コンテキストなので空文字列（""））が表示されているからです。（細かいわ！）

4-3 リストと配列

リストと配列は、お互いに自由自在に代入することができます。

リストに配列を代入する

これまでは

```
@配列 = (リスト);
```

という形式でしたが、逆に、

```
(リスト) = @配列;
```

のようにリストに対して配列を代入することもできます。この場合、受け側のリストは、スカラー変数の列にします。

次のプログラムを見てください。

```
#! /usr/bin/perl
#
# signal.pl -- 信号を作る

use 5.010;
use strict;
use warnings;

my @colors = ("赤", "黄", "緑");

say "信号の色は@colorsです！";

my ($right, $center, $left) = @colors;
```

```perl
say "左側の信号は$leftです！";
say "真ん中の信号は$centerです！";
say "右側の信号は$rightです！";
```

実行します。

```
C:¥Perl¥perl>signal.pl
信号の色は赤 黄 緑です！
左側の信号は緑です！
真ん中の信号は黄です！
右側の信号は赤です！
```

まず下の代入文では、従来通り配列にリストを代入しています。

```perl
my @colors = ("赤", "黄", "緑");
```

一方、下の代入文では、スカラー変数3つのリストに配列を代入しています。

```perl
my ($right, $center, $left) = @colors;
```

左辺にスカラー変数$right、$center、$leftからなるリストを書いています。リストの前にmyを書くことで、スカラー変数3つを一気にmy宣言できます。

従来とは逆に、リストに対して配列を代入しています。これによってリストの1個目の要素$rightには配列の第1要素$colors[0]が、$centerには$colors[1]が、$leftには$colors[2]がそれぞれ代入されます。

同じ要領で歩行者信号を作ってみます。

```perl
#! /usr/bin/perl
#
# signalForWalkers.pl -- 歩行者信号を作る

use 5.010;
use strict;
use warnings;

my @colors = ("赤", "黄", "緑");

say "信号の色は@colorsです！";

my ($up, undef, $down) = @colors;

say "上側の信号は$upです！";
say "下側の信号は$downです！";
```

実行します。

```
C:\Perl\perl>signalForWalkers.pl
信号の色は赤 黄 緑です！
上側の信号は赤です！
下側の信号は緑です！
```

信号の色は「赤 黄 青」と言っているのに、うちの2色しか使っていないのが変な感じですが、見逃してください。

```
my ($up, undef, $down) = @colors;
```

という代入文が今回のミソです。ここでは@colorsという3要素の配列から第1要素、第3要素だけを取り出して第2要素を間引いています。これには、このようにundef関数を代入文の左辺に使います。undef関数をこのように左辺に使うと、何を代入されてもその値が虚空の彼方に消えてしまうという性質があるので、使わない配列要素を飛ばすのに便利です。

リスト同士の代入

さて、上の例では@colorsという配列を、リストで初期化した後すぐに別のリストに値を渡してしまって、無駄な感じがします。実は、

```
(リスト) = (リスト)
```

という風にリスト同士の代入ができるので、これを使えば上のプログラムは短縮できます。

```perl
#! /usr/bin/perl
#
# signalList.pl -- 信号を作る（リスト版）

use 5.010;
use strict;
use warnings;

my ($right, $center, $left) = ("赤", "黄", "緑");

say "左側の信号は$leftです！";
say "真ん中の信号は$centerです！";
say "右側の信号は$rightです！";
```

このように、リスト対リストの代入もできます。複数のスカラー変数を一気に初期化できて便利ですね。実行結果は省略します。

なお、受け側のリストが配列より短い場合は、先頭の要素だけ取って、残りは

破棄します。

```
my ($red, $yellow) = ("赤", "黄", "緑");
```

とすると、赤と黄の信号だけがスカラー変数に代入され、文字列"緑"はどこかに行ってしまいます。何のエラーも起きません。これは配列の先頭の方にだけ用があるとき便利です。

　また、受け側のリストが配列より長くなると、末尾の方のスカラー変数は代入元の配列要素がなくなるので、undefが入ってきます。

```
my ($red, $yellow, $green, $black) = ("赤", "黄", "緑");
```

とすると、$redには"赤"、$yellowには"黄"、$greenには"緑"が入りますが、$blackにはundefが入ります。これも何のエラーも起きませんが、undefが入った$blackを計算や表示に使うと警告されます。

　左辺に数値1、2や文字列"abc"のようなリテラルを置くと、リテラルを別の値で置き換えようとしているのでエラーが発生します。まず

```
my ($red, $yellow, "グリーン") = ("赤", "黄", "緑");
```

のようにmy宣言と代入を同時に行うと、「Can't declare constant item in "my"」(my宣言の中で定数は定義できません)というエラーが発生し、プログラムの実行は中断されます。次に

```
my ($red, $yellow);
($red, $yellow, "グリーン") = ("赤", "黄", "緑");
```

のように変数のmy宣言は先に済ませてから左に定数"グリーン"を忍び込ませてリスト同士の代入を行うと、「Can't modify constant item in list assignment」(リストの代入の中で定数は変更できません)というエラーが発生し、プログラムの実行は中断されます。

　どちらも内容がバッチリ分かるエラー メッセージが表示されますので、焦ることはありません。実行例は省略しますが、お暇な方はやってみて、エラーを体験してください。

リストをインデックスで参照する

　month6.plでは、配列@monthの2個目の要素(第1要素)にアクセスするために、ブラケットを使って$month[$num]と書きました。

MEMO

　Perlの問題ではなくてこの本の書き方の問題ですが、「2個目の要素（第1要素）」といちいち書くのがめんどくさいので、これからは「インデックス1の要素」と書きます。

　さて、このブラケット[ ]は、配列に対してでなく、リストに対して直接使うこともできます。次のプログラムを見てください。

```perl
#! /usr/bin/perl
#
# month7.pl -- 月名を調べる（ブラケットをリストに使う）

use 5.010;
use strict;
use warnings;

my $num = 5;
say "$num番目の月は",
        (undef, "January", "February", "March", "April", "May",
        "June", "July", "August", "September", "October",
        "November", "December")[$num],
        "です！";
```

どうでしょうか。

```
C:¥Perl¥perl>month7.pl
5番目の月はMayです！
```

できてますね。
　リストに、[$num]を使ってインデックスを利かせることで、インデックスが$numのリスト要素を引っ張って来ています。このプログラムはわりと短くてステキだと思います。

4-4 リストの中に配列を入れる

　さて、これまでのプログラムは、

```
        (undef, "January", "February", "March", "April", "May",
        "June", "July", "August", "September", "October",
        "November", "December")
```

のように、リストの中身は全部スカラーでした。（undefもスカラーです。）しかし、実はリストの中に配列を入れることもできます。ちょっとわざとらしい例ですが、

> CHAPTER **04** リストと配列

以下のプログラムを見てください。

```perl
#! /usr/bin/perl
#
# month8.pl -- 一年間の月名（3分割する）

use 5.010;
use strict;
use warnings;

#aryが付く月
my @ary_month = ("January", "February");

#berが付く月
my @ber_month = ("September", "October", "November", "December");

my @month = (undef, @ary_month,
             "March", "April", "May", "June", "July", "August",
                    @ber_month);

say "\@ary_month: @ary_month";
say "\@ber_month: @ber_month";
say "\@month: @month";
```

　名前の最後にaryが付く1～2月を`@ary_month`、berが付く9～12月を`@ber_month`に入れ、その2つの配列とスカラーを混ぜたリストを使って`@month`を初期化してみました。

　なお、`@ary_month`と二重引用符の中に書くと展開されてしまうので、最初の`@ary_month`はその前にバックスラッシュ（¥）を書いてエスケープしています。これでそのまま「@ary_month」という文字列が表示されます。実行します。

```
C:\Perl\perl>month8.pl
@ary_month: January February
@ber_month: September October November December
Use of uninitialized value $month[0] in join or string at C:\Perl\p
erl\month8.pl line 21.
@month:  January February March April May June July August Septembe
r October November December
```

　例によって、`$month[0]`にundefが入った配列`@month`を二重引用符の中で展開したかどで警告が起こっていますが、気にしないようにしましょう。ここで、

```perl
my @month = (undef, "January", "February", "March", "April",
        "May", "June","July", "August", "September",
        "October", "November", "December");
```

と、

```perl
#aryが付く月
my @ary_month = ("January", "February");

#berが付く月
my @ber_month = ("September", "October", "November", "December");

my @month = (undef, @ary_month,
             "March", "April", "May", "June", "July", "August",
                  @ber_month);
```

という2つの書き方によって、まったく同じ配列@monthができます。2つの配列@ary_month、@ber_monthはリストに展開され、全体で1つの配列になります。

配列が入ったリストへの代入

さて、もう一度リスト同士の代入を考えます。

```perl
#! /usr/bin/perl
#
# month9.pl -- 月名を調べる（配列をリストに入れて代入）

use 5.010;
use strict;
use warnings;

my $num = 1;
my ($month_1, $month_2, $month_3, $month_4, $month_5,
    $month_6, $month_7, $month_8, @ber_month)
     = ("January", "February", "March", "April", "May",
        "June","July", "August", "September",
        "October", "November", "December");

say "8番目の月は$month_8です！";
say "berが付く月は@ber_monthです！";
```

上のプログラムでは、配列@ber_monthが入ったリストを=の左辺に置いて代入を行っています。結果は以下の通りです。

```
C:\Perl\perl>month9.pl
8番目の月はAugustです！
berが付く月はSeptember October November Decemberです！
```

配列@ber_monthへの代入もうまく行っています。$month_1～$month_8までのスカラー変数に8月までの文字列リテラルが代入されているので、残りのberが付く月だけが配列に入りました。

CHAPTER 04 リストと配列

4-5 配列の伸び縮み

次に配列が自由に伸び縮みする現象を紹介します。

配列はよくばり

次のプログラムをごらんください。

```perl
#! /usr/bin/perl
#
# month10.pl -- 月名を調べる（バグあり！）

use 5.010;
use strict;
use warnings;

my $num = 1;

my (@ary_month, $month_3, $month_4, $month_5,
        $month_6, $month_7, $month_8, @ber_month)
        = ("January", "February", "March", "April", "May",
            "June","July", "August",
            "September", "October", "November", "December");

say "aryが付く月は@ary_month、berが付く月は@ber_monthです！";
```

今度はJanuary、Februaryのaryが付く月は@ary_monthに、3月から8月は$month_3～$month_8に、そして残りのberの付く月は@ber_monthに入れたいと思います。どうでしょうか。

```
C:\Perl\perl>month10.pl
aryが付く月はJanuary February March April May June July August September October November December、berが付く月はです！
```

ありぃ～？（ary～？）うまく言ってませんね。

配列@ary_monthに全部の月が吸い取られてしまい、@ber_monthは空っぽになってしまったような気がします。どうしてでしょうか。

これは**配列はよくばり**という性質によるものです。

1つ前のmonth9.plで、最初の@bar_monthだけをセットする代入

```perl
my ($month_1, $month_2, $month_3, $month_4, $month_5,
        $month_6, $month_7, $month_8, @ber_month)
        = ("January", "February", "March", "April", "May",
            "June", "July", "August", "September",
```

112

```
              "October", "November", "December");
```

はうまく行ってました。これは、最初の8ヶ月が`$month_1`〜`$month_8`に取られて、`@ber_month`には`ber`の付く月だけがうまく入りました。しかし、今回の`month10.pl`の

```
my (@ary_month, $month_3, $month_4, $month_5,
        $month_6, $month_7, $month_8, @ber_month)
    = ("January", "February", "March", "April", "May",
           "June", "July", "August",
              "September", "October", "November", "December");
```

は、すべての要素が`@ary_month`に取られて、うまくいきませんでした。

最初から見ていくと、`@ary_month`は、右辺のリストのどこまでを取っていいのか判断がつきません。で、この場合Perlは、可能な限り多くの要素を取ってしまいます。具体的には、1月から12月まですべての月名が`@ary_month`に入ります。で、残りの`$month_3`から`$month_8`までのスカラーはすべて`undef`になります。

さらに、`@bar_month`は、空リストと言うものになります。これは`()`という式（空っぽのカッコ）を書くと生成されるもので、要素がゼロ個のリストです。

ということで、これはどうすれば修正できるでしょうか。

■ 配列の自動生成

これまでは`@arr`という配列を作ってから、各要素`$arr[10]`などを取り出したり、その配列をまるごと`print`したりしてきました。

しかし実際には、`$arr[10]`などの要素にいきなり値を代入させることも可能です。この場合、`@arr`という配列が生成され、`$arr[0]`から`$arr[9]`までの10要素がすべて勝手に作られます。で、値が代入されていない`$arr[0]`〜`$arr[9]`までの10要素には、`undef`が入ります。

これを配列の**自動生成**（auto vivification）と言います。ちょっと実験します。

```
#! /usr/bin/perl
#
# auto_vivification.pl -- 自動生成の実験

use 5.010;
use strict;
use warnings;

my @num;

say "¥@numの要素数(1):", scalar @num;
```

CHAPTER 04 リストと配列

```
$num[10] = "10番";

say "¥@numの要素数(2):", scalar @num;
say "¥$num[5]:", $num[5];
say "¥$num[10]:", $num[10];
```

ちょっと実験用丸出しのプログラムですが許してください。実行してみます。

```
C:¥Perl¥perl>auto_vivification.pl
@numの要素数(1):0
@numの要素数(2):11
Use of uninitialized value in say at C:¥Perl¥perl¥auto_vivification
.pl line 16.
$num[5]:
$num[10]:10番
```

警告が出ていますが予定の行動です。ではプログラムの中身に沿って解説します。

```
my @num;
```

これで配列@numをmy宣言します。これはstrictプラグマ モジュールによるエラーを防ぐためです。宣言しただけなので、@numは空リスト()です。

```
say "¥@numの要素数(1):", scalar @num;
```

これは宣言した直後の@numの要素数を表示しています。
scalarという関数は初めて出てきました。これは、あとでもっと詳しく解説しますが、@numという配列をスカラー コンテキストで評価するものです。ここでは@numの要素数を返します。この部分の実行結果を見ます。

```
@numの要素数(1):0
```

ゼロが表示されています。オッケーですね。@numが空リストであると分かります。

```
$num[10] = "10番";

say "¥@numの要素数(2):", scalar @num;
```

ここで$num[10]にいきなり文字列リテラルを代入し、ここでもう1回@numの要素数を表示します。結果はこうなります。

```
@numの要素数(2):11
```

一気に11個に増えてますね。これは、$num[10]が代入されたことによって、

$num[0]〜$num[9]まで、その前に10個の配列要素が挿入されたことを示します。これが自動生成です。

```
say "¥$num[5]:", $num[5];
```

ここで自動生成された要素のうちの$num[5]を表示させてみます。うすうすイヤな予感はするんですが、こうなります。

```
Use of uninitialized value in say at C:¥Perl¥perl¥auto_vivification
.pl line 16.
$num[5]:
```

まず、undef値を無理矢理表示させているので、警告されます。予定の行動なので無視します。$num[5]の内容はundef値なので、sayでは何も表示されません。

```
say "¥$num[10]:", $num[10];
```

ここで$num[10]($numの11番目の要素)を表示します。結果はこうなります。

```
$num[10]:10番
```

当たり前ですがちゃんと代入した値が表示されました。

よくばり配列問題の解決

では、自動生成の機能を使って、さっき苦しんでいたaryの付く月とberの付く月を表示するプログラムを修正してみます。

```perl
#! /usr/bin/perl
#
# month11.pl -- 月名を調べる (よくばり配列問題、なんとか解決)

use 5.010;
use strict;
use warnings;

my $num = 1;

my (@ary_month, $month_3, $month_4, $month_5, $month_6,
    $month_7, $month_8, @ber_month);

($ary_month[0], $ary_month[1], $month_3, $month_4, $month_5,
    $month_6, $month_7, $month_8, @ber_month)
        = ("January", "February", "March", "April", "May",
           "June", "July", "August", "September",
           "October", "November", "December");
```

```
say "aryが付く月は@ary_month、berが付く月は@ber_monthです！";
```

実行してみます。

```
C:¥Perl¥perl>month11.pl
aryが付く月はJanuary February、berが付く月はSeptember October November Decemberです！
```

なんとなくできましたね。では解説します。

```
my (@ary_month, $month_3, $month_4, $month_5, $month_6,
    $month_7, $month_8, @ber_month);
```

代入に先立って、my宣言だけを済ませています。

次は代入です。

```
($ary_month[0], $ary_month[1], $month_3, $month_4, $month_5,
    $month_6, $month_7, $month_8, @ber_month)
        = ("January", "February", "March", "April", "May",
           "June", "July", "August", "September",
           "October", "November", "December");
```

お分かりでしょうか。前のうまく行かなかったバージョンは下のようでした。

```
my (@ary_month, $month_3, $month_4, $month_5,
    $month_6, $month_7, $month_8, @ber_month)
        = ("January", "February", "March", "April", "May",
           "June", "July", "August",
           "September", "October", "November", "December");
```

昔は、配列@ary_monthを先頭に持って来ていたので、それに全部の月名を持って行かれていましたね。でも今は$ary_month[0]、$ary_month[1]と1個ずつの要素を使っているので、月名のリストは1個ずつ消費され、最後の@ber_monthには残りの3つの月のみが正確に入ります。

とりあえず動作はしていますが、もっとカッコ良くする方法はあるでしょうか。

4-6 スライス

続いて配列やリストの一部分を取り出すスライスを紹介します。

▎スライスで配列を輪切りにしろ！

配列は、スライス（slice）という機能を使って部分配列を作成することができ

ます。お中元、お歳暮にもらった大きな固まりのハムをスライスして部分ハムを得るのと同じです。これを使ってみます。

```perl
#! /usr/bin/perl
#
# month12.pl -- 月名を調べる（配列スライス編）

use 5.010;
use strict;
use warnings;

my $num = 1;

my @month = (undef, "January", "February", "March", "April",
        "May", "June", "July", "August", "September",
        "October", "November", "December");

my @ary_month = @month[1, 2];
my @ber_month = @month[9, 10, 11, 12];

say "aryが付く月は@ary_month、berが付く月は@ber_monthです！";
```

カッコ良くはなりましたが、ちゃんと動いているのでしょうか。

```
C:\Perl\perl>month12.pl
aryが付く月はJanuary February、berが付く月はSeptember October November Decemberです！
```

動いてますね。では中身。

```perl
my @month = (undef, "January", "February", "March", "April",
        "May", "June", "July", "August", "September",
        "October", "November", "December");
```

リストを配列@monthに取ります。インデックスを一般的な月順と一致させるために、undefをインデックス0の要素としてはさんでいます。

```perl
my @ary_month = @month[1, 2];
my @ber_month = @month[9, 10, 11, 12];
```

ここがミソ。これが配列スライスです。
配列スライスとは、複数のインデックスを書いて得られる部分配列のことです。

```
@month[1, 2]
```

これで、$month[1]と$month[2]から作った2要素の配列になります。
シジルが@なのに注意してください。$month[1]のように配列要素1個だけにアクセスするときは、シジルを$にしていました。これは、配列要素1個はス

カラー（単一の値を持つ式）だからですね。しかし、スライスはリストなので、シジルに@を使います。ここで得られるスライスは、次の式の値になります。

```
("January", "February")
```

同様に

```
@month[9, 10, 11, 12]
```

という配列スライスを書くと、以下の4要素のリストが得られます。

```
("September", "October", "November", "December")
```

このように、スライスは配列から部分配列を作るのに便利です。

飛び飛びのスライス

スライスは連続要素ではなく、飛び飛びに取ることもできます。

```perl
#! /usr/bin/perl
#
# month13.pl -- 小の月を調べる（スライス編）

use 5.010;
use strict;
use warnings;

my $num = 1;

my @month = (undef, "January", "February", "March", "April",
        "May", "June", "July", "August", "September",
        "October", "November", "December");

my @short_month = @month[2, 4, 6, 9, 11];

say "小の月は@short_monthです！";
```

実行します。

```
C:¥Perl¥perl>month13.pl
小の月はFebruary April June September Novemberです！
```

要点はここです。

```perl
my @short_month = @month[2, 4, 6, 9, 11];
```

@month配列のうち、インデックスが2、4、6、9、11の要素だけを飛び飛びに取り出して配列を構成しています。これは「西向く士（にしむくさむらい）」と言って、日数が31に満たない月の月数です。このように配列から飛び飛びに要素を取得してスライス

を作ることもできます。

　なお、スライスは配列からだけでなく、リスト リテラルからも取得できます。ですから、

```
my @month = (undef, "January", "February", "March", "April",
        "May", "June","July", "August", "September",
        "October", "November", "December");

my @short_month = @month[2, 4, 6, 9, 11];
```

という2つの式は、

```
my @short_month = (undef, "January", "February", "March", "April",
        "May", "June", "July", "August", "September",
        "October", "November", "December") [2, 4, 6, 9, 11];
```

と短縮することもできます。

4-7　通し番号を打て！ ドットドット（..）

　さて、**ドットドット演算子**というのがあります。..と書きます。「実はね..」みたいな文章上の効果で書いているのではないので注意してください。

> **MEMO**
> ちなみに文字列を結合するドット演算子（.）というのもありましたね。本書では紹介しませんがドットドットドット演算子（...）もあります。

　ドットドット演算子は、通し番号のリストを生成します。1..5と書くと、1, 2, 3, 4, 5というリストに展開されます。これをスライスと併用すると効果的です。

```
#! /usr/bin/perl
#
# month14.pl -- 月名を調べる（配列スライス＋ドットドット編）

use 5.010;
use strict;
use warnings;

my $num = 1;

my @month = (undef, "January", "February", "March", "April",
```

```
          "May", "June", "July", "August", "September",
          "October", "November", "December");
my @ary_month = @month[1..2];
my @ber_month = @month[9..12];

say "aryが付く月は@ary_month、berが付く月は@ber_monthです！";
```

aryとberが付く月を調べるプログラムmonth12.plを書き直してみました。以前は

```
my @ary_month = @month[1, 2];
my @ber_month = @month[9, 10, 11, 12];
```

という配列スライスを使っていた代入文を、

```
my @ary_month = @month[1..2];
my @ber_month = @month[9..12];
```

と書きなおすことができます。これはなかなかかっこよくて見やすいと思います。

マジックインクリメント

なお、ドットドット演算子の威力はもっとすごくて、アルファベットなどを1つずつ増やすこともできます。

```
#! /usr/bin/perl
#
# dotdot.pl -- ドットドット演算子で遊ぼう

use 5.010;
use strict;
use warnings;

my @arr1 = "a".."z";
my @arr2 = "aa".."zz";

say "￥@arr1:@arr1";
say "￥@arr2:@arr2";
```

@arr1はaからzまで、@arr2はaaからzzまでアルファベットを順番に書いています。「aaからzzまで」ってなんなんでしょうね。結果は以下の通りです。

```
C:￥Perl￥perl>dotdot.pl
@arr1:a b c d e f g h i j k l m n o p q r s t u v w x y z
@arr2:aa ab ac ad ae af ag ah ai aj ak al am an ao ap aq ar as at
au av aw ax ay az ba bb bc bd be bf bg bh bi bj bk bl bm bn bo bp
bq br （…中略…） ys yt yu yv yw yx yy yz za zb zc zd ze zf zg zh
zi zj zk zl zm zn zo zp zq zr zs zt zu zv zw zx zy zz
```

うわーすごいですね。aa、ab、ac…azという26組が済んだら、ba、bb…という風に、zzまでアルファベット2文字の全部の列を書いていますね。ドットドット (..) を使ったこういう数や文字を増やす機能を、**マジック インクリメント**と呼びます。

4-8 スカラー コンテキストとリスト コンテキスト

さて、前にチラッとフライングで出てきましたが、リスト コンテキストとスカラー コンテキストというのがあります。

コンテキストと言えば、これまで文字列コンテキストと数値コンテキストがありました。

```
$x = "10.0000";
$y = $x . "1";  # $xは文字列コンテキストで評価される。$yは"10.00001"になる
$z = $x + 1;    # $xは数値コンテキストで評価される。$zは11になる
```

このように、同じスカラー変数$xに入っているデータ"10.0000"が、ある時は文字列として、ある時は数値として評価されています。

式をコンテキストに沿って解釈して実行することを、**評価する** (evaluate) と言います。日常会話のように「あなたの働きを評価します」とかほめたりしているわけではないので注意してください。

このように、今度は同じ配列を、リストで評価したり、スカラーで評価したりすることができます。これを**リスト コンテキスト**、**スカラー コンテキスト**と言います。

```
#! /usr/bin/perl
#
# dotdot2.pl -- ドットドット演算子で遊ぼう (スカラー コンテキストの実験)

use 5.010;
use strict;
use warnings;

my @arr1 = "a".."z";
my @arr2 = "aa".."zz";

say "¥@arr1:", @arr1 + 0;
say "¥@arr2:", @arr2 + 0;
```

これはさっきのマジック インクリメントを実験したdotdot.plを改造したも

のです。またブワッとアルファベットが表示されるでしょうか。実行してみます。

```
C:¥Perl¥perl>dotdot2.pl
@arr1:26
@arr2:676
```

なんか数字が出ましたね。これは何でしょうか。変更されたsay文を比較してみます。

```
say "¥@arr1:@arr1";
```

変更前のdotdot.plはこうでした。これは、配列@arr1に格納された"a".."z"つまり("a", "b", "c", …"z")をそのまま二重引用符で展開しています。配列を何の工夫もなく二重引用符に入れると、これまで出てきた通り、リストの中身がスペースをはさんで表示されます。

```
@arr1:a b c d e f g h i j k l m n o p q r s t u v w x y z
```

これは、配列がリスト コンテキストで表示されたからです。

では改造後のsay文を見てみます。

```
say "¥@arr1:", @arr1 + 0;
```

配列@arr1を二重引用符の外に出し、さらにゼロを加算します。また、"¥@arr1:"という見出しと、@arr1 + 0という数式をsayの第1引数、第2引数というリストにするために、間にカンマ(,)を書きます。

これで@arr1はスカラー コンテキストで評価され、要素の個数になります。

実行結果はこうでした。

```
@arr1:26
```

これはaからzまでの、アルファベットの文字数ですね。ということで、正しく要素数が表示されています。

> MEMO
> 念のため、@arr2の要素数676は、aaからzzまでのアルファベット2文字の場合の数です。26^2です。

スカラー コンテキストを強制するscalar関数

しかし「+ 0」とか書くのはいかにもカッコ悪いので、すでに出てきましたが、**scalar関数**というものを使うこともできます。これは、リストをスカラー コンテキストで評価することを強制するものです。

```
#! /usr/bin/perl
#
# dotdot3.pl -- ドットドット演算子で遊ぼう(scalar関数の実験)

use 5.010;
use strict;
use warnings;

my @arr1 = "a".."z";
my @arr2 = "aa".."zz";

say "¥@arr1:", scalar @arr1;
say "¥@arr2:", scalar @arr2;
```

実行します。

```
C:¥Perl¥perl>dotdot3.pl
@arr1:26
@arr2:676
```

バッチリですね。

4-9 プログラムの引数

これまで関数の引数について学んできましたが、我々が作っているプログラムにも引数を渡すことができます。

お使いのOSのコマンドラインのコマンドにも引数が渡せます。Windowsだと、dirというコマンドを引数なしで使うと、ファイルの一覧を詳細な情報と共に表示します。

```
C:¥Perl>dir
 ドライブ C のボリューム ラベルは foo です
 ボリューム シリアル番号は X999-9999 です

 C:¥Perl のディレクトリ

2013/12/11  00:39    <DIR>          .
2013/12/11  00:39    <DIR>          ..
2013/11/01  12:19    <DIR>          bin
2013/11/01  12:19    <DIR>          eg
2013/11/01  12:19    <DIR>          etc
2013/11/01  12:20    <DIR>          html
2013/11/01  12:19    <DIR>          lib
2013/11/01  12:18    <DIR>          man
```

```
2013/12/17  15:54    <DIR>          perl
2013/11/01  12:19    <DIR>          site
               0 個のファイル                   0 バイト
              10 個のディレクトリ  47,307,210,752 バイトの空き領域
```

しかし、/bという引数を渡すと、

```
C:\Perl>dir /b
bin
eg
etc
html
lib
man
perl
site
```

のようにファイル名/フォルダー名だけが素っ気なく表示されます。

> **MEMO**
> dir /?とすると(/?という引数を渡すと)引数の一覧のヘルプが表示されます。

Mac/UNIXのlsコマンドにも-alなどの引数が渡せます。

> **MEMO**
> MacのOS XはBSDという流れを汲むUNIX系マシンです。本書ではLinux、BSDなどのUNIX系フリーOSや、HP/UX、Solaris、AIXなどの商用UNIXを総称して「Mac/UNIX」と表記します。

Perlの自作プログラムで引数を取る

Perlのプログラムにおいて、引数は、@ARGVという特殊な名前の配列に入ってきます。つまり、ARGVという名前はPerlによって予約されています。

> **MEMO**
> ARGument Values (引数の値) という意味だと思います。

引数をスペースで区切って渡すと、$ARGV[0]、$ARGV[1]…のように配列要素に順番に入ってきます。では次のプログラムを見てください。

```
#! /usr/bin/perl
#
# argTest.pl -- 引数で遊ぼう！
```

4.9 プログラムの引数

```
use 5.010;
use strict;
use warnings;

say "引数の個数:", scalar @ARGV;
say "引数0:", $ARGV[0];
say "引数1:", $ARGV[1];
say "引数2:", $ARGV[2];
say "引数3:", $ARGV[3];
say "引数4:", $ARGV[4];
say "引数5:", $ARGV[5];
say "引数6:", $ARGV[6];
say "引数7:", $ARGV[7];
say "引数8:", $ARGV[8];
say "引数9:", $ARGV[9];
```

いかにも勉強用丸出しのダッサーという感じのプログラムですが許してください。実行します。

下の実行では、引数として「a」、「bb」、「ccc」、「dddd」、「eeeee」という5つの文字列を、スペース区切りで渡しています。

```
C:¥Perl¥perl>argTest.pl a bb ccc dddd eeeee
引数の個数:5
引数0:a
引数1:bb
引数2:ccc
引数3:dddd
引数4:eeeee
Use of uninitialized value in say at C:¥Perl¥perl¥argTest.pl line 15.
引数5:
Use of uninitialized value in say at C:¥Perl¥perl¥argTest.pl line 16.
引数6:
Use of uninitialized value in say at C:¥Perl¥perl¥argTest.pl line 17.
引数7:
Use of uninitialized value in say at C:¥Perl¥perl¥argTest.pl line 18.
引数8:
Use of uninitialized value in say at C:¥Perl¥perl¥argTest.pl line 19.
引数9:
```

お分かりでしょうか。

まず、プログラムの内容ですが、引数が何個指定されるか分からないので、とりあえず10個来ると仮定して、$ARGV[0]から$ARGV[9]まで10個を表示させています。

で、上の実行では、とりあえず「a bb ccc dddd eeeee」の5つが引数として渡されています。これによって、「引数0」から「引数4」まで正しく表示されました。

一方、残り5つは例のundefを表示させようとした警告になっています。

月名を引数で調べる

さて、引数を使えば、今まで固定文字列で実験していたプログラムを引数を得る形に変えることができます。

```
#! /usr/bin/perl
#
# month15.pl -- 月名を調べる（引数編）

use 5.010;
use strict;
use warnings;

my $num = $ARGV[0];
my @month = (undef, "January", "February", "March", "April",
         "May", "June", "July", "August", "September",
         "October", "November", "December");

say "$num番目の月は$month[$num]です！";
```

これまで$numには、

```
my $num = 1;
```

という風に数値リテラルを入れていましたが、これを

```
my $num = $ARGV[0];
```

としてみました。$ARGV[0]は最初（かつ最後）の引数です。

ではテストしてみます。引数を渡せるので、同じプログラムにいろんな値を入れて連続的にテストすることができます。Windowsのコマンド プロンプトやMac/UNIXのbashであれば、↑キーを使えばさっき実行したコマンドに戻れるので、戻った後にちょっとバックスペースを押して前の引数を消し、新しい引数を入れて実行することができます。

ということで、1月、2月、12月を3回連続でテストしてみます。

```
C:\Perl\perl>month15.pl 1
1番目の月はJanuaryです！

C:\Perl\perl>month15.pl 2
2番目の月はFebruaryです！

C:\Perl\perl>month15.pl 12
```

12番目の月はDecemberです！

いいですね！ これまで1以外の月の名前を調べようと思ったら、プログラムを開いて、月の数字をわざわざ書きかえていました。これでテストがだいぶラクチンになりました。

4-10 配列関連の関数、演算子

ここからは、配列関係の関数、演算子をまとめて紹介します。

引数利用の極致！ Perlの命令を実行するeval

まず、究極の文字列処理関数とも言うべき **eval** を紹介します。本来なら、文字列処理関数のところで紹介すべきでしたが、プログラムの引数と一緒に紹介したかったので、ここに移動しました。evalという関数名はevaluate（評価する）の略です。「eval関数を使いこなせる人はエバる」とおぼえればといいと思います。（すみません‥‥。）

```
eval 文字列
```

このように書くと、引数に渡された文字列がPerlの文として評価されます。

「文字列をPerlの文として評価する」とはどういうことでしょうか。以下のちょっと変なプログラムを見てください。

```perl
#! /usr/bin/perl
#
# eval_exp.pl -- eval関数の実験

use 5.010;
use strict;
use warnings;

my $str1 = "prin";
my $str2 = "t";

eval "$str1$str2 ¥"こんにちは¥¥n¥"";
```

実行してみます。

```
C:¥Perl¥perl>eval_exp.pl
こんにちは
```

print関数がないのに、表示が起きましたね。

これは、$str1という変数に"prin"という文字列を、$str2という変数に"t"という文字列を入れて、結合して"print"という文字列を作り、それをeval関数に入れて実行しているところです。

eval関数の引数は文字列です。上のプログラム例で言うと、外側の二重引用符""に囲まれた部分がevalで実行されます。

```
eval "$str1$str2 ¥"こんにちは¥¥n¥"";
```

ここでは、文字列リテラルを生成する外側の二重引用符の中で、二重引用符そのものを書くために、二重引用符(")をバックスラッシュ(¥)でエスケープして(¥")としています。また、¥¥とバックスラッシュ(¥)を2回書くことでバックスラッシュそのものを書いています。

```
eval "$str1$str2 ¥"こんにちは¥¥n¥"";
```

これによって、"こんにちは¥n"という文字列がprint関数に渡されています。よって、結果的に、

```
こんにちは（改行）
```

という文字列がコマンドライン画面に出力されました。

お分かりでしょうか。evalという関数に、"print ¥"引数¥""という文字列を渡すと、eval関数が文字列をプログラムとして解釈してくれるので、print関数が実行され、結果的に引数が表示される、ということです。

でも、わざわざevalとか使わないで、print関数ぐらいちゃんと書けばいいじゃないですか。ここまでは、究極にしょうもないプログラムですね。

eval関数が真価を発揮するのは、引数が外部から与えられるときです。以下のプログラムは万能電卓になります。

```perl
#! /usr/bin/perl
#
# calc.pl -- 万能電卓

use 5.010;
use strict;
use warnings;

eval "say @ARGV";
```

実行してみます。

```
C:¥Perl¥perl>calc.pl 1          1とだけ入力してみた
```

4.10 配列関連の関数、演算子

```
1                                       1と表示された

C:¥Perl¥perl>calc.pl 1+2                1+2という数式を入力すると
3                                       答えの3になる

C:¥Perl¥perl>calc.pl 1+2*3              2*3が優先されるので、1+6
7                                       7。あってる

C:¥Perl¥perl>calc.pl 1+2*3*(4+5)        カッコが先なので、1+2*3*9=1+54
55                                      55。あってる

C:¥Perl¥perl>calc.pl 1+2*3*sqrt(4+9)    sqrtを使って、1+2*3*3=1+18
19                                      19。あってる
```

いかがでしょうか。

これは、say関数の引数に、プログラムの引数@ARGVをそのまま渡しています。

引数に1が入ると「say 1」がevalで実行されますから、1と表示されます。

引数1+2*3が入ると「say 1+2*3」がevalで実行されますから、7と表示されます。

このように、Perlの式を引数で渡すと計算されるプログラムになります。

> **MEMO**
>
> Mac/UNIXの場合、下の2つがうまくいかない場合があります。
>
> ```
> $ calc.pl 1+2*3*(4+5)
> $ calc.pl 1+2*3*sqrt(4+5)
> ```
>
> とりあえずOS Xのbashだと以下のように怒られます。
>
> ```
> -bash: syntax error near unexpected token `('
> ```
>
> これは、カッコ(())がPerlに渡る前にシェルによって解釈されている状態です。とりあえずの解決法としては、引数を一重引用符('')で囲みます。
>
> ```
> $ calc.pl '1+2*3*(4+5)'
> $ calc.pl '1+2*3*sqrt(4+5)'
> ```
>
> これを、引数をクォートすると言います。

ぼくは、個人的にこの関数プログラムが大好きです。掛け算やカッコを配慮して正しい順序で計算が行われるし、関数も使えます。コマンドラインで実行すると、↑↓キーで過去の計算履歴が呼び出せますので、一部だけ式を変えて再計算、ということができます。ぜひ愛用してください。

@ARGVに上記では数式ばかり入れてきましたが、Perlの関数であればなんで

も書けます。下では、length関数やindex関数、substr関数に二重引用符で囲んで文字列を渡す実験をしています。

```
C:¥Perl¥perl>calc.pl length ¥"abcdefghijklmnopqrstuvwxyz¥"
26                                    アルファベットの小文字の数は26
```

```
C:¥Perl¥perl>calc.pl index ¥"abcdefghijklmnopqrstuvwxyz¥",¥"t¥"
19                                    アルファベットのtは20番目の文字
```

```
C:¥Perl¥perl>calc.pl substr ¥"abcdefghijklmnopqrstuvwxyz¥",9,1
j                                     アルファベットの10番目の文字はj
```

このように、あれなんだっけ、という関数のテストにも使えます。

qw演算子

次に、リスト リテラルをプログラムに書くのに効力を発揮する**qw演算子**を紹介します。qwはquote wordsの略で、//ではさまれた文字列を空白文字(スペース、タブ、改行)で分解し、それぞれを引用符で囲んでカンマをはさんだリストを生成する演算子です。

```perl
#! /usr/bin/perl
#
# month16.pl -- 月名を調べる（qw演算子の応用）

use 5.010;
use strict;
use warnings;

my $num = $ARGV[0];
my @month = qw/ undef January February March April May June
        July August September October November December /;

say "$num番目の月は$month[$num]です！";
```

つまり、今まで

```perl
my @month = (undef, "January", "February", "March", "April",
        "May", "June", "July", "August", "September",
        "October", "November", "December");
```

と書かなければならなかったのを

```perl
my @month = qw/ undef January February March April May June
        July August September October November December /;
```

と書けばいいわけです。引用符とカンマがなくなってずいぶんスッキリします。qwを使って書いたリストは、以下のように解釈されます。

```
my @month = ('undef', 'January', 'February', 'March', 'April',
             'May', 'June', 'July', 'August', 'September',
             'October', 'November', 'December');
```

いくつか注意点があります。

まず、二重引用符ではなくて一重引用符囲みになります。本書では説明してこなかった一重引用符ですが、簡単に言うと変数の展開が行われません。よって、もし「$c」と言うリスト要素を書いてもそのまま「$c」という文字列(ドル記号と、小文字のシー)が配列要素になります。

また、undefもそのまま'undef'という文字列(小文字のユー・エヌ・ディー・イー・エフ)になります。ですから、上のmonth16.plで0月を調べると

```
C:¥Perl¥perl>month16.pl 0
0番目の月はundefです！
```

と答えてきます。

> **MEMO**
>
> undefは未定義という意味ですから、「ゼロ番目の月は未定義です」という意味で、それはそれで正解なような気もします。いっそ以下のようにしてもいいかもしれません。
>
> ```
> my @month = qw/ ゼロ月とかねえし January February March April May
>         June July August September October November December /;
> ```

また、区切り文字は空白、改行、タブになります。よって、そのような文字を含むリストは作れません。

```
my @countries = qw/United Kingdom USA Japan…/;
```

のように書くと、第1要素はUnited、第2要素はKingdomになって、United Kingdom(イギリスのことですね)が2要素泣き別れになってしまいます。よって、空白のない一続きのワードでなければqwは使えません。この場合は地道に

```
my @countries = ("United Kingdom", "USA", "Japan"…);
```

と書きます。

また、スラッシュ自体を書くとそこでqw演算子が終わってしまいます。以下は日本の祝日を配列に入れようとしています。

```
#! /usr/bin/perl
#
# japanHoliday.pl -- 祝日を調べる (qw演算子の練習、バグあり！)
```

> CHAPTER **04** リストと配列

```perl
use 5.010;
use strict;
use warnings;

my $num = $ARGV[0];

# ダメダメな例
my @japanHoliday = qw/ 2014/01/01 2014/01/13 2014/02/11
        2014/03/21 2014/04/29 2014/05/03 2014/05/04
        2014/05/05 2014/07/21 2014/09/15 2014/09/23
        2014/10/13 2014/11/03 2014/11/23 2014/12/23 /;

say "$num番目の日本の祝日は、$japanHoliday[$num - 1]です！";
# インデックスでゼロ番目を調整してみた
```

実行してみます。

```
C:\Perl\perl>japanHoliday.pl 3
Number found where operator expected at C:\Perl\perl\japanHoliday.
pl line 12, near "qw/ 2014/01"
Number found where operator expected at C:\Perl\perl\japanHoliday.
pl line 12, near "01 2014"
        (Missing operator before  2014?)
Number found where operator expected at C:\Perl\perl\japanHoliday.
pl line 12, near "13 2014"
        (Missing operator before  2014?)

・・・後略・・・
```

この後すごくいっぱいエラーメッセージが出るので途中で省略しますが、要するに

```perl
my @japanHoliday = qw/ 2014/
```

までで1回qw演算子が終了していて、あとのスラッシュ（/）が全部割り算と解釈されるために発生する現象です。
ではリストの要素の中にスラッシュを書きたいときはどうすればいいかというと、例によってバックスラッシュでエスケープしてもいいです。

```perl
# 大丈夫だけど・・・
my @japanHoliday = qw/ 2014\/01\/01 2014\/01\/13 2014\/02\/11
        2014\/03\/21 2014\/04\/29 2014\/05\/03 2014\/05\/04
        2014\/05\/05 2014\/07\/21 2014\/09\/15 2014\/09\/23
        2014\/10\/13 2014\/11\/03 2014\/11\/23 2014\/12\/23 /;
```

でも見づらいですね・・・。qwを使えば引用符とカンマがいらなくて便利とか

言ってたんですけど、これならちゃんと引用符とカンマを書いた方がマシです。

実は、qw/〜/と書く代わりにqw|〜|でも、qw+〜+でもオッケーです。最初と最後が同じ字なら、何の字でも使えます。下では縦バー（|）を使ってみます。

```perl
# これで大丈夫
my @japanHoliday = qw| 2014/01/01 2014/01/13 2014/02/11
         2014/03/21 2014/04/29 2014/05/03 2014/05/04
         2014/05/05 2014/07/21 2014/09/15 2014/09/23
         2014/10/13 2014/11/03 2014/11/23 2014/12/23 |;
```

あるいは、qw{〜}とかqw(〜)とかqw[〜]のように同じ種類のカッコの開け閉めでもOKです。

```perl
# これでも大丈夫
my @japanHoliday = qw{ 2014/01/01 2014/01/13 2014/02/11
         2014/03/21 2014/04/29 2014/05/03 2014/05/04
         2014/05/05 2014/07/21 2014/09/15 2014/09/23
         2014/10/13 2014/11/03 2014/11/23 2014/12/23 };
```

個人的には、可能な限りqw/〜/にして、それが使いにくい場合はqw{〜}にしています。次のプログラムはqw{〜}を使ったバージョンです。

```perl
#! /usr/bin/perl
#
# japanHoliday2.pl -- 祝日を調べる（qw演算子の練習、バグ修正）

use 5.010;
use strict;
use warnings;

my $num = $ARGV[0];

my @japanHoliday = qw{ 2014/01/01 2014/01/13 2014/02/11
         2014/03/21 2014/04/29 2014/05/03 2014/05/04
         2014/05/05 2014/07/21 2014/09/15 2014/09/23
         2014/10/13 2014/11/03 2014/11/23 2014/12/23 };

say "$num番目の日本の祝日は、$japanHoliday[$num - 1]です！";
# インデックスをマイナス1して調整してみた
```

実行します。

```
C:\Perl\perl>japanHoliday2.pl 3
3番目の日本の祝日は、2014/02/11です！
```

バッチリですね。

配列要素を追加／削除する push、pop、shift、unshift

さてここからは、配列を操作する関数をいくつか紹介します。

まず配列の要素を追加、削除するpush、pop、shift、unshiftを4つセットで一気に紹介します。

●push

pushは配列の末尾にスカラーまたはリストを追加します。第1引数の配列が、第2引数にスカラーを渡した場合は1要素分、リストを渡した場合はリストの要素分伸びます。以下のように書きます。

```
push @配列, スカラー;
push @配列, (リスト);
```

戻り値は、伸びた後の要素数になります。

●pop

popは配列の末尾からスカラーを取り出します。配列は1要素分縮みます。以下のように書きます。

```
$スカラー = pop @配列;
```

なお、引数を省略すると、メイン プログラムの場合は@ARGV、サブルーチンの場合は@_を引数とします。

> **MEMO**
>
> サブルーチンはまだ出てきていませんが、プログラムの本体であるメイン プログラムから呼び出す自作の関数のことです。サブルーチンを使うと長いプログラムを分かりやすく分割することができます。これは第8章で研究します。現状で作っているプログラムはすべてメイン プログラムです。

pop関数の戻り値は、上では$スカラーに代入している取り出した要素です。

●shift

shiftは配列の先頭からスカラーを取り出します。pop同様、配列は1要素分縮みます。以下のように書きます。

```
$スカラー = shift @配列;
```

pop同様、引数を省略すると、メイン プログラムの場合は@ARGV、サブルーチンの場合は@_が使われます。戻り値は$スカラーに代入している取り出した要素です。

●unshift

unshiftは配列の先頭にスカラーまたはリストを追加します。配列が追加したものの要素分伸びます。以下のように書きます。

```
unshift @配列, スカラー;
unshift @配列, (リスト);
```

戻り値はpush同様、伸びた後の要素数になります。

●とりあえずpushとshiftだけおぼえよう

関数を4つ紹介したところで、さあバリバリ用例を書こうと思ったんですが、ぼくのささやかなPerl人生を振り返ってみて、うしろから入れるpushと、前から取るshiftは異常に使うけど、あとの2つ、popとunshiftはそんなに使わないと思いました。ということで、pushとshiftの使い方をここではマスターしましょう。

●pushの用例

こんな感じで書いてみました。

```perl
#! /usr/bin/perl
#
# hachi_kenshi.pl -- 八犬士の歴史をたどる

use 5.010;
use strict;
use warnings;

my @hachi_kenshi;
say "八犬士のメンバーは@hachi_kenshi";

say "追加:", (push @hachi_kenshi, "犬塚信乃");
say "八犬士のメンバーは@hachi_kenshi";

say "追加:", (push @hachi_kenshi, "犬川荘助");
say "八犬士のメンバーは@hachi_kenshi";

say "追加:", (push @hachi_kenshi, "犬山道節");
```

> CHAPTER **04** リストと配列

```
say "八犬士のメンバーは@hachi_kenshi";
```

3人集まったところで挫折していますが、とりあえず実行してみます。

```
C:\Perl\perl>hachi_kenshi.pl
八犬士のメンバーは
追加:1
八犬士のメンバーは犬塚信乃
追加:2
八犬士のメンバーは犬塚信乃 犬川荘助
追加:3
八犬士のメンバーは犬塚信乃 犬川荘助 犬山道節
```

順調に追加していっていますね。

> **MEMO**
>
> my宣言直後の配列@hachi_kenshiの値は空リスト()ですが、これをprintで表示しても。undefのスカラーを表示するときと違って何の警告も出ず、「無」をスッと表示します。

```
say "追加:", (push @hachi_kenshi, "犬塚信乃");
```

この文のpush関数を実行することによって、配列@hach_kenshiに"犬塚信乃"が追加されます。("犬塚信乃"は$hachi_kenshi[0]に入ります。) またpush関数の戻り値は代入した後の要素数になります。ですから、この文を実行することによって

```
八犬士のメンバーは
追加:1
```

と表示されますが、これはpush後の配列@hachi_kenshiの要素数が"犬塚信乃"ひとりであることを意味しています。

● **shiftの用例**

shiftを使うと、引数を1個ずつ取ってくるとき、1個目は@ARGV[0]とか、2個目は@ARGV[1]とか、わざわざ書かなくてもいいので便利です。軽く実験します。

```perl
#! /usr/bin/perl
#
# shiftTest.pl -- shiftで遊ぼう！

use 5.010;
use strict;
```

4.10 配列関連の関数、演算子

```
use warnings;

say "引数の個数0:", scalar @ARGV;
say "引数リスト0: @ARGV";
say "引数0:", shift;

say "引数の個数1:", scalar @ARGV;
say "引数リスト1: @ARGV";
say "引数1:", shift;

say "引数の個数2:", scalar @ARGV;
say "引数リスト2: @ARGV";
say "引数2:", shift;

say "引数の個数3:", scalar @ARGV;
say "引数リスト3: @ARGV";
say "引数3:", shift;
```

引数を3つ渡して実行します。

```
C:\Perl\perl>shiftTest.pl love peace forever
引数の個数0:3
引数リスト0: love peace forever
引数0:love
引数の個数1:2
引数リスト1: peace forever
引数1:peace
引数の個数2:1
引数リスト2: forever
引数2:forever
引数の個数3:0
引数リスト3:
Use of uninitialized value in say at C:\Perl\perl\shiftTest.pl line 23.
引数3:
```

では動作を見ていきましょう。

```
say "引数の個数0:", scalar @ARGV;
```

まず引数の個数を表示します。

```
引数の個数0:3
```

最初に@ARGVの個数は3つでした。scalar関数で@ARGVを個数化しています。

```
say "引数リスト0: @ARGV";
```

引数リスト全体の内容を二重引用符の中で展開しています。

```
引数リスト0: love peace forever
```

引数が3個、ちゃんと入っていますね。

```
say "引数0:", shift;
```

前置きが長くなりましたが、ここがポイントの`shift`関数です。
この文を実行した結果は以下の通りです。

```
引数0:love
```

`shift`という関数の戻り値は、最初の引数、つまり、`$ARGV[0]`です。
`shift`関数が引数を収めた配列`@ARGV`から、最初の引数を持つ配列要素`$ARGV[0]`を取り出し、その値である文字列「`love`」を返した状態です。
では次です。

```
say "引数の個数1:", scalar @ARGV;
```

また引数の個数を表示しますが、今度は

```
引数の個数1:2
```

という風に1個減っています。つまり、`shift`関数を1回実行すると、最初の配列要素(この場合`$ARGV[0]`)が削除され、その要素の値が`shift`関数の戻り値になります。

以下、2回目の`shift`で、戻り値が第2の引数(`peace`)になると同時に`@ARGV`の長さは1になります。

3回目の`shift`で、戻り値が第3の引数(`forever`)になると同時に`@ARGV`の長さは0になります。

4回目の`shift`では引数がなくなるので、`undef`を返します。`say`によって「`undef`を表示しようとしている」と警告されているのに注目してください。

● **`shift`関数と引数**

では、もうちょっと実用的な例を見てみましょう。例の、月の順番を引数で得て月名を表示するプログラムを改造してみました。

```perl
#! /usr/bin/perl
#
# month17.pl -- 月名を調べる (引数shift編)

use 5.010;
use strict;
use warnings;
```

```perl
my $num = shift;
my @month = qw/ undef January February March April May June
    July August September October November December/;

say "$num番目の月は$month[$num]です！";
```

以前はこのプログラムで、引数を取る部分はこうなっていました。

```perl
my $num = $ARGV[0];
```

これをこう改造しています。

```perl
my $num = shift;
```

両方とも、1個目の引数($ARGV[0])を$numに入れることができます。shiftを使った方が若干見やすいので、愛用されています。動作はちょっと違いがあって、shiftの方は@ARGVの第1要素を切り落とします。

もう1個用例です。次のプログラムは、ヘロンの公式で三角形の面積を求めるプログラム(P.65参照)を引数化したものです。また、printはsayにしました。

```perl
#! /usr/bin/perl
#
# heron3.pl -- ヘロンの公式で三角形の面積を計算 (引数版)

use 5.010;
use strict;
use warnings;

my $a = shift;
my $b = shift;
my $c = shift;

my $s = 1 / 2 * ($a + $b + $c);
my $space = sqrt($s * ($s - $a) * ($s - $b) * ($s - $c));

say "3辺が", $a, "cm,", $b, "cm,", $c, "cmの三角形の面積は",
    $space, "平方cmです";
```

実行してみます。引数の順番を変えて3回実行します。

```
C:¥Perl¥perl>heron3.pl 3 4 5
3辺が3cm,4cm,5cmの三角形の面積は6平方cmです

C:¥Perl¥perl>heron3.pl 4 3 5
3辺が4cm,3cm,5cmの三角形の面積は6平方cmです

C:¥Perl¥perl>heron3.pl 5 3 4
```

3辺が5cm,3cm,4cmの三角形の面積は6平方cmです

　いずれも、`$a`、`$b`、`$c`に引数の1個目、2個目、3個目が入ってきます。見やすいですね。まあこのプログラムぐらい引数が増えるとshiftを使わずに

```
my ($a, $b, $c) = @ARGV;
```

と書く方がキレイかもしれませんが、まあ、好きずきです。人が書いたプログラムを読まされることもあると思いますので、どっちの書き方も理解してください。

> **M**EMO
>
> 　配列操作の関数としては他にspliceという関数もあって、任意の位置にスカラーを入れたり、リストを入れたり、部分的に配列を削除したりすることができます。これ1つおぼえていればpushもshiftも何もいらないという万能関数なのですが、本書では説明を割愛します。ちなみに昔、磁気テープの切り貼りにスプライシングテープというのを使いましたが、splice関数と同根の言葉です。

配列をソートするsort関数

　次に大ネタ、配列をある基準でソートする（並べ替える）**sort**関数です。コンピューターの使用用途でかなり上位に入ります。次の用例を見てください。

```perl
#! /usr/bin/perl
#
# monthSort.pl -- 月名をソートしてみる

use 5.010;
use strict;
use warnings;

my @month = sort qw/January February March April May June
        July August September October November December/;

say "月名（アルファベット順）： @month";
```

　`@month`の初期化にいたずらして、sort関数をはさんでいます。結果はこうなります。

```
C:\Perl\perl>monthSort.pl
月名（アルファベット順）：April August December February January July June March May November October September
```

　アルファベット順（辞書順）にソートされましたね。だから何になる！　という感じですが。

　このようにsort関数は、引数にリストを受けて、それをソートしたリストを

戻り値に返す関数です。ですから、

```perl
my @month = sort qw/January February March April May June
        July August September October November December/;
```

という文を実行した時点で、`@month`には`qw/〜/`に書かれている月名リストがソートされて格納されています。sort関数は後続の章でループ処理やファイル処理を行う時に大活躍するのでおぼえておいてください。

> **MEMO**
>
> なお、ソートの順番はカスタマイズできます。上のプログラムでは月名の長さの順にソートすることもできます。P.225の練習問題で出てきます。

配列を逆転するreverse関数

次に配列を逆転する**reverse**関数を紹介します。

```perl
#! /usr/bin/perl
#
# monthReverse.pl -- 1年を逆転する

use 5.010;
use strict;
use warnings;

my @month = reverse qw/January February March April May June
        July August September October November December/;

say "月名（逆順）: @month";
```

今度はreverse関数をはさんでいます。結果は1年の月名が逆順になります。実行結果は割愛します。なお、この関数はリスト コンテキストとスカラー コンテキストのお手本のような関数で、上記のようにリストを渡すとリスト要素を逆順にしますが、下のようにスカラーを渡すと文字列が逆順になります。

```perl
#! /usr/bin/perl
#
# januaryReverse.pl -- 1月を逆転する

use 5.010;
use strict;
use warnings;

my $month = reverse "January";

say "1月（逆順）: $month";
```

これでJanuaryが逆転した文字列「yraunaJ」が表示されます。便利だな!

文字列を配列化する split

split関数は文字列(スカラー)を分割してリストを返します。

たとえば、下の例では、月名のリストがスペース区切りの文字列で与えられた場合(外部ファイルから読み込んだ場合などは、こういうパターンが多いと思います)にそれを分解しています。

```
#! /usr/bin/perl
#
# split.pl -- splitで遊ぼう

use 5.010;
use strict;
use warnings;

my $month = "January February March April May June July August 
September October November December";
my @month = split / /, $month;

unshift @month, undef;
my @small_month = @month[2, 4, 6, 9, 11];

say "小の月は@small_monthです";
```

結果はこうなります。

```
C:¥Perl¥perl>split.pl
小の月はFebruary April June September Novemberです
```

キモを解説します。

```
my $month = "January February March April May June July August 
September October November December";
```

このように、今回は月名データがスペース区切りの文字列で与えられています。

```
my @month = split / /, $month;
```

これが今回話題のsplit関数です。$monthに代入された値(文字列)を2つのスラッシュ(/)の間に入った字で区切ったことによってできたリストを@monthに入れます。この場合は//の間にスペースが入っていますので、文字列をスペースで区切ったJanuary、February…という月名の並びが、配列@monthの1個目の要素($month[0])、2個目の要素($month[1])に入ります。

split関数は一般に、次のような書き方になります。

4.10 配列関連の関数、演算子

```
@配列 = split /パターン/, $対象文字列;
```

ここで/パターン/には正規表現というものを使っていろいろトリッキーな文字列を指定できますが、まだ正規表現を研究していないので、上の例題ではスペースを使ってみました。

ただ、これだと`$month[0]`がJanuaryになってしまうので、`@month`の先頭に`undef`を入れましょう。さっきあまり解説しなかった`unshift`を使えばできます。

```
unshift @month, undef;
```

これによって、`@month`の先頭に`undef`が挿入されます。`unshift`関数を使わずに、

```
@month = (undef, @month);
```

と書いてもOKです。

あとは、配列スライスを使って小の月を`@small_month`に入れて表示するだけです。

MEMO

undefを`$month[0]`にunshiftしなくても、小の月のスライスのインデックスを[1,3,5,8,10]にすれば問題なく動作しますが、「西向く士（2、4、6、9、11）」という数字がそのままプログラムに出てきた方が読みやすいと思います。

もう1個。今度は2014年の祝日をスペース区切りの文字列で渡されました。

```perl
#! /usr/bin/perl
#
# japanHoliday3.pl -- 祝日で遊ぼう

use 5.010;
use strict;
use warnings;

my $japanHoliday = "2014/01/01 2014/01/13 2014/02/11 2014/03/21
2014/04/29 2014/05/03 2014/05/04 2014/05/05 2014/07/21 2014/09/15
2014/09/23 2014/10/13 2014/11/03 2014/11/23 2014/12/23";
my @holiday = split / /, $japanHoliday;

my ($year, $month, $day) = split /¥//, $holiday[9];
```

```
say "10個目の祝日は$year年$month月$day日です";
```

実行します。

```
C:¥Perl¥perl>japanHoliday3.pl
10個目の祝日は2014年09月15日です
```

では解説します。

```
my @holiday = split / /, $japanHoliday;
```

は先ほどと同じですね。これで$holiday[0]には"2014/01/01"が、$holiday[1]には"2014/01/13"が入ります。

```
my ($year, $month, $day) = split /¥//, $holiday[9];
```

は$holiday[9]の中身(どうやら"2014/09/15"だったようです)をスラッシュ(/)で分解しています。

　いままでは区切り文字に空白を使っていましたが、ここでは区切り文字にスラッシュを使います。ところが、スラッシュはパターンを囲む文字(//)と同じですので、ここではバックスラッシュ(¥)でエスケープして¥/としています。

　なお、さきほどのqwと一緒で、//以外でパターンを囲めば¥/などとエスケープせずに済みます。ブレース({})を使ってみます。

```
my ($year, $month, $day) = split {/}, $holiday[9];
```

若干見やすいですか。大して変わりませんが！

　話を進めます。左辺はリストで受けています。こうすれば$holiday[9]に入っていた年月日文字列"2014/09/15"をスラッシュで分解して得られた年月日を、一気に3つの変数$year、$month、$dayに入れることができます。

　なお、splitの第1引数で、//のようにスラッシュを連続で書くと、パターンが空文字列になり、対象文字列を1文字ずつ切り刻むことができます。

```
#! /usr/bin/perl
#
# splitAlphabet.pl -- アルファベットで遊ぼう

use 5.010;
use strict;
use warnings;

my @roman = split //, "abcdefghijklmnopqrstuvwxyz";

say "10個目のアルファベットは$roman[9]です。";
```

実行結果はこうなります。

```
C:\Perl\perl>splitAlphabet.pl
10個目のアルファベットはjです。
```

配列を文字列化する join

join関数を使えば、さきのsplitとは逆に配列をくっつけて1つの文字列に変えることができます。以下のように書きます。splitと比較してください。

```
$スカラー = join "区切り文字", @配列;
```

注意して欲しいのは、splitの場合は分解するのに使うのが**パターン**というものだったので、2つのスラッシュ(//)で囲んで渡しますが、joinはくっつけるときにはさむのは**単なる文字列**なので、引用符("")で囲んで渡すことです。

> **MEMO**
>
> split関数は入力したデータの分析に使うので、区切り文字にいろいろな文字が来ることが考えられるので、たとえば「カンマまたはコロンまたはセミコロン」みたいな書き方をしたいのでパターンを使います。(この例で言うとパターンは/[,:;]/となります。詳しくはP.465の正規表現の章で解説します。)一方、join関数は、出力するデータの作成に使うので、区切り文字は1つに決めます。だから文字列でオッケーというわけです。

さきほどの日本の祝日リストをスペース区切りからカンマ区切りに変えてみます。

```perl
#! /usr/bin/perl
#
# splitJoin.pl -- splitとJoinで遊ぼう

use 5.010;
use strict;
use warnings;

my $japanHoliday = "2014/01/01 2014/01/13 2014/02/11 2014/03/21
2014/04/29 2014/05/03 2014/05/04 2014/05/05 2014/07/21 2014/09/15
2014/09/23 2014/10/13 2014/11/03 2014/11/23 2014/12/23";

my @japanHoliday = split / /, $japanHoliday;    # スペースでsplit

$japanHoliday = join ",", @japanHoliday;        # カンマでjoin

say $japanHoliday;
```

実行結果はこうなります。

```
C:¥Perl¥perl>splitJoin.pl
2014/01/01,2014/01/13,2014/02/11,2014/03/21,2014/04/29,2014/05/03,
2014/05/04,2014/05/05,2014/07/21,2014/09/15,2014/09/23,2014/10/13,
2014/11/03,2014/11/23,2014/12/23
```

現在時刻を返す`localtime(time)`

これは配列／リストを操作する関数ではありませんが、リストを使う関数で、超便利なのでここでご紹介します。

いま何時か知りたいときに`localtime(time)`という関数が便利です。

これは`time`という関数を引数なしで呼び出し、その戻り値を`localtime`という関数の引数として渡しています。このようにこの2つの関数はペアで使います。

`time`関数は現在の時刻を、ある時刻（多くのシステムでは1970年1月1日0時0分0秒（UTC、世界協定時））からの秒数で返します。いまぼくがまさにこの原稿を書いている時刻の`time`関数の戻り値を、さきほど作った`calc.pl`で表示させてみます。

```
C:¥Perl¥perl>calc.pl time
1405305658
```

これは1970年元旦のロンドンにおける0時から14億530万5658秒が経過したことを示しますが、こんなの絶対わけが分かりません。ということでここで`localtime`関数の出番です。

`localtime(time)`をリスト コンテキストで評価すると、年月日、曜日、時分秒などのさまざまな要素が帰ってきます。システムに設定されたタイム ゾーン情報に合わせて時差も調整してくれます。すごくたくさんの要素をリストで返してくれるのですが、これを格納する変数を命名するのも、タイプするのも面倒なので、普通はPerlのオンライン マニュアルであるperldoc（P.592参照）のperlfuncにある`localtime`の使い方ページからコピペして使います。

```
($sec,$min,$hour,$mday,$mon,$year,$wday,$yday,$isdst) =
    localtime(time);
```

`$sec`、`$min`、`$hour`は現在の時刻をそのまま返します。`$mday`は日（4月20日ならば20）を返します。

`$mon`はゼロ始まりです。1月の場合は0になります。これは西洋ではqw/Jan Feb Mar Apr May Jun Jul Aug Sep Oct Nov Dec/[$mon]のようにリ

ストをインデックスで指すときに便利ですが、日本では単純に`$mon + 1`と書けば現在の月が得られます。

　`$year`は西暦年から1900を引いたものです。2014年であれば114になりますので、1900を足すと西暦年が得られます。

> **MEMO**
>
> 　1999年までは`$year`は99となって西暦の下二桁になって便利だったんですが、2000年で破綻しました。これが世に言うコンピューター2000年問題の一例です。いまだにネットの掲示板などに行くと「114年04月20日の書き込みです」などと堂々と表示しているところがあります。

　`$wday`はその日の曜日をゼロ始まりの数字で表すものです。日曜日はゼロ、土曜日は6を返します。以下の式で変換できます。

```
qw/日 月 火 水 木 金 土/[$wday]
```

　`$yday`は年の最初からの通算日、いわゆるジュリアン デートから1を引いたものです。平年は0から364まで、閏年は0から365までの数値になります。たとえば2月20日のジュリアン デートは51になりますが、`$yday`は50になります。これはあまり使いません。

　`$isdst`（DST（Daylight Saving Time）かどうか）は、夏時間なら真を、そうでないなら偽を返します。

> **MEMO**
>
> 　2014年現在日本では夏時間を導入していないので、常に偽を返します。

　以上を踏まえて遊んでみます。

```perl
#! /usr/bin/perl
#
# localtime.pl -- 時刻で遊ぼう

use 5.010;
use strict;
use warnings;

my ($sec,$min,$hour,$mday,$mon,$year,$wday,$yday,$isdst) =
        localtime(time);

$year += 1900;
$mon  += 1;
```

```perl
say "現在は$year年$mon月$mday日、$hour時$min分$sec秒です！";
```

実行結果です。

```
C:¥Perl¥perl>localtime.pl
現在は2015年7月14日、8時22分44秒です！
```

ところで、この`localtime(time)`はリスト コンテキストとスカラー コンテキストの違いの教科書のような関数で、戻り値をスカラー コンテキストで受けると挙動が一変します。

```perl
#! /usr/bin/perl
#
# localtime2.pl -- 時刻で遊ぼう

use 5.010;
use strict;
use warnings;

say scalar localtime(time);
```

`scalar`関数を使って、スカラー コンテキストを強制しています。どうなるでしょうか。

```
C:¥Perl¥perl>localtime2.pl
Tue Jul 14 11:49:45 2015        火曜日、7月14日、11時49分45秒、2015年
```

なんと、Perlが勝手にまあまあユーザー フレンドリーな日時に変換してくれます。通常の用途ではこれで十分だと思います。

☑ まとめコーナー

いかがでしょうか。結構おなかいっぱいでしょうか。でも一歩一歩おさえていれば簡単だと思います。練習プログラムを好きなように改造して、いろいろ実験して、Perlを支配してください。まとめです。

- リストは式をカンマではさんで作れる
- 普通はカッコ`()`で囲む
- これをリスト リテラルという
- `print`や`say`は引数にリストを取る関数である
- リストを格納する変数を配列と言う
- 配列変数は`@arr`のようにアットマーク(`@`)をシジルに使う

- リストと配列は=で代入できる

- `@arr`の3番目の要素は`$arr[2]`のように、ブラケット（`[]`）で数値を囲んでアクセスできる

- このときシジルは`$`であることに注意

- ブラケットで囲む数値（上の例では`2`）をインデックスと言う

- インデックスはゼロ始まりで、最初の要素は`$arr[0]`、2番目の要素は`$arr[1]`のようにアクセスする

- 配列`@arr`を二重引用符に入れると、各要素の間にスペースを入れて展開してくれる

- `@arr = (@arr_1, $var1, $var2)`のように配列をリストの中に入れることができる。この場合は、配列`@arr_1`の中身と、2つのスカラー`$var1`、`$var2`が順番に`@arr`の要素になる

- `(@arr_1, $var1, $var2) = @arr`のように左辺に配列入りのリストを書くと、おそらく予想通りにはならない。`@arr_1`はよくばりなので、`@arr`の要素をすべて奪い去ってしまい、`$var1`と`$var2`は`undef`になる

- `($var1, $var2, @arr_1) = @arr`ならば予想通り`@arr`の要素が1個、1個、残り全部と行きわたる

- リスト リテラルをインデックスでアクセスできる。`("red", "green", "blue")[1]`という式は`"green"`という値を持つ

- `my @arr;`で配列を宣言した直後に`$arr[100] = 100;`のように101番目の要素に値を代入すると、`$arr[0]`から`$arr[100]`までの101個の要素が自動的に生成され、先頭から100要素には`undef`が入る。これを配列の自動生成と言う

- 配列`@arr`をスカラー コンテキストで評価すると、要素数が返る

- スカラー コンテキストを強制するには、`scalar @arr`のように`scalar`関数を使う

- それに対して、配列がリストとして評価される文脈はリスト コンテキストと言う

- `@arr[1,2,3]`や`@arr[1,3,5]`のように配列の部分を取ってリストを生成できる。これを配列スライスと言う。シジルが`@`であることに注意

- `(undef, "January", "February", "March", "April", "May", "June","July", "August", "September", "October", "November", "December")[1,2,3]` のように、リストのスライスも作れる。これをリスト スライスという。このリスト スライスの値は `("January", "February", "March")` になる
- ドットドット演算子 `(..)` は通し番号を生成する。`(3..5)` は `(3,4,5)` と、`("x".."z")` は `("x", "y", "z")` と同値である
- この作用をマジック インクリメントと言う
- ドットドット演算子をスライスのインデックスに使うと配列の一部分を簡単に取り出せる。`@year[1..3]` は `@year[1, 2, 3]` と同値である
- プログラムの引数は `@ARGV` という配列に格納される
- `eval` 関数は文字列を Perl の命令として実行する
- `qw` 演算子を使うと、スペースを含まない文字列のリストが簡単にできる `qw/ a b c /` で `('a', 'b', 'c')` と同じ。引用符とカンマを書く手間が省ける
- 配列を操作する関数は `push`、`pop`、`shift`、`unshift` がある
- `push` 関数は配列の末尾にスカラーやリストを追加し、伸びたあとの要素数を返す
- `pop` 関数は配列の末尾からスカラーを取り出し、取り出した要素を返す
- `shift` 関数は配列の先頭からスカラーを取り出し、取り出した要素を返す
- `unshift` 関数は配列の先頭にスカラーやリストを追加し、伸びたあとの要素数を返す
- `shift` 関数は引数のリストを省略するとメイン プログラムでは `@ARGV` を取る。1回目の `shift` はプログラムに渡された1個目の引数を、2回目の `shift` は2個目の引数を返す
- `sort` は配列をソートする
- `split` は文字列を分解してリストにする
- `join` はリストを結合して文字列にする
- `reverse` に配列やリストを渡すと逆順にしたリストを返す。文字列を渡すと逆順にした文字列を返す
- `localtime(time)` は現在の日時を返す。リスト コンテキストとスカラー コンテキストで動きが全然違う

練習問題　　　　　　　　　　　　　　（解答はP.551参照）

Q1

穴埋め問題です。以下のプログラムswap.plに1行だけ加えて、実行結果のように表示するようにしてください。

```perl
#! /usr/bin/perl
#
# swap.pl -- 変数$xと$yの入れ替え

use 5.010;
use strict;
use warnings;

my $x = "Venus";
my $y = "Mars";
 ┌──────┐
 │ 1行  │
 └──────┘
say $x;
say $y;
```

実行結果：

```
C:\Perl\perl>swap.pl
Mars
Venus
```

Q2

穴埋め問題です。以下のプログラムnow.plに1行だけ加えて、実行結果のように表示するようにしてください。

```perl
#! /usr/bin/perl
#
# now.pl -- 現在時間の表示

use 5.010;
use strict;
use warnings;
 ┌──────┐
 │ 1行  │
 └──────┘
```

実行結果：（その時の時間をHH:MM:SS形式で表示します）

```
C:\Perl\perl>now.pl
14:15:20
```

それ、何がうれしいの？

　IT業界（に限らないかもしれませんが）で良く聞くものの言い方で、「それ、何がうれしいの？」という言い方があります。（ちょっと古い、ITにリケーの人しかいなかったときの、やたらぶっきらぼうな言い方をする前時代的な言い方かもしれません。）

　たとえば
「今度のプロジェクトではPerlを使いましょう」
「それ、何がうれしいの？」
「フリー ソフトウェアのプログラミング言語で、簡単にプログラミングができます」
「フーン」
的な感じです。

　たとえば本章では配列という、しちめんどうくさいものを導入しました。これを「何か分からないけど本に出てきたから」、「これをマスターしないと単位が取れないから」という気持ちで、端から丸暗記しても絶対おぼえられません。
　本章を読めば、いかに「配列を使うと使わない時よりも明らかにプログラムが短く、分かりやすくなるか」、「配列のある世界は、ない世界よりもいかに住みやすいか」がお分かりいただけたと思います。（そうでもなかったらどうしよう…。）

　よく「みんな持ってるからパソコンを買う」「みんながスマホにしてるから携帯を買い換える」という人がいますが、あれはあまり知的な感じがしませんね。
　新しい何かを導入する場合は「それは従来の何をどのように置き換えるか」「それを導入すれば何がどう省力化できるか」「逆に、どのようなリスク（余計なお金、手間、個人情報の漏洩 etc.）が生じるか」ということを見極め、本当にそれが自分にとってうれしいかを吟味する必要があります。

　その吟味を重ねることで、逆に新しいトレンドについて真の事情通になれるのではないでしょうか。

第5章
ハッシュ

さて、今回はスカラー、配列/リストに並ぶ3個目のデータ構造、ハッシュについて研究します。これも強力な機能なので、是非マスターしてください。

CHAPTER 05 ハッシュ

5-1 ハッシュとは何か

　前章で学んだ配列は、順番で検索する一種のデータベースと言うことができます。

```perl
#! /usr/bin/perl
#
# month21.pl -- 月名を調べる（引数shift編、qwを廃止）

use 5.010;
use strict;
use warnings;

my $num = shift;
my @month = (undef, "January", "February", "March", "April",
        "May", "June","July", "August", "September",
        "October", "November", "December");

say "$num番目の月は$month[$num]です！";
```

　上記のプログラムは、1から12までの数字を引数で渡せば、JanuaryからDecemberまでの英語名を検索して返してくれます。下では3回連続実行してみています。

```
C:\Perl\perl>month21.pl 1
1番目の月はJanuaryです！

C:\Perl\perl>month21.pl 3
3番目の月はMarchです！

C:\Perl\perl>month21.pl 8
8番目の月はAugustです！
```

　このように、順番（数字）をキーにしてランダム アクセスできるのが配列の特徴です。ハッシュ（hash）は、これに対して、文字列をキーにして別の文字列を返すもので、配列よりもさらに強力な検索が可能です。

ハッシュの作り方

　それでは、上の月名の配列とは逆に、英語の月名を渡すと順番を返すプログラムを作ってみましょう。

```perl
#! /usr/bin/perl
#
```

5.1 ハッシュとは何か

```perl
# month_hash.pl -- 月名から月の順番を調べる（カンマで見づらいバージョン）

use 5.010;
use strict;
use warnings;

my $name = shift;
my %month = ("January", 1, "February", 2, "March", 3, "April", 4,
      "May", 5, "June", 6, "July", 7, "August", 8, "September", 9,
      "October", 10, "November", 11, "December", 12);

say "$nameは英語で$month{$name}月のことです！";
```

3回連続で実行します。

```
C:\Perl\perl>month_hash.pl January
Januaryは英語で1月のことです！

C:\Perl\perl>month_hash.pl March
Marchは英語で3月のことです！

C:\Perl\perl>month_hash.pl August
Augustは英語で8月のことです！
```

では内容を見ていきましょう。

```perl
my %month = ("January", 1, "February", 2, "March", 3, "April", 4,
      "May", 5, "June", 6, "July", 7, "August", 8, "September", 9,
      "October", 10, "November", 11, "December", 12);
```

これがハッシュ`%month`の作成と初期化です。

スカラー変数は`$var`のようにドル記号(`$`)を、配列は`@arr`のようにアットマーク(`@`)をシジルとして使いましたね。

ハッシュの場合は、`%hash`のようにパーセント記号(`%`)を第3のシジルとして使います。

> **MEMO**
> `%`は、斜めの線をはさんで2つのマルがにらめっこしているような記号なので、要素と要素を対応させるハッシュに使われているという説があります。

ハッシュの初期化は、配列と同じくリスト リテラルを使いますが、上のプログラムをよく見ると分かる通り、「月名, 数字, 月名, 数字…」と交互に書いています。このように、ハッシュの検索に使う文字列（上の例ではJanuaryのような月の名前）と、対応する検索結果（上の例では1のような数）を、交互に書きます。

CHAPTER 05 ハッシュ

　ハッシュの検索に使う文字列のことを**キー**（key）と言い、キーに対応する検索結果のことを**値**（value）と言います。つまりハッシュは（キー, 値, キー, 値…）のように、キーと対応する値を交互に並べたリストによって初期化されます。
　また、キー「January」と値「1」のような、ハッシュの一要素をなす1つのペアのことを、**ハッシュ エントリー**と言います。

配列を使ったハッシュの初期化

　なお、ハッシュを配列を使って初期化することもできます。

```
my @month = ("January", 1, "February", 2, "March", 3, "April", 4,
        "May", 5, "June", 6, "July", 7, "August", 8, "September", 9,
        "October", 10, "November", 11, "December", 12);

my %month = @month;
```

　上記のコードで、配列変数@monthには、$month[0]、$month[2]、$month[4]…と言った、奇数番目（インデックスが偶数）の配列要素に英語の月名を、$month[1]、$month[3]、$month[5]…と言った、偶数番目（インデックスが奇数）の配列要素に月数を入れています。
　で、ハッシュ%monthを作って配列@monthで初期化しています。
　このように2ステップにしても、先ほどと同じハッシュを作ることができます。

ハッシュはどの順番でも書ける

　配列はインデックス（順番）によってアクセスするデータですので、ある順番に則って定義しなければなりませんが、ハッシュはキーと値の対応関係ですので、どの順でリストを書いてもOKです。キーはすぐ後の値に対応します。下ではキーのアルファベット順に書いてみました。

```
my %month = ("April", 4, "August", 8, "December", 12,
        "February", 2, "January", 1, "July", 7, "June", 6, "March", 3,
        "May", 5, "November", 11, "October", 10, "September", 9);
```

　どういう順番で書こうが、コンピューターは動じないで処理しますが、人間がプログラミングするのが（そして、人の書いたプログラムを読むのが）大変になりますので、特に事情がなければ月は1月から書いた方がいいと思います。

　さて「奇数番目はキー、偶数番目は値のリスト」というのは少々見にくいですね。すぐどっちがどっちか分からなくなります。たとえば英語の月名をフランス語に翻訳するというプログラムであればもっと大変です。

5.1 ハッシュとは何か

```
my %month = ("April", "avril", "August", "aout",
        "December", "decembre", "February", "fevrier",
        "January", "janvier", "July", "juillet", "June", "juin",
        "March", "mars", "May", "mai", "November", "novembre",
        "October", "octobre", "September", "septembre");
```

これはなんとかならないでしょうか。

シンタックス シュガー =>

この見づらいプログラムを改善するために、Perlでは=>という記号をキーと値の間ではカンマ代わりに使うことができます。

これは、機械のためには必要でないが、人間が読みやすいように作られた機能です。こういうものをシンタックス シュガー（syntax sugar、構文糖）と呼びます。

```
my %month = ("April" => "avril", "August" => "aout",
        "December" => "decembre", "February" => "fevrier",
        "January" => "janvier", "July" => "juillet", "June" => "juin",
        "March" => "mars", "May" => "mai", "November" => "novembre",
        "October" => "octobre", "September" => "septembre");
```

やや見やすくなりましたね。

なお、=>を使う場合、キー（=>の左側にあるもの）は、空白を含まない言葉であれば引用符を省略できます。

```
my %month = (April => "avril", August => "aout",
        December => "decembre", February => "fevrier",
        January => "janvier", July => "juillet", June => "juin",
        March => "mars", May => "mai", November => "novembre",
        October => "octobre", September => "septembre");
```

さらに見やすいと思います。

ハッシュ定義のさらに見やすい書き方（おすすめ）

なお、Perlは空白が書けるところであればいくらでも空白、タブ、改行を書けますので、どうせなら思い切りぜいたくに次のように書くのがおすすめです。

```
my %month = (
        April => "avril",
        August => "aout",
        December => "decembre",
        February => "fevrier",
        January => "janvier",
        July => "juillet",
        June => "juin",
```

CHAPTER 05 ハッシュ

```
        March => "mars",
        May => "mai",
        November => "novembre",
        October => "octobre",
        September => "septembre",
);
```

1組のキーと値の対応をハッシュ エントリーと言いますが、このように1エントリー1行にして、カンマで終わるのが一番見やすいと思います。

なお、細かい話ですが、

```
        September => "septembre",
```

という最後の1行の末尾のカンマは、書かなくてもいいですが、書いてもいい(無視される)ことになっています。

で、どっちでもいいなら、書いた方がいいです。というのは、ハッシュの順番を変えたくなるかもしれないし、天変地異が起こって、1年が1ヶ月増えたり減ったりするかもしれないからです。

どの場合でも、ハッシュ エントリーはカンマで終わると決めてしまえば、カンマを付けたり外したりする手間がなくなります。

ハッシュの検索

さて、ハッシュの定義の時点でだいぶ話が長くなりましたが、研究の成果を活かして先ほどのプログラムを書きなおしてみましょう。

```perl
#! /usr/bin/perl
#
# month_hash2.pl -- 月名から月の順番を調べる(見やすくなった)

use 5.010;
use strict;
use warnings;

my $name = shift;
my %month = (
        January => 1,
        February => 2,
        March => 3,
        April => 4,
        May => 5,
        June => 6,
        July => 7,
        August => 8,
        September => 9,
```

```
        October   => 10,
        November  => 11,
        December  => 12,
);

say "$nameは英語で$month{$name}月のことです！";

say "ちなみにJanuaryは英語で", $month{"January"}, "月のことです！";
say "ちなみにJuneは英語で$month{¥"June¥"}月のことです！";
say "ちなみにDecemberは英語で$month{December}月のことです！";
```

　ハッシュの定義はキーと値の間のカンマをシンタックス シュガーを利かせて=>にし、1行1エントリーとし、最後の`December`のエントリーにもカンマを付けるという方針で見やすく書きかえてみました。
　あと、最後におまけで`January`、`June`、`December`の月数を表示してみました。実行してみます。

```
C:¥Perl¥perl>month_hash2.pl March
Marchは英語で3月のことです！
ちなみにJanuaryは英語で1月のことです！
ちなみにJuneは英語で6月のことです！
ちなみにDecemberは英語で12月のことです！
```

　では説明です。
　定義したハッシュ`%month`の要素を検索するにはどうすればいいでしょうか。
　上のプログラムを見れば分かりますが、

```
$month{$name}
```

のように、キーをブレース(`{}`いわゆる中カッコ)で囲んだ式を使います。
　ハッシュの値もスカラーなので、シジルは`$`になります。`%month{$name}`ではないことに注意してください。
　また、配列は`$month[$num]`とブラケット(`[]`)を使ってインデックスを囲みましたが、ハッシュはブレース(`{}`)を使ってキーを囲みます。
　キーは`$name`という変数ではなく、引用符で囲んだ文字列リテラルも当然使えます。

```
$month{"January"}
```

と書くと値は1になります。
　細かい話になりますが、

```
say "ちなみにJanuaryは英語で", $month{"January"}, "月のことです！";
```

ではsayに引数を3つカンマ区切りで渡しているので、ハッシュ式は
$month{"January"}という書き方でOKですが、

```
say "ちなみにJuneは英語で$month{¥"June¥"}月のことです！";
```

ではsayの引数を1個にし、二重引用符("")の中にハッシュ式を入れ込んでいるので、ハッシュ キーJuneを囲む二重引用符をバックスラッシュ(¥)でエスケープし、$month{¥"June¥"}と書いています。こうしないと「ちなみにJuneは英語で$month{」までで二重引用符のペアが成立してしまい、文字列が終了してしまうからです。

しかしながら、キーが空白を含まない文字列の場合、ハッシュ キーの引用符は省略できますので、こう書いてもOKです。

```
say "ちなみにDecemberは英語で$month{December}月のことです！";
```

ハッシュ式$month{December}を、キーを引用符で囲まずに、sayの引数の文字列の中に入れ込んでいます。これが一番見やすいですね。

ハッシュ スライス

さて、配列には複数のインデックスをブラケット[ ]で囲んだリストで与えて部分的なリストを得るスライスという機能がありました。

第4章のmonth12.plを再掲します。

```perl
#! /usr/bin/perl
#
# month12.pl -- 月名を調べる（配列スライス編）

use 5.010;
use strict;
use warnings;

my $num = 1;

my @month = (undef, "January", "February", "March", "April",
        "May", "June","July", "August", "September",
        "October", "November", "December");

my @ary_month = @month[1, 2];
my @ber_month = @month[9, 10, 11, 12];

say "aryが付く月は@ary_month、berが付く月は@ber_monthです！";
```

@month[1, 2]という式がスライスで、この場合は配列@monthのインデッ

クス1および2の値を取って("January", "February")というリストを返します。

ハッシュにも同様に、ハッシュの一部だけを取ってくる機能**ハッシュ スライス**があります。以下のプログラムでは、これを使って小の月を抽出します。

```perl
#!/usr/bin/perl
#
# month_hash3.pl -- 小の月をリスト出力する（ハッシュ スライス使用）

use 5.010;
use strict;
use warnings;

my $name = shift;
my %month = (
        January => 1,
        February => 2,
        March => 3,
        April => 4,
        May => 5,
        June => 6,
        July => 7,
        August => 8,
        September => 9,
        October => 10,
        November => 11,
        December => 12,
);

my @shortMonth = @month{"February", "April", "June", "September", 
"December"};

say "小の月: @shortMonth";
```

実行します。

```
C:\Perl\perl>month_hash3.pl
小の月: 2 4 6 9 12
```

見事にFebruary、April、June、September、Decemberの月数だけを抽出できました。2重引用符""の中に配列を入れ込んでいるので、間にスペースを入れてリストの中身が展開されました。

ハッシュ スライスは以下のように書きます。

```
@ハッシュ名{キーのリスト}
```

まずシジルがアットマーク(@)であることに注意してください。ハッシュ スライスという式の値はリストになりますから、シジルは@になります。

次にキーのリストをブレース({})で囲みます。

これで、ハッシュの値をリスト中の各々のキーで検索した値によるリストが返されます。

5-2 ハッシュ エントリーの追加、更新

ここではハッシュ エントリーにアクセスするさまざまな方法を研究します。

ハッシュ エントリーを実行中に追加する

さて、前の章で配列の自動生成についてお話しました。

```
my @arr;
```

とさえ定義しておけば(この時点で配列の要素数はゼロ)、

```
$arr[100] = 100;
```

と言う風に急に要素を追加してもかまわない($arr[100]に100を代入することで、$arr[0]から$arr[99]までの配列要素がその前に自動生成され、undefがセットされる)ということでしたね。ハッシュも同様に、

```
my %hash;
```

とさえ定義しておけば(この時点でハッシュ エントリーの数はゼロ)、

```
$hash{キー} = 値;
```

のようにいきなりエントリーを作成することができます。

> **MEMO**
> strictプラグマ モジュールを使わない場合は、my宣言も要りません。

ちなみに、上の文の実行が終わった時点でハッシュ エントリーの数は1個です。

配列は順番で管理されていますので、$arr[100]を作った瞬間に$arr[0]から$arr[100]までの101個のハッシュ エントリーができましたが、ハッシュはランダム キーですので、あるキーのエントリーを作っても1個しか増えません。

ではちょっと試してみましょう。ここでは人数が多い団体、AKB48の管理をハッシュを使ってやってみます。

まず、引数でメンバー名を指定すると、チーム名を表示するプログラムを作成します。メンバーの名前をキーにし、そのメンバーが所属するチームを値とするハッシュ エントリーを6名分作ってみます。

```perl
#! /usr/bin/perl
#
# akb48.pl -- AKB48を管理する（ハッシュ エントリーの動的な追加）

use 5.010;
use strict;
use warnings;

my $name = shift;

my %akb;

$akb{Atsuko} = "team A";
$akb{Haruna} = "team A";
$akb{Yuuko}  = "team K";
$akb{Ayaka}  = "team K";
$akb{Yuki}   = "team B";
$akb{Mayu}   = "team B";

say "$nameは$akb{$name}です！";
```

では実行してみましょう。

```
C:\Perl\perl>akb48.pl Atsuko
Atsukoはteam Aです！

C:\Perl\perl>akb48.pl Haruna
Harunaはteam Aです！

C:\Perl\perl>akb48.pl Mayu
Mayuはteam Bです！
```

OKですね。

同じキーの値の上書き

さて、同じキーの値を書き直すことがあるでしょうか。

AKB48の場合、チーム間でのメンバーの異動（「組閣」）が起こります。

下ではHarunaをteam Bに、Mayuをteam Aに異動してみました。

```perl
#! /usr/bin/perl
#
# akb48_2.pl -- AKB48を管理する（ハッシュ エントリーの上書き（チーム異動））

use 5.010;
use strict;
use warnings;

my $name = shift;

my %akb;

$akb{Atsuko} = "team A";
$akb{Haruna} = "team A";
$akb{Yuuko} = "team K";
$akb{Ayaka} = "team K";
$akb{Yuki} = "team B";
$akb{Mayu} = "team B";

$akb{Haruna} = "team B";  # 異動
$akb{Mayu} = "team A";    # 異動

say "$nameは$akb{$name}です！";
```

では試してみましょう。

```
C:\Perl\perl>akb48_2.pl Haruna
Harunaはteam Bです！
```

```
C:\Perl\perl>akb48_2.pl Mayu
Mayuはteam Aです！
```

ちゃんと異動しています。

これは、配列要素同様、ハッシュ要素1個1個がスカラー変数であることを表しています。同じキーに新しい値を与えると、前の値は上書きされて消えてしまいます。

また、上の例のように、ハッシュ%akb全体で、ある1つのキーを持つエントリーは1つしかありえないということが分かります。キーHarunaに対応するハッシュ要素$akb{Haruna}は1つしかありえません。ハッシュ要素$akb{Haruna}に新しい値を入れると、前の値は上書きされてしまいます。ですから、同じ名前

Harunaを持つ人が複数存在する場合は、苗字もキーに入れるなどして、エントリーを分ける必要があります。これを、ハッシュ キーはユニーク（一意）であると言います。

一方、値については、複数のキーのエントリーが同じ値を持つことができます。上の例でもAtsuko、Mayuという2人の人が同じteam Aに属していましたが、このように、複数のキーに同じハッシュの値を対応させることができます。

お分かりでしょうか。

- ハッシュについてキーは一意でなければならない
  （%akbの場合、メンバー名がカブってはならない）
- 値はカブっていても問題ない
  （%akbの場合、複数メンバーが同一チームということは当然ある）
- 存在しないキーを指定して値を代入すると、新しいハッシュ エントリーが増える
  （%akbの場合、新メンバーが増える）
- 既存のキーを指定して値を代入すると、既存のハッシュ エントリーの値が変わる
  （%akbの場合、旧メンバーがチームを異動する）

ということです。

> **MEMO**
> このプログラムでは兼任（1人のメンバーが複数のチームをかけもちすること）はサポートしていません。これを表現するためには、ハッシュの値に配列リファレンスというものを入れるという、本書ではカバーしない知識が必要となります。

5-3 ハッシュを操作する関数

ハッシュを操作する関数をまとめます。

delete関数（エントリーの削除）

delete関数を使うと、ハッシュからエントリーを削除することもできます。これを使って、言うところの"卒業"をやってみます。

```perl
#! /usr/bin/perl
#
# akb48_3.pl -- AKB48を管理する（ハッシュの削除によるメンバー卒業。いまいち）
```

> CHAPTER **05** ハッシュ

```
use 5.010;
use strict;
use warnings;

my $name = shift;

my %akb;

…中略…

$akb{Haruna} = "team B";  # 異動
$akb{Mayu} = "team A";  # 異動
```
delete $akb{Atsuko}; # 卒業
```
say "$nameは$akb{$name}です！";
```

delete関数はこのように、ハッシュ要素を渡します。

delete $akb{Atsuko}; # 卒業

戻り値は削除されたハッシュ エントリーの値（この場合はAtsukoが在籍していた"team A"）になりますが、このプログラムでは使っていません。

では実行してみます。卒業したAtsukoさんと、念のためもともと存在しないKintarouさんを検索してみます。

```
C:¥Perl¥perl>akb48_3.pl Atsuko
Use of uninitialized value in concatenation (.) or string at C:¥Per
l¥perl¥akb48_3.pl line 25.
Atsukoはです！

C:¥Perl¥perl>akb48_3.pl Kintarou
Use of uninitialized value in concatenation (.) or string at C:¥Per
l¥perl¥akb48_3.pl line 25.
Kintarouはです！
```

ううん、いまいちですねー。いまのところプログラムで「枝分かれ」ができないので、ある人が存在するか、しないかというチェックをしていません。よって、Perlの警告が素のまま出てしまいました。

「Use of uninitialized value in concatenation (.) or string（結合または文字列の中で未定義の値が使われている）」という警告は、$akb{Atsuko}および$akb{Kintarou}という存在しないハッシュ要素にアクセスすると、undefという式の値が返ってしまい、それを含む文字列式をsayで表示しようとしたという意味です。

「Atsukoはです！」という出力は、「は」と「です！」の間にundefが入っていることになります。

エントリーの存在をチェックするexists関数

では、ここでエラー チェックを、まだ研究していないor演算子というものをちょっとフライングゲットしてやってみましょう。

```perl
#! /usr/bin/perl
#
# akb48_4.pl -- AKB48を管理する（exists関数によるメンバー在籍確認）

use 5.010;
use strict;
use warnings;

my $name = shift;

my %akb;

…中略…

$akb{Haruna} = "team B";  # 異動
$akb{Mayu} = "team A";    # 異動

delete $akb{Atsuko};  # 卒業

exists $akb{$name} or die "メンバー $nameはいません。¥n";
say "$nameは$akb{$name}です！";
```

では実行してみます。

```
C:¥Perl¥perl>akb48_4.pl Atsuko
メンバーAtsukoはいません。
```

うまくいきましたね。追加したのはこの部分です。

```
exists $akb{$name} or die "メンバー $nameはいません。¥n";
```

orは「または」という意味の**論理演算子**というものです。これはP.203でこってり解説します。A or Bという形の文もそのあとでちゃんと解説しますが、Aという式が偽を返すと（多くの場合、何かに失敗すると）Bが実行されます。これはエラー チェックで良く使います。

die関数はprintとおおむね同じで、引数に文字列（上の場合は"メンバー $nameはいません。¥n"という文字列）を得て表示しますが、printが基本的に

標準出力というところに引数の文字列を表示するのに対して、die関数は標準エラー出力というところに表示します。

ただし標準出力も標準エラー出力も標準状態ではコマンドライン画面に結びつけられていますから、ここではprintもdieも同じように画面にメッセージを出力しています。

> **MEMO**
> 標準出力、標準エラー出力についてはP.305でゆっくり解説します。

そして、printとdieの一番の違いは、printは表示した後で次の処理に進みますが、dieはそこでプログラムが**死ぬ**、つまり、実行を打ち切るということです。

よってエラーチェックに良く使われます。ここでdieしてしまえば、先ほどundef値を表示しようとして警告が出たsay文までプログラムの制御が到達しないからです。

> **MEMO**
> プログラムが今実行しているポイントのことを制御(control)と言います。

では、何が失敗してdie関数が実行されたのでしょうか。

それがこの項のキモの**exists**関数です。exists関数(英語で存在するという意味)は、このようにハッシュ要素を引数に取ります。

```
exists $akb{$name}
```

もし$akb{$name}というハッシュ要素が存在すれば、「真」を返します。よってor以降は実行されず、先に進みます。しかし存在しなければ、「偽」を返し、or以降に進み、この場合はdie関数が実行されます。「真」、「偽」とは何かは、P.187で紹介します。

> **MEMO**
> Perlをある程度知っている方は、ハッシュ要素$akb{$name}の値が未定義値undefかどうかを調べればいいのではないか、とおっしゃるかもしれません。しかしそれはいまいち不正確です。その場合は、$akb{$name}という要素がたしかに存在するが、その値に明示的にundefが代入されていた場合(「チームundef」というチームがあって、メンバー$nameがそこに属していた場合)にも偽になってしまうからです。よって、ここはやはりexists関数を使うのが正解です。

キーをリストアップするkeys関数

さて、現状でどういうメンバーがいるか、一覧を表示したくなってきます。この場合はkeys関数というのを使います。

```perl
#! /usr/bin/perl
#
# akb48_5.pl -- AKB48を管理する（keys関数によるメンバー一覧表示）

use 5.010;
use strict;
use warnings;

my $name = shift;

my %akb;

…中略…

exists $akb{$name} or die "メンバー $nameはいません。\n";

say "$nameは$akb{$name}です！";
say "現在のメンバー一覧は以下の通り：", join " ", keys %akb;
```

実行してみます。

```
C:\Perl\perl>akb48_5.pl Yuki
Yukiはteam Bです！
現在のメンバー一覧は以下の通り：Haruna Mayu Ayaka Yuki Yuuko
```

ミソはこれです。

```
keys %akb
```

keys関数にハッシュを渡すことで、キーの一覧をリストで返します。上のプログラムではjoin関数を使って、キーの間にスペースを入れて表示しています。

さて、

```
Haruna Mayu Ayaka Yuki Yuuko
```

というのは何順でしょうか。

これは、加入順でも、名前順でも、チーム順でもありません。完全な**順不同**です。ですから、実行時の環境によって順番が変動します。

実はPerlのハッシュの特徴で、keys関数でキーのリストを取得すると順不同になります。ハッシュは、メモリー空間の中で最適にデータを取り出せるように、ランダムに存在しています。

> CHAPTER 05 ハッシュ

> MEMO
>
> メモリー上にデータが細切れに（英語でhash）存在するというのが、ハッシュの語源です。

keys関数を使って、たとえばアルファベット順に表示したい場合は、sort関数を使います。

アルファベット順にソート出力するにはこうします。

```perl
#! /usr/bin/perl
#
# akb48_6.pl -- AKB48を管理する
#          （keys関数とsort関数による名前順のメンバー一覧）

use 5.010;
use strict;
use warnings;

my $name = shift;

my %akb;

…中略…

exists $akb{$name} or die "メンバー $nameはいません。\n";

say "$nameは$akb{$name}です！";
say "現在のメンバー一覧は以下の通り：", join " ", sort keys %akb;
```

実行すると、たしかにアルファベット順になっています。

```
C:\Perl\perl>akb48_6.pl Yuki
Yukiはteam Bです！
現在のメンバー一覧は以下の通り：Ayaka Haruna Mayu Yuki Yuuko
```

値をリストアップするvalues関数

さて、現状でどういうチームがあるかも知りたいと思いませんか。ということで、値の一覧を表示します。これには**values**関数を使います。

```perl
#! /usr/bin/perl
#
# akb48_7.pl -- AKB48を管理する（values関数によるチーム名一覧、難アリ）

use 5.010;
use strict;
```

```
use warnings;

my $name = shift;

my %akb;

…中略…

exists $akb{$name} or die "メンバー $nameはいません。\n";

say "$nameは$akb{$name}です！";
say "現在のメンバー一覧は以下の通り：", join " ", sort keys %akb;
say "現在のチーム一覧は以下の通り：", join " ", sort values %akb;
```

では実行してみます。

```
C:\Perl\perl>akb48_7.pl Yuki
Yukiはteam Bです！
現在のメンバー一覧は以下の通り：Ayaka Haruna Mayu Yuki Yuuko
現在のチーム一覧は以下の通り：team A team B team B team K team K
```

ちょっといまいちですね。

values関数が、各メンバーのそれぞれについてチーム名を返し、それの結果リストがソートされて表示されているので、5人分表示され、team Bとteam Kが2個ずつ重複されて表示されてしまいました。

リスト要素の重複を取り除くには、さらにハッシュを使う方法があるのですが、まだ紹介していないループ機能を使うのでP.243まで保留にします。

以上でハッシュの扱いを終わります。

> CHAPTER 05 ハッシュ

✅ まとめコーナー

ハッシュは、配列を学んでいれば簡単に理解できると思います。

- 文字列で検索できるランダムなデータ構造をハッシュ (hash) という
- ハッシュ変数は `%hash` のように名前に `%` というシジルを付けたものである
- 検索に使う文字列のことをキー (key) といい、キーに対応した検索される文字列のことを値 (value) と言う
- ハッシュは (キー, 値, キー, 値…) のように、奇数番目にキー、偶数番目にキーに対応した値を書いたリストで初期化する
- この場合、(キー => 値, キー => 値…) のようにキーと値の間のカンマは `=>` で置き換えても良い
- この `=>` のように人間がプログラムを見やすくするために作られたプログラミング語をシンタックス シュガーと言う
- キーと値の間のカンマを `=>` で置き換えた場合、空白のない文字列でできたキーは引用符でくくらなくても良い
- リスト リテラルの最後には余計なカンマを書ける。これでキーと値の組の追加／削除が容易になる

- ハッシュのキーと値の組み合わせをハッシュ エントリーと言う
- ハッシュ エントリーのアクセスは `$hash{キー}` のように行う
- キーはブレース (`{}`) で囲む
- このとき空白のない文字列でできたキーは引用符でくくらなくても良い
- ハッシュの一部をリストで取り出すことをハッシュ スライスといい、`@ハッシュ名{キーのリスト}` のように書く
- キーはハッシュの中で一意 (ユニーク) である
- 同じキーのハッシュ要素に2回値を代入すると、新しい値で古い値が上書きされる
- 一方、複数のキーのハッシュ要素が同一の値を持っても良い

- `delete` 関数で任意のキーのエントリーを削除できる
- `exists` 関数で任意のキーのエントリーの存在をチェックできる

- `keys` 関数でキーの一覧をリストで得られる。ただし順不同である
- `value` 関数で値の一覧をリストで得られる。ただし順不同で、エントリーの数だけ値を返すので重複している可能性がある

以上です。

ここで、データ構造についてちょっとまとめます。

- **●数値、文字列、スカラー変数**
    - 1、200、3.14のようなむき出しで書いた数字を数値リテラルと言う
    - "January"、"フランス"、"Atsuko"などの文字列を引用符("")で囲んだものを文字列リテラルと言う
    - 文字列リテラルと数値リテラルはスカラー値と言い、$varのようなスカラー変数に入れられる
    - スカラー変数は数値としても文字列としても扱える
    - 数値として扱うことを数値コンテキスト、文字列として扱うことを文字列コンテキストと言う

- **●リストと配列**
    - ("red", "green", "blue")のようにスカラーをカンマで区切って並べ、通常はカッコで囲んだものをリスト リテラルと言う
    - リスト リテラルは@arrのような配列に入れられる
    - 配列@arrの要素には$arr[1]のようなブラケット([])で囲んだ数字でアクセスできる
    - この数字をインデックス(指標)と言う
    - インデックスはゼロ始まりである($arr[1]は2番目の要素である)
    - 配列はリストとしてもスカラーとしても扱える
    - スカラーとして扱うことをスカラー コンテキスト、リストとして扱うことをリスト コンテキストと言う
    - 配列をスカラー コンテキストで評価すると要素数になる

- **●ハッシュ**
    - %hashのようなハッシュ変数に(red => "赤", green => "緑", blue => "青",)のように奇数番目にキー、偶数番目に値を持つリストを代入したものをハッシュと言う
    - ハッシュ%hashの要素には$hash{red}のようなブレース{}で囲んだ文字列、キーでアクセスできる

ここまでで、Perlで使用するデータ構造について簡単にまとめました。

以降の章では、これらのデータを加工する「制御構造」について学びます。グッとプログラムらしくなるので、楽しみにしていてください。

> CHAPTER **05** ハッシュ

練習問題　　　　　　　　　　　　　　　　　　　　　　　　　（解答はP.551参照）

Q1

英語の曜日（Sunday、Monday、Tuesday、Wednesday、Thursday、Friday、Saturday）を入力して、日本語の曜日（日曜日、月曜日、火曜日、水曜日、木曜日、金曜日、土曜日）を表示するプログラムを作ってください。こんな風に動作します。

```
C:¥Perl¥perl>week.pl Sunday
Sundayは日本語で日曜日だよ！
```

Q2

上のプログラムで作ったハッシュ定義をそのまま生かして、プログラムを実行した日の日付で以下のように動作するプログラムを作ってください。

```
C:¥Perl¥perl>today.pl
Today is Sunday!
今日は日曜日だよ！
```

MEMO

ヒントです。Q1で作ったハッシュを初期化する文の右辺は、リストですから配列を初期化するのに使えます。（=>は単なるカンマとして機能します。）また、その配列のインデックスが0、2、4、6…番目をスライスで取り出してみるとどうなるでしょうか。

シジルの愉悦

　Perlというと、「ああ、あの変な記号をいっぱい使うやつ…」と言われます。なかでも変数に付く$、@、%というシジルが苦手な人は相当数いるようです。でも、これが使い始めると非常に快適です。というのは、普通の英語をそのまま書くことができるからです。

　普通のプログラミング言語では、printという関数がある場合、printという変数名はもう使えません。でもPerlは、$printという変数をそのまま作って、たとえば印刷部数を格納するのに使えます。

```
print "印刷部数は$printです！¥n";
```

　もしシジルがないプログラミング言語であればどうでしょう。print_numやintPrintとか言う不自然な接頭詞／接尾詞を人間ではなくコンピューターの都合でくっつけるか、「nという変数は印刷部数を表す」などということを、コンピューターではなく人間の脳のメモリー空間を使っておぼえておかないといけなくなります。

　個人的には、やたらiとかcとか短い変数名を使うのはもう古いと思います。なるべく英語で読み下せる可読性（readability、読みやすさ）の高いプログラムを書くように心がけたいものです。
　$name、@name、%nameという風に同じ名前でシジルさえ変えれば赤の他人という仕様も、慣れれば快適です。あとで出てきますが、

```
for $paper (@paper) {
        # 配列@paperから1枚ずつ$paperにセットして処理する
        ...
```

などという書き方ができます。非常に分かりやすいです。

> **MEMO**
> 　さらに分かりやすくするために配列の方は複数形@papersにしろという流派も存在します。それもいいかも。

　なにより$nameと書けばスカラー、@nameと書けば配列しか入らないという

のがすばらしいです。nameなどと名前だけ書くと、これはスカラーなのか、配列なのか、関数なのか、何であって何をしようとしているのか常に頭に叩き込んでおかないといけませんが、@nameと書けば、自分はいま配列の処理をしてるんだなあという意識が常に持続します。

　Perlの創始者Larry Wallさんは、Perlは成長する言語だから、変数名にはシジルを付ける、と言う意味のことをおっしゃっています。
　もしシジルのない言語でnameという変数を使う人は、nameという組み込み関数があるかどうかを頭でおぼえておくか、調べる必要があります。調べた結果たとえ今なかったとしても、次のバージョンで作られるかもしれません。
　ある日作ったnameという変数を含むプログラムは、nameという関数が作られた途端に、他人の事情でプログラムを大修正しなければなりませんが、$nameとシジルさえ付けておけば、その心配は未来永劫ないわけです。

CHAPTER

第6章
枝分かれのifと真偽

本章では、プログラムが「場合」によって分かれることをどう表現するかを研究します。

> CHAPTER 06 枝分かれのifと真偽

6-1 制御構造とは何か

　本書は本章から「制御構造」の研究を行います。
　コンピューターというのは基本的に文字列、数値などの「もの」（材料）を、計算したり、加工したりする「行動」（作業）によって処理して仕事をします。これまで研究してきた「データ構造」が「もの」であるとすれば、ここから研究する「制御構造」は「行動」に当たります。
　これまで書いてきたプログラムは、文を上から下に1つずつ並べてきただけでした。このようなプログラムは、上の文の処理が終わったら下の文に移ります。こういう、書いた順序に単純に動く制御を**順次処理**と言います。

図6-1：順次処理

　「行動」は、「あれをする、次はこれをする」という順次処理の他に「こういう条件のときはこれをする、そうでなければあれをする」という**分岐処理**（枝分かれ）、「こういう条件の間はこれを繰り返す」という**反復処理**（繰り返し）もあります。
　プログラミングは、作業を自動化して人間を楽にするだけでなく、人間がやっていた仕事は実はどういう作業なのかを、分析して明らかにします。
　データをスカラー、リスト／配列、ハッシュの形で書くことによってそのデータが実はどういうデータなのか明らかになるように、ふだん何気なくやっている作業を順次処理、分岐処理、反復処理に分解し、整理することで、より深く、より明らかに理解することができます。

6.1 制御構造とは何か

これまでデータを使って順次処理だけのプログラムを作ってきただけでも、結構おもしろいことができましたよね。この上さらに制御構造なんか身につけたら、どんなことになるでしょうか。楽しみにしていてください。

本章では制御構造の手始めに、**分岐処理**（枝分かれ）と、その判断基準になる**真偽**について深く研究します。

順次処理と制御

いままではこういう処理をしてきました。

```perl
#! /usr/bin/perl
#
# month17.pl -- 月名を調べる（引数shift編）

use 5.010;
use strict;
use warnings;

my $num = shift;
my @month = qw/ undef January February March April May June
        July August September October November December/;

say "$num番目の月は$month[$num]です！";
```

実行するときは、

```
C:\Perl\perl>month17.pl 1
1番目の月はJanuaryです！
```

のように1から12までの数字を引数にし、その月の英語を返していました。この元のプログラムにコメントを入れます。

```perl
# 処理1：引数を得て、$numという変数に入れる
my $num = shift;

# 処理2：月のリストで、配列@monthを初期化する
my @month = qw/ undef January February March April May June
        July August September October November December/;

# 処理3：@monthを$numで検索して、表示する
say "$num番目の月は$month[$num]です！";
```

プログラムが人間のために行う作業を**処理**（process）と言います。

上のプログラムを実行すると、処理1→処理2→処理3のように順番に作業が上から下に流れます。さきほども書きましたが、これは**順次処理**（sequence）です。順次処理はコンピューターの3大制御構造の1つですが、知らず知らずのうちに

習得していたことになります。

　このプログラムの実行をコンピューターに指示すると（month17.plというコマンドをコマンドライン画面に打ち込むと）、一瞬で答えが出ますが、実際にはまず処理1が実行されます。このように、プログラムが現在処理しているプログラムの中の「場所」を**制御**（control）と言います。

　処理1が済んだら、制御は処理2に、そして処理3にと移って行きます。

6-2 枝分かれの制御文～ if（もしも）と else（それ以外）

　しかし、次のように動作するプログラムはどうでしょう。ある年が閏年(うるうどし)（leap year）であるかどうかを知りたいとします。

```
C:¥Perl¥perl>leapYear_yet.pl 1996
1996年は閏年です！

C:¥Perl¥perl>leapYear_yet.pl 1900
1900年は閏年ではありません！

C:¥Perl¥perl>leapYear_yet.pl 2000
2000年は閏年です！
```

　このように、入力する年によって出力するメッセージが変わります。

　現状の知識だけでこのようなプログラムを書くためには、ある年は閏年、ある年は閏年じゃない、という文字列の配列で実装することが考えられます。まあ紀元前（マイナスの西暦年）は省略するとして、西暦1年から書きます。

> **MEMO**
> ある動作をプログラムに移すことを実装する（implement）と言います。

```perl
#! /usr/bin/perl
#
# leapYear_yet.pl -- 閏年を調べる（未完成のプログラム）

use 5.010;
use strict;
use warnings;

my $year = shift;
my @year = qw/ undef 西暦1年は閏年ではありません！
        西暦2年は閏年ではありません！ 西暦3年は閏年ではありません！
        西暦4年は閏年です！ 西暦5年は閏年ではありません！
```

6.2 枝分かれの制御文～if（もしも）とelse（それ以外）

```
            西暦6年は閏年ではありません！  ・・・（以下略・・・） /;

say "$year年は$year[$year]";
```

　すみません、西暦6年まで到達したところで挫折しました…。こんなの1000年も2000年も書くのは不可能です。ていうか、絶対にこの方針でプログラムを完成させるのは不可能です。西暦年は無限に続くからです。

　ということで、$yearは閏年かどうか、判断して出力するプログラムを書く必要があります。ここでは、西暦年が4で割り切れたら閏年とします。

> **MEMO**
> もちろん実際の閏年の計算はもう少し複雑ですが、それは後で対応します。

　ここでif文というものを導入します。こんな感じになります。

```perl
#! /usr/bin/perl
#
# leapYear.pl -- 閏年を調べる（ifの導入）

use 5.010;
use strict;
use warnings;

my $year = shift;

if ($year % 4 == 0) {
        say "$year年は閏年です！";
} else {
        say "$year年は閏年ではありません！";
}
```

　案外あっさり書けましたね。では実行してみます。

```
C:\Perl\perl>leapYear.pl 2015
2015年は閏年ではありません！

C:\Perl\perl>leapYear.pl 2016
2016年は閏年です！

C:\Perl\perl>leapYear.pl 2017
2017年は閏年ではありません！
```

　できましたね。ではプログラムを研究します。ここがミソです。

```perl
if ($year % 4 == 0) {
        say "$year年は閏年です！";
```

> CHAPTER 06 枝分かれのifと真偽

```
} else {
    say "$year年は閏年ではありません！";
}
```

　これは、スカラー変数$yearに格納された西暦年が4で割り切れれば（4で割った余りがゼロであれば）

```
    say "$year年は閏年です！";
```

を、割り切れなければ（4で割った余りがゼロでないならば）

```
    say "$year年は閏年ではありません！";
```

を実行します。逆に言うと、$yearが4で割り切れる数であれば

```
    say "$year年は閏年ではありません！";
```

が実行されません。一方、割り切れなければ

```
    say "$year年は閏年です！";
```

が実行されません。色分けします。

```
if ($year % 4 == 0) { # $yearが4で割り切れればここだけ実行
    say "$year年は閏年です！";
} else { # $yearが4で割り切れなければここだけ実行
    say "$year年は閏年ではありません！";
}
```

　このように、処理が枝分かれします。これが**分岐処理**（selection）です。

図6-2：分岐処理

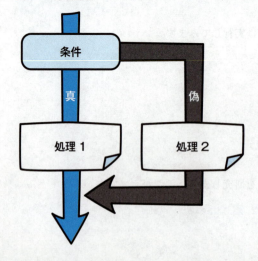

6.2 枝分かれの制御文～if（もしも）とelse（それ以外）

　条件（condition）というのは分かれ道のどっちに行くかの判断基準です。ここでは「4で割れるかどうか」が条件になります。
　真(しん)（true）は条件が正しいとき、ということです。別に正しいと言っても「お年寄りに席を譲るのは正しい！」的な、道徳観に基づく話ではありません。ここでは「西暦年が4で割り切れるという条件が成立するとき」ということです。
　反対に**偽**(ぎ)（false）というのは条件が成立しないとき、ということです。これも別に「あなたの愛なんて偽(いつわ)りだわ！」というような、非難する意味はありません。条件が成り立たない（真でない）ということです。
　分岐すると、条件が真のときと偽のときで、処理する部分が違います。
　で、大事なことは、分岐は1つの場所から分かれて、分岐後は1つの場所に戻る、ということです。さっきのプログラムはif文でプログラムが終わっていたので分かりにくかったので、文を足してみます。

```perl
#! /usr/bin/perl
#
# leapYear2.pl -- 閏年を調べる（注釈入り）

use 5.010;
use strict;
use warnings;

# 処理1： 引数から調べる数を取得
my $year = shift;

# 処理2： 最初のあいさつ
say "こんにちは！ 閏年についてお調べですね！";

# 処理3： 閏年かどうかで分岐
if ($year % 4 == 0) {
        # 処理4-1： 閏年の時のメッセージ
        say "$year年は閏年です！";
} else {
        # 処理4-2： 閏年でない時のメッセージ
        say "$year年は閏年ではありません！";
}

# 処理5： 最後のあいさつ
say "ではさようなら！";
```

　分かりやすくなったと思います。

```
C:\Perl\perl>leapYear2.pl 2016
こんにちは！ 閏年についてお調べですね！
2016年は閏年です！
```

```
ではさようなら！

C:¥Perl¥perl>leapYear2.pl 2017
こんにちは！ 閏年についてお調べですね！
2017年は閏年ではありません！
ではさようなら！
```

もし引数で2016年のような閏年が渡されたら（閏年という条件が真の場合は）、

```
処理1→処理2→処理3→処理4-1→処理5
```

と制御が移ります。一方2017年のように閏年以外の場合は（条件が偽の場合は）、

```
処理1→処理2→処理3→処理4-2→処理5
```

と制御が移ります。分岐するのは処理4-1と処理4-2だけで、その前後は同じ処理が走ります。

では、以下のプログラム

```
if ($year % 4 == 0) {
        say "$year年は閏年です！";
} else {
        say "$year年は閏年ではありません！";
}
```

に出てくる、

- if文
- else文
- ==（イコール イコール）演算子
- ブロック{}

という4つの要素について1個1個説明します。

if文

if文は以下のような形になります。

```
if (条件) {
        条件が成立したときに実行される部分;
        ...
}
```

ifは英語で「もしも」という意味です。

}のうしろにセミコロンがありませんが、これも文です。文はセミコロンあるいはブロック{ }の終わりで区切れるもの、とおぼえてください。

else文

else文は以下のような形になります。

```
if (条件) {
        条件が成立したときに実行される部分;
        ...
} else {
        条件が成立しなかったときに実行される部分;
        ...
}
```

if文とセットで書いていますが、太字で書いている部分がelse文です。elseは「でなければ」という意味です。

else文はif文あってのものです。if文がないのに、いきなりelse文だけ書くことはできません。普通の会話でも、突然「そうじゃなかったらさあ！」という言葉で文章を始める人は頭がどうかしてますよね。

ということで、ifを削除したプログラムは確実にエラーになります。（一応やってみましたが「文法エラーです、コンパイルに失敗しました」という素っ気ない文章だけでしたので実験は割愛します。）

数値比較演算子==（イコール イコール）

==（イコール イコール）は、左右の式を「数値として」比較して、等しいときは真、等しくないときは偽という値を返す演算子です。

つまり、真と偽はPerlではスカラー値として扱われます。1、100、3.14のような数値、"XYZ"、"日本"のような文字列同様、真と偽もスカラーです。

ここがちょっと日常感覚と離れていて実感が湧きにくいと思いますが、本書では確実に実感が湧くように後で説明しますので、しばらくはモヤモヤした状態で待っていてください。

真と偽の2つをまとめて真偽値（boolean value）といいます。

つまり、Perlで扱えるスカラーには、

- 数値（1つ以上の数字と小数点で表すもの）・・・ 1、100、3.14など
- 文字列（0個以上の文字で表すもの）・・・ "January"、"いろはにほ"、"前

田敦子"など
- 真偽値（真か偽のいずれか）
- undef（未定義値）

という4種類があることになります。ここでは、

```
$year % 4 == 0
```

という式は、`$year % 4`（`$year`を4で割った余り）が数値としてゼロに等しければ真、等しくなければ偽という値を持つということだけ了解してください。

> **MEMO**
> 「数値として」比較しているという言葉の意味もとりあえず保留しましょう。

> **MEMO**
> 　真偽値のことを英語でboolean value（ブーリーン）と言い、日本語でもブール値とも言いますが、これは真偽という論理を数学的に書くことを提唱した数学者／哲学者のジョージ・ブールの名前から来ています。

文をまとめるブロック

　文をいくつか書いてブレース（`{}`）でまとめたものを**ブロック**（block）と言います。ブロックは1つの文とみなされます。中に入れる文は1つでもいいし、2つ以上いくらでもいいし、空っぽの`{}`でもいいです。ということで

```
if ($year % 4 == 0) {
    say "$year年は閏年です！";
} else {
    say "$year年は閏年ではありません！";
}
```

というプログラム部分を構成する、

- `if`文
- `else`文
- `==`（イコール イコール）演算子
- ブロック`{}`

という4つの要素を説明しました。

6-3 真偽の研究

ここからは真偽値について研究します。

真偽値を直接表示してみる

Perlでは「真」と「偽」がスカラーである、と言いました。本当でしょうか。これを確かめるには、「真」と「偽」を表示してみるのがいいでしょう。

```perl
#! /usr/bin/perl
#
# trueFalse.pl -- 真偽値で遊ぼう

use 5.010;
use strict;
use warnings;

say "100 % 5 == 0は【", 100 % 5 == 0, "】です!";
        # 100を5で割った余りがゼロかどうか表示

say "length(¥"XYZ¥") == 4は【", length("XYZ") == 4, "】です!";
        # 文字列"XYZ"の長さが4かどうか表示
```

上のプログラムでは、「100を5で割った余りがゼロである」という、明らかに正しいことと、「文字列"XYZ"の長さが4である」という、明らかに間違ったことを表示しています。実行します。

```
C:¥Perl¥perl>trueFalse.pl
100 % 5 == 0は【1】です!
length("XYZ") == 4は【】です!
```

お分かりでしょうか。

「100 % 5 == 0は【」という文字列と、「】です!」という文字列の間に入れた式は、100 % 5 == 0、つまり、「100を5で割った値がゼロであるかどうか」という真偽値を返す式です。==式が正しければ真が、間違っていれば偽が入ります。

で、実行結果を見ると、100 % 5 == 0という式の値をsayで出力した結果は1です。つまり、Perlでは100 % 5 == 0という式は、正しいので、真を返すが、その真の正体は1である、ということになります。

一方、「length(¥"XYZ"¥) == 4は【」という文字列と、「】です!」という文字列の間に入れた式は、length("XYZ") == 4つまり、「文字列"XYZ"の長さが4であるかどうか」という真偽値を返す式です。間にはさんだ式が正しければ

真が、間違っていれば偽が入ります。で、実行結果を見ると、どうやらそれは""（空文字列）です。つまり、Perlではlength("XYZ") == 4という式は、間違っているので、偽を返すが、その偽の正体は空文字列である、ということになります。

逆に1と空文字列を条件式として使ってみる

では逆に、if文の条件式に、1や空文字列というスカラーをいきなりifの条件として書いたらどうなるでしょうか。こんな感じです。

```perl
#! /usr/bin/perl
#
# trueFalse2.pl -- 真偽値で遊ぼう（リテラルを真偽値として使う）

use 5.010;
use strict;
use warnings;

if (1) {
        say "1は真だった！";
} else {
        say "1は偽だった！";
}

if ("") {
        say "空文字列は真だった！";
} else {
        say "空文字列は偽だった！";
}
```

実行します。

```
C:\Perl\perl>trueFalse2.pl
1は真だった！
空文字列は偽だった！
```

オッケーですね。つまり、比較演算子イコール イコール==は、左右の式が等しければ1、等しくなければ空文字列を返しているが、Perlはそれらの値を、それぞれ真、偽として扱う、ということです。

なお、上で1および空文字列というスカラーをif文の条件として使っていますが、これを**真偽値コンテキスト**（boolean context、ブール値コンテキスト）と言います。つまり、スカラーには、数値コンテキスト、文字列コンテキストの他に、真偽値コンテキストがあるわけです。

1だけが真か？ ""だけが偽なのか？

さて、

- == は真ならば1、偽ならば""を返す
- 真偽値コンテキストで評価すると1は真、""は偽として評価される

ということははっきりしました。しかし、

- 真として評価されるものは1だけか
- 偽として評価されるものは""だけか

がまだわかりません。いろいろなデータについて一気に実験します。

```perl
#! /usr/bin/perl
#
# trueFalse3.pl -- 真偽値で遊ぼう

use 5.010;
use strict;
use warnings;

if (0) {
        say "0は真だった！";
} else {
        say "0は偽だった！";
}

if (1) {
        say "1は真だった！";
} else {
        say "1は偽だった！";
}

if (2) {
        say "2は真だった！";
} else {
        say "2は偽だった！";
}

if ("") {
        say "空文字列は真だった！";
} else {
        say "空文字列は偽だった！";
}

if (" ") {
```

```
        say "空白文字は真だった!";
} else {
        say "空白文字は偽だった!";
}

if ("0") {
        say "文字列¥"0¥"は真だった!";
} else {
        say "文字列¥"0¥"は偽だった!";
}

my @arr = ();

if (@arr) {
        say "空リストは真だった!";
} else {
        say "空リストは偽だった!";
}

@arr = (1, 2, 3);

if (@arr) {
        say "3要素のリストは真だった!";
} else {
        say "3要素のリストは偽だった!";
}

my %hash = ();

if (%hash) {
        say "空ハッシュは真だった!";
} else {
        say "空ハッシュは偽だった!";
}

%hash = (key1 => "value", key2 => 0);

if (%hash) {
        say "2要素のハッシュは真だった!";
} else {
        say "2要素のハッシュは偽だった!";
}

if ($hash{key1}) {
        say "文字列valueが入っているハッシュ式は真だった!";
} else {
        say "文字列valueが入っているハッシュ式は偽だった!";
```

```perl
}

if ($hash{key2}) {
        say "ゼロが入っているハッシュ式は真だった！";
} else {
        say "ゼロが入っているハッシュ式は偽だった！";
}

if ($hash{key3}) {
        say "存在しないハッシュ式は真だった！";
} else {
        say "存在しないハッシュ式は偽だった！";
}

if (exists $hash{key2}) {
        say "存在するハッシュ式をexists関数に渡したら真だった！";
} else {
        say "存在するハッシュ式をexists関数に渡したら偽だった！";
}

if (exists $hash{key3}) {
        say "存在しないハッシュ式をexists関数に渡したら真だった！";
} else {
        say "存在しないハッシュ式をexists関数に渡したら偽だった！";
}

if (undef) {
        say "undefは真だった！";
} else {
        say "undefは偽だった！";
}

if (say "こんにちはー") {
        say "say関数の実行結果は真だった！";
} else {
        say "say関数の実行結果は偽だった！";
}
```

では実行します。

```
C:¥Perl¥perl>trueFalse3.pl
0は偽だった！
1は真だった！
2は真だった！
空文字列は偽だった！
空白文字は真だった！
文字列"0"は偽だった！
空リストは偽だった！
```

> CHAPTER 06 枝分かれのifと真偽

```
3要素のリストは真だった！
空ハッシュは偽だった！
2要素のハッシュは真だった！
文字列valueが入っているハッシュ式は真だった！
ゼロが入っているハッシュ式は偽だった！
存在しないハッシュ式は偽だった！
存在するハッシュ式をexists関数に渡したら真だった！
存在しないハッシュ式をexists関数に渡したら偽だった！
undefは偽だった！
こんにちはー
say関数の実行結果は真だった！
```

お分かりですか。まとめるとこうなります。

(偽になるもの)
- 数値0
- 文字列 ""
- 文字列 "0"
- 空リスト
- undef
- 偽になる関数結果値

(真になるもの)
- ゼロ以外の数値
- 空文字列、"0"以外の文字列
- 中身のあるリスト
- 真になる関数結果値

別にこんな表を丸暗記しなくてもいいです。使っているうちに真偽値コンテキストという文脈が理解できてくると思います。なんとなく中身があるっぽいものは真、ないっぽいものは偽とおぼえましょう。

割り切れたら偽

では、このような、1を真、ゼロという数字を偽と解釈するということが、実際に役に立つのでしょうか。閏年判定プログラムを書き直してみました。

```
#! /usr/bin/perl
#
# leapYear3.pl -- 閏年を調べる

use 5.010;
use strict;
```

```
use warnings;

my $year = shift;

if ($year % 4) {
        say "$year年は閏年ではありません！";
} else {
        say "$year年は閏年です！";
}
```

「== 0」(ゼロかどうか)という条件を取り除きました。式`$year % 4`は、`$year`を4で割った余りを返すので、割り切れればゼロを返しますが、それを真偽値コンテキストで評価すると偽になります。多少プログラムが短くなります。

フラグ

スカラー変数にゼロや1をプログラマーの意志でセットして、それを真偽値として使うこともできます。このようなスカラー変数を**フラグ**(flag)と言います。これは大きなプログラムを書くときに便利な手法です。下の例は短いですが、説明用の教材としてごらんください。

```
#! /usr/bin/perl
#
# leapYear4.pl -- 閏年を調べる（フラグを使う）

use 5.010;
use strict;
use warnings;

my $year = shift;

my $leapYear;

if ($year % 4 == 0) {
        $leapYear = 1;
} else {
        $leapYear = 0;
}

say "みなさん、こんにちは！";
say "Perlの勉強お楽しみいただいているでしょうか。";

if ($leapYear) {
        say "$year年は閏年です！";
} else {
        say "$year年は閏年ではありません！";
```

> CHAPTER 06 枝分かれの if と真偽

```
}
```

実行します。

```
C:¥Perl¥perl>leapYear4.pl 2014
みなさん、こんにちは！
Perlの勉強お楽しみいただいているでしょうか。
2014年は閏年ではありません！

C:¥Perl¥perl>leapYear4.pl 2016
みなさん、こんにちは！
Perlの勉強お楽しみいただいているでしょうか。
2016年は閏年です！
```

ではプログラムを見ていきます。

```perl
my $leapYear;

if ($year % 4 == 0) {
        $leapYear = 1;
} else {
        $leapYear = 0;
}
```

`$leapYear`がフラグです。西暦年が割り切れたときに1（真）、割り切れなかったときにゼロ（偽）を入れています。これでこのフラグは「今年が閏年か」という**真偽値を保持する変数**ということになります。

真偽値を入れればいいので、真の場合は`88888`などの数値や「こんにちは」などという文字列を入れることもできますし、偽の場合は空文字列(`""`)や文字列のゼロ(`"0"`)などを入れることもできますが、**こんなところで個性を発揮しても仕方ありませんので読みやすく**1とゼロにした方がいいと思います。次に、

```perl
say "みなさん、こんにちは！";
say "Perlの勉強お楽しみいただいているでしょうか。";
```

という命令が実行されますが、その間も`$leapYear`という変数に閏年の判定結果は保持されています。ここにいくら長いプログラムがはさまっても大丈夫です。

で、おもむろに、さっきおぼえておいた情報を使います。

```perl
if ($leapYear) {
```

これは、閏年だったらif側の、でなかったらelse側のブロックが実行されるif文です。コンパクトに書け、"if leap year..."という英語として読みやすいのでエレガントです。上の例は明らかにフラグを使う必要はなく、ifブロックが2個あるのも大いなる無駄ですが、雰囲気だけ感じ取ってください。ポイントは、

スカラー変数に真偽値をプログラマーがセットすることができるということです。

6-4 3つ以上の分岐：elsif

さて、世の中には3つ以上の分かれ道があります。信号の赤、青、黄色のような場合ですね。これはどのように表現すればいいのでしょうか。

さきほどから開発している閏年プログラムは、実は正確ではありません。われわれが使っているグレゴリオ暦では、以下のように定められています。

- 西暦年が4で割り切れない年は平年
- 西暦年が4で割り切れる年は閏年
- ただし、西暦年が100で割り切れる年は平年
- ただし、西暦年が400で割り切れる年は閏年

それを考えてプログラムを書き直してみます。このような場合は、elsif文というものを使うと便利です。

```
if (条件A) {
        条件Aが成立したときに実行される部分；
        …
} elsif (条件B) {
        条件Aが成立せず、条件Bが成立したときに実行される部分；
        …
} else {
        ここまでにすべての条件が成立しなかったときに実行される部分；
        …
}
```

elsifブロックはelseブロックと同様、ifブロックがないと書けません。ただし、1個しか書けないelseブロックとは違って、elsifブロックは何個でも書けます。また、ifブロックとelsifブロックだけで、elseブロックがないパターンも可能です。ここでは「!=」（等しくない）という新しい比較演算子を導入します。これは「==」の反対で、等しくない時に真を返します。詳しくはP.210で述べます。

では使ってみます。

```
#! /usr/bin/perl
#
```

CHAPTER 06 枝分かれのifと真偽

```perl
# leapYear5.pl -- 閏年を調べる（4分岐版）（バグっています！）

use 5.010;
use strict;
use warnings;

my $year = shift;

if ($year % 4 != 0) {
        say "$year年は4で割り切れないので閏年ではありません！";
} elsif ($year % 4 == 0) {
        say "$year年は4で割り切れるので閏年です！";
} elsif ($year % 100 == 0) {
        say "$year年は100で割り切れるので閏年ではありません！";
} elsif ($year % 400 == 0) {
        say "$year年は400で割り切れるので閏年です！";
}
```

とか、もっともらしく書いてみましたが、実際はバグっています。どこが間違っているか分かるでしょうか？ テストして、間違いの原因を究明し、なんならデバッグしてしまってください。

では、デバッグ前にちょっと実行してみます。ポイントになる年、1900年と2000年が見ものですね。

```
C:¥Perl¥perl>leapYear5.pl 4
4年は4で割り切れるので閏年です！これはOK！

C:¥Perl¥perl>leapYear5.pl 1900
1900年は4で割り切れるので閏年です！ダメだな

C:¥Perl¥perl>leapYear5.pl 2000
2000年は4で割り切れるので閏年です！これはOK！
```

お分かりでしょうか。プログラムの中に番号を振ってみます。

```perl
if ($year % 4 != 0) { # ポイント1
```

```
        say "$year年は4で割り切れないので閏年ではありません！";
} elsif ($year % 4 == 0) {   # ポイント2
        say "$year年は4で割り切れるので閏年です！";
} elsif ($year % 100 == 0) {  # ポイント3
        say "$year年は100で割り切れるので閏年ではありません！";
} elsif ($year % 400 == 0) {  # ポイント4
        say "$year年は400で割り切れるので閏年です！";
}
```

制御（実行しているポイント）は、上から下に流れます。

$yearが1900年の場合、われわれの意図としてはポイント3のブロックに突入して欲しかったんです。でも、1900も4で割り切れるので、ポイント2のブロックに流れ込んでしまいました。

こういう場合は、厳しい条件から選別した方がいいと思います。ふるい分けで大きな異物を取り除く場合は、ふるいの目を最初は小さくして、だんだん大きくしていくようなものです。最初から目の粗いふるいを使うと、取り除きたい異物まで最初に落ちてしまいます。

```
#! /usr/bin/perl
#
# leapYear6.pl -- 閏年を調べる（4分岐版）（バグ修正！）

use 5.010;
use strict;
use warnings;

my $year = shift;

if ($year % 400 == 0) {
        say "$year年は400で割り切れるので閏年です！";
} elsif ($year % 100 == 0) {
        say "$year年は100で割り切れるので閏年ではありません！";
} elsif ($year % 4 == 0) {
        say "$year年は4で割り切れるので閏年です！";
} else {
        say "$year年は4で割り切れないので閏年ではありません！";
}
```

if、elsif、elseの順番を逆にしてみました。これでうまくいくはず。

```
C:\Perl\perl>leapYear6.pl 4
4年は4で割り切れるので閏年です！

C:\Perl\perl>leapYear6.pl 1900
1900年は100で割り切れるので閏年ではありません！
```

```
C:¥Perl¥perl>leapYear6.pl 2000
2000年は400で割り切れるので閏年です！

C:¥Perl¥perl>leapYear6.pl 3
3年は4で割り切れないので閏年ではありません！
```

オッケーですね。

6-5 条件文のバリエーション

if、elsif、elseの基本のパターンはここまでですが、Perlではバリエーションも豊富に用意されています。工夫して使うと、より自然なプログラムが書けるので研究してみましょう。

ifの反対unless

英語でunlessというと「〜でなければ」という意味ですが、これもプログラムで使えます。

```
unless (条件A) {
        条件Aが成立しなかったときに実行される部分；

        ...

} elsif (条件B) {
        条件Aが成立して、条件Bが成立したときに実行される部分；

        ...

} else {
        ここまでにすべての条件が成立しなかったときに実行される部分；

        ...

}
```

上記のように、ひっくり返るのはunlessのうしろだけで、その後のelsif、elseはifのときと同じ動きになります。ちょっとややこしいので注意してください。用例は省略します。

後置式のif、unless

いちいち大がかりなブロック構造を書かなくても、1行で済ませたいことがあります。そういうときはこのように書きます。

> 文 if 条件式; # 条件式が真なら文を実行する

> 文 unless 条件式; # 条件式が偽なら文を実行する

sayではなくてdieを使ってよければ、閏年プログラムはこう書けます。

```
#! /usr/bin/perl
#
# leapYear7.pl -- 閏年を調べる（後置式unlessでdieを使う）

use 5.010;
use strict;
use warnings;

my $year = shift;

die "$year年は400で割り切れるので閏年です！\n" unless $year % 400;
die "$year年は100で割り切れるので閏年ではありません！\n"
        unless $year % 100;
die "$year年は4で割り切れるので閏年です！\n" unless $year % 4;
die "$year年は4で割り切れないので閏年ではありません！\n";
```

仮に1900年だったとします。

最初の$year % 400は$yearを400で割った余りですので300となり、条件式としては真となりますから、unlessは成立せず、1個目のdieは実行されません。

次の$year % 100はゼロなので、条件式としては偽になるので、unlessは成立し、2個目のdieは実行されます。ところが、die関数はメッセージを出すなりプログラムが死んでしまうので、それ以降はそこから先は実行されません。

よって、それ以降の不必要な吟味は行われません。うまくできてるな！

> **MEMO**
> ただしdieは標準エラー出力というところにメッセージを出すところが、sayやprintとは違うので注意が必要です。詳しくはP.307に書きます。

6-6 真偽値の演算子

条件や真偽値は、「～でない（否定）」、「かつ」、「または」という演算子を使って複雑な条件をスッキリ書くことができます。

> CHAPTER 06 枝分かれのifと真偽

否定のnot

notは次に来る真偽値を否定します。次に来るのが真であれば偽に、偽であれば真に変えます。以下の閏年プログラムで、

```perl
#! /usr/bin/perl
#
# leapYear6.pl -- 閏年を調べる（4分岐版）（バグ修正!）

use 5.010;
use strict;
use warnings;

my $year = shift;

if ($year % 400 == 0) {
        say "$year年は400で割り切れるので閏年です！";
} elsif ($year % 100 == 0) {
        say "$year年は100で割り切れるので閏年ではありません！";
} elsif ($year % 4 == 0) {
        say "$year年は4で割り切れるので閏年です！";
} else {
        say "$year年は4で割り切れないので閏年ではありません！";
}
```

と言う風に、最初のif、elsifの中身が全部「割り切れる」というものでした。

ところで、$year % 400という数式をそのまま真偽値コンテキストで使うこともできます。しかしこれは、割り切れるときにゼロ、つまり偽になり、割り切れないときに真になるので、そのままだと使えません。

でも、こうすると使えます。

```perl
#! /usr/bin/perl
#
# leapYear8.pl -- 閏年を調べる（notを使う）

use 5.010;
use strict;
use warnings;

my $year = shift;

if (not $year % 400) {
        say "$year年は400で割り切れるので閏年です！";
} elsif (not $year % 100) {
        say "$year年は100で割り切れるので閏年ではありません！";
} elsif (not $year % 4) {
        say "$year年は4で割り切れるので閏年です！";
```

```
} else {
        say "$year年は4で割り切れないので閏年ではありません！";
}
```

　これでもうまく行きます。`$year % 400`は`$year`が400で割り切れるときにゼロ、つまり偽になりますので、`not $year % 400`は`$year`が400で割り切れるときに真になるからです。
　多少見た目はスッキリしますが、トリッキーな感じもします。

かつ（and）

　さて、いくつかの条件が成立したときに初めて成立する真偽値というのを書きたいときがあります。
　急に算数の話題になりますが、ある数が2で割り切れるとき、その数は2の倍数であると言います。同様に3で割り切れるときは、3の倍数です。で、ある数が2でも3でも割り切れるときは、その数は2と3の公倍数であると言います。
　ここで、ある数が2と3の公倍数であるかどうかを確かめるためには、

- ある数が2の倍数であり、かつ、ある数が3の倍数である

という条件を作る必要があります。
　Perlでこのような「〜かつ〜」という条件を作るのが**and演算子**です。では用例をごらんください。

```
#! /usr/bin/perl
#
# common.pl -- 公倍数を調べる

use 5.010;
use strict;
use warnings;

my $num = shift;

if ($num % 2 == 0) {
        say "$numは2の倍数です！";
} else {
        say "$numは2の倍数ではありません！";
}

if ($num % 3 == 0) {
        say "$numは3の倍数です！";
} else {
        say "$numは3の倍数ではありません！";
```

```
}

if ($num % 2 == 0 and $num % 3 == 0) {
        say "$numは2と3の公倍数です！";
} else {
        say "$numは2と3の公倍数ではありません！";
}
```

では実行します。

```
C:\Perl\perl>common.pl 2
2は2の倍数です！
2は3の倍数ではありません！
2は2と3の公倍数ではありません！

C:\Perl\perl>common.pl 3
3は2の倍数ではありません！
3は3の倍数です！
3は2と3の公倍数ではありません！

C:\Perl\perl>common.pl 5
5は2の倍数ではありません！
5は3の倍数ではありません！
5は2と3の公倍数ではありません！

C:\Perl\perl>common.pl 6
6は2の倍数です！
6は3の倍数です！
6は2と3の公倍数です！
```

お分かりでしょうか。結果を表にまとめてみます。

> **MEMO**
> このように、真偽値の組み合わせを表にまとめたものを真理値表といいます。

表6-1：andの真理値表

$num	$num % 2 == 0	$num % 3 == 0	$num % 2 == 0 and $num % 3 == 0
2	真	偽	偽
3	偽	真	偽
5	偽	偽	偽
6	真	真	真

　2、3、5、6を試すことで、$num % 2 == 0の真偽、%num % 3 == 0の真偽について、全部の組み合わせが試されます。で、and条件は両方の条件が真の時のみ真になることが分かります。

これは、真がゼロ以外の数字、偽がゼロで、andが掛け算であると考えれば良く分かります。

真 and 偽は偽ですが、これはゼロ以外×ゼロなのでゼロと考えられます。
偽 and 真は偽です。これもゼロ×ゼロ以外なのでゼロですね。
偽 and 偽は偽です。これはゼロ×ゼロですが、やはりゼロになります。
真 and 真はゼロ以外×ゼロ以外なので真です。
結局両方が真の場合のみ、真になります。このようにandは真偽値の掛け算と考えられ、論理積と言います。

> MEMO
> 積は数学用語で、掛け算の答えのことですね。

または（or）

かつ（and）に続いて、または（or）の研究をしましょう。

さて、ここで微妙な問題ですが、「犬を飼っている人、または、猫を飼っている人」というとき、以下のどの部分が入るでしょう。

1：犬だけを飼っている人
2：猫だけを飼っている人
3：犬と猫と両方飼っている人
4：犬も猫も両方飼っていない人

まず、1と2の片方だけ飼っている人が入ること、4の両方飼ってない人が入らないことは明らかですね。問題は3の両方飼っている人ですが、日常の日本語では「または」に入れない場合があると思います。これは決まり事ですが、数学やプログラムの世界では、両方飼っている人も「または」に入れることになっています。

ちょっとネタが古くて恐縮ですが、3の倍数と3が付く数字はアホみたいに言う男がいたとします。

つまり、「3の倍数」と言う条件と、「3が付く数字」という条件が、どちらか（または両方）満たされた場合にアホみたいに言い、どちらも満たされない場合は真面目に言うとしましょう。このような場合に**or演算子**を使います。プログラムを見てください。

```
#! /usr/bin/perl
#
# ahoNumber.pl -- アホみたいに言うべき数字か調べる

use 5.010;
use strict;
```

> CHAPTER 06 枝分かれのifと真偽

```
use warnings;

my $num = shift;

if ($num % 3 == 0) {
        say "$numは3の倍数です！";
} else {
        say "$numは3の倍数ではありません！";
}

if (not index($num, 3) == -1) {
        say "$numには3が付きます！";
} else {
        say "$numには3が付きません！";
}

if ($num % 3 == 0 or not index($num, 3) == -1) {
        say "$numはアホみたいに言うべきです！";
} else {
        say "$numは真面目に言うべきです！";
}
```

どうでしょうか。

```
C:\Perl\perl>ahoNumber.pl 1
1は3の倍数ではありません！
1には3が付きません！
1は真面目に言うべきです！

C:\Perl\perl>ahoNumber.pl 3
3は3の倍数です！
3には3が付きます！
3はアホみたいに言うべきです！

C:\Perl\perl>ahoNumber.pl 6
6は3の倍数です！
6には3が付きません！
6はアホみたいに言うべきです！

C:\Perl\perl>ahoNumber.pl 13
13は3の倍数ではありません！
13には3が付きます！
13はアホみたいに言うべきです！
```

ではプログラムの中身を見ます。

まず、「3が付く」という条件は、index関数（P.84参照）を使えば良さそうです。

```
index($num, 3)
```

という式は、`$num`に3が入っていれば0以上の数字、入っていなければ-1を返します。よって

```
index($num, 3) が -1 に等しくない
```

という式が書ければオッケーなので、`==`と`not`を組み合わせて

```
not index($num, 3) == -1
```

としてみました。

真理値表にまとめます。

表6-2：orの真理値表

$num	$num % 3 == 0	not index($num, 3) == -1	$num % 3 = 0 or not index($num, 3) == -1
1	偽	偽	偽
3	真	真	真
6	真	偽	真
13	偽	真	真

これは、真はゼロ以外の数字、偽はゼロ、そしてorは足し算であると考えれば分かります。

偽 or 偽は、ゼロ＋ゼロと考えると、ゼロになるので、偽です。
真 or 真は、ゼロ以外＋ゼロ以外で、ゼロ以外になるので、真です。
真 or 偽は、ゼロ以外＋ゼロで、ゼロ以外なので、真です。
偽 or 真は、ゼロ＋ゼロ以外で、ゼロ以外なので、真です。

このように、2つの条件のどちらかが真ならば全体として真になるのがorで、論理和と言います。（和は足し算の答えのことです。）

and、orを使って、複数の条件式を結びつけたものを**複合条件**と言います。

orとandを組み合わせる

さて、またまた閏年の判定に戻ります。

- 西暦年が4で割り切れない年は平年
- 西暦年が4で割り切れる年は閏年
- ただし、西暦年が100で割り切れる年は平年
- ただし、西暦年が400で割り切れる年は閏年

という閏年の判定条件は、煎じ詰めればこうなります。

> CHAPTER **06** 枝分かれの if と真偽

- 西暦年が400で割り切れるか、「西暦年が4で割り切れ、かつ100で割り切れない」ときは閏年
- それ以外は平年

これでだいぶプログラムが短縮できるはずです。西暦年を$year とすると、「西暦年が400で割り切れる」は

```
$year % 400 == 0
```

ですね。
「西暦年が4で割り切れる」は

```
$year % 4 == 0
```

です。
「西暦年が100で割り切れない」のは

```
not $year % 100 == 0
```

です。
　まず、3つの条件のうち2つ目と3つ目をandで結合します。

```
$year % 4 == 0 and not $year % 100 == 0
```

これで「西暦年が4で割り切れるが、100では割り切れない」という条件になります。で、この条件と一番上の条件をorで結合します。

```
$year % 400 == 0 or $year % 4 == 0 and not $year % 100 == 0
```

　ただし、これを読むと、
「400で割り切れる、または、4で割り切れる、かつ、100で割り切れない」
という日本語の文と同じで、
「400で割り切れる、または、『4で割り切れる、かつ、100で割り切れない』」
という意味なのか（これが正しい閏年の判定）、
「『400で割り切れる、または、4で割り切れる』、かつ、100で割り切れない」
という意味なのか（これは間違った閏年の判定）、良く分かりません。
　これは、orとandとどちらが先に結合するのかという、演算子の結合の優先順位の問題です。で、結論から言うと、and（論理積）の方がor（論理和）よりも優先するので、このままでオッケーです。

> **MEMO**
> 数値の計算で掛け算(*)の方が足し算(+)に優先するのと一緒です。

6.6 真偽値の演算子

ただし、不安な人は

```
$year % 400 == 0 or ($year % 4 == 0 and not $year % 100 == 0)
```

のように余分なカッコを書いて、andを先に結合させることを明示的に書いてもオッケーです。ここでは一応カッコなしで書いてみます。

```
#! /usr/bin/perl
#
# leapYear9.pl -- 閏年を調べる

use 5.010;
use strict;
use warnings;

my $year = shift;

if ($year % 400 == 0 or $year % 4 == 0 and not $year % 100 == 0) {
    say "$year年は閏年です！";
} else {
    say "$year年は閏年ではありません！";
}
```

では実行します。

```
C:\Perl\perl>leapYear9.pl 2000
2000年は閏年です！

C:\Perl\perl>leapYear9.pl 2001
2001年は閏年ではありません！

C:\Perl\perl>leapYear9.pl 2004
2004年は閏年です！

C:\Perl\perl>leapYear9.pl 2100
2100年は閏年ではありません！
```

OKですね。真理値表にまとめてみます。

表6-3：閏年の条件（完全版）

$year	(1) $year % 400 == 0	(2) $year % 4 == 0	(3) not $year % 100 == 0	(4) $year % 4 == 0 and not $year % 100 == 0	(5) $year % 400 == 0 or $year % 4 == 0 and not $year % 100 == 0
2000	真	真	偽	偽	真
2001	偽	偽	真	偽	偽
2004	偽	真	真	真	真
2100	偽	真	偽	偽	偽

CHAPTER 06 枝分かれのifと真偽

ちょっと複雑なので、条件に番号を振ってみました。
では、部分的に見ていきます。
まず、andを先に結合させます。(2) and (3)が(4)ですね。

表6-4：閏年の条件（部分）

$year	(2) $year % 4 == 0	(3) not $year % 100 == 0	(4) $year % 4 == 0 and not $year % 100 == 0
2000	真	偽	偽
2001	偽	真	偽
2004	真	真	真
2100	真	偽	偽

andなので、両方真の場合のみ真になります。
で、次にorを結合させます。(1) or (4)が(5)ですね。

表6-5：閏年の条件（部分）

$year	(1) $year % 400 == 0	(4) $year % 4 == 0 and not $year % 100 == 0	(5) $year % 400 == 0 or $year % 4 == 0 and not $year % 100 == 0
2000	真	偽	真
2001	偽	偽	偽
2004	偽	真	真
2100	偽	偽	偽

orなので、どちらかが（あるいは両方が）真の場合は真になります。

> **MEMO**
>
> 上の真理値表（表6-3）を見て「条件が3つあるから、真真真、真真偽、真偽真、偽真真、偽偽真、偽真偽、真偽偽、偽偽偽の8つを調べないとおかしいんじゃないか」と思った方はいるでしょうか。実際には「100で割り切れるけど4で割れない」、「400で割り切れるけど100で割れない」などというパターンはないので、真真偽、偽偽真、偽真真、偽偽偽の4パターンですべてです。

閏年ならば死ね！（orとandの短絡）

以前、後置式のunless条件とdie関数を使って、以下のような閏年判定プログラムを作りました。

```
#! /usr/bin/perl
#
# leapYear7.pl -- 閏年を調べる（後置式unlessでdieを使う）
```

6.6 真偽値の演算子

```perl
use 5.010;
use strict;
use warnings;

my $year = shift;

die "$year年は400で割り切れるので閏年です！\n" unless $year % 400;
die "$year年は100で割り切れるので閏年ではありません！\n"
        unless $year % 100;
die "$year年は4で割り切れるので閏年です！\n" unless $year % 4;
die "$year年は4で割り切れないので閏年ではありません！\n";
```

これを、orを使って書き直すことができます。

```perl
#! /usr/bin/perl
#
# leapYear10.pl -- 閏年を調べる（orとdieを使う）

use 5.010;
use strict;
use warnings;

my $year = shift;

$year % 400 or die "$year年は400で割り切れるので閏年です！\n";
$year % 100 or die "$year年は100で割り切れるので閏年ではありません！\n";
$year % 4 or die "$year年は4で割り切れるので閏年です！\n";
die "$year年は4で割り切れないので閏年ではありません！\n";
```

これはこういうことです。

```perl
$year % 400 or die "$year年は400で割り切れるので閏年です！\n";
```

という文に制御が渡ると、コンピューターは左側から解釈します。

　で、orで結合された2つのものがあると、そのうち左側が真であれば、orの右側はもう解釈しないで次の文に移ります。というのは、

```
A or B
```

という複合条件において、Aが成立してしまえば、もうBを見なくてもor条件が成立することが分かっているので、見なくていいと判断するのです。

　or演算子のこのような性質を**短絡**と言います。orの短絡を利用して、条件判定文を書くことができます。

　短絡という言葉は、日常会話では「学校の成績が悪いからと言って頭が悪いとは限らないだろ！ 短絡的な考え方をするなよ！」などという悪い意味で使います

が、もともとは電気回路がショートすること (short circuit) です。「原発でネズミが回路にはさまって短絡した」などというニュースもありましたね。余談が長くなりましたが、

```
$year % 400 or die "$year年は400で割り切れるので閏年です！¥n";
```

という文において、`$year % 400`が真になった、つまりゼロ以外の値を返した、つまり閏年ではなかった場合は、or以降の部分を短絡して次の文に進みます。

一方、`$year % 400`が偽になった、つまりゼロを返した場合は、閏年ですので、or以降の部分を実行し、die関数で`$year`年は閏年ですと言い残してこの世を去ります。

これはエラー チェックで好まれる構文です。P.167では、ハッシュ要素が存在しなければプログラムが死ぬ、という文を以下のように書きました。

```
exists $akb{$name} or die "メンバー $nameはいません。¥n";
```

これは、`$name`というキーのハッシュ エントリーがハッシュ`%akb`になければ（exists関数が偽を返せば）or以降が実行されてプログラムは死ぬという文です。

なお、andも短絡演算子です。つまり、

```
A and B
```

という複合条件の場合、Aが偽であればBは実行されません。

Aが偽の時点で、複合条件「AかつB」が偽になることは分かっているからです。Aが真の場合のみ、両方真であるか確かめるために、式Bが評価されます。

6-7 比較演算子のいろいろ

さて、ここまでは2つの式を比べる演算子（**比較演算子**）として、==（数値として等しい）しか検討してきませんでした。

実際には、当然ながらもっとたくさんの演算子があります。

== 以外の数値比較演算子

すでに出てきましたが、数値として等しくないは!=になります。

感嘆符（!）がnot、というのはちょっと日常感覚に反しますのが、なじんでください。

6.7 比較演算子のいろいろ

これで、さっきの「3が付く数字はアホみたいに言わなければならない」という条件

```
if (not index($num, 3) == -1) {
    say "$numには3が付きます！";
} else {
    say "$numには3が付きません！";
}
```

を、

```
if (index($num, 3) != -1) {
    say "$numには3が付きます！";
} else {
    say "$numには3が付きません！";
}
```

と言う風に書けます。この方が読みやすいでしょう。また、さっきの閏年判定の

```
if ($year % 400 == 0 or $year % 4 == 0 and not $year % 100 == 0) {
    say "$year年は閏年です！";
} else {
    say "$year年は閏年ではありません！";
}
```

も、

```
if ($year % 400 == 0 or $year % 4 == 0 and $year % 100 != 0) {
    say "$year年は閏年です！";
} else {
    say "$year年は閏年ではありません！";
}
```

と言うふうに書けます。

また、ゼロ以上である、という不等号も書けます。

　index($num, 3)がゼロ以上である、と言う場合、数式では≧を使いますが、Perlでは>= と書きます。読み方としては数学にならって「大なりイコール」と読みます。英語ではgreater than or equalになります。=>ではないので注意してください。大なりイコール、とおぼえておけば、>= と正しい順番で書けると思います。

　これを使えば文字列に3がある、というプログラムは、

```
if (index($num, 3) >= 0) {
    say "$numには3が付きます！";
} else {
    say "$numには3が付きません！";
```

```
}
```

と言う風にも書けたわけです。

数値の比較演算子のまとめ

数値の比較演算子を下にまとめます。

表6-6：数値の比較演算子

Perlの演算子	数学では	日本語の読み方	英語の読み方
==	=	等しい	equal
!=	≠	等しくない	not equal
>	>	大なり	greater than
>=	≧	大なりイコール	greater than or equal
<	<	小なり	less than
<=	≦	小なりイコール	less than or equal

ではここで、演算子の作用を研究するプログラムを書いてみます。まず2個、`==`と`!=`の例を書きます。

```
#! /usr/bin/perl
#
# numericComparison.pl -- 数値の比較で遊ぼう

use 5.010;
use strict;
use warnings;

say "length(¥"XYZ¥") == 3 【", length("XYZ") == 3, "】";
say "length(¥"XYZ¥") != 3 【", length("XYZ") != 3, "】";
```

実行します。

```
C:¥Perl¥perl>numericComparison.pl
length("XYZ") == 3 【1】
length("XYZ") != 3 【】
```

お分かりでしょうか。`""`で囲んだ文字列と、比較演算子を使った式を使ってリストを作っています。スミ付きカッコ【】の間に比較演算子を使った式を書いて、目立たせてみました。この中に、真であれば1が、偽であれば空文字列が表示されます。文字列`"XYZ"`の長さは3ですから、`== 3`の式は真を、`!= 3`の式は偽を返しています。

ということで、残りを全部パーッと書いてみます。

```
#! /usr/bin/perl
```

6.7 比較演算子のいろいろ

```perl
#
# numericComparison2.pl -- 数値の比較で遊ぼう

use 5.010;
use strict;
use warnings;

say "length(¥"XYZ¥") == 3 【", length("XYZ") == 3, "】";
say "length(¥"XYZ¥") != 3 【", length("XYZ") != 3, "】";

say "length(¥"VXYZ¥") > 3 【", length("VXYZ") > 3, "】";
say "length(¥"VXYZ¥") > 4 【", length("VXYZ") > 4, "】";

say "index(¥"XYZ¥", ¥"Y¥") >= 0 【", index("XYZ", "Y") >= 0, "】";
say "index(¥"XYZ¥", ¥"Y¥") >= 1 【", index("XYZ", "Y") >= 1, "】";

say "index(¥"XYZ¥", ¥"V¥") < 0 【", index("XYZ", "V") < 0, "】";
say "index(¥"XYZ¥", ¥"V¥") <= 0 【", index("XYZ", "V") <= 0, "】";
```

では、実験する前に、どういう答えが出るか、各自予想してください。すべて答えは真（【1】）か偽（【】）になります。

では解答行きます。

```
C:¥Perl¥perl>numericComparison2.pl
length("XYZ") == 3 【1】        文字列"XYZ"の長さは3に等しいから真
length("XYZ") != 3 【】         「3に等しくない」という式は偽
length("VXYZ") > 3 【1】        "VXYZ"の長さは4なので3より大きく、真
length("VXYZ") > 4 【】         4に等しいということは「4より大きい」は偽
index("XYZ", "Y") >= 0 【1】
  "XYZ"の中の"Y"はゼロ始まりで1番目に存在するのでゼロより大きい。真
index("XYZ", "Y") >= 1 【1】
  1番目に存在するので「1より大きいかまたは等しい」も真になる
index("XYZ", "V") < 0 【1】
  "V"は存在しないのでindex関数は-1を返す。0より小さいので真
index("XYZ", "V") <= 0 【1】    0より小さいと言うことは0以下も真
```

予想は合っていたでしょうか。

6-8 文字列としての比較、数値としての比較

さて、スカラーの大小比較は文字列コンテキストと数値コンテキストで異なります。イコール イコール(==)は数値コンテキストの比較なので、"0" == "0.0"という式は真を返します。なぜならどちらも数値コンテキストで比較するとゼロで、左辺と右辺は等しくなるからです。

eqとne

では文字列コンテキストで比較するときはどうするかというと、==の代わりにeqというアルファベットで書いた演算子を使います。equalの略です。

また、「数値として等しくない」は!=でしたが、「文字列として等しくない」はneです。not equalの略です。

では例題です。

```perl
#! /usr/bin/perl
#
# contextComparison.pl -- コンテキストと比較

use 5.010;
use strict;
use warnings;

say "¥"0¥" == ¥"0.0¥"【", "0" == "0.0", "】";
say "¥"0¥" eq ¥"0.0¥"【", "0" eq "0.0", "】";
say "¥"0¥" != ¥"0.0¥"【", "0" != "0.0", "】";
say "¥"0¥" ne ¥"0.0¥"【", "0" ne "0.0", "】";
```

では実行します。

```
C:¥Perl¥perl>contextComparison.pl
"0" == "0.0"【1】      数値としてはどっちもゼロなので真
"0" eq "0.0"【】       文字列としては違うからeqは偽
"0" != "0.0"【】       数値としては等しいから!=は偽になる
"0" ne "0.0"【1】      文字列としては違うからneは逆に真になる
```

文字列としての大小比較

さて、文字列として大きい、小さいというのもあります。これまで出てきたeq、neと一緒に、文字列の比較演算子をまとめます。

表6-7：文字列の比較演算子

Perlの演算子	日本人の読み方	英語の読み方
eq	等しい	equal
ne	等しくない	not equal
gt	大なり	greater than
ge	大なりイコール	greater than or equal
lt	小なり	less than
le	小なりイコール	less than or equal

しかしながら、文字列として大きい、小さいとはいったいどういうことなのでしょうか。たとえば、"dog"と"cat"はどっちが大きいでしょうか。"cat"と"catalog"はどっちが大きいと思いますか。

Perlでは、「辞書に早く出てくる方が小さい」と定義されています。

- 先頭から同じ文字位置の文字を比べて、最初に登場した違う文字が、文字コードとして大きい方が、大きい文字列である
- 長さの違う文字列があって、短い方が長い方の先頭部分と重なる場合は、長い方が大きい文字列である

ここで文字コードという難しい言葉が出てきましたが、簡単に言うと文字をパソコンで格納するために変換した数値のことです。'A'は0x41などになります。これに関してはP.356をごらんください。ここでは英語の大小文字、数字、ピリオド(.)について説明します。基本的に

- ピリオド＜数字＜英大文字＜英小文字
- 同じ英大文字、小文字の間ではアルファベット順で後に出てくる方が大きい

ということだけ了解しておいてください。

"."と"0"では、"."の方が小さくなります。

"a"と"A"では、"A"の方が小さくなります。

"dog"と"cat"を比較すると、先頭の文字が"c"が"d"よりも小さいので、"cat"の方が小さくなります。（辞書で先に登場します。）

"America"と"air"では、"A"が"a"よりも小さいので、"America"の方が小さくなります。

"catalog"と"category"では、最初の違う文字"a"が"e"よりも小さいので"catalog"の方が小さくなります。

"cat"と"catalog"は、前者は後者の先頭部分にすっぽり収まってしまうケースで、短い"cat"の方が小さくなります。

さて、文字列の大小関係は、配列のところですでに出てきたsort関数で使われています。sort関数は、デフォルトでは、この文字列の大小関係を使って文

> CHAPTER **06** 枝分かれのifと真偽

字列を並べ替えてくれます。いろんな文字列を並べ替えて、大小関係を一気に調査してみましょう。

```perl
#! /usr/bin/perl
#
# sortString.pl -- 文字列のソート

use 5.010;
use strict;
use warnings;

my @strings = qw/ 0.0 yodel 000 yod yen 000x dollar doll Dolly /;
say join "\n", sort @strings;
```

sort後にjoin関数を入れて、各要素の間に改行をはさんでみました。以下が実行結果です。

```
C:\Perl\perl>sortString.pl
0.0
000
000x
Dolly
doll
dollar
yen
yod
yodel
```

このようになりました。きちんと辞書順に並んでいますね。では、いくつかの文字列を使って比較の実験をしてみましょう。

```perl
#! /usr/bin/perl
#
# contextComparison2.pl -- コンテキストと比較

use 5.010;
use strict;
use warnings;

say "\"000\" gt \"000\" [", "000" gt "000", "] ";
say "\"000\" ge \"000\" [", "000" ge "000", "] ";
say "\"yen\" lt \"yod\" [", "yen" lt "yod", "] ";
say "\"yen\" le \"yod\" [", "yen" le "yod", "] ";
```

実行します。

```
C:\Perl\perl>contextComparison2.pl
```

```
"000" gt "000" 【】      同じ文字列なので「より大きい」は偽
"000" ge "000" 【1】     「より大きいかまたは等しい」は真
"yen" lt "yod" 【1】     最初に出てくる違う文字eとoの差でyenが小さいので真
"yen" le "yod" 【1】     「より小さいかまたは等しい」は真
```

オッケーですね。

6-9 3値演算子

ここでは、「より小さい、等しい、より大きい」という3つの値を返す演算子を研究します。これらは、sortの順番のカスタマイズに使います。

数値順のソートに使う宇宙船演算子<=>

<=>（小なり、イコール、大なり）という書き方をする演算子があります。**宇宙船演算子**（spaceship operator）と呼ばれています。これは映画『スターウォーズ』に出てくる「ダース・ベイダー専用タイファイター」に似ているからだそうです。

さて、これをどう使うのでしょうか。

```perl
#! /usr/bin/perl
#
# numericComparison3.pl -- 数値の比較で遊ぼう

use 5.010;
use strict;
use warnings;

say "3 <=> 3 【", 3 <=> 3, "】";
say "4 <=> 3 【", 4 <=> 3, "】";
say "4 <=> 5 【", 4 <=> 5, "】";
```

実行してみます。

```
C:\Perl\perl>numericComparison3.pl
3 <=> 3 【0】
4 <=> 3 【1】
4 <=> 5 【-1】
```

これは、3つの値を返す「3値演算子」です。左右のオペランドを数値として比較して、等しいとゼロを、左が大きいと1を、右が大きいと-1を返します。

では、これは何を使うかというと、sort関数のカスタマイズに使います。

> CHAPTER **06** 枝分かれの if と真偽

```
#! /usr/bin/perl
#
# sortNumbers.pl -- 数のソート (難あり)

use 5.010;
use strict;
use warnings;

my @strings = qw/ 9 600 30 150 /;
say join "\n", sort @strings;
```

上のプログラムでは9、600、30、1500という4つの数をソートしています。結果を見ます。

```
C:\Perl\perl>sortNumbers.pl
150
30
600
9
```

こうなります。先頭の数字1、3、6、9が小さい順に並びました。これは、文字列としての比較です。まだsort関数をカスタマイズしていないのでこのようになります。つまり、sort関数は、デフォルトでは(何もいじらなければ)文字列の小さい順(辞書順)のソートになります。数字を文字列コンテキストで並べたので、150が一番小さくて9が一番大きい、という素っ頓狂なことになってしまいました。

正しく数値順に(数として小さい順に)並ばせるためには、宇宙船演算子 <=> を使ってsort関数のカスタマイズを行います。以下のようになります。

```
#! /usr/bin/perl
#
# sortNumbers2.pl -- 数のソート (数値としてソートするように修正)

use 5.010;
use strict;
use warnings;

my @strings = qw/ 9 600 30 150 /;
say join "\n", sort {$a <=> $b} @strings;
```

太字部分が変更点です。では実行してみます。

```
C:\Perl\perl>sortNumbers2.pl
9
30
150
```

```
600
```

見事に数値順に並びましたね。では解説します。

```
sort {$a <=> $b} @strings;
```

ここがポイントです。$a、$bというのは実はPerlによって予約された特殊な変数で、sortの順番を変えるために使用されます。

コンピューターの内部の説明になりますが、sortというのは、実際はリストのうちの2つの要素を取り出して並べ替えることを繰り返し行っています。で、この{$a <=> $b}というブロックでは、その2要素をどういう基準で大小比較するかを指定します。

sort関数のすぐうしろにブロックを書き、ここに

- $aが$bよりも大きくなったときは1
- $aが$bと等しくなったときはゼロ
- $aが$bよりも小さくなったときは-1

を返す式を書くと、配列が小さい順にソートされます。

　$a <=> $bは、$aと$bを数字として比較して-1、ゼロ、1を返すので、まさにうってつけですね。

大きい順にも並べたい

さて、これまでソートは小さい順に並べてきました。これを**昇順**（ascending order）と言います。反対に、大きい順に並べることを**降順**（descending order）と言います。では、数値として降順に並べるにはどうすればいいでしょうか？

こうします。

```perl
#! /usr/bin/perl
#
# sortNumbers3.pl -- 数のソート（数値として降順）

use 5.010;
use strict;
use warnings;

my @strings = qw/ 9 600 30 150 /;
say join "¥n", sort {$b <=> $a} @strings;
```

$bと$aの順番を変えました。では実行してみます。

```
C:¥Perl¥perl>sortNumbers3.pl
```

```
600
150
30
9
```

ちゃんと降順に並びましたね。昇順の逆にしたので当然の結果です。

文字列順のソートもカスタマイズしたい（cmp演算子）

さて、sort関数はデフォルトでは、文字列順の整列で、小さい順（昇順）、つまり辞書順ということでしたね。

では、これを文字列順に降順（大きい順）、つまり辞書順の反対に並べるにはどうすればいいでしょうか。

文字列としてのソート順をカスタマイズするには、宇宙船演算子<=>の文字列版が必要になります。それがcmp演算子です。compare（比較する）の略です。

```
#! /usr/bin/perl
#
# characterComparison.pl -- 文字列の比較で遊ぼう

use 5.010;
use strict;
use warnings;

say "¥"abc¥"" cmp ¥"abc¥"【", "abc" cmp "abc", "】";
say "¥"abc¥"" cmp ¥"abcd¥"【", "abc" cmp "abcd", "】";
say "¥"abcd¥"" cmp ¥"abcc¥"【", "abcd" cmp "abcc", "】";
```

実行します。

```
C:¥Perl¥perl>characterComparison.pl
"abc" cmp "abc"【0】      等しい
"abc" cmp "abcd"【-1】    先頭が同じなら長い方が大きい
"abcd" cmp "abcc"【1】
  長さが同じなら最初の違う字（左の例ではdとc）の大きい方が大きい
```

では、これを使って、以前行った文字列のソートを降順にしてみます。

```
#! /usr/bin/perl
#
# sortStringDescending.pl -- 文字列のソート（降順）

use 5.010;
use strict;
use warnings;

my @strings = qw/ 0.0 yodel 000 yod yen 000x dollar doll Dolly /;
```

```
say join "¥n", sort {$b cmp $a} @strings;
```

cmpを使って、降順ですから、$bを$aの前にします。では実行。

```
C:¥Perl¥perl>sortStringDescending.pl
yodel
yod
yen
dollar
doll
Dolly
000x
000
0.0
```

見事に降順になりましたね。

☑ まとめコーナー

以上で本章は終わりです。めちゃくちゃ内容豊富でしたが、何をやったかちゃんとおぼえてますか？

- 前章までで書いてきたプログラムは上から下に流れていた
- これを順次処理と言う
- 現在プログラムが実行しているポイントを制御（control）と言う
- if文を書くことで分岐（枝分かれ）ができる
- if (条件){条件が成立したときに実行する部分} else {条件が成立しなかったときに実行する部分}のように書く
- if文だけを書くことはできるが、else文だけを書くことはできない
- 3つ以上に分岐するときはelsif文を使う
- if (条件){条件Aが成立したときに実行する部分} elsif {条件Aが成立せず、条件Bが成立したときに実行する部分} else {全部の条件が成立しなかったときに実行する部分}のように書く
- else文を書かず、if文、elsif文だけで書くことができる。if文なしでelsif文で始まることはできない
- elsif文は何個でも書けるが、else文は1個しか書けない
- 条件は真偽値（真または偽）を返す式を書く
- $x == $yの==は$xと$yが数値として等しいときは真を、等しくない時は偽を返す比較演算子である

> CHAPTER **06** 枝分かれのifと真偽

- if、elsif、elseのあとにはブレース{}を使ったブロックを書く
- ブロックの中には複数の文をまとめて書ける
- 3 == 3のような、真となる式はスカラー値「1」を持つ
- 逆に、スカラー値「1」は真偽値として解釈すると真になる
- 3 == 4のような、偽となる式はスカラー値""(空文字列)を持つ
- 逆に、空文字列は真偽値として解釈すると偽になる
- あるスカラーを真偽値として解釈することを真偽値コンテキストと言う
- 真偽値コンテキストでは次のものが真になる。ゼロ以外の数値、空文字列や文字列"0"以外の文字列、中身のあるリスト、真になる関数結果値
- 一方、以下のものが偽になる。数値ゼロ、空文字列("")、文字列"0"、空リスト、undef、偽になる関数結果値
- ifの反対のunless文が書ける。unless(条件)と書くと、条件が成立し**ない**場合のみ後続のブロックが実行される。unlessブロックの後にelsifを書いてもそっちの条件は反転しないので注意
- if、unlessは「行動 if 条件」、「行動 unless 条件」のような後置式が書ける。シンプルな行動を書くとき便利
- notは次に来る真偽値を返すものをひっくり返す
- and(かつ)は2つの条件式を結びつけ、両方の条件が真になる場合のみ真になる式とする。論理積と言う
- or(または)は2つの条件式を結びつけ、片方または両方が真になる場合は真になる式とする。論理和と言う
- and、orを使って複数の条件を組み合わせたものを複合条件と言う
- andの方がorよりも結合の優先順位が高い
- 結合の優先順位はカッコで変えることができる。また、本来不要なカッコを書いて見やすくすることもできる
- 真をゼロ以外、偽をゼロ、andは掛け算、orは足し算と考えるとスムーズに考えられる
- 複合条件において、個々の条件の真偽値のあらゆる組み合わせを書いて全体としての真偽値を書いたものを真理値表という

- `or`演算子は、左側の式が真なら、右側の式は無視して制御を先に進める
- これを短絡と言う
- `and`演算子も短絡演算子である。左側の式が偽なら、右側の式は無視して制御を先に進める
- 数値としての比較演算子は、`==`(等しい)の他に`!=`(等しくない)、`>`(大なり)、`>=`(大なりイコール)、`<`(小なり)、`<=`(小なりイコール)がある
- 数値としての比較(数値コンテキストでの比較)と、文字列としての比較(文字列コンテキストでの比較)は異なる
- たとえば`"0" == "0.0"`は、数値コンテキストでゼロとゼロを比較しているので、真を返す
- しかし`"0" eq "0.0"`は、文字列コンテキストで`"0"`と`"0.0"`を比較しているので、偽を返す
- ここで`eq`は文字列として等しいときに真を、等しくない時に偽を返す文字列版の`==`である
- 文字列としての比較演算子は`eq`(等しい)の他に、`ne`(等しくない)、`gt`(大なり)、`ge`(大なりイコール)、`lt`(小なり)、`le`(小なりイコール)がある
- 文字列としての比較はおおむね辞書の順番に等しい(辞書は文字列として小さい順に並んでいる)
- 先頭から同じ文字位置の文字を比べて、最初に登場した違う文字が、文字コードとして大きい方が、大きい文字列である
- 長さの違う文字列があって、短い方が長い方の先頭部分と重なる場合は、長い方が大きい文字列である
- 宇宙船演算子`<=>`は、数値として比較し、左の方が大きければ1を、等しければゼロを、右の方が大きければ-1を返す、3値を返す比較演算子である
- これは`sort`順のカスタマイズに使う。`sort {$a <=> $b} @arr`と書くと、`@arr`を数値として比較して昇順に(小さい順に)並べ替えたリストを返す
- `sort {$b <=> $a} @arr`と書くと、`@arr`を数値として比較して降順に(大きい順に)並べ替えたリストを返す
- 文字列版の`<=>`が`cmp`である。文字列として比較し、左の方が大きければ1を、等しければゼロを、右の方が大きければ-1を返す、3値を返す比較演算子である

- `sort {$a cmp $b} @arr`と書けば、@arrを文字列として比較して昇順に並べ替えたリストを返す（これはカスタマイズしていない`sort @arr`のデフォルトの動作である）
- `sort {$b cmp $a} @arr`と書けば、@arrを文字列として比較して降順に並べ替えたリストを返す

以上です。

すべて「ああ、あのことね！」とピンと来た方は誇っていいと思います。逆に「なんだっけ…」と不安になった方、前の方をどんどん読み返してください。やる気がある人はどんどん先に進んでください。でもその前に、練習問題を解いてください。

練習問題　　　　　　　　　　　　　　　　　　　　　　（解答はP.553参照）

Q1

第4章で、引数から3つの辺を得て、ヘロンの公式で三角形の面積を計算しました。

```
#! /usr/bin/perl
#
# heron3.pl -- ヘロンの公式で三角形の面積を計算（引数版）

use 5.010;
use strict;
use warnings;

my $a = shift;
my $b = shift;
my $c = shift;

my $s = 1 / 2 * ($a + $b + $c);

my $space = sqrt($s * ($s - $a) * ($s - $b) * ($s - $c));

say "3辺が", $a, "cm,", $b, "cm,", $c,
    "cmの三角形の面積は", $space, "平方cmです";
```

使い方は以下のようになります。

```
C:¥Perl¥perl>heron3.pl 3 4 5
3辺が3cm,4cm,5cmの三角形の面積は6平方cmです
```

このプログラムを改造して、引数が3つ渡されなかった場合はエラーを出して終了してください。

また、ありえない三角形の場合は、sqrt関数の引数に渡している

```
$s * ($s - $a) * ($s - $b) * ($s - $c)
```

がゼロ以下になりますので、

```
C:¥Perl¥perl>heron4.pl 1 2 30
3辺が1cm,2cm,30cmの三角形はありえません
```

というエラーを出して終了してください。

Q2

穴埋め問題です。

```
#! /usr/bin/perl
#
# sortInLength.pl -- 長さによるソート

use 5.010;
use strict;
use warnings;

my @fruits = qw/ apple banana cranberry kiwi /;
say join "¥n", sort {    A    } @fruits;
```

{　　A　　}の部分に式を書いて、配列@fruitsが名前が長い順に並べてください。以下のようになればオッケーです。

```
C:¥Perl¥perl>sortInLength.pl
cranberry
banana
apple
kiwi
```

COLUMN

TIMTOWTDI 精神

　Perlの諺（ことわざ）にTIMTOWTDI（ティムトゥディ）というのがあります。これは「There's More Than One Way To Do It.」の略でPerlの聖典「ラクダ本」にも書かれています。
　本章も「こうすればいいけど、こうもできる」ということをやたら書いています。$yearが400で割り切れたら閏年、というだけのことを書くのに、

```
if ($year % 400 == 0) {
        say "$yearは閏年です！";
}
```

```
if (not $year % 400) {
        say "$yearは閏年です！";
}
```

```
die "$yearは閏年です！" unless $year % 400 == 0;
```

```
$year % 400 == 0 or die "$yearは閏年です！";
```

の4種類を紹介しました。実際どれも捨てがたい。それぞれの魅力があります。

　TIMTOWTDIが大切にされるのは、どの道も楽しく、役に立つからです。
　本書はPerlの入門書ですが、最初の方は簡単な書き方しか当然ご紹介していませんから、ちょっとしたことをやるのに回りくどく書いていました。
　で、だんだんPerlの研究も進んで来るにつけ、同じプログラムでもより短く、よりオシャレに書くことができ、厳密なエラーチェックも簡単に付けられるようになって来ました。
　ここで重要なのは、習い始めの初学者であっても、一応動作するプログラムを立派に書ける！ということです。もしもすべての法則をマスターしないとプログラミングをはじめられないのならば、それは「未成熟な子供には発言の自由がない国」と一緒で、当の子供にとっても、国全体にとっても良くないことです。

　人はプログラミングに自分の価値観があります。とりあえず適当にプログラムをパッパッと書きたい人もいれば、見た目が読みやすい文芸的なプログラミングを大事にする人もいます。あらゆる手を使って1字でも短くしたいコードゴルファーもいます。速度を追求する人もいるでしょうし、見た目のおもしろさを追求する人もいるでしょう。こういういろいろなプログラマーの個性を大切にするPerlの方針は、Perlの文化を豊かで、強靭にしていると思います。

CHAPTER

第7章
繰り返しと脱出

ここでは、同じ文を何回も繰り返す反復処理（ループ）と、ループを中断して脱出する方法を研究します。

> CHAPTER 07 繰り返しと脱出

7-1 第3の制御構造、反復処理

　第6章では制御構造の1つ、分岐について研究しました。また、それ以前に順次処理についても自然に習得していましたね。

図7-1：順次処理

図7-2：分岐処理

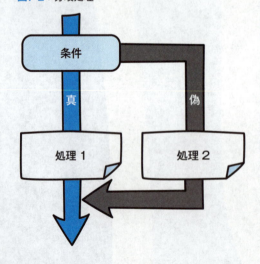

7.1 第3の制御構造、反復処理

本章では最後の制御構造、反復処理（iteration、ループ）について研究します。

図7-3：反復処理

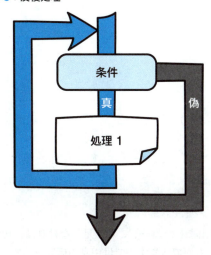

これは、ある条件が成立している間中同じ処理を行う、というものです。これによって同じことを何百回も、何千回も、文句も言わずに繰り返して答えに到達すると言う、コンピューターらしい処理が可能になります。実は、世の中のありとあらゆる計算で解ける問題は、順次処理、分岐処理、反復処理の組み合わせだけで解けることが証明されています。

では見ていきましょう。

条件が真であれば繰り返す while

こんなコンピューターの勉強なんかしていると、くたびれてきて、誰かに応援して欲しいと思いませんか。ということで、応援してくれるプログラムを作りましょう。

```
#! /usr/bin/perl
#
# cheer.pl -- 応援してくれるプログラム (while)

use 5.010;
use strict;
use warnings;

my $i = 0;
```

```
while ($i < 10) {
    say "がんばれー！！！";
    ++$i;
}
```

では実行します。

```
C:\Perl\perl>cheer.pl
がんばれー！！！
がんばれー！！！
がんばれー！！！
がんばれー！！！
がんばれー！！！
がんばれー！！！
がんばれー！！！
がんばれー！！！
がんばれー！！！
がんばれー！！！
```

わー10回も応援してもらって元気出ましたねー。これで足りなければ、100回でも、10000回でも応援してもらうことができます。では中身の研究をします。

```
my $i = 0;
```

このプログラムでは「何回応援したか」をスカラー変数を使ってカウントします。この用途で使われる変数を**カウンター**と言います。ここでは$iをカウンターとして定義し、ゼロで初期化します。

```
while ($i < 10) {
    ...
}
```

これがミソです。**while文**と言います。

```
while (条件) {
    文
}
```

という風に書くと、条件が真の間は文が繰り返し実行されます。ブレース(｛｝)で囲まれた部分はif文の時に出てきたブロックで、この中には文を何個も書けます。そして、条件が偽になったらループを脱出します。

最初の1回は$iがゼロの状態でwhile文に差し掛かります。

```
while ($i < 10)
```

$i が 10 より小さいので、条件式は真になりますので、ブロックに突入します。

```
        {
        say "がんばれー！！！";
        ++$i;
}
```

ブロックの中には文が2つあります。まずsay関数が「がんばれー！！！」と言います。で、++演算子で$iが1になります。ブロックの末尾に到達するので、また条件式に戻ります。

```
while ($i < 10)
```

この時点で$iは1になっています。まだまだ条件式は真です。あとは繰り返しです。

```
        {
        say "がんばれー！！！";
        ++$i;
}
```

このブロックを繰り返すたびに、$iは++演算子によって2、3…と増加します。$iが10になったときには、このブロックはすでに10回通過したので、say関数も10回「がんばれー！！！」と言ったはずです。で、

```
while ($i < 10)
```

11回目にこの条件が偽になるのでブロックの下に制御が移り、プログラムが終了します。

さて、このプログラムはもっと短縮できます。

```
#! /usr/bin/perl
#
# cheer2.pl -- 応援してくれるプログラム（while、短縮版）

use 5.010;
use strict;
use warnings;

my $i = 0;

while (++$i <= 10) {
        say "がんばれー！！！";
}
```

++演算子をブロックからwhileの条件式の中に移動しました。また、不等号

> CHAPTER 07 繰り返しと脱出

<をイコール付きの<=に変えてみました。前置式の++は、$iを加算した後の数を式の値として返しますので、第1回に差し掛かるといきなり

```
1 <= 10
```

という比較が行われます。真です。以下、$iが順調に増えて行って、

```
10 <= 10
```

が10回目ですので、ブロックを実行してからプログラムは終了します。もし

```
while (++$i < 10) {
```

だと10回目の比較で条件が偽になってしまいますので、9回しか実行されません。さて、さらに短縮できます。

```perl
#! /usr/bin/perl
#
# cheer3.pl -- 応援してくれるプログラム（while、短縮版2）

use 5.010;
use strict;
use warnings;

my $i = 11;

while (--$i) {
        say "がんばれー！！！￥\$i == $i";
}
```

開始前のカウンターをいきなり11にし、whileの条件の中を--演算子にしました。あと、不等号がなくなって、比較条件ではなくなりましたね。いいんでしょうか。あと、メッセージの中に、プログラムの動きが分かりやすいように$iを表示してみました。とりあえず動かしてみます。

```
C:¥Perl¥perl>cheer3.pl
がんばれー！！！$i == 10
がんばれー！！！$i == 9
がんばれー！！！$i == 8
がんばれー！！！$i == 7
がんばれー！！！$i == 6
がんばれー！！！$i == 5
がんばれー！！！$i == 4
がんばれー！！！$i == 3
がんばれー！！！$i == 2
```

```
がんばれー！！！$i == 1
```

オッケーっぽいですね。ではプログラムの中を見ていきます。これは、`--$i`という式の値を直接真偽値コンテキストで利用しています。

```
while (--$i) {
```

第1回にこの`while`を通過するとき、`$i`の値は11です。前置式の`--`によって1が減らされますので、`--$i`という式の値は10になりますが、ゼロ以外の数値ですので真になります。

第11回にこの`while`を通過するとき、`$i`の値は1です。前置式の`--`によって1が減らされますので、`--$i`という式の値（`$i`をデクリメントした結果）はゼロになり、偽になりますのでブロックは実行せず、ループを脱出します。

7-2 next と last

次は、ループの次の周回に移る`next`とループを脱出する`last`を研究します。

> **MEMO**
> この2つがあるおかげで、Perlではループ関係で`goto`を使う必要がまったくありません。

今回は許しておいてやる next

さて、プログラムでがんばれー！！！ と声をからして言っている`say`関数が、毎回毎回言うのは疲れるから、ループの奇数回数目だけにしてくれないかと言ってきたとします。別に全体の回数を半分にしてもいいんですが、今回はせっかくですから偶数回目はスキップするというロジックを入れてみます。

> **MEMO**
> プログラムの一部分をロジック（logic、論理）と言う場合があります。

```
#! /usr/bin/perl
#
# cheer4.pl -- 応援してくれるプログラム（nextで間引く）

use 5.010;
use strict;
use warnings;

my $i = 11;
```

```
while (--$i) {
        next unless $i % 2;
        say "がんばれー！！！¥$i == $i";
}
```

実行してみます。

```
C:¥Perl¥perl>cheer4.pl
がんばれー！！！$i == 9
がんばれー！！！$i == 7
がんばれー！！！$i == 5
がんばれー！！！$i == 3
がんばれー！！！$i == 1
```

オッケーですね。ここがミソです。

```
        next unless $i % 2;
```

nextは関数で、実行すると現在属しているブロックのこれ以降の文をすっ飛ばして次のループ周回の条件判定まで進みます。

後置式のunless文の条件として$i % 2と書かれています。これは、$iを2で割った余りで、割り切れるとき偽になります。よって、$iが偶数の場合nextが発動することになります。よって、奇数の場合にsayが実行されます。

こんな短いプログラムではあまりありがたみが分かりませんが、もう少しブロックが長いとき、ループの残りの文を一気にすっ飛ばすときに便利です。

恐怖の無限ループ

さて、最初のプログラムをこう書こうとした人がいたとします。

```
#! /usr/bin/perl
#
# cheer5.pl -- 応援してくれるプログラム（バグってます！）

use 5.010;
use strict;
use warnings;

my $i = 10;

while (not $i = 0) {
        say "がんばれー！！！¥$i == $i";
        --$i;
}
```

$iを10からスタートさせて、ブロックの最後に--$iで減らしています。$i

がゼロに到達したらwhile脱出です。ということは$iがゼロでない間はループを周回させたい。そういうつもりで、上のように書いてみました。

これを実行すると、とんでもないことが起こります。

```
C:\Perl\perl>cheer5.pl
がんばれー！！！$i == 0
がんばれー！！！$i == 0
がんばれー！！！$i == 0
がんばれー！！！$i == 0
がんばれー！！！$i == 0
がんばれー！！！$i == 0
がんばれー！！！$i == 0
・・・以下略・・・
```

百回も、千回も同じメッセージが出ます。いつまで経っても止まりません。大変だ！　こういうときは、あわてずさわがず Ctrl + C キーを押せばオッケーです。びっくりしましたね。これが世に言う**無限ループ**（infinite loop）です。

では、どこが間違っていたんでしょうか。軽く考えてみてください。

お分かりでしょうか。ここがダメです。

```
while (not $i = 0) {
```

「$iがゼロに等しいのでなければ」という式は

```
not $i == 0
```

であるべきですが、比較演算子のイコール　イコール（==）を代入演算子のイコール（=）と書いて、

```
not $i = 0
```

としてしまいました。これは、「あるある」です。等しいだからイコールでいいじゃないか！　と思ってつい書いてしまうんですが、とんでもないことが起こります。

```
while (not $i = 0) {
        say "がんばれー！！！\$i == $i";
        --$i;
}
```

まずwhileに突入すると、

```
$i = 0
```

が実行されます。この式の値は代入されたゼロですので、真偽値コンテキストで評価すると偽になります。

ところが、前にnotが付いていますので、真になります。つまり、カッコ(())の中の条件式は**常**に真を返します。

ブロック{}の中に入って、say関数で1回応援し（一緒に表示される$iの値は常にゼロ）、その後

```
        --$i;
```

で一瞬$iの値がマイナス1になりますが、またwhileに戻って$iはゼロになり、while条件のカッコ(())の中は真になりますので、ブロックに突入します。

以下、Ctrl + Cキーを押すかコンピューターが停止するその時まで、未来永劫このプログラムは

```
がんばれー！！！$i == 0
```

と言い続けます。これはひどいですね。

ループを脱出するlast文

なお、この場合も無限ループになります。

```
#! /usr/bin/perl
#
# cheer6.pl -- 応援してくれるプログラム（バグってます！）

use 5.010;
use strict;
use warnings;

my $i = 10;

while (1) {
        say "がんばれー！！！\$i == $i";
        --$i;
}
```

7.2 nextとlast

すがすがしいほど無限ループですね。

while条件の条件式は1ですから、真偽値コンテキストでは「真」になり、一生このループは動作し続けます。

条件式が1ではなくて、2でも3でも"forever"などの文字列でも無限ループになります。逆に

```
while (0) {
```

のように、ゼロとか空文字列などの、偽になる式を条件にしたら、1回も回らないループになります。では、この

```
while (1) {
```

という書き方は生かしたままプログラムを終わらせる方法はあるでしょうか。それには **last文** を使います。

```perl
#! /usr/bin/perl
#
# cheer7.pl -- 応援してくれるプログラム（last）

use 5.010;
use strict;
use warnings;

my $i = 10;

while (1) {
    say "がんばれー！！！¥$i == $i";
    --$i;
    last if $i == 0;
}
```

実行します。

```
C:¥Perl¥perl>cheer7.pl
がんばれー！！！$i == 10
がんばれー！！！$i == 9
がんばれー！！！$i == 8
がんばれー！！！$i == 7
がんばれー！！！$i == 6
がんばれー！！！$i == 5
がんばれー！！！$i == 4
がんばれー！！！$i == 3
がんばれー！！！$i == 2
がんばれー！！！$i == 1
```

ちゃんとできていますね。last文は、その後の条件が真の場合は、それ以降

のすべてをスッ飛ばして「ループのすぐ下」に制御を移します。

長いプログラムで、ループの出口が何個か作るのに、`last`が便利です。

7-3 後置式の while

さて、`while`も、`if`や`unless`同様、ブロック構造が必要なくて、単純に1つの文を繰り返せばいいような場合は後置式にできます。

```perl
#! /usr/bin/perl
#
# cheer8.pl -- 応援してくれるプログラム（後置式while）

use 5.010;
use strict;
use warnings;

my $i = 10;

say "がんばれー！！！" while --$i >= 0;
```

このプログラムはこう書くのと一緒です。

```perl
#! /usr/bin/perl
#
# cheer9.pl -- 応援してくれるプログラム（後置式を使わない）

use 5.010;
use strict;
use warnings;

my $i = 10;

while (--$i >= 0) {
        say "がんばれー！！！";
}
```

後置式の場合は条件を囲むのにカッコ（`()`）がいらないこと、あと最後にセミコロンを付けることに注意してください。

ブロック（`{}`）を使った場合はブロックの終了で文の終了が明確になるのでセミコロンはいりませんでした。

どちらも「がんばれー！！！」と10回言ってくれます。（実行は省略します。）

> **MEMO**
> 　実際には、上の後置式whileを使ったプログラムも、もううしろに文がないのでセミコロンは要りません。でも、後に何か付け足すかもしれないので、文の終わりはセミコロンを書くようにしてください。

7-4　foreach と for

　ここでは配列、リストをループ処理するforeach／forを研究します。

■配列を処理するforeach

　さて、第4章で研究した配列を処理するのにうってつけの文が**foreach**です。for eachは、「～のそれぞれについて」という意味の英語です。「investigation **for each** occurrence」と書くと「各事件ごとの捜査」という意味になります。

```
foreach my $スカラー (リスト) {
        …反復する処理…
}
```

と書くと、リストの各要素をスカラーに入れながら処理を続けます。

　第1周回はリストの1番目（インデックスはゼロ）を$スカラーに入れてブロックの中に入ります。

　第2周回はリストの2番目（インデックスは1）を$スカラーに入れてブロックの中に入ります。

　以下、リストの要素数分処理を繰り返し、最後の要素に到達すると処理を終了します。ここで、$スカラーはこれから処理するリストの要素を入れる変数です。これを**制御変数**（control variable）と言います。

　では例題を書いてみます。牡蠣(かき)は、英語の月名にrが付く時期に食べられるという話です。それはいつからいつまででしょうか。

```
#! /usr/bin/perl
#
# oyster_month.pl -- 牡蠣の食べごろを調べる

use 5.010;
use strict;
use warnings;
```

> CHAPTER 07 繰り返しと脱出

```
say "牡蠣が食べられる月は…";

my @month = ("January", "February", "March", "April", "May",
        "June", "July", "August", "September", "October",
        "November", "December");

foreach my $month (@month) {
        if (index($month, "r") > 0) {
                say $month;
        }
}
```

実行してみます。

```
C:\Perl\perl>oyster_month.pl
牡蠣が食べられる月は…
January
February
March
April
September
October
November
December
```

オッケーですね。

なお、foreachは配列の他にリストを直接処理することもできます。以下のように書けば、中間的な配列@monthはいりません。

```
#! /usr/bin/perl
#
# oyster_month2.pl -- 牡蠣の食べごろを調べる（リスト編）

use 5.010;
use strict;
use warnings;

say "牡蠣が食べられる月は…";

foreach my $month ("January", "February", "March", "April", "May",
        "June", "July", "August", "September", "October",
        "November", "December") {

        if (index($month, "r") > 0) {
                say $month;
        }
}
```

同じ結果が得られます。

> **MEMO**
> なお、rが付く月に牡蠣を食べるというのは昔の話で、今は一年中牡蠣が食べられます。

foreachはforとも書ける

さて、foreachのことはforとも書けます。実際、foreachをPerlで実行するとまず内部的にforに変換されます。つまりforeachと言う名前はシンタックス シュガーです。

今後は、タイプ数も少ないしプロっぽいのでforと書くことにしましょう。

forと..で数を数える

さて、whileを使っていた数字を1から10まで数えながら応援してくれるプログラムを、forを使って簡単に書く方法があります。

```perl
#! /usr/bin/perl
#
# cheer10.pl -- 応援してくれるプログラム（forと..）

use 5.010;
use strict;
use warnings;

for my $i (1 .. 10) {
        say "がんばれー！！！¥$i == $i";
}
```

実行してみます。

```
C:¥Perl¥perl>cheer10.pl
がんばれー！！！$i == 1
がんばれー！！！$i == 2
がんばれー！！！$i == 3
がんばれー！！！$i == 4
がんばれー！！！$i == 5
がんばれー！！！$i == 6
がんばれー！！！$i == 7
がんばれー！！！$i == 8
がんばれー！！！$i == 9
がんばれー！！！$i == 10
```

OKですね。上のプログラムでは、リストをドットドット演算子（..）を使って生成しています。

(1 .. 10)は(1, 2, 3, 4, 5, 6, 7, 8, 9, 10)と一緒です。で、この1、2、3…10という数値を制御変数$iに入れながら周回し、10周したところでループを脱出します。

数字の代わりにアルファベットを使って、

```
foreach my $i ("a" .. "z") {
```

だと26回、アルファベットを2文字にして

```
foreach my $i ("aa" .. "zz") {
```

だと676回「がんばれー！！！」と励ましてくれます。便利ですね！ 実験は省略させていただきます。

7-5 for とハッシュ

forでハッシュを処理することもできます。

keysとforの組み合わせ

forはリストを処理しますので、ハッシュを一括処理するときにkeys関数で生成したキーのリストを使うと便利です。

```perl
#! /usr/bin/perl
#
# oyster_month_hash.pl -- 牡蠣の食べごろを調べる（ハッシュ編）

use 5.010;
use strict;
use warnings;

say "牡蠣が食べられる月は…";

my %month = (
        January => 1,
        February => 2,
        March => 3,
        April => 4,
        May => 5,
        June => 6,
        July => 7,
        August => 8,
        September => 9,
        October => 10,
```

```
        November => 11,
        December => 12,
);

for my $month (sort {$month{$a} <=> $month{$b}} keys %month) {
    if (index($month, "r") > 0) {
            say "$month{$month}月";
    }
}
```

実行します。

```
C:¥Perl¥perl>oyster_month_hash.pl
牡蠣が食べられる月は…
1月
2月
3月
4月
9月
10月
11月
12月
```

ミソはこの部分です。

```
for my $month (sort {$month{$a} <=> $month{$b}} keys %month) {
```

　forはリストを取るので、ハッシュをkeys関数に渡してキーのリストを得ています。それをそのまま使うと、Perlのハッシュの仕様で順不同になります。そこでsortするのですが、単純にソートすると("April", "August", "December",…, "September")という、月名をアルファベット順にソートしたものになります。そこで、上のように$a, $bでハッシュを検索して、その値、つまり月数で数値順にソートしています。これでちゃんと1月から順番に回答が得られます。

■forとハッシュを使って、リストの重複を取り除く

　forとハッシュを使うと、リストから重複した要素を取り除くこともできます。また日付の例になりますが、次のリストは、1月から12月までの日数です。

```
(31, 28, 31, 30, 31, 30, 31, 31, 30, 31, 30, 31)
```

　このリストから重複する日数を取り除き、月の日数にはどんな種類があるのかを調べてみます。以下のようなプログラムになります。

> CHAPTER 07 繰り返しと脱出

```perl
#! /usr/bin/perl
#
# monthDays.pl -- 月の日数の分類（forとハッシュ）

use 5.010;
use strict;
use warnings;

my @mDays = (31, 28, 31, 30, 31, 30, 31, 31, 30, 31, 30, 31);
my %mSummary = ();

for my $mDay (@mDays) {
    $mSummary{$mDay} = 1;
}

my @mSorted = sort {$a <=> $b} keys %mSummary;
my $mNumber = scalar @mSorted;
say "月の日数は @mSorted の $mNumber 種類があります。";
```

実行します。

```
C:¥Perl¥perl>monthDays.pl
月の日数は 28 30 31 の 3 種類があります。
```

OKですね。

このプログラムでは、配列の重複を取り除くために%mSummaryを使っています。まず、空配列で初期化します。（これはなくてもかまいませんが、最初は空であることを人間にとって明確にするためにあえて書いています。）

```perl
my %mSummary = ();
```

次に、配列@mDaysの要素を次々に取り出して、ハッシュのキーにしています。ハッシュ式の値は、すべて1にしています。

```perl
for my $mDay (@mDays) {
        $mSummary{$Day} = 1;
}
```

このループによって、初めて現れた配列要素の場合は、その配列要素をキーに持つハッシュ エントリーが作成され、値に1が入ります。この値は1でなくてもかまいませんが、なんでもいいときは1にするのがいいと思います。

同じキーが登場した場合は、そのハッシュ式の値が同じ1で上書きされます。よって、何もしなかったのと同じになります。

結果的に、配列@mDaysの全要素を処理すると、ハッシュ%mSummaryには重複を削除された日数をキーにし、値を1としたエントリーが残ります。

> **MEMO**
> この項の内容を使って、P.170のAKBのチーム一覧のプログラムを改良し、重複したチームは表示させないことができます。お暇ならやってみてください。

7-6 forのネスティング

ここではforの中にifを入れたり、forの中にforを入れたりするプログラミングの練習をします。

■ forで素数を調べよう（forの中のif）

数学で素数というものを習います。2以上の整数において、1とその数以外に割り切れる数がない数のことです。2は1と2でしか割れないので素数です。3も1と3でしか割れないので素数。4は1と4の他に、2で割れるので素数ではありません。5は1と5でしか割れないので素数。このへんにしておきます。

数学者が素数に掛ける情熱はものすごく、2013年2月現在において知られている最大の素数は、2013年1月に発見された$2^{57885161} - 1$で、十進記数法で表記したときの桁数は1742万5170桁に及ぶそうです。すごいですねー。

さて、ある数が素数であるかどうか、我々も調べてみましょう。こういう整数モノはforが得意です。

```perl
#! /usr/bin/perl
#
# prime.pl -- 素数かどうか調べよう

use 5.010;
use strict;
use warnings;

my $n = shift;
$n >= 2 or die "2以上の数を入れてください！\n";

for my $i (2 .. $n) {
    if ($n % $i == 0) {
        if ($i < $n) {
            say "$nは$iで割れるから素数じゃないですね！";
        } else {
            say "$nは素数ですね！";
        }
        last;
```

        }
}

では実験してみましょう。

```
C:\Perl\perl>prime.pl 1
2以上の数を入れてください！

C:\Perl\perl>prime.pl 2
2は素数ですね！

C:\Perl\perl>prime.pl 3
3は素数ですね！

C:\Perl\perl>prime.pl 4
4は2で割れるから素数じゃないですね！

C:\Perl\perl>prime.pl 99991
99991は素数ですね！

C:\Perl\perl>prime.pl 199999
199999は素数ですね！
```

これぐらいだと一瞬で答えが出ます。では解説します。

```
my $n = shift;
$n >= 2 or die "2以上の数を入れてください！";
```

引数を取って$nに入れます。$nが2以上の数であるかどうかエラー チェックをしてみました。

MEMO

小数でないか、そもそも数字でないかなどのチェックもしたいところですね。それには第11章の正規表現を使うと簡単です。

```
for my $i (2 .. $n) {
```

$nが素数であるかを調べるためには、$nを2、3、4…$nという数で割っていきます。よって、まずドットドット演算子..を使って

```
(2 .. $n)
```

というリストを作ります。これは

```
(2, 3, 4, 5…$n)
```

と同じことです。リストの長さは、$nの大きさによって伸び縮みします。もし

$nが2であれば(2)という1要素のリストになります。$nが3であれば、(2, 3)という2要素のリストになります。

で、このリストの各要素を$iに入れながらforループを周回します。

ループの中に入ります。

```
        if ($n % $i == 0) {
```

は、$nが$iで割り切れたら、という条件のif文です。これは、$nが$nよりも小さい数$iで割り切れた($nは素数ではないことが判明した)ときか、$iが$nに等しくなった(素数だったことが判明した)ときに真になります。

外側のif条件は$nが$iで割り切れない場合には偽になります。

その場合は特にやることがないので、elseは書いていません。$iを1つ増やして次の周回に入ります。

```
            if ($i < $n) {
                say "$nは$iで割れるから素数じゃないですね!";
```

if文の中にさらにif文が入っています。

ここでは$i(割る数)が$n(割られる数)よりも小さいか判定します。この条件が真の場合は、素数ではありませんから、そのようにsayしています。

```
            } else {
                say "$nは素数ですね!";
            }
```

上の条件が偽であれば、$iが$nに等しいことになります。1つずつ増やして割れるかどうかチェックしていた$iが$nに到達してしまったので、素数だと分かりましたので、そう言い残します。

```
            last;
        }
```

いずれの場合も調査は終了しますので、lastでループを脱出しています。

二重ループとラベル付きforでたくさん素数を調べる

さきほどのプログラムではforブロックの中にifブロックを入れていました。また、ifブロックの中にさらにifブロックが入っていました。

```
for my $i (2 .. $n) {
    if ($n % $i == 0) {
        if ($i < $n) {
            say "$nは$iで割れるから素数じゃないですね!";
        } else {
```

> CHAPTER 07 繰り返しと脱出

```
                    say "$nは素数ですね！";
            }
            last;
        }
}
```

ブロックの中にブロックが入る、このような状態をブロックを**ネスティング**(nesting)する、あるいは入れ子にすると言います。

> **MEMO**
>
> nestは英語で鳥が巣を作るようにぴったり重なったものを作るという意味だそうです。

さて、forの中にforを入れ子にすることで、「繰り返すことを繰り返す」ことができます。これを二重ループと言います。

たとえば、2から100の間に素数がいくつあるか調べると言ったことができます。

```perl
#! /usr/bin/perl
#
# prime100.pl -- 素数かどうか100まで調べよう（ラベル付next）

use 5.010;
use strict;
use warnings;

my @prime = ();

OUTER: for my $n (2 .. 100) {
    INNER: for my $i (2 .. $n) {
        if ($n % $i == 0) {
            if ($i == $n) {
                push @prime, $n;
            }
            next OUTER;  # 次の数の調査に移る！
        }
    }
}

say "2から100までの素数は以下の通り: @prime";
```

実行します。

```
C:\Perl\perl>prime100.pl
2から100までの素数は以下の通り: 2 3 5 7 11 13 17 19 23 29 31 37 41 43
47 53 59 61 67 71 73 79 83 89 97
```

「Perl使いこなしてるなー」という感じがしますね！

上で書いたプログラムで新たに加わったのはラベル付き`for`というワザです。

`for`ブロックには、上のINNER、OUTERのように**ラベル** (label) というものを書くことができます。

これを書かないで、`next`、`last`を書くと、一番内側のブロックから抜けます。上のプログラムの2段目の`for`の中で、以下のことが起こります。

- `next INNER`と書くと、INNERのループの次の周回にジャンプする
- `last INNER`と書くと、INNERのループを脱出し、OUTERの次の周回にジャンプする
- `next OUTER`と書くと、OUTERのループの次の周回にジャンプする
- `last OUTER`と書くと、OUTERのループを脱出し、ループの次の処理にジャンプする

なお、上のプログラムの場合は、`next OUTER`と書く代わりに`last INNER`と書いても一緒でした。ということは、ただ`last`と書いても一緒ですので、ラベル自体いりませんでしたから、こう書いても一緒でした。

```perl
#! /usr/bin/perl
#
# prime100_2.pl -- 素数かどうか100まで調べよう（ラベルなしlast）

use 5.010;
use strict;
use warnings;

my @prime = ();

for my $n (2 .. 100) {
    for my $i (2 .. $n) {
        if ($n % $i == 0) {
            if ($i == $n) {
                push @prime, $n;
            }
            last;   # 次の数の調査に移る！
        }
    }
}

say "2から100までの素数は以下の通り: @prime";
```

どちらがお好みですか。好きなように書いていいと思いますが、ぼくは「次の数の素数調査に移る！」という意志を明確にするために、ラベルを付けた方が好

きです。下の書き方だとlastでどこに行くのが若干（人間にとって）不明瞭な気がします。

このように、二重ループの内側から一気に外側のループの末尾に脱出する場合は、ラベル付きのnext、lastが便利です。

なお、@primeという配列を用意して、push関数で素数を貯めているところもポイントです。各自解読してください。

forで配列を書きかえる

なお、forの制御変数には注意が必要です。forブロックの中で、制御変数を書きかえると、それに該当したリスト要素が書きかわるのです。次のプログラムを見てください。

```perl
#! /usr/bin/perl
#
# square.pl -- 2乗数の配列を得る

use 5.010;
use strict;
use warnings;

my @square = (1 .. 10);

say "ループ前:\@square: @square";

for my $n (@square) {
        $n = $n ** 2;
}

say "ループ後:\@square: @square";
```

実行してみます。

```
C:\Perl\perl>square.pl
ループ前:@square: 1 2 3 4 5 6 7 8 9 10
ループ後:@square: 1 4 9 16 25 36 49 64 81 100
```

では解説します。

```perl
my @square = (1 .. 10);

say "ループ前:\@square: @square";
```

はおわかりですね。配列@squareをリスト(1, 2, 3…10)で初期化し、内容を表示しています。現状の内容は当然

```
ループ前:@square: 1 2 3 4 5 6 7 8 9 10
```

です。さて、

```
for my $n (@square) {
```

　forのカッコ(())の中は、1..10のようなリスト リテラルではなく、配列@squareを入れています。これで制御変数$nに、$square[0]、$square[1]、$square[2]…$square[9]という各要素を割り当てながら、ブロック{}の中を10回周回しますね。

```
        $n = $n ** 2;
```

　さて、ここがヤマ場です。制御変数$nを$n^2$で置き換えています。でも、これ以降$nはもう使われていず、また次の周回で次の@squareの要素が入るのに、こんなことをする意味があるのでしょうか。

　ループを抜けて、最後にもう1回@squareを表示します。

```
say "ループ後:¥@square: @square";
```

　結果はこうなります。

```
ループ後:@square: 1 4 9 16 25 36 49 64 81 100
```

　あら不思議。@squareの内容が書きかわってしまいました。

　このように、配列をforの()の中に入れると、制御変数$nはこれらの$square[0]、$square[1]、$square[2]…$square[9]という各配列要素そのものとしてブロックの中でふるまいます。ですから、$nを書きかえると、そのとき見ていた配列要素も書きかわってしまうのです。

　わかっていて使う分には便利ですが、ついうっかりやってしまうと予想外の事態になるので気をつけてください。まとめると、forにリスト リテラルではなく配列を渡し、ループの中で制御変数を書きかえると、配列の該当する要素も書きかわります。

```
for my $n ($x, $y, $z) {
```

のような、スカラー変数からなるリストを使ったforでも同じ現象が起きます。

```
#! /usr/bin/perl
#
# sqrtlist.pl -- 平方根のリストを得る

use 5.010;
use strict;
```

> CHAPTER 07　繰り返しと脱出

```
use warnings;

my ($x, $y, $z) = (2, 3, 5);

say "ループ前:\$x, \$y, \$z: $x, $y, $z";

for my $n ($x, $y, $z) {
        $n = sqrt $n;
}

say "ループ後:\$x, \$y, \$z: $x, $y, $z";
```

実行します。

```
C:\Perl\perl>sqrtlist.pl
ループ前:$x, $y, $z: 2, 3, 5
ループ後:$x, $y, $z: 1.4142135623731, 1.73205080756888, 2.23606797749979
```

　2、3、5が入っていた（$x, $y, $z）が、ルート2、ルート3、ルート5の値（一夜一夜に人見頃、人並みにおごれや、富士山麓オウム鳴く）に変換しましたね。

　では、ついうっかり数値リテラルのリストを渡して、ループ内で書きかえたらどうなるでしょうか。

```
#! /usr/bin/perl
#
# sqrtlist_b.pl -- 平方根のリストを得る（バグ版）

use 5.010;
use strict;
use warnings;

my ($x, $y, $z) = (2, 3, 5);

say "ループ前:\$x, \$y, \$z: $x, $y, $z";

for my $n (2, 3, 5) {    # 数値リテラルのリスト
        $n = sqrt $n;    # 制御変数を書きかえようとしている
}

say "ループ後:\$x, \$y, \$z: $x, $y, $z";
```

実行します。

```
C:\Perl\perl>sqrtlist_b.pl
ループ前:$x, $y, $z: 2, 3, 5
Modification of a read-only value attempted at C:\Perl\perl\sqrtlis
```

```
t.pl line 14.
```

また我々のエラー メッセージ コレクションに珍品が加わりましたね。これは「読み込み専用の値に対する変更をしようとした」という意味です。つまり、リテラルのリスト(2, 3, 5)が渡されてるのに、それを書きかえようとしてるけど、できません、といわれている状態です。

7-7 制御変数の省略と、謎の物体$_

本項目は本書全体の1つのヤマ場ですので注目してください。

forを使って、がんばれー！！！と10回言うプログラムはこうでした。

```perl
#! /usr/bin/perl
#
# cheer10.pl -- 応援してくれるプログラム（forと..）

use 5.010;
use strict;
use warnings;

for my $i (1 .. 10) {
        say "がんばれー！！！¥$i == $i";
}
```

このプログラムですが、「がんばれー！！！」と言うだけであれば、制御変数$iを省略することもできます。

```perl
#! /usr/bin/perl
#
# cheer11.pl -- 応援してくれるプログラム（制御変数を省略）

use 5.010;
use strict;
use warnings;

for (1 .. 10) { # 制御変数を取ってみた
        say "がんばれー！！！";
}
```

「がんばれー！！！」と10回言うだけですので、実行は省略します。

さて、ループ変数$iを省略したわけですが、この場合、()の中にあるリスト要素1、2、3、4…10は、どこかに消えてしまったのでしょうか。

実は、**$_**という特殊変数の中に入っています。

> CHAPTER **07** 繰り返しと脱出

ここで、衝撃の事実ですが、**Perlは、必要に応じて**`$_`**という変数を勝手に使ってくれます**。「必要に応じて」などと書くと「適当にやるのかよ」とちょっと不安になりますが、その都度説明するので安心してください。

Perlは実に巧妙に`$_`という変数を使うので、慣れれば慣れるほど「おい、**アレ**を出しとくれ」、「ねえ、**アレ**やっといてちょうだい」みたいな、長年連れ添った老夫婦というか、貴婦人と執事のような、あうんの呼吸で見えない変数`$_`を使うことができます。たとえば、こんなプログラムが書けます。

```perl
#! /usr/bin/perl
#
# cheer12.pl -- 応援してくれるプログラム（制御変数を省略その2）

use 5.010;
use strict;
use warnings;

for (1 .. 10) {
    say;
    say "がんばれー！！！";
}
```

なんの引数もなく`say;`とだけ書いてみましたが、大丈夫でしょうか。結果は以下のようになります。

```
C:\Perl\perl>cheer12.pl
1
がんばれー！！！
2
がんばれー！！！
3
がんばれー！！！
4
がんばれー！！！
5
がんばれー！！！
6
がんばれー！！！
7
がんばれー！！！
8
がんばれー！！！
9
がんばれー！！！
10
がんばれー！！！
```

これは、**say関数を引数すべて省略して実行すると、引数に`$_`を取る**という性質によるものです。つまり、`$_`という特殊な変数を制御変数として周回するループの中で、その`$_`という特殊な変数をsayで表示しているということです。ただし、`$_`という変数は、1回もプログラムの中に書いていません。プログラムに出てこない`$_`を、実は使いまくっているわけです。

逆に、`$_`を明示的に書いて使うこともできます。

```perl
#! /usr/bin/perl
#
# cheer13.pl -- 応援してくれるプログラム（$_を明示的に使用）

use 5.010;
use strict;
use warnings;

for (1 .. 10) {
        say "$_回目だけどがんばれー！！！";
}
```

書いてみました。どうなるでしょうか。

```
C:\Perl\perl>cheer13.pl
1回目だけどがんばれー！！！
2回目だけどがんばれー！！！
3回目だけどがんばれー！！！
4回目だけどがんばれー！！！
5回目だけどがんばれー！！！
6回目だけどがんばれー！！！
7回目だけどがんばれー！！！
8回目だけどがんばれー！！！
9回目だけどがんばれー！！！
10回目だけどがんばれー！！！
```

ちゃんと表示できましたね。

実は`$_`を使えた関数

実はこれまで書いてきた関数の中で、引数を省略すると`$_`を代わりに使えた関数は他にもあります。まず、print関数（最後に\nを付けないsay）もそうです。sayの代わりにprintを使ってみます。

```perl
#! /usr/bin/perl
#
# cheer14.pl -- 応援してくれるプログラム（引数のないprint）

use 5.010;
```

```
use strict;
use warnings;

for (1 .. 10) {
    print;
    say "回目もがんばれー！！！";
}
```

どうでしょう。

```
C:\Perl\perl>cheer14.pl
1回目もがんばれー！！！
2回目もがんばれー！！！
3回目もがんばれー！！！
4回目もがんばれー！！！
5回目もがんばれー！！！
6回目もがんばれー！！！
7回目もがんばれー！！！
8回目もがんばれー！！！
9回目もがんばれー！！！
10回目もがんばれー！！！
```

`print`は`say`と違って勝手に改行しないので、`say`の前に表示された数字が、`say`の文字列にくっつきましたね。つまり、

```
1回目もがんばれー！！！
```

というメッセージにおいて、1という数字は`print`関数が、「回目もがんばれー！！！」という文字列は`say`関数が表示しています。

他には、`length`や`split`もデフォルトの引数として`$_`を取ります。

7-8 forの補足事項いろいろ

ここからは`for`のいろいろなワザを紹介します。

後置式のfor

`while`同様`for`も後置式にできます。

```
#! /usr/bin/perl
#
# cheer15.pl -- 応援してくれるプログラム（for後置式）

use 5.010;
use strict;
```

```perl
use warnings;

say "がんばれー！！！" for 1..50000;
```

このプログラムは5万回応援してくれます。実行結果の掲載は省略します。

> **MEMO**
> ついうっかり実行してしまったけど5万回も見ている暇がない方は Ctrl + C キーで中断してください。

C言語風の for(;;) 文

Perlでは、リストや配列を使わないC言語風のfor文も書くことができます。これを使ってみます。こういう構文です。

```
for (最初に実行する文; ループ続行条件文; 続行時に実行する文) {
        …反復する処理…
}
```

がんばれー！、と10回応援するプログラムならこうなります。

```perl
#! /usr/bin/perl
#
# cheer16.pl -- 応援してくれるプログラム（C言語風のfor）

use 5.010;
use strict;
use warnings;

for (my $i = 1; $i <= 10; ++$i) {
        say "$i回目だけどがんばれー！";
}
```

なお、このプログラムは、whileを使ってこう書くのと同じです。

```perl
#! /usr/bin/perl
#
# cheer17.pl -- 応援してくれるプログラム（whileで書いてみた）

use 5.010;
use strict;
use warnings;

my $i = 1;
while ($i <= 10) {
        say "$i回目だけどがんばれー！";
```

```
        ++$i;
}
```

forを使った方が一箇所にループ制御がまとまっていて見やすいですね。

では、以前はリストを取るforで書いていた素数プログラムprime.plを書き直します。こんな感じでしょうか。

```
#! /usr/bin/perl
#
# prime2.pl -- 素数かどうか調べよう（C言語風forを使う）

use 5.010;
use strict;
use warnings;

my $n = shift;
$n >= 2 or die "2以上の数を入れてください！¥n";

for (my $i = 2; $i <= $n / 2; ++$i) {
        if ($n % $i == 0) {
                die "$nは$iで割れるから素数じゃないですね！¥n";
        }
}

say "$nは素数ですね！";
```

解説します。

```
for (my $i = 2; $i <= $n / 2; ++$i) {
```

forループを書きます。

$i が 2 から、$n の半分を超えるまで、$i を 1 ずつ加算しながら周回します。

$n / 2 は $n ÷ 2 という数式で、$n が 100 なら 50 に、$n が 101 なら 50.5 になります。$i がこの数以下の場合は $n を割る、ということです。たとえば 101 の場合、50 で割れないということはもう 51、52、53…で割ってみる必要はありません。ある数の半分を超える数で割っても、整数は割り切れないからです。

```
        if ($n % $i == 0) {
                die "$nは$iで割れるから素数じゃないですね！¥n";
        }
```

これは $n が $i で割り切れたら、$i は $n の半分以下の数なので、$n が素数でないことが判明したので、メッセージを残して死んでいます。

それ以外の場合は、++$i によって 1 加算し、$i <= $n / 2 によって $i が $n の半分を超えるまで来たかどうかを判別します。$i <= $n / 2 条件が真で

あればループ ブロックの中に入り、偽であればループを終了します。

```
say "$nは素数ですね！";
```

ループの外に出ました。ここまで来たと言うことは、$nの半分以下の$iによって割り切れたことがなかったということですから、$nは素数です。

ひとつ注意したいのは、$nが2および3だった場合のforループの動作です。

```
for (my $i = 2; $i <= $n / 2; ++$i) {
```

2の場合、$n / 2は1ですから、2である$iよりも小さく、最初からforの継続条件が偽になってしまいます。この場合、1回もループを通りません。2は2で割ってみるまでもなく素数ですから、これは正しい結果になります。

3の場合も、$n / 2は1.5ですから、2である$iよりも小さく、最初からforの継続条件が偽になってしまいます。この場合も、1回もループを通りません。3は2で割ってみるまでもなく素数ですから、これも正しい結果になります。

4の場合は、$n / 2は2ですから、初めてforの継続条件が真になり、ループに突入します。

```
        if ($n % $i == 0) {
```

で、$nつまり4は、$iつまり2で割り切れますから、真になり、素数じゃないと言い残して死にます。

whileとforの使い分け

この章では繰り返しを行うwhile文とfor文について述べましたが、圧倒的にfor推しで来ましたね。これは、決まった回数応援するプログラム、素数を求めるプログラムなど、1で始まって1ずつ増やしていくプログラムばかり練習していたからです。

一般に、1から100まで処理するような、決まった個数の整数についての逐次処理の場合は、for (1..100) {〜}という書き方が圧倒的にラクだと思います。

1から始まって1ずつ増える数を扱うけど、いつ終わるか分からない逐次処理や、配列を処理するけど、ある要素だけでなく前後の要素とも比較しないといけない処理（今何番目の要素を処理しているかをブロックの中で意識したい処理）などは、C言語式のfor (〜;〜;〜) {〜}の方がラクかもしれません。

whileは、本書の後の方で出てきますが、外部からファイルを読み込んで処理するときに大活躍します。

ということで、適材適所で使い分けてください。

✅ まとめコーナー

いかがでしょうか。ようやくプログラムも実用的になって来ましたね。今後さらに実用的なプログラムがどんどん登場しますので、今のうちにしっかり基礎を固めてください。

- 順次処理、分岐処理については前章まででですでに学んだ
- 本章ではループ処理を学んだ
- 順次、分岐、反復という3つの処理の組み合わせで、答えのある問題はすべて解ける
- `while (条件) {処理}`のように書くと、条件が真の間、処理を繰り返す。これを`while`文と言う
- `while`文のブロックの中で`next`を実行すると、それ以降のブロックの文を無視して`while`条件を評価し、真であれば次の周回に進む
- ブロックの中で`last`を実行すると、それ以降のブロックの文を無視して`while`ループを脱出する
- `while`条件に常に真になる条件を書くと永久に終わらないプログラムになる。これを無限ループと言う
- コマンド ライン画面で実行中のプログラムが無限ループに陥っているときは、Ctrl+Cキーを押すと止まる
- 条件演算子のイコール イコール(`==`)と間違えて代入演算子のイコール(`=`)を書くと必ず無限ループか、1回も実行されないループになる。ありがち
- `while`文は「文 `while` 条件;」とも書ける。これを後置式の`while`と言う
- 後置式の`while`においては条件をカッコ`()`で包む必要はない。ただしセミコロンを使って文を終わらせる
- `foreach my $スカラー変数 (リスト) {処理}`のように書くと、リストの各要素を$スカラー変数に入れながら文を繰り返す。これを`foreach`文と言う
- ここで使用する$スカラー変数を制御変数という。
- 制御変数はループの中でリストの各要素としてふるまう
- リストに配列を使い、ブロックの中で制御変数を書きかえると、リストの中の変数も書きかわる
- `foreach`は`for`とも書ける
- ブロックの中にブロックを書くことをネスティング(入れ子)と言う

- ブロックにはラベルを書くことができる。nextやlastにラベルを渡すことで、どのループを対象にしているのか指定できる
- 制御変数を省略すると$_が制御変数になる
- $_は多くの関数で引数を省略したときに取られるデフォルトの変数である
- for文は「文 for リスト;」とも書ける。これを後置式のforと言う
- C言語風の「for (最初に実行する文; ループ続行条件文; 続行時に実行する文) {処理}」というfor文も書ける

練習問題 （解答はP.554参照）

Q1

「1から40まで数えて、3の倍数と3が付く数字をいう時はアホみたいになる男」のようにふるまうプログラムを書いてください。

```
C:\Perl\perl>ahoNumber.pl
1。。。
2。。。
3つ！（アホみたいに）
4。。。
5。。。
6つ！（アホみたいに）
7。。。
8。。。
9つ！（アホみたいに）
10。。。
11。。。
12つ！（アホみたいに）
13つ！（アホみたいに）
14。。。
（以下40まで続く）
```

Q2

2つの数字を引数に、最小公倍数を求めるプログラムを作ってください。

```
C:\Perl\perl>gcm.pl 4 6
6と4の最小公倍数は12です！
```

素数プログラムはどっちが速いか

本章では素数判定プログラムを2本書きましたが、どちらが速いでしょうか。

```perl
#! /usr/bin/perl
#
# prime_s1.pl -- 素数かどうか調べよう (1)リスト版

use 5.010;
use strict;
use warnings;

say "リスト版：";
say scalar localtime(time);

my $n = shift;
$n >= 2 or die "2以上の数を入れてください！\n";

for my $i (2 .. $n) {
    if ($n % $i == 0) {
        if ($i < $n) {
            say "$nは$iで割れるから素数じゃないですね！";
        } else {
            say "$nは素数ですね！";
        }
        last;
    }
}
say scalar localtime(time);
```

```perl
#! /usr/bin/perl
#
# prime_s2.pl -- 素数かどうか調べよう (2)C言語風版

use 5.010;
use strict;
use warnings;

say "C言語風版：";
say scalar localtime(time);

my $n = shift;
$n >= 2 or die "2以上の数を入れてください！\n";
```

```perl
my $prime = 1;
my $i;

for ($i = 2; $i <= $n / 2; ++$i) {
        if ($n % $i == 0) {
                $prime = 0;
                last;
        }
}

if ($prime) {
        say "$nは素数ですね！";
} else {
        say "$nは$iで割れるから素数じゃないですね！";
}
say scalar localtime(time);
```

　実行時間を計測するために、最初と最後に現在の時刻を表示してみました。ちょっとダサいけど確実に勝負がつくと思います。では勝負！

```
C:¥Perl¥perl>prime_s1.pl 999999999
リスト版：
Wed Aug  5 11:07:27 2015
999999999は3で割れるから素数じゃないですね！
Wed Aug  5 11:07:27 2015

C:¥Perl¥perl>prime_s2.pl 999999999
C言語風版：
Wed Aug  5 11:07:33 2015
999999999は3で割れるから素数じゃないですね！
Wed Aug  5 11:07:33 2015
```

　3で割れる数字だと、どっちも1秒以内に終わるので勝負がつかないですね。では、大きな素数で比較してみましょう。

```
C:¥Perl¥perl>prime_s1.pl 217645177
リスト版：
Wed Aug  5 11:09:00 2015
217645177は素数ですね！
Wed Aug  5 11:09:28 2015

C:¥Perl¥perl>prime_s2.pl 217645177
C言語風版：
Wed Aug  5 11:09:34 2015
```

```
217645177は素数ですね！
Wed Aug  5 11:10:12 2015
```

あれっ、リスト版が28秒に対してC言語風版が38秒掛かってませんか？

```
C:\Perl\perl>prime_s1.pl 982451653
リスト版：
Wed Aug  5 11:11:06 2015
982451653は素数ですね！
Wed Aug  5 11:13:18 2015

C:\Perl\perl>prime_s2.pl 982451653
C言語風版：
Wed Aug  5 11:13:27 2015
982451653は素数ですね！
Wed Aug  5 11:16:16 2015
```

リスト版132秒、C言語風版が169秒で、明らかにリスト版の方が速いですね。ただリスト版には欠点があって、大きな数になると死んでしまいます。

```
C:\Perl\perl>prime_s1.pl 9999999999
リスト版：
Wed Aug  5 11:19:26 2015
Range iterator outside integer range at C:\Perl\perl\prime_s1.pl
line 15.

C:\Perl\perl>prime_s2.pl 9999999999
C言語風版：
Wed Aug  5 11:19:40 2015
9999999999は3で割れるから素数じゃないですね！
Wed Aug  5 11:19:40 2015
```

「Range iterator outside integer range」は「"範囲演算子"..が整数の範囲を超えた」ということですね。上の場合9999999999でリストが構築できずに死んでしまいました。計算すれば3で割り切れるので、一瞬で答えが出たはずなのに残念ですね。でも、ほぼ100億だからリスト版もがんばったんじゃないでしょうか。勝負は痛み分け、と言うところでしょう。

　さて、どちらのプログラムが好きかと言うことになると、ぼくはリスト方式です。見やすくパパッと書けるからです。でも、C言語出身の人はC言語方式で書くのが速いと思います。TIMTOWTDIです。

> **MEMO**
> 　本章で使用した大きな素数はすべて「The Prime Pages (*http://primes.utm.edu/*)」を参照しました。

CHAPTER

第8章
自作関数サブルーチン

本章では、大きなプログラムを分割して見やすくするサブルーチンについて研究します。サブルーチンは、いわば自作の関数ですから、関数とは何かについてさらに実感が湧くと思います。

CHAPTER 08 自作関数サブルーチン

8-1 サブルーチンの導入

　さて、ここまでで順次処理、分岐処理、反復処理という3つのコンピューターの処理の流れを研究してきました。このような処理の流れの構造のことを**制御構造**と言います。

　で、この3つに、サブルーチンというものを加えて、制御構造をきれいに考えることを、1960年代の後半にエドガー ダイクストラと言う人などが提唱したのが**構造化プログラミング**（structured program）です。

> **MEMO**
> 　構造化プログラミングの大きな目的は、それまでプログラミング界で多用されていたgoto文を使わずにプログラムを書くことです。本書ではgoto文を使いませんので、「goto文とは何か」が分かりませんが、簡単に言うとプログラムの全然関係ないところにびょ〜んと制御を移す命令です。いかにも読みづらいプログラムができそうですね。本書はgotoなし一本槍で行きます。

　「構造化プログラミング」では、「段階的詳細化」ということを行います。
　たとえば会社で「見積書を出すプログラム」であれば、こんな風に考えられるでしょう。

```
#メイン：見積書を出すプログラム
◆要求を聞く
◆作業に分解する
◆作業について積算する
◆積算した結果を見積書にまとめる
◆各部署の了解を得る
◆見積書を出す
```

　「◆要求を聞く」「◆見積書を出す」というPerlの関数は、ありません。これは、さらにこれから細かくPerlで書いていかなければならない部分です。この「◆」が付いた部分がサブルーチンと言えます。

　サブルーチン（sub-routine）は大きなプログラムを、分解して小さないくつかのプログラムに分解して考えるときの、1つ1つの部分プログラムのことです。
　下では、「◆作業について積算する」という作業をさらに詳細化します。

```
#サブ：作業について積算する
for（@分解された個々の作業について、以下の作業を繰り返す）
    ◆材料をリストアップし、それぞれの分量、単価を調査する

    ◆作業者の人数、工期を検討する
```

```
  if（社内でやるなら）
    ◆人事部と相談する
  else（社外に出すなら）
    ◆ベンダー管理部と相談する

  ◆掛かる費用を表にまとめて積算する
```

このように段階的詳細化を進めて行きます。

もっとも、本書で扱うような10行以下のプログラムだと、段階的詳細化などをするまでもなく十分に単純です。

サブルーチンの導入

本書の現状のレベルでサブルーチンが必要になるのは、同じ計算をデータを変えながら何回も行う場合です。

たとえば、わざとらしい例で恐縮ですが、三角形の土地が3箇所あって、面積を比較したいとします。

```
土地Aの3辺：45m、45m、30m
土地Bの3辺：30m、35m、55m
土地Cの3辺：57m、44m、33m
```

まずはサブルーチンなど考えずにプログラミングしてみましょう。2章の練習問題の解答によると、ヘロンの公式で三角形の面積を得るプログラムは

```perl
#! /usr/bin/perl
#
# heron5.pl -- ヘロンの公式で三角形の面積を計算（改造）

use 5.010;
use strict;
use warnings;

my $a = 3;
my $b = 4;
my $c = 5;

my $s = 1 / 2 * ($a + $b + $c);

my $space = sqrt($s * ($s - $a) * ($s - $b) * ($s - $c));

say "3辺が $a cm、$b cm、$c cmの三角形の面積は$space平方cmです";
```

でした。

> CHAPTER **08** 自作関数サブルーチン

> **MEMO**
> 　練習問題の解答を、ちょっと見やすく改造しています。use 5.010;してprintをsayにしています。なお、cmと変数名がくっつかないように「$a cm」のように空白を入れてごまかしています。

　これを3回やればいいです。

```perl
#! /usr/bin/perl
#
# heron6.pl -- ヘロンの公式で三角形の面積を3回計算

use 5.010;
use strict;
use warnings;

my ($a, $b, $c) = (45, 45, 30);
my $s = 1 / 2 * ($a + $b + $c);
my $space = sqrt($s * ($s - $a) * ($s - $b) * ($s - $c));
say "3辺が $a m、$b m、$c mの三角形の土地Aの面積は$space平方mです";

($a, $b, $c) = (30, 35, 55);
$s = 1 / 2 * ($a + $b + $c);
$space = sqrt($s * ($s - $a) * ($s - $b) * ($s - $c));
say "3辺が $a m、$b m、$c mの三角形の土地Bの面積は$space平方mです";

($a, $b, $c) = (57, 44, 33);
$s = 1 / 2 * ($a + $b + $c);
$space = sqrt($s * ($s - $a) * ($s - $b) * ($s - $c));
say "3辺が $a m、$b m、$c mの三角形の土地Cの面積は$space平方mです";
```

　いや、明らかにダサいですね。同じことを何回も繰り返し書いているのは、明らかにコンピューター的ではありません。
　大したことやってないのにダラダラ長くなってしまいました。見通しも悪いですね。
　また、数学の法則が変わってヘロンの公式を変更するとき、同じ変更を何度もしなければなりません。

　ということで、共通部分をくくり出してしまいましょう。ここで使うのがサブルーチンです。
　サブルーチンは、以下のように書けます。

8.1 サブルーチンの導入

[メイン側]

$戻り値を受ける変数 = &サブルーチン名(引数のリスト);

[サブルーチン側]

```
sub サブルーチン名 {
        my ($引数を受ける変数1, $引数を受ける変数2…) = @_;
        ...計算...
        return 戻り値;
}
```

サブルーチンの書き方は、他にもいろいろあります。

たとえば、戻り値はスカラーでなくてリストも可能です。戻り値を使わない場合もあります。

また、引数はリストでなくてスカラー (1個の値) でも可能です。引数を渡さない場合もあります。

あと、配列@_ をサブルーチンの中で直接いじったり、&という記号を省略したり、いろんな書き方が可能ですが、まずは上の書き方を研究します。

```perl
#! /usr/bin/perl
#
# heron7.pl -- ヘロンの公式で三角形の面積を3回計算（サブルーチンを使用）

use 5.010;
use strict;
use warnings;

my ($a, $b, $c) = (45, 45, 30);
my $space = &triSpace($a, $b, $c);
say "3辺が $a m, $b m, $c mの三角形の土地Aの面積は$space平方mです";

($a, $b, $c) = (30, 35, 55);
$space = &triSpace($a, $b, $c);
say "3辺が $a m, $b m, $c mの三角形の土地Bの面積は$space平方mです";

($a, $b, $c) = (57, 44, 33);
$space = &triSpace($a, $b, $c);
say "3辺が $a m, $b m, $c mの三角形の土地Cの面積は$space平方mです";

sub triSpace {   # ヘロンの公式で三角形の面積を求める
        my ($a, $b, $c) = @_;
```

```perl
    my $s = 1 / 2 * ($a + $b + $c);
    my $space = sqrt($s * ($s - $a) * ($s - $b) * ($s - $c));
    return $space;
}
```

いかがでしょうか。ヘロンの公式が一箇所になって多少スッキリしましたね。ここで導入した&triSpaceがサブルーチンです。では解説します。

メイン プログラムとサブルーチン

まず、プログラムを小さく分割したものをサブルーチンと言いましたが、サブルーチン以外の大元の部分を**メイン プログラム**と言います。メイン プログラムはプログラムの全体の中で最初に実行される部分とも言えます。

現在書いているプログラムですと、この濃さの網掛けの部分がメイン プログラムで、この濃さの網掛けの部分がサブルーチンです。

```perl
#! /usr/bin/perl
#
# heron7.pl -- ヘロンの公式で三角形の面積を3回計算（サブルーチンを使用）

# メイン プログラム
use 5.010;
use strict;
use warnings;

my ($a, $b, $c) = (45, 45, 30);
my $space = &triSpace($a, $b, $c);
say "3辺が$a m、$b m、$c mの三角形の土地Aの面積は$space平方mです";

($a, $b, $c) = (30, 35, 55);
$space = &triSpace($a, $b, $c);
say "3辺が $a m、$b m、$c mの三角形の土地Bの面積は$space平方mです";

($a, $b, $c) = (57, 44, 33);
$space = &triSpace($a, $b, $c);
say "3辺が $a m、$b m、$c mの三角形の土地Cの面積は$space平方mです";

# サブルーチン
sub triSpace { # ヘロンの公式で三角形の面積を求める
    my ($a, $b, $c) = @_;
    my $s = 1 / 2 * ($a + $b + $c);
    my $space = sqrt($s * ($s - $a) * ($s - $b) * ($s - $c));
    return $space;
}
```

このように、サブルーチンはまとめてメイン プログラムの下に書いてしまう

8.1 サブルーチンの導入

のが簡単だと思います。

　このプログラム`heron7.pl`を実行すると、制御（実行しているポイント）はまずメイン プログラムの先頭の

```
my ($a, $b, $c) = (45, 95, 30);
```

に移ります。以下、メイン プログラムを実行していって、

```
my $space = &triSpace($a, $b, $c);
```

と言う風に「&サブルーチン名」という式を評価した瞬間に制御はサブルーチンの先頭に移ります。

　メインで&triSpace($a, $b, $c)とサブルーチンの名前を書いて、実行することを、サブルーチンを呼び出す（call）と言います。呼び出した瞬間に、制御は呼び出されたサブルーチンの先頭に移ります。

> **MEMO**
>
> サブルーチン呼び出しのシジルであるアンパサンド（&、アンド記号）は省略できますが、本書では省略しないことにします。

```
sub triSpace {  # ヘロンの公式で三角形の面積を求める
    my ($a, $b, $c) = @_;
```

で、サブルーチンを実行していって、サブルーチンの末尾に到達します。

```
    return $space;
}
```

で、制御は呼び出し元に戻ります。

```
my $space = &triSpace($a, $b, $c);
```

　この文は代入文で、イコール（=）演算子によって、左辺に右辺を代入します。代入するからには、まず右辺の値が決まらなければいけません。ということで、この行はまず右側から実行されます。ですから、まず&triSpace($a, $b, $c)という呼び出しが実行されます。

　で、&triSpaceサブルーチンの実行がすべて終わって、面積が戻ります。（後述しますが、面積は&triSpaceサブルーチンの戻り値です。）そして、この戻り値が$spaceに代入されるところから、メインの実行が再開されます。

　次に、メインが順調に実行されて、2回目のサブ呼び出しが起こります。サブに制御が移り、サブの実行が行われ、またメインに制御が戻ります。

　また、メインが順調に実行されて、3回目のサブ呼び出しが起こります。サブ

に制御が移り、サブの実行が行われ、またメインに制御が戻ります。

サブルーチンを3回呼び出した後は、メインの末尾に制御が到達します。

```
say "3辺が $a m、$b m、$c mの三角形の土地Cの面積は$space平方mです";
```

これでこのプログラムの終了は終わりです。

プログラム ファイル上はまだ下にサブルーチンが残っていますが、呼び出されていないので、それはもう実行されません。

ですから、もしメイン プログラム中に、&triSpace($a, $b, $c) という呼び出しを1回も書かなければ、サブルーチン部分はプログラム上には書かれていても実行されなかったことになります。

sub サブルーチン名 {～} で囲まれたこの網掛けのプログラム部分は、メインから呼び出された時に初めて実行されるわけです。

8-2 サブルーチンの呼び出しと引数

さて、どこがメイン プログラムでどこがサブルーチンか、どのような順序で実行されるか分かったところで、プログラムの動きを見ていきます。

先ほども申しましたが、

```
my $space = &triSpace($a, $b, $c);
```

の右辺がサブルーチン &triSpace の呼び出しです。ここで

```
($a, $b, $c)
```

はサブルーチンに渡すデータのリストのことで、これをサブルーチンの引数と言います。引数は0個でも、1個でも、2個以上でもかまいません。

なお、ここでは引数をカッコ(())でくくっています。

実はサブルーチンをメイン プログラムより上に書くと、カッコが省略できます。ただ、サブルーチンで始まるプログラムはいくぶん読みにくくなるので、サブルーチンだけをモジュールという別ファイルにくくりだして(拡張子が.pmになります)、use文でプログラムの先頭に読み込むということをします。そうするとカッコも省略できるし、サブルーチンとメイン プログラムが別ファイルになってカッコ良くなりますが、本書ではそのやり方の説明は割愛し、

- サブルーチンはメイン プログラムの下に書く
- サブルーチン呼び出しで引数はカッコ () で囲む
- サブルーチン呼び出しでサブルーチン名には & を付ける

という方針で進みます。

■ サブルーチンの書き方

サブルーチンは下のようにキーワード **sub**、サブルーチン名、ブロック{}からなっています。

```
sub triSpace {
     ...
}
```

サブルーチンの名前は好きな名前を付けることができます。ここでは triSpace という名前にしてみました。

■ サブルーチン側で引数を受ける

上のプログラムでは、メインでのサブルーチンの呼び出し

```
my $space = &triSpace($a, $b, $c);
```

での引数 $a、$b、$c を、

```
     my ($a, $b, $c) = @_;
```

と言う風に受けています。サブルーチンの引数は @_（アットマーク+アンダースコア）という特殊な配列に入ります。

これを my 宣言した変数 $a、$b、$c にコピーしています。ここではたまたまメインと同じ変数名 $a、$b、$c を付けましたが、これは何でもかまいません。

> **MEMO**
>
> すぐ下で説明しますが、メインとサブに現れる2組の $a、$b、$c は my 宣言によるローカル化ということが起きているので、赤の他人です。

> **MEMO**
>
> ここで @_ で受けた引数のことを、パラメーター（parameter）または仮引数と呼ぶこともあります。また、メインプログラムで呼び出すときにセットするのを実引数、サブルーチンで受けるのを仮引数とし、両方を総称して引数と呼ぶこともあります。本書ではこの2つは特に区別せず、すべて引数と呼ぶことにします。

変数 $a、$b、$c をわざわざ定義しなくても、@_ の配列要素である $_[0]、$_[1]、$_[2] を使うこともできます。これを使ってサブルーチンを書き直すとこうなります。

```
sub triSpace {   # ヘロンの公式で三角形の面積を求める
```

```perl
    my $s = 1 / 2 * ($_[0] + $_[1] + $_[2]);
    my $space = sqrt($s * ($s - $_[0]) * ($s - $_[1])
            * ($s - $_[2]));
    return $space;
}
```

引数を $a、$b、$c にコピーしないぶん若干速くなるのですが、明らかに読みにくくなります。

> **MEMO**
>
> 実際には、@_、$_[0] をサブルーチンの中で直接変更するとメイン側も変更されます。本書では詳しく説明しません。

■ サブルーチンとshift関数

サブルーチンの引数が特殊変数 @_ に入るのは、メイン プログラムの引数が特殊配列 @ARGV に入るのに似ています。

メイン プログラムで shift 関数を引数なしで呼び出すと、最初の呼び出しではコマンド ラインから渡された引数の1個目 $ARGV[0] が、2回目の呼び出しでは2個目 $ARGV[1] が返りましたね。以下の、数字を引数に得て英語の月名を返すプログラム

```perl
#! /usr/bin/perl
#
# month20.pl -- 月名を調べる（引数shift編）

use 5.010;
use strict;
use warnings;

my $num = shift;
my @month = qw/ undef January February March April May June
        July August September October November December/;

say "$num番目の月は$month[$num]です！";
```

において、

```perl
my $num = shift;
```

と書くのは

```perl
my $num = $ARGV[0];
```

と書くのと一緒でした。

> **MEMO**
> 実際には$num = $ARGV[0]という書き方では実行前後で配列@ARGVは変更しませんが、$num = shiftと書くとshift関数の機能で配列@ARGVが1つ縮むという違いがあります。

サブルーチンでも似たようなことが起きます。

サブルーチンの中でshift関数を引数なしで呼び出すと、1回目では@_の第1要素$_[0]がshiftの戻り値になり、@_の第1要素が削除されて長さが1つ減ります。shift関数の2回目は@_の第2要素$_[1]を、3回目は@_の第3要素$_[2]を返します。よって、

```perl
sub triSpace {  # ヘロンの公式で三角形の面積を求める
    my ($a, $b, $c) = @_;
```

は

```perl
sub triSpace {  # ヘロンの公式で三角形の面積を求める
    my $a = shift;
    my $b = shift;
    my $c = shift;
```

と書いても一緒です。

引数が3つもあるとリスト($a, $b, $c)に@_を代入する方がプログラムが短くなりますが、1つの引数を受けるときはshiftがかっこいいと思います。

■ サブルーチンの値を返すreturn関数

残りの部分では三角形の面積を計算してメイン プログラムに返しています。

```perl
    my $s = 1 / 2 * ($a + $b + $c);
    my $space = sqrt($s * ($s - $a) * ($s - $b) * ($s - $c));
    return $space;
}
```

return関数は引数（上では$space）をサブルーチンの**戻り値**としてメイン プログラムに制御を戻します。これでメイン プログラムの

```perl
my $space = &triSpace($a, $b, $c);
```

という代入文の右辺の

```perl
&triSpace($a, $b, $c)
```

という式の値がサブルーチンの戻り値（三角形の面積）になります。

> CHAPTER **08** 自作関数サブルーチン

　return関数は関数の末尾でなく途中にも書けます。return関数を実行すると、ただちに制御がメイン プログラムに戻り、そこから先の文は実行されることがありません。よって、上のサブルーチンの末尾に

```
    return $space;
    say "サブルーチンは終わったよ！";
    say "もう何もしないよ！";
}
```

のように書き足しても、太字のsay関数は実行されません。

　returnはwhileやforにおけるlastのように、深いループやifブロックの中から一気にサブルーチンを抜け出すことができます。

　なお、return関数に引数を渡さないと、サブルーチンの戻り値はundefになります。これはサブルーチンでエラー値をメインに返すのに便利です。

▍return関数の省略

　Perlのサブルーチンは、もしreturn関数を明示的に書かなければ、メインプログラムに制御を戻す前に、最後に実行していた値を戻します。よって、

```
    my $s = 1 / 2 * ($a + $b + $c);
    my $space = sqrt($s * ($s - $a) * ($s - $b) * ($s - $c));
    return $space;
}
```

は、実は

```
    my $s = 1 / 2 * ($a + $b + $c);
    my $space = sqrt($s * ($s - $a) * ($s - $b) * ($s - $c));
    $space;
}
```

と書いても良かったことになります。というのは、

```
    $space;
```

と式をポンと書くと、その式が現在評価されている値になるからです。ていうか、サブルーチンの終わりは、

```
    my $s = 1 / 2 * ($a + $b + $c);
    my $space = sqrt($s * ($s - $a) * ($s - $b) * ($s - $c));
}
```

でも良かったことになります。というのは、代入文の式の値は代入された式の値になるからです。ていうか、変数$space自体廃止してしまって

```
        my $s = 1 / 2 * ($a + $b + $c);
        sqrt($s * ($s - $a) * ($s - $b) * ($s - $c));
}
```

でも良かったことになります。（これ以上短くはならないと思います。）

どう書くかは好きずきです。上級者の書き方では、最後の一番短い書き方が多いような気がしますが、ぼくは戻り値が何かパッと見てすぐ分かった方がいいのでreturnを書くようにしています。

■my宣言によるローカル化

ところで、ここでmy宣言について少し深く学びます。実は、ここで述べるトピックはサブルーチンのと言うよりはmyそのものの機能に関することで、第2章でmyが初めて出てきた時に説明すべきだったかもしれませんが、あの時はまだ複雑なプログラムを書いていなかったので、ここに説明を移動してきました。

では、サブルーチンの引数を受ける変数のmy宣言についてもう一度研究します。現状のプログラムは以下のようになっています。

```
#! /usr/bin/perl
#
# heron7.pl -- ヘロンの公式で三角形の面積を3回計算（サブルーチンを使用）

use 5.010;
use strict;
use warnings;

my ($a, $b, $c) = (45, 45, 30);
my $space = &triSpace($a, $b, $c);
say "3辺が $a m、$b m、$c mの三角形の土地Aの面積は$space平方mです";

…中略…

sub triSpace {   # ヘロンの公式で三角形の面積を求める
        my ($a, $b, $c) = @_;
        my $s = 1 / 2 * ($a + $b + $c);
        my $space = sqrt($s * ($s - $a) * ($s - $b) * ($s - $c));
        return $space;
}
```

ここでは、メインとサブの両方で$a、$b、$cをmy宣言しています。

ここで新事実ですが、my宣言はそのたびに変数を定義しますので、メインの$a、$b、$cとサブの$a、$b、$cは赤の他人です。つまり、メインの$a、$b、$cとサブの$a、$b、$cのために、6つの領域がメモリー状に確保されています。

上のプログラムでは、サブルーチンで$a、$b、$cを参照（読み出し）しかし

CHAPTER 08 自作関数サブルーチン

ていないので効果が分かりませんが、次のようなプログラムだとどうでしょう。

```perl
#! /usr/bin/perl
#
# myExp.pl -- myで遊ぼう

use 5.010;
use strict;
use warnings;

my $age = 20;

say "今年で俺も$age歳か…";

&tenYearsAfter($age);

say "$age歳か…感無量だな…";

sub tenYearsAfter {  # 10年先の未来を予想する
    my $age = shift;
    $age += 10;
    say "10年後は$age歳ってことだよな…";
}
```

　本書の入門書という性格上、アホみたいなプログラムが続出しますが我慢してください。実行します。

```
C:¥Perl¥perl>myExp.pl
今年で俺も20歳か…
10年後は30歳ってことだよな…
20歳か…感無量だな…
```

　では何か起こっているか解説します。上のプログラムでは、まずメイン プログラムで$ageという変数をmy宣言し、20で初期化しています。

```perl
my $age = 20;

say "今年で俺も$age歳か…";
```

　これをそのままsayで表示しますので、最初は20が表示されます。

```
今年で俺も20歳か…
```

　当たり前ですね。で、このメイン プログラムの$ageを、サブルーチンに渡しています。

```perl
&tenYearsAfter($age);
```

8.2 サブルーチンの呼び出しと引数

ここでサブルーチンに制御が移り、メイン プログラムから渡された、ただ1つの引数$ageを、サブルーチンの中でmy宣言した$ageに代入しています。

```
sub tenYearsAfter {  # 10年先の未来を予想する
    my $age = shift;
```

メイン プログラムで使っていたのと同じ$ageという名前の変数ですが、改めてmy宣言しているのでメインのとは赤の他人です。$ageという名前の変数が、メインとサブで2つ存在するということです。

この場合、サブルーチン側の$ageを、サブルーチンの**ローカル変数**と言います。ローカル（local）とは英語で局地的なという意味です。

```
        $age += 10;
        say "10年後は$age歳ってことだよな…";
```

サブ側の$ageに10を加算して、sayで出力しています。結果はこうなります。

```
10年後は30歳ってことだよな…
```

ここでサブルーチンが終了し、メイン プログラムの呼び出しの直後に制御が移ります。以下の文が実行されます。

```
say "$age歳か…感無量だな…";
```

ここがポイントです。以下のように表示されます。

```
20歳か…感無量だな…
```

お分かりでしょうか。ここで表示している$ageは、メイン プログラムの先頭でmy宣言して20を代入したメイン側の$ageで、まだ20という値を保持しています。これが、メインとサブの$ageは赤の他人であるという意味です。

では、ローカル変数をやめて、メインとサブで同じ$ageを使ってみます。

```
#! /usr/bin/perl
#
# myExp2.pl -- myで遊ぼう（サブルーチンでmy宣言をやめる）

use 5.010;
use strict;
use warnings;

my $age = 20;

say "今年で俺も$age歳か…";

&tenYearsAfter;  # 引数を渡さない
```

> CHAPTER 08 自作関数サブルーチン

```
say "$age歳か・・・感無量だな・・・";

sub tenYearsAfter {  # 10年先の未来を予想する
    # 引数を渡す部分をコメントで無効化
    # my $age = shift;
    $age += 10;
    say "10年後は$age歳ってことだよな・・・";
}
```

サブルーチンの先頭で、変数$ageを定義している部分を、コメントにして無効化しています。

また、メイン側のサブルーチン呼び出しも、引数を渡さないことにしました。

実行してみます。

```
C:¥Perl¥perl>myExp2.pl
今年で俺も20歳か・・・
10年後は30歳ってことだよな・・・
30歳か・・・感無量だな・・・
```

文章の内容が変わりましたね。

今回定義されている変数$ageはメインの先頭で定義されたただ1つです。

メインで定義された変数をサブでも使っています。このような変数を**グローバル変数**と言います。グローバル(global)はローカルの対義語で、英語としては世界的なという意味ですが、コンピューターの世界では「大域的な」などという難しい言葉を使います。まあ、全体的なという意味です。

グローバル変数$ageを、サブルーチンの中で10加算し、sayで表示します。ここまでの動作はローカル変数版と同じです。

問題はその後で、メインに制御が戻っても、$ageの値は10加算された30になっています。これは、サブルーチンでメインの変数が書きかわったことを示します。

グローバル変数はgoto文と並んで、プログラミングにおいて避けるべきものとされています。大きなプログラムを小さく分割して見やすくするのがサブルーチンの役目なのに、変数をグローバルにしてしまうと、常に同じ変数の名前と内容をプログラム全体に渡って管理しなければなりません。

グローバル変数を使えば、わざわざサブルーチンでmy宣言し直す手間がなくなるし、引数をコピーする手間もなくなるので、楽な面もありますが、ちょっとプログラムが大きくなり、引数が多くなると、すぐにわけが分からなくなります。

8.2 サブルーチンの呼び出しと引数

では、サブルーチンで10を足した$ageをメイン側で活用するにはどうすればいいかというと、return関数を使って書きかわった$ageを戻り値として返し、メイン側でそれを参照すればいいと思います。サブルーチンを作るときは引数を受ける変数をmyでローカル化し、サブルーチンから計算結果を取り出すにはreturn関数で値を返す、という風に決めてしまうのが、サブルーチンを使って分かりやすいプログラムを書くコツです。

さて、実は、myで作成するローカル変数は、サブルーチンだけの機能ではなく、メイン プログラムの中でブレース（{}）を使ってブロックを作るだけでも使うことができます。

```perl
#! /usr/bin/perl
#
# myExp3.pl -- myで遊ぼう（ブロックによるローカル化）

use 5.010;
use strict;
use warnings;

my $age = 20;

say "今年で俺も$age歳か…";

{
        my $age = 17;
        say "魔法で一瞬$age歳になった！";
}

say "$age歳か…感無量だな…";
```

サブルーチンを使わず、メインの中にブロックを作って、その中で同じ名前の$ageをmy宣言してみました。どうでしょう。

```
C:\Perl\perl>myExp3.pl
今年で俺も20歳か…
魔法で一瞬17歳になった！
20歳か…感無量だな…
```

このように、同じメイン プログラムの中で2回my宣言をし、同名の変数$ageを2つ定義しています。

ブロック（{}）を外れたところでローカル化は解けますので、メインの最初に定義した$age（値は20）が復活します。

この内側のmyを取ると、$ageはただ1つのグローバル変数となり、ブロックを脱出しても$ageが17になったままになります。実行は省略します。

さて、ローカル変数を作るには、何らかのブロック（{}）が必須です。
というのは、ブロックがないとローカル変数の有効範囲が決まらないからです。このような変数の有効範囲のことを、**スコープ**（scope）と言います。上のプログラムでは、2つの$ageのスコープが以下のようになっています。

```perl
#! /usr/bin/perl
#
# myExp3.pl -- myで遊ぼう（ブロックによるローカル化）

use 5.010;
use strict;
use warnings;

my $age = 20;

say "今年で俺も$age歳か…";

{
        my $age = 17;
        say "魔法で一瞬$age歳になった！";
}

say "$age歳か…感無量だな…";
```

この網掛けの部分が、最初にブロックの外で定義された$ageのスコープです。
この網掛けの部分が、2番目にブロックの中で定義された$ageのスコープです。
では、あえてブロックを切らずにmy宣言を2回やったらどうなるでしょうか。同じスコープに2つの$ageが存在することになります。

```perl
#! /usr/bin/perl
#
# myExp4.pl -- myで遊ぼう（ブロックがないのにローカル化しようとした）

use 5.010;
use strict;
use warnings;

my $age = 20;

say "今年で俺も$age歳か…";

my $age = 17;

say "魔法で一瞬$age歳になった！";

say "$age歳か…感無量だな…";
```

警告が発生します。

```
C:¥Perl¥perl>myExp4.pl
"my" variable $age masks earlier declaration in same scope at C:¥Pe
rl¥myExp4.pl line 13.
今年で俺も20歳か・・・
魔法で一瞬17歳になった！
17歳か・・・感無量だな・・・
```

この警告は「13行目のmy変数$ageが、同じスコープのより早い定義を覆い隠している」という意味です。スコープの上塗りになりますから、たぶん2回目のmy宣言は間違いなのでしょう。間違いなりに、Perlは新しい値で実行を続けるようです。いずれにしてもこんな警告は出さないようにしましょう。

サブルーチンの話に戻りますが、サブルーチンでのmy宣言による変数もスコープを持っています。

```perl
#! /usr/bin/perl
#
# myExp.pl -- myで遊ぼう

use 5.010;
use strict;
use warnings;

my $age = 20;

say "今年で俺も$age歳か・・・";

&tenYearsAfter($age);

say "$age歳か・・・感無量だな・・・";

sub tenYearsAfter {  # 10年先の未来を予想する
        my $age = shift;
        $age += 10;
        say "10年後は$age歳ってことだよな・・・";
}
```

このように、my宣言から、そのmy宣言を包含するブロックを脱出するまでが、その変数のスコープである、ということになります。

8-3 サブルーチンからサブルーチンを呼ぶ

　さて、サブルーチンを使って三角形の面積を計算するheron7.plを実行してみます。

```
C:\Perl\perl>heron7.pl
3辺が 45 m、45 m、30 mの三角形の土地Aの面積は636.396103067893平方mです
3辺が 30 m、35 m、55 mの三角形の土地Bの面積は474.341649025257平方mです
3辺が 57 m、44 m、33 mの三角形の土地Cの面積は723.836998225429平方mです
```

　いや、別にいいんですけど、桁数がものすごいですね…。土地取引において、ここまで細かく、0.000000000001平方mの単位まで面積を求める必要ないと思います。

　小数点以下の数値を切り捨ててみましょう。それには、**sprintf関数**を使います。sprintf関数は奥が深いのですが、ここでは

```
sprintf "%d", 数値;
```

のように書くと小数点以下が切り捨てになるという機能だけ使いましょう。

> **MEMO**
> %dのdはdecimal（10進数）の略です。

```perl
#! /usr/bin/perl
#
# heron8.pl -- ヘロンの公式で三角形の面積を3回計算（切り捨て版）

use 5.010;
use strict;
use warnings;

my ($a, $b, $c) = (45, 45, 30);
my $space = &triSpace($a, $b, $c);
say "3辺が $a m、$b m、$c mの三角形の土地Aの面積は$space平方mです";

…中略…

sub triSpace { # ヘロンの公式で三角形の面積を求める
    my ($a, $b, $c) = @_;
    my $s = 1 / 2 * ($a + $b + $c);
    my $space = sqrt($s * ($s - $a) * ($s - $b) * ($s - $c));
    return sprintf "%d", $space;
```

実行してみます。

```
C:¥Perl¥perl>heron8.pl
3辺が 45 m、45 m、30 mの三角形の土地Aの面積は636平方mです
3辺が 30 m、35 m、55 mの三角形の土地Bの面積は474平方mです
3辺が 57 m、44 m、33 mの三角形の土地Cの面積は723平方mです
```

すっきり切り捨てられましたね。

これで十分実用的だと思うんですが、お金が絡む問題ですので、顧客から「小数点第1位で四捨五入して欲しい」とクレームが来ました。

四捨五入はどうすればいいでしょうか。

0.5を足して小数点以下を切り捨てればいいと思います。

7.4に0.5を足すと7.9になりますが、小数点以下を切り捨てると7になります。

7.6に0.5を足すと8.1になりますが、小数点以下を切り捨てると8になります。

ということで、切り捨て前に0.5を足すロジックを追加します。

```perl
#! /usr/bin/perl
#
# heron9.pl -- ヘロンの公式で三角形の面積を3回計算（四捨五入版）

use 5.010;
use strict;
use warnings;

my ($a, $b, $c) = (45, 45, 30);
my $space = &triSpace($a, $b, $c);
say "3辺が $a m、$b m、$c mの三角形の土地Aの面積は$space平方mです";

…中略…

sub triSpace {  # ヘロンの公式で三角形の面積を求める
        my ($a, $b, $c) = @_;
        my $s = 1 / 2 * ($a + $b + $c);
        my $space = sqrt($s * ($s - $a) * ($s - $b) * ($s - $c));
        return sprintf "%d", $space + 0.5;
}
```

では実行します。

```
C:¥Perl¥perl>heron9.pl
3辺が 45 m、45 m、30 mの三角形の土地Aの面積は636平方mです
3辺が 30 m、35 m、55 mの三角形の土地Bの面積は474平方mです
3辺が 57 m、44 m、33 mの三角形の土地Cの面積は724平方mです
```

これでOKだと思います。土地Cの、723.836998225429平方mだけが724平方mに変わりましたね。

しかし、見た目がなんとなくスッキリしません。同じプログラムを数年後見た時に「sprintfってなんだっけ…？」とか「0.5って何の数字…？」と疑問に思うかもしれません。また、今は三角形の面積しか求めていませんが、そのうち同じプログラムで台形、楕円形、平行四辺形などの面積を求め、全部に同じ四捨五入のロジックを適用したいと思うかもしれません。

その時のために、四捨五入を行うサブルーチンをくくりだします。ここではroundOneと言う名前にしてみました。

```perl
#! /usr/bin/perl
#
# heron10.pl -- ヘロンの公式で三角形の面積を3回計算（四捨五入サブルーチン）

use 5.010;
use strict;
use warnings;

my ($a, $b, $c) = (45, 45, 30);
my $space = &triSpace($a, $b, $c);
say "3辺が $a m、$b m、$c mの三角形の土地Aの面積は$space平方mです";

…中略…

sub triSpace { # ヘロンの公式で三角形の面積を求める
    my ($a, $b, $c) = @_;
    my $s = 1 / 2 * ($a + $b + $c);
    my $space = sqrt($s * ($s - $a) * ($s - $b) * ($s - $c));
    return &roundOne($space);
}

sub roundOne { # 小数点以下を四捨五入
    my $n = shift;
    return sprintf "%d", $n + 0.5;
}
```

お分かりでしょうか。解読は省略しますので、各自研究、検証してください。このように、サブルーチンからサブルーチンを呼ぶこともできます。

戻り値を使わないサブルーチン

さて、ここまでに出てきたサブルーチンは、&triSpaceが3辺を得て三角形の面積を返す、&roundOneがある数値を得て小数点以下で四捨五入した整数を返すと言うように、何らかの引数を得て戻り値を返すというものでした。

8.3 サブルーチンからサブルーチンを呼ぶ

しかしサブルーチンは、値を戻すだけではなく、何らかの動作を行うことを目的に書くこともできます。たとえば、&triSpaceも、面積を表示するところまでサブルーチンの中でやってしまって、戻り値は使わないということもできます。

```perl
#! /usr/bin/perl
#
# heron11.pl -- ヘロンの公式で三角形の面積を3回計算（サブルーチン内で表示）

use 5.010;
use strict;
use warnings;

my ($a, $b, $c) = (45, 45, 30);
&triSpace($a, $b, $c);

($a, $b, $c) = (30, 35, 55);
&triSpace($a, $b, $c);

($a, $b, $c) = (57, 44, 33);
&triSpace($a, $b, $c);

sub triSpace {  # ヘロンの公式で三角形の面積を求めて表示する
    my ($a, $b, $c) = @_;
    my $s = 1 / 2 * ($a + $b + $c);
    my $space = sqrt($s * ($s - $a) * ($s - $b) * ($s - $c));
    say "3辺が $a m、$b m、$c mの三角形の土地の面積は",
        &roundOne($space), "平方mです";
}

sub roundOne {  # 小数点以下を四捨五入
    my $n = shift;
    return sprintf "%d", $n + 0.5;
}
```

中身を見てみます。まず、メインの

```perl
&triSpace($a, $b, $c);
```

は、代入文ではなくてサブルーチンをポツンと呼び出しているだけです。

次に、サブルーチンの

```perl
    say "3辺が $a m、$b m、$c mの三角形の土地の面積は",
        &roundOne($space), "平方mです";
```

では、面積を四捨五入して表示までやってくれます。

なお、サブルーチン呼び出し&roundOne($space)を二重引用符("")の中に入れても展開してくれませんので、カンマ(,)で区切って、sayの引数を3要素

287

のリストにする必要があります。

なお、サブルーチン&triSpaceの戻り値は、最後のsay関数が成功したかどうか（ほぼ必ず真）ですが、プログラムでは使わずに無視しています。

引数を取らないサブルーチン

引数を取らないサブルーチンも、書けます。

```perl
#! /usr/bin/perl
#
# 10yen.pl -- 10円玉の面積を表示

use 5.010;
use strict;
use warnings;

say "10円玉の半径は11.3mm、面積は約", (11.3 ** 2) * &pi, "平方mmです";

sub pi {  # 円周率を返すサブルーチン
    return 3.14;
}
```

上のサブルーチン&piは、引数を取らず、3.14という定数を返します。

3.14とメインの中に埋め込むよりも、&piという名前を埋め込んだ方が若干読みやすくなりますし、「3.14159265」などというより細かい円周率を使いたくなったときも、変更がサブルーチン1箇所で済みます。

戻り値を複数返すサブルーチン

ここまでのサブルーチンは値を1つだけ返していますが、return関数にリストを渡すと、戻り値を複数返すことができます。

いま、サブルーチン&triSpaceは平方メートルの面積だけを返していますが、坪数、畳数も返すように改造します。1坪は3.3m²で、2畳が1坪とします。

```perl
#! /usr/bin/perl
#
# heron12.pl -- ヘロンの公式で三角形の面積を3回計算（坪数も表示）

use 5.010;
use strict;
use warnings;

my ($a, $b, $c) = (45, 45, 30);
my ($heibei, $tsubo, $jou) = &triSpace($a, $b, $c);
say "3辺が $a m、$b m、$c mの三角形の土地Aの面積は$heibei平方m（$tsubo坪、
```

```perl
$jou畳）です";

($a, $b, $c) = (30, 35, 55);
($heibei, $tsubo, $jou) = &triSpace($a, $b, $c);
say "3辺が $a m、$b m、$c mの三角形の土地Bの面積は$heibei平方m($tsubo坪、
$jou畳）です";

($a, $b, $c) = (57, 44, 33);
($heibei, $tsubo, $jou) = &triSpace($a, $b, $c);
say "3辺が $a m、$b m、$c mの三角形の土地Cの面積は$heibei平方m($tsubo坪、
$jou畳）です";

sub triSpace { # ヘロンの公式で三角形の面積を求める
    my ($a, $b, $c) = @_;
    my $s = 1 / 2 * ($a + $b + $c);
    my $heibei = sqrt($s * ($s - $a) * ($s - $b) * ($s - $c));
    my $tsubo  = $heibei / 3.3;
    my $jou    = $tsubo * 2;
    return &roundOne($heibei), &roundOne($tsubo), &roundOne($jou);
}

sub roundOne { # 小数点以下を四捨五入
    my $n = shift;
    return sprintf "%d", $n + 0.5;
}
```

実行します。

```
C:\Perl\perl>heron12.pl
3辺が 45 m、45 m、30 mの三角形の土地Aの面積は636平方m(193坪、386畳）です
3辺が 30 m、35 m、55 mの三角形の土地Bの面積は474平方m(144坪、287畳）です
3辺が 57 m、44 m、33 mの三角形の土地Cの面積は724平方m(219坪、439畳）です
```

ばっちりですね。

まずサブルーチン&triSpaceの末尾を見ましょう。

```
    return &roundOne($heibei), &roundOne($tsubo), &roundOne($jou);
```

return関数の引数に、平方メートル面積の$heibei（もとの$space）、坪数の&tsubo（$spaceを3.3で割ったもの）、畳数の$jou（$tsuboを2倍したもの）を、それぞれ四捨五入サブルーチン&roundOneに渡した戻り値を、カンマでつないで書いています。これで、サブルーチンの戻り値は3値のリストになります。

なお、return関数を使わなくても、リスト値を返す式を最後に評価するだけで複数の値を返すことができます。上のheron12.plでは、サブルーチン&triSpaceの最後の行

```
        return &roundOne($heibei), &roundOne($tsubo), &roundOne($jou);
```
は、

```
        &roundOne($heibei), &roundOne($tsubo), &roundOne($jou);
```
と書いても同じように動きます。

では、メインプログラムの呼び出しを見てみましょう。

```
my ($heibei, $tsubo, $jou) = &triSpace($a, $b, $c);
```

このように、&triSpaceの戻り値を$heibei、$tsubo、$jouからなる3要素のリストに代入しています。

引数を受け取らず、戻り値も返さないサブルーチン

これも書けます。以下のサブルーチン&timeNowは、現在の時刻から時、分、秒を表示します。

```perl
#! /usr/bin/perl
#
# whatTimeIsItNow.pl -- 現在の時刻（時:分:秒）を表示

use 5.010;
use strict;
use warnings;

&timeNow; #引数も渡していませんし、戻り値も使いません。

sub timeNow { # HH:MMを表示
        say "ただいまの時刻：", join ":", (localtime(time))[2,1,0];
}
```

上のサブルーチン&timeNowの戻り値はsayの戻り値、つまり「say関数による表示が成功したかどうか」です。たぶん絶対1になりますが、無視しています。

8-4 sort関数のカスタマイズ

ここでは、サブルーチンの代表的な用途の1つ、sort関数のカスタマイズについて述べます。これで柔軟な順番でデータを並べ替えることができます。

Yuuko、Yuki、Haruna、Mariko、Mayuという5人の人がいて、生年月日がそれぞれ1988年10月17日、1991年7月15日、1988年4月19日、1986年3月11日、

8.4 sort関数のカスタマイズ

1994年3月26日だったとします。欧米ではこの日付を月/日/年という順番にスラッシュ区切りで、10/17/1988のように書くことがあります。で、この方針で書かれた日付と、コロン区切りで名前を書いた配列があったとします。

```perl
my @bday = (
    "10/17/1988:Yuuko",
    "07/15/1991:Yuki",
    "04/19/1988:Haruna",
    "03/11/1986:Mariko",
    "03/26/1994:Mayu",
);
```

この配列を生まれた順に(年→月→日の順に)ソートするにはどうすればいいでしょうか。以前練習問題で、配列を文字列の長さの順でソートするプログラムというのがありました。

```perl
#! /usr/bin/perl
#
# sortInLength.pl -- 長さによるソート

use 5.010;
use strict;
use warnings;

my @fruits = qw/ apple banana cranberry kiwi /;
say join "\n", sort { length($b) <=> length($a) } @fruits;
```

このように、

- length関数に$a、$bという引数を渡す($a、$bの長さが返る)
- sortの順番を示すブロック{}の中に宇宙船演算子<=>で比較式を書く
- 昇順(小さい順)に並んで欲しければlength($a)を<=>の左に、length($b)を右に書く
- 降順(大きい順)に並んで欲しければlength($b)を<=>の左に、length($a)を右に書く

という方針で文字列を長さ順に整列できましたね。

サブルーチンを使えば、この原理で、ソート順をもっと自分好みにカスタマイズすることができます。具体的に言うと、

```
10/17/1988:Yuuko
```

という文字列を渡すと

> CHAPTER 08 自作関数サブルーチン

```
19881017
```

という8桁の数値を返すサブルーチンを作ってやればOKです。いろいろやり方はあると思いますが、ぼくはこう作ってみました。

```perl
#! /usr/bin/perl
#
# sortBDay.pl -- 誕生日をソート

use 5.010;
use strict;
use warnings;

my @bday = (
        "10/17/1988:Yuuko",
        "07/15/1991:Yuki",
        "04/19/1988:Haruna",
        "03/11/1986:Mariko",
        "03/26/1994:Mayu",
);

say for sort { &dateConv($a) <=> &dateConv($b) } @bday;

sub dateConv { # 欧米流のMM/DD/YYYYをYYYYMMDDに変換
        my $westDate = shift;

#       0123456789
#       MM/DD/YYYY
        my $mm = substr $westDate, 0, 2; #引数の0バイト目から2バイトが月
        my $dd = substr $westDate, 3, 2; #引数の3バイト目から2バイトが日
        my $y4 = substr $westDate, 6, 4; #引数の6バイト目から4バイトが年

        return $y4.$mm.$dd;  #年、月、日の順にくっつけた値を戻り値にする
}
```

では実行してみましょう。

```
C:\Perl\perl>sortBDay.pl
03/11/1986:Mariko
04/19/1988:Haruna
10/17/1988:Yuuko
07/15/1991:Yuki
03/26/1994:Mayu
```

OK。きちんと生まれた順に並びましたね。

サブルーチンは自作の関数である

このように、以前`length`関数を使って文字列の長さ順ソートをしたのとまったく同じ方法で、今回は`&dateConv`という自作サブルーチンを使って欧米風の日付順のソートが可能になりました。

ここで分かるのは、サブルーチンはプログラマーが自作した関数であるということです。

`print`、`say`、`length`、`sqrt`、`substr`、`index`、`push`、`shift`など、前章までではPerlの組み込み関数の使い方を学んできました。

それに対して本章では、自作のサブルーチンを使って、三角形の面積の計算をする`&triSpace`、小数を小数点以下で四捨五入する`&roundOne`、円周率を返す`&pi`、今の時刻を表示する`&timeNow`、西洋の日付を和風に変換する`&dateConv`と言ったオリジナルのサブルーチンを作りました。

関数の特徴は

- 関数は引数を取るが、取らないこともある
- 引数をリストで取る
- 引数は0個、1個、および2個以上のことがある
- 戻り値を返すが、使っても使わなくてもいい
- 戻り値はリストである
- 戻り値は0個、1個、および2個以上のことがある
- 関数は戻り値を計算する以外の動作（文字列を表示するとか）をすることもあるし、しないこともある

ということですが、これらはすべて自作のサブルーチンにも当てはまることです。Perlから見ると、自作のサブルーチンと組み込み関数は区別がつきません。

> **MEMO**
>
> Perlにもともと付いてくる組み込み関数はC言語で書かれていることもありますが、全部Perlで書かれていることもあります。Perlをインストールすると組み込み関数のソースがすべてついてきますので、中を見て勉強したり、何なら改造することもできます。これがオープンソースの醍醐味です。

> **MEMO**
>
> 本書の範囲を超えますが、CPANというインターネット上のサイトから、世界各国のPerl腕自慢が作った関数を拾ってきて使うことができますし、逆にあなたが世界に公開することもできます。

以上で、サブルーチンについては終わりです。

制御構造の研究は以上です

お疲れ様でした。

1章～5章でスカラー（数値、文字列）、リスト、配列、ハッシュというデータ構造を、6～8章で順次、分岐、反復、サブルーチンという制御構造をすべてマスターしたので、もうどんな難しい問題であっても、答えがある問題であれば必ず答えを求められる状態になりました。何度も同じことを言うようですが、この時点でモヤモヤしている部分がある人はさかのぼって読み返してください。

本章をマスターした人は9章以降に進みましょう。ここからはファイル処理、日本語処理、そしてPerlといえばおなじみの正規表現の研究に入ります。

☑ まとめコーナー

- プログラムを分割して自作の関数を作ることをサブルーチンと言う
- 順次、分岐、反復の3大制御構造と、サブルーチンを使った段階的詳細化で、論理的で見やすいプログラムを書くことを構造的プログラミングと言う
- サブルーチンを呼び出す側をメイン プログラムと呼ぶ
- サブルーチンからさらにサブルーチンを呼ぶこともできる
- メイン プログラム側でサブルーチンの呼び出しは以下のようになる
  ```
  $戻り値を受ける変数 = &サブルーチン名(引数のリスト);
  ```
- サブルーチン本体は以下のようになる
  ```
  sub サブルーチン名 {
    my ($引数を受ける変数1, $引数を受ける変数2…) = @_;
    ...計算...
    return 戻り値;
  }
  ```
- サブルーチンの呼び出しによって、制御（プログラムの実行ポイント）はサブルーチンの先頭に移る
- サブルーチンの実行を終えると、制御はメイン プログラムの呼び出し直後に戻る
- メイン プログラムから渡された引数は`@_`という特殊変数に入る
- サブルーチンの中で引数を省略した`shift`関数を1回呼び出すと、`@_`の先頭要素`$_[0]`が`shift`の戻り値になる（配列`@_`が1つ縮む）
- これはメイン プログラムにおける引数を省略した`shift`関数と`@ARGV`の関

係と同じである

- サブルーチンの中でreturn関数を実行すると、ただちにメイン プログラムに制御が戻る
- return関数に引数を書くと、サブルーチンの戻り値はその引数になる
- return関数にリストを渡すと、サブルーチンの戻り値はリストになる
- return関数で引数を省略すると、サブルーチンの戻り値はundefになる
- return関数の呼び出しを行わないと、サブルーチンの戻り値は、サブルーチン内で最後に評価した式の値になる
- サブルーチンに引数を渡さないことも可能である
- サブルーチンの戻り値を参照しないことも可能である
- サブルーチンを使ってsort関数の並び順をカスタマイズできる

以上です。

練習問題 （解答はP.555参照）

Q1

アラビア数字の列を漢数字に変換するサブルーチン&jpnNumを書いてください。（引数に"6700"を渡すと戻り値として"六七零零"を返します。）サブルーチンの使い方、性能を分かりやすくプレゼンするメイン プログラムも書いてください。

Q2

下のプログラムでは2回目でありえない三角形を計算しようとして失敗しますが、ありえない三角形を計算しようとしたらサブルーチン側でundefを返すようにプログラムを改造してください。また、メイン プログラム側も、エラー値を返したら実のあるメッセージを出してdieするように改造してください。

```perl
#! /usr/bin/perl
#
# heron13.pl -- ヘロンの公式で三角形の面積を3回計算（エラー！）

use 5.010;
use strict;
use warnings;
```

CHAPTER 08 自作関数サブルーチン

```perl
my ($a, $b, $c) = (45, 45, 30);
my $space = &triSpace($a, $b, $c);
say "3辺が $a m、$b m、$c mの三角形の土地Aの面積は$space平方mです";

($a, $b, $c) = (30, 35, 550);
$space = &triSpace($a, $b, $c);
say "3辺が $a m、$b m、$c mの三角形の土地Bの面積は$space平方mです";

($a, $b, $c) = (57, 44, 33);
$space = &triSpace($a, $b, $c);
say "3辺が $a m、$b m、$c mの三角形の土地Cの面積は$space平方mです";

sub triSpace { # ヘロンの公式で三角形の面積を求める
    my ($a, $b, $c) = @_;
    my $s = 1 / 2 * ($a + $b + $c);
    my $space = sqrt($s * ($s - $a) * ($s - $b) * ($s - $c));
    return $space;
}
```

COLUMN

インデントの楽しみ

　if文やfor文、サブルーチンなどのブロック構造が発生した場合、プログラムの行の開始位置を下げるということを行いがちです。これをインデント（indent、字下げ）と言います。

　Perlでは、空白が書けるところにいくらでも空白、タブ、改行を書いてもいいので、好きなようにインデントができます。逆に言うと、自由にできるだけに、どのようにインデントすべきか流派がいくつかあります。

　とりあえず以下のことだけは励行した方がいいです。

- `{`を書いてブロックが始まったら1段下げ、`}`を書いてブロックが終わったら1段戻す
- どのif／for／whileがどこまで続いているのか、どのif／elsif／elseが対応しているのか分かるようにする
- 常に一貫した規則を使う

本書で採用しているぼく流の規則は

```
if (条件) {
        処理;
} else {
        処理;
}
```

というもので、自分では分かりやすいと思っているのですが、世間では他の流派もあります。

```
if (条件)
{
        処理;
}
else
{
        処理;
}
```

とするそうです（ブレース { } は必ず行頭に来るべき派）。
　ふーむ。

　インデントにタブを使うか、スペースを使うか、というのは宗教論争になっています。昔は気楽にタブを使っていたのですが、最近はスペース派が優勢です。まあ、絶対にタブはインデントにしか使わない（行の先頭でしか使わない）ということにしておけば、タブをスペースに変換をするツール（untabify）があるので、あまり神経質になることもないかなという気もします。

　Emacsのようなインテリジェントなエディターを使うと、いま編集中なのがPerlのソースであることを察知して、タブキーを入れるだけでスペースを入れて字下げを美しく調整してくれるのでラクチンです。こういうのを使って、タブではなくスペースを使うのが最適解だと思います。

> **MEMO**
> 　indentという言葉はdental（歯の）という言葉と同根の言葉で、歯のようにプログラムの先頭がガタガタする、という意味だそうです？？？

CHAPTER

第 9 章
ファイル処理

本章では、ファイルの入出力を研究します。これでプログラムを使って大量のデータを処理できます。

> CHAPTER **09** ファイル処理

9-1　ファイルとは

　本章ではファイル処理を研究します。

　これまで書いてきたプログラムでは、データをプログラムの中にリテラルで埋め込んだり、コマンド ラインから引数で渡したりして、Perlを電卓代わりに使っていました。本章でファイル処理を学ぶことで、大量のデータを入力し、一気に操作して、大量のデータを出力するという、コンピューターならではの一括処理を行うことができます。

　本題に入る前に、ファイルとは何かをちょっと説明していいですか。

　コンピューターの仕事は基本的に、データを受け取り、加工し、新しいデータを返すことです。それぞれ**入力**（input）、**処理**（procedure）、**出力**（output）と言います。

　ここで、プログラムの外から入力され、コンピューターの外へと出力されるデータの固まりのことを、**ファイル**（file）と言います。ファイルには**テキスト ファイル**（text file）と**バイナリー ファイル**（binary file）があります。

　テキスト ファイルは、最初から最後まで文字コード（character code）が詰まっているファイルのことです。本書で我々が狂ったように作っているPerlのプログラム（スクリプト）はテキスト ファイルですね。このファイルはWindowsの「メモ帳」、Macの「テキストエディット」、UNIXの「vim」や「Emacs」のようなテキスト エディター（text editor）で読み書きすることができます。

　一方、画像や音声、ワープロの専用データのようなファイルをバイナリー ファイルと言います。これは、最初から最後まで2進数のゼロと1がびっしり詰まっているデータのことです。図9-1は、バイナリー ファイル（JPEG画像）を無理矢理メモ帳で開いてみたところです。めちゃめちゃ文字化けが起こります。

図9-1：バイナリー ファイルを無理矢理メモ帳で開いてみた

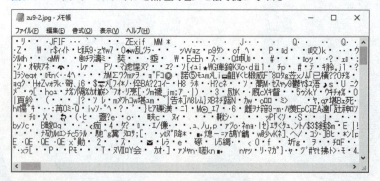

Perlでは、バイナリーもテキストも扱うことができます。しかしながら、本書ではとりあえずテキスト ファイルの読み書きのみを研究しましょう。我々が言葉でものを考えるように、世界の情報の大半はテキストと言えるので、テキストを処理できるだけでも、だいぶ役に立つと思います。

> **MEMO**
> 　実は、「最初から最後まで2進数のゼロと1がびっしり詰まっているデータがバイナリー ファイル」という表現は若干語弊があります。文字も2進数の数値に変換されてコンピューターで処理されるので、テキスト ファイルであってもゼロと1がびっしり詰まっているからです。実際にはテキストはバイナリーの一種と言えます。しかし、通常の会話では、「人間は動物の一種である」と知りながら「人間なんだから行儀よくしなさい、あんたは動物か！」と言うように、文字コードだけのデータをテキスト、文字コード以外のデータをバイナリーと呼び分けています。

■ テキスト ファイルの構造

　さて、テキスト ファイルの構造について述べます。テキスト ファイルは、最初から最後まで**文字コード**が入っています。文字コードとはアルファベット、数字、仮名、漢字などの普通の文字（図形文字と言います）や、改行やタブなどの制御文字を2進数の数字にしたものです。

　さきほど、我々が作っているPerlのプログラム（スクリプト）もテキスト ファイルであると言いました。では実際にその文字コード データが、どのように格納されているか調べてみましょう。

　テキスト ファイルを調べるためには、文字コードを**ダンプ**（16進表示）します。ここではWindowsで使用できるKakasy氏作のフリーウェア「xdump」を利用して、テキスト ファイルの中身を見てみましょう。

> **MEMO**
> 　Mac/UNIXの場合は、コマンド ライン画面から`od -tx1`か`hexdump`を試してみてください。

　対象にするのは、最初に作ったこのファイルです。懐かしいですね！

```perl
#! /usr/bin/perl
#
# printHello.pl -- あいさつをする

print "こんにちは。Perlともうします！¥n";
```

　これをxdumpにドラッグ&ドロップしてみましょう。

図9-2：テキストをダンプしてみた

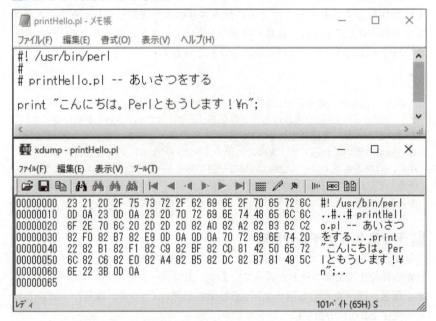

うわー、何が何だかわかりませんね！ でも、落ち着いて良く見るといろいろ分かってきます。最初の `23 21 20 2F...` というのは、16進で表示した「`#!/usr/bin/perl..`」のダンプです。表にまとめてみます。

表9-1：最初の1行

文字コード	23	21	20	2F	75	73	72	2F	62	69	6E	2F	70	65	72	6C	0D	0A
図形文字	#	!		/	u	s	r	/	b	i	n	/	p	e	r	l	.	.

このように、各文字に数字が割り当てられています。どの記号に、どの数字を割り当てるかは規格で定まっています。

最初のポンド記号（`#`）の文字コードは23と書かれています。ダンプ画面に表示されている23という数字は16進数です。16進数の23を、10進数と区別するために`0x23`と書いて、ヘキサのニイサンと読みます。ニジューサンではないので注意してください。「ポンド記号（`#`）の文字コードは、`0x23`である」と文章を書いて「ポンド記号の文字コードは、ヘキサのニイサンである」と読むわけです。

次が感嘆符（`!`）ですが、xdump画面には21と書いてあるので、文字コードは`0x21`（ヘキサのニイイチ）です。

記号と数字の対応関係を文字コードと言いますが、本書ではWindowsの方は

Shift_JIS、Mac/UNIXの方はUTF-8にします（詳しくは10章で述べます）。いずれにしても、このへんの「#! /usr/bin/perl」のような英数字や基本的な記号の部分はShift_JISもUTF-8も共通で、ASCIIという規格でコード化されています。下図「ASCIIコード表」を参照してください。

図9-3：ASCIIコード表

	0	1	2	3	4	5	6	7
0	NUL	DLE	SP	0	@	P	`	p
1	SOH	DC1	!	1	A	Q	a	q
2	STX	DC2	"	2	B	R	b	r
3	ETX	DC3	#	3	C	S	c	s
4	EOT	DC4	$	4	D	T	d	t
5	ENQ	NAK	%	5	E	U	e	u
6	ACK	SYN	&	6	F	V	f	v
7	BEL	ETB	'	7	G	W	g	w
8	BS	CAN	(	8	H	X	h	x
9	HT	EM	)	9	I	Y	i	y
A	LF	SUB	*	:	J	Z	j	z
B	VT	ESC	+	;	K	[	k	{
C	FF	FS	,	<	L	\	l	|
D	CR	GS	-	=	M	]	m	}
E	SO	RS	.	>	N	^	n	~
F	SI	US	/	?	O	_	o	DEL

　ASCIIは128文字しかありません。0x20は、2列目（縦の並びの左から2つ目）のゼロ行目（横の並びの1番上）になります。SPとありますが、これは空白文字が0x20ということです。

> **MEMO**
>
> ASCIIはコンピューター界で最も古い文字コード（文字と数字の対応）で、Shift_JISやUTF-8は0x00～0x7Fの128字の部分はASCIIをそのまま流用しています。よって、英数字と基本的な記号を使う場合は、文字コードの違いを意識する必要はありません。日本語コードは文字コードによってまったく変わります。これは第10章をごらんください。

```
#! /usr/bin/perl
```

の色つきの部分に「　」(空白文字)を意味する文字コード0x20が入っています。「ヘキサのニイゼロが空白文字」というのはおぼえておいて損はないのでこの機会におぼえてください。その次はスラッシュ(/)が0x2Fですね。これは3回出てきます。

　その他、アルファベット小文字は0x6?近辺に固まっています。実はaが0x61でそれ以降はbが0x62、cが0x63・・・と26文字連続しています。このaが0x61というのもおぼえましょう。

■ 改行コードの怪

　で、最後に0x0D0A（0x0Dに続いて0x0Aの2バイト）がありますが、これは改行コードです。ここからちょっとややこしい話になりますが、0x0D0Aという2バイトはWindowsの改行コードです。で、Mac/UNIXは、これが0x0Aになります。

> **MEMO**
> OS 9以前のMacでは、これが0x0Dでした。3者3様だったわけです。

　ということで、これから扱うテキスト ファイルは、改行を含む文字コードがびっしり入っている、ということだけここで押さえておきましょう。

　ここで、ひとつお断りですが、この9章では、もっぱらASCII英数字（0x20～0x7Eの範囲）のみ使うことにします。日本語コードの扱いも、当然Perlは大得意ですが、これについての研究は10章で述べます。とりあえず、ASCIIの英数字ファイルをマスターしましょう。

■ ファイルの書き出しはもうできている

　さて、これからバリバリとテキスト ファイルの読み書きを研究していきたいと思いますが、実は、ファイルへの書き出しはもう終わっていると言っても過言ではありません。下のプログラムを見てください。

```
#! /usr/bin/perl
#
# sayHello.pl -- あいさつをする

use 5.010;
use strict;
use warnings;

say "Hello! I am Perl :)" for 1..3;
```

　say関数で「Hello! I am Perl :)」というのを、後置式のfor文で3回繰り返しています。実行します。

> **MEMO**
> :) は欧米流の横倒しにした笑顔の顔文字で、スマイリーと言います :)

```
C:¥Perl¥perl>sayHello.pl
Hello! I am Perl :)
Hello! I am Perl :)
Hello! I am Perl :)
```

オッケーですね。

では、この怒涛のHello攻撃を、ファイルに出力するにはどうすればいいでしょうか。それには、プログラムに1字も修正を入れる必要はありません。実行時に、オプションを渡せばいいのです。

```
C:¥Perl¥perl>sayHello.pl > hello.txt
```

このように、プログラムの実行に「> 出力ファイル名」を加えるだけです。これに関してはWindowsもMac/UNIXマシンも共通です。

上のオプションを付けることによって、画面へのHello表示は消えてしまいます。では、このあいさつは、どこに行くのでしょうか。それは、お察しの通り、hello.txtというファイルが作成され、その中に出力されたのです。Windowsのdirコマンドでファイルの存在確認を、typeコマンドで表示をしてみます。

```
C:¥Perl¥perl>sayHello.pl > hello.txt   sayHello.plの実行（さっきやった）

C:¥Perl¥perl>dir hello.txt    hello.txtの存在確認
 ドライブ C のボリューム ラベルがありません。
 ボリューム シリアル番号は 08D0-B566 です

 C:¥Perl¥perl のディレクトリ

2013/05/15  12:58                   105 hello.txt         あった！
               1 個のファイル                  63 バイト
               0 個のディレクトリ  82,547,372,032 バイトの空き領域

C:¥Perl¥perl>type hello.txt    hello.txtを表示する
Hello! I am Perl :)
Hello! I am Perl :)
Hello! I am Perl :)
```

ちゃんとファイルが生成されていますね。ふだんプログラムの作成に使っているエディターでhello.txtを編集することもできると思います。

> **MEMO**
>
> Mac/UNIXの場合は、dirの代わりにls -al、typeの代わりにcatを使えばいいでしょう。

9-2 標準出力とリダイレクト

いままで、何も考えずにsay関数（やprint関数）を使うと、コマンド ライン

画面にそのまま表示されていました。ここで新知識の発表ですが、特に出力先を指定しない場合、say関数の出力先は、実は**標準出力**(Standard Output、STDOUT)という仮想的なファイルでした。で、標準出力は、デフォルトではコマンド ライン画面に結びつけられています。この二重の前提があって、結果的にsay関数のメッセージはコマンド ライン画面に表示されていたわけです。

では、プログラムのsay関数に標準出力以外の書き込み先を指定することができるでしょうか。できます。これにはファイルハンドルというものを使います。詳しくは本章の後半をごらんください。

では、標準出力に出力しているプログラムの出力先を、標準出力以外に結びつけられるのでしょうか。これはさっきやりました。

```
C:¥Perl¥perl>sayHello.pl > hello.txt
```

のように、大なり記号(>)を使って、標準出力へのsayをコマンド ライン画面からファイルhello.txtに切り替えれば、標準出力に出力されたデータを画面に表示せずにファイルに出力することが可能です。これを**リダイレクト**(redirect、方向を変えること)と言います。上の実行例では標準出力をファイルにリダイレクトしたわけです。

プログラムは標準出力に出力するように作成し、場合に応じて画面に表示したりファイルを作ったり切り替えて使うのは、UNIX流では良く使われる方針です。

■ リダイレクトしたファイルをダンプする

それでは、上でできたhello.txtをダンプしてみます。

図9-4：sayHello.plの結果をダンプする

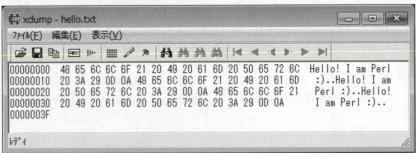

最初がHello!ということで、ASCIIコード(16進数)で48 65 6C 6C 6F 21と書かれています。小文字のエル(l)は0x6Cですが2回書かれていますね。

各行の末尾に空白つまり0x20をはさんで欧米風のニッコリマーク「:)」が書

かれています。これは0x3A29です。

で、その後が改行ですが、0x0D0Aという2バイトが出てきています。つまり、Perlを Windows 上で動作させて¥nを書き出すと、0x0D0Aという2バイトが出力されることが分かります。

では、Macでも同じことをやってみます。

図9-5：Macでスクリプトを実行、結果を表示、ダンプ

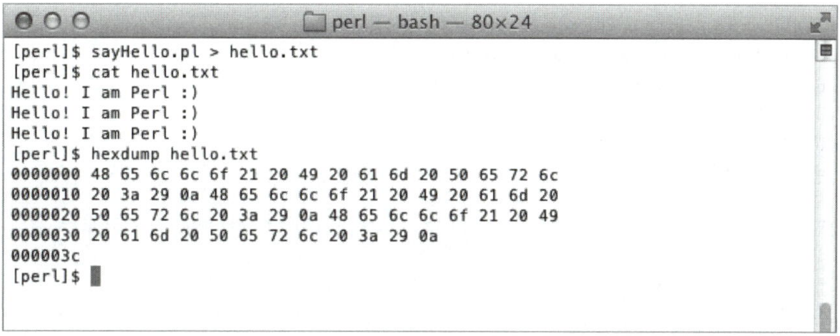

```
[perl]$ sayHello.pl > hello.txt
[perl]$ cat hello.txt
Hello! I am Perl :)
Hello! I am Perl :)
Hello! I am Perl :)
[perl]$ hexdump hello.txt
0000000 48 65 6c 6c 6f 21 20 49 20 61 6d 20 50 65 72 6c
0000010 20 3a 29 0a 48 65 6c 6c 6f 21 20 49 20 61 6d 20
0000020 50 65 72 6c 20 3a 29 0a 48 65 6c 6c 6f 21 20 49
0000030 20 61 6d 20 50 65 72 6c 20 3a 29 0a
000003c
[perl]$
```

上図ではsayHello.plの結果をhello.txtにリダイレクトして、それをcatコマンドでそのまま画面に表示し、さらにhexdumpコマンドでダンプしています。文字コードは両方ともASCIIなのでほとんど一緒ですが、改行コードが違います。MacのPerlでは¥n（Mac/UNIXでは\n）を書き出すと、0x0Aという1バイトが出力されることが分かります。Linuxなどでもこれと同じ結果になります。

> **MEMO**
> 本書の研究のためだけにMacとWindows両方買う必要はありません！ 片方しか持ってない方は本書のもう一方の出力結果をなんとなく眺めておくだけで十分です。

■ warnとdieと標準エラー出力

さて、printやsayとよく似た関数で**warn**関数があります。警告する、という意味の英語です。上のプログラムを改造して、「こんにちは！」と3回あいさつしてくれるのに加えて、3回「お金を節約するように気を付けろ！」と警告してくれるようにしてみました。

```
#! /usr/bin/perl
#
# sayHelloAndWarn.pl -- あいさつと警告をする
```

CHAPTER 09 ファイル処理

```perl
use 5.010;
use strict;
use warnings;

say "Hello! I am Perl :)" for 1..3;

warn "Be careful! Save your money! :(" for 1..3;
```

では実行します。

```
C:¥Perl¥perl>sayHelloAndWarn.pl
Hello! I am Perl :)
Hello! I am Perl :)
Hello! I am Perl :)
Be careful! Save your money! :( at C:¥Perl¥perl¥sayHelloAndWarn.pl line 11.
Be careful! Save your money! :( at C:¥Perl¥perl¥sayHelloAndWarn.pl line 11.
Be careful! Save your money! :( at C:¥Perl¥perl¥sayHelloAndWarn.pl line 11.
```

うまく行きましたね。sayと違ってwarnは、プログラムのファイル名と行番号を言ってきます。これはwarn関数の仕様で、表示する文字列の末尾に改行¥nを入れないとこうなります。

```perl
warn "Be careful! Save your money! :(¥n" for 1..3;
```

のように改行を書くと

```
Be careful! Save your money! :(
```

という表示だけになります。

それにしても、変だと思いませんか。メッセージを表示するだけのために、なぜsayとwarnと二種類あるのでしょうか。これは、プログラムの出力をリダイレクトしてみれば分かります。先ほど同様、sayHelloAndWarn.plの出力をファイルにリダイレクトします。

```
C:¥Perl¥perl>sayHelloAndWarn.pl > hello.txt
                 sayHelloAndWarn.plの出力をhello.txtに出力
Be careful! Save your money! :( at C:¥Perl¥perl¥sayHelloAndWarn.pl
line 11.          warnはそのまま表示された
Be careful! Save your money! :( at C:¥Perl¥perl¥sayHelloAndWarn.pl
line 11.
Be careful! Save your money! :( at C:¥Perl¥perl¥sayHelloAndWarn.pl
line 11.
```

```
C:¥Perl¥perl>type hello.txt    sayはちゃんとファイルに出力されていた
Hello! I am Perl :)
Hello! I am Perl :)
Hello! I am Perl :)
```

おもしろい結果になりましたね。sayの結果はちゃんとファイルにリダイレクトされましたが、warnの結果はやはりコマンド ライン画面にそのままダダ漏れになってしまいました。

これは、sayはデフォルトで標準出力に結びつけられているけれども、warnは標準出力に結びつけられていないからです。

> **MEMO**
>
> 先ほどのsayHello.plの出力をhello.txtとしていましたが、今回sayHelloAndWarn.plの出力をやはりhello.txtとしました。この場合前のhello.txtはあいさつなしに削除されて新しいhello.txtで置き換わるので注意が必要です。今回の2つのプログラムの場合は出力ファイルの内容が一緒ですが、タイムスタンプが変わっているはずです。

warnがデフォルトで出力する先を**標準エラー出力**（STDERR）と言います。標準エラー出力は、標準出力同様、デフォルトではコマンド ライン画面に結びつけられています。間違ったプログラムを実行すると、診断メッセージがPerlによって表示されますが、あれもこちらに出力されます。

標準エラー出力は、エラー以外にも使い道があります。たとえば、2から5000億までの素数をsayで表示するというプログラムがあって、3時間ぐらい掛かるとします。その場合、sayの出力をファイルにリダイレクトしてしまったら、

```
C:¥Perl¥perl>prime5000oku.pl > primes.txt
                         実行したっきりウンともスンとも言ってこない
```

という状態のまま、しばらく静止してしまいます。ちゃんと仕事してくれていれば、ほうっておいても別にいいんですが、不安になります。どこかで無限ループにハマっているかもしれない。この場合、たとえば100万回ごとにsayではなくてwarnをするようにしてもいいです。

```
C:¥Perl¥perl>prime5000oku.pl > primes.txt
Your program is processing 1000000!    たまに中間報告が表示される
Your program is processing 2000000!
Your program is processing 3000000!
```

これでプログラムが無事に動いていることを確認でき、かつ、sayの出力ファイルは途中経過で汚さずに済みます。

> CHAPTER **09** ファイル処理

> **M**EMO
> 他にwarn関数はいわゆるデバッグ ライト（debug write）に使われます。これはうまく動かないプログラムを直すときに、適当にメッセージとか変数を表示させる命令を挿入して状況を知るものです。warnを使って¥nを書かなければ行番号も表示されるので便利です。プログラムが完成したらwarnだけ検索して削除するかコメント化すればいいと思います。

なお、すでに出てきたdie関数のメッセージも標準エラー出力に出力されます。warnとdieの違いは、dieが実行後にプログラムの実行を中止することだけです。

引数のメッセージ文字列の末尾に¥nを入れないと、dieしたときの行番号が入ることも一緒です。また、

```
die;
```

と引数を省略して書くと、「Died at line 10.」のように、「何行目で死んだ」というメッセージが表示されます。

■ 標準エラー出力もファイルに保存したい

さて、プログラムから何百行もの警告が出て、標準エラー出力もファイルにリダイレクトし、エディターでゆっくり読みたい場合、どうすればいいでしょう。この場合Windowsでは、2>というものを使います。リダイレクトの大なり記号（>）の前に数字の2を書くのです。下記では標準エラー出力のみをファイルにリダイレクトし、sayの結果は画面に表示します。

```
C:¥Perl¥perl>sayHelloAndWarn.pl 2> warning.txt    warnのみをリダイレクト
Hello! I am Perl :)        今度はsayの結果のみが画面に表示された
Hello! I am Perl :)
Hello! I am Perl :)
```

> **M**EMO
> Mac/UNIXの場合は使用しているシェルによって違うと思います。OSの機能の話になりますので、記述を割愛します。申し訳ありませんが各自調べてください。

warning.txtの中には「Be careful! Save your money! :(at C:¥Perl¥perl¥sayHello.pl line 11.」と3回入っています。

9-3 次は標準入力だ

さて、標準出力があるなら標準入力もあるのでは、と思われたでしょうか。あります！ 以下のプログラムをごらんください。

```perl
#! /usr/bin/perl
#
# stdin.pl -- 標準入力で遊ぼう！

use 5.010;
use strict;
use warnings;

my $in_1 = <STDIN>;
my $in_2 = <STDIN>;
my $in_3 = <STDIN>;
my $in_4 = <STDIN>;
my $in_5 = <STDIN>;

say "1:(", length($in_1), "byte):", $in_1;
say "2:(", length($in_2), "byte):", $in_2;
say "3:(", length($in_3), "byte):", $in_3;
say "4:(", length($in_4), "byte):", $in_4;
say "5:(", length($in_5), "byte):", $in_5;
```

いかにも実験用のダッサーという感じのプログラムですが、実行してみます。これは実行するだけでなくて、データの入力が必要です。

```
C:¥Perl¥perl>stdin.pl        プログラムの実行
aaa                          1行目の入力
bbbbb                        2行目の入力
ccccccc
dddddddd
eeeeeeeeee
1:(4byte):aaa                1行目の出力
                             余計な改行
2:(6byte):bbbbb              2行目の出力
                             余計な改行
3:(8byte):ccccccc

4:(10byte):dddddddd

5:(12byte):eeeeeeeeee
```

プログラム名を入力すると、プロンプトが消え、プログラムが一瞬停止します。

そこで上では、「aaa」と書いて改行しました。以下、「bbbbb」、「ccccccc」、「ddddddddd」、「eeeeeeeeeee」と書いて改行します。

するとプログラムが動き出して、さっきの入力をそのまま出力しますが、1行ごとにムダな改行が出てくるのが気になるところです。

では解説します。

```
my $in_1 = <STDIN>;
```

が新しいですね。

右辺の**山型カッコ演算子**（<～>）は、**ファイルハンドル**（filehandle）というものを囲みます。ファイルハンドルというのは、プログラムが入力するファイルを指定するものです。ここではSTDINがファイルハンドルです。STDINはPerlによってもともと定義されている特殊なファイルハンドルで、**標準入力**（standard input）を意味します。

上の文ではSTDINを山型カッコで囲んで<STDIN>とした式を、スカラー$in_1に代入していますが、この文の実行によって標準入力から最初の1行のデータが取得され、$in_1に代入されます。

通常の状態では、標準入力はキーボード入力に結びつけられていますので、<STDIN>という式が実行されると、画面上では入力待ちになります。この入力待ちは、操作する人が文字列を入力して、改行を打つまで続きます。ここで最初の1行とは最初の入力の先頭から改行文字までのことです。上の実行例では

aaa　1行目の入力

と入力しています。ここでは A キーを3回押した後、 Enter キーを押していて、「aaa（改行）」というコードがSTDINに入ります。

<STDIN>は改行文字を発見すると実行を終了し、$in_1に「aaa（改行）」という文字コードを格納して次の文に制御が移ります。

```
my $in_2 = <STDIN>;
```

では<STDIN>に次の1行のデータを取って来て$in_2に代入します。ここで次の1行とはやはり次に入力する改行文字までのことです。ここではさきほど同様、

bbbbb　2行目の入力

という入力をもらって、$in_2に「bbbbb（改行）」というコードを格納して次の文に制御が移ります。以下、同様に<STDIN>に改行文字で終わる何らかの文字列を5回もらって、制御は後半に移ります。

```perl
say "1:(", length($in_1), "byte):", $in_1;
```

　ここで変数$in_1に格納された文字列の長さをlength関数で調べたものと、$in_1の中身そのものを表示しています。ここではさっきSTDINから得た「aaa（改行）」の長さと中身を出力します。

```
1:(4byte):aaa    1行目の出力
                 余計な改行
```

　このとき、$in_1の末尾に改行が入っていたのに、say関数がさらに改行を表示してしまったので、改行が2回連続してしまいました。

改行文字の謎

　さて、「4byte」という表示は、STDINから得たaaaと改行を合わせた文字列の長さを意味します。でも、長さが4なのは少しおかしいと思いませんか。さきほどから「Windowsの改行は0x0D0Aだよ」、「WindowsのPerlで、print関数を使って¥nを出力すると0x0D0Aが出力されるよ」と言ってきました。よって、改行コードは2バイトになり、文字列aaaが3バイトですから、1行目の長さは合計5バイトになるのではないでしょうか。

　ここで、ちょっとプログラムをいたずらして、1行目の文字列の後に16進ダンプを入れるようにしてみます。

```perl
#! /usr/bin/perl
#
# stdin2.pl -- 標準入力で遊ぼう！（unpackで文字コードを調べる）

use 5.010;
use strict;
use warnings;

my $in_1 = <STDIN>;
my $in_2 = <STDIN>;
my $in_3 = <STDIN>;
my $in_4 = <STDIN>;
my $in_5 = <STDIN>;

say "1:(", length($in_1), "byte):", $in_1;
say "1文字目の16進数:", unpack("H2", substr($in_1, 0, 1));
say "2文字目の16進数:", unpack("H2", substr($in_1, 1, 1));
say "3文字目の16進数:", unpack("H2", substr($in_1, 2, 1));
say "4文字目の16進数:", unpack("H2", substr($in_1, 3, 1));
say "5文字目の16進数:", unpack("H2", substr($in_1, 4, 1));
say "2:(", length($in_2), "byte):", $in_2;
say "3:(", length($in_3), "byte):", $in_3;
```

```
say "4:(", length($in_4), "byte):", $in_4;
say "5:(", length($in_5), "byte):", $in_5;
```

いかにもダサいプログラムですが、あくまで実験用ですのでご容赦ください。この部分がミソです。

```
say "1文字目の16進数:", unpack("H2", substr($in_1, 0, 1));
```

`substr($in_1, 0, 1)`は変数`$in_1`の1文字目から1バイトを取っていますね。unpack関数は、2進数のデータを数値に変換する関数です。すごくたくさんの使い方がありますが、ここでは1バイトのデータを、16進数2桁に変換する方法だけを説明します。

`$data`に1バイトのデータが入っている場合、

```
unpack("H2", $data);
```

と書くと、`$data`を16進数2桁に変換した値が返ります。HはHexadecimal（16進数）の略です。

では、実行結果を見てみましょう。

```
C:\Perl\perl>stdin2.pl
aaa
bbbbb
ccccccc
ddddddddd
eeeeeeeeeee
1:(4byte):aaa

1文字目の16進数:61      1行目の1文字目は0x61（"a"）
2文字目の16進数:61      2文字目も0x61（"a"）
3文字目の16進数:61      3文字目も0x61（"a"）
4文字目の16進数:0a      4文字目は0x0A
5文字目の16進数:        5文字目はなし
2:(6byte):bbbbb

3:(8byte):ccccccc

4:(10byte):ddddddddd

5:(12byte):eeeeeeeeeee
```

このように、1行目の"aaa"の直後である4文字目には、0x0Aという文字があることが分かります。

以上から、WindowsのPerlは、以下の現象が起こっていることが分かります。

- `<STDIN>`で、改行文字を入力すると、0x0Aという1バイトが入力される
- `print "¥n"`で、改行文字を出力すると、0x0D0Aの2バイトが表示される

これは以下のような事情です。

まず、Windowsの改行は0x0D0Aという2バイトです。次に、Mac/UNIXの改行は0x0Aという1バイトです。で、Perlにおける¥nというエスケープ文字列を使って書かれる制御文字はUNIX流で0x0Aという1バイトです。

Perlは同じプログラムをWindowsでもMac/UNIXでも使います。よって、次のような処理をWindows版のPerlがしてくれます。

- `<STDIN>`から0x0D0Aという2バイトを入力すると、プログラムに入力する瞬間に、0x0Aに変換する
- プログラムの中ではあくまで¥nは0x0Aという1文字である
- `print "¥n"`で0x0Aという1バイトを出力すると、プログラムから出力した瞬間に、0x0D0Aに変換する

これで同じプログラムでつじつまが合っているわけです。プログラムから入出力するときに変換が起こっているわけで、Perl内部ではあくまで¥nは0x0Aであることに注意してください。

> **MEMO**
> このWindows版の追加動作は、止めることができます。詳細は本書では割愛します。

9-4 STDINループを作る

ここで`<STDIN>`をループに入れ、ファイル処理の基本として応用が利くフィルターを作りましょう。

ヌル文字をSTDINに渡す

最初のstdin.plで、以下のような実験をしてみます。

- 4番目の文字列を入力する代わりに Enter キーを空押しする
- 5番目の文字列を入力する代わりに Ctrl + Z キーを押し、改行を押す（ Ctrl + Z キーはWindowsの場合。Mac/UNIXの場合は Ctrl + D キーを押す 改行はいりません）

結果は以下のようになります。

```
C:\Perl\perl>stdin.pl
aaa
bbbbb
ccccccc
        Enterを空打ちした
^Z      Ctrl+Zを押した
1:(4byte):aaa

2:(6byte):bbbbb

3:(8byte):ccccccc

4:(1byte):      改行だけが出力された

Use of uninitialized value in say at C:\Perl\perl\stdin.pl line
19, <STDIN> line 4.
Use of uninitialized value $in_5 in say at C:\Perl\perl\stdin.pl
line 19, <STDIN> line 4.
5:(byte):       「無」が出力された（バイト数が表示されていない）
```

1行目から3行目は前と一緒だからいいですね。

4行目は、何の文字も入れずにただ Enter キーを押しましたが、「改行文字1文字」が入っているために、ちゃんと空行が入りました。

5行目は$in_5がundefですよという警告が出ています。このように、Ctrl+Z キー（Mac/UNIXは Ctrl+D キー）を入力すると、$in_5に何も入らないことが分かります。

種明かしをすると、Windowsで Ctrl+Z キー、Mac/UNIXで Ctrl+D キーを入れると0x00つまり**ヌル文字**が入ります。ヌル文字は文字列の終わりを示すので、$in_5はundefになりました。

STDINループ

では次のプログラムを見てください。

```perl
#! /usr/bin/perl
#
# stdin3.pl -- 標準入力で遊ぼう！（ループ編）

use 5.010;
use strict;
use warnings;

my $str;
my $i = 0;
```

9.4 STDINループを作る

```
while ($str = <STDIN>) {
    print ++$i, ":", $str;
}
```

実行して、いろいろな文字列を入れてみます。

最後には Ctrl + Z キーに続いて Enter キー（Mac/UNIXでは Ctrl + D キーのみ）を押します。

```
C:\Perl\perl>stdin3.pl
aaa              1回目の入力
1:aaa
bbbbb            2回目の入力
2:bbbbb
ccccccc          3回目の入力
3:ccccccc
^Z               Ctrl+Zの入力
```

このように、さっきとは違って、文字列を入力したらすぐに出力されました。また、余計な改行が取れましたね。ではプログラムの内容を見てみましょう。

```
my $str;
my $i = 0;
```

入力した行を格納する変数`$str`と、行番号を入れる`$i`を定義します。`$i`はゼロで初期化しています。

```
while ($str = <STDIN>) {
```

これがミソです。標準入力から1行入力を取ってきて、`$str`に入れています。`$str`は偽にならない限りループし続けます。0を入れても、Enter キーを空打ちしても、絶対に改行だけは入りますので真になります。Ctrl + Z キーを入れれば`$str`はundefになり、条件は偽になるのでループを終了します。

> **MEMO**
>
> Windowsのコマンド ラインでは、Ctrl + Z キーだけでは入力が終わらず、その後に Enter キーを押さないといけないようです。その結果`$str`には「ヌル文字＋改行」が入りますが、プログラムはヌル文字が来るとその時点で文字列が終わったと認識するので、`$str`にはundefが入り、真偽値コンテキストで偽になります。Mac/UNIXの場合は、Ctrl + D キーのみでSTDINへのヌル文字の入力が完了します。

```
    print ++$i, ":", $str;
}
```

ここでは行番号を加算して、さきほど入力した行と一緒に出力しています。

なお、say関数ではなくprint関数を使っています。これは、`<STDIN>`から取っ

てきたデータがすでに改行を末尾に含んでいるからです。printに変えたことで、余計な改行がなくなりました。ここからしばらく、<STDIN>からデータを取ってきて出力するプログラムが続きますが、改行がすでに入っている場合はprintを使うことに注意してください。

STDINへの入力のリダイレクト

さて、標準出力をファイルにリダイレクトしたように、標準入力もリダイレクトできるでしょうか。できます。以下の実行を見てください。

```
C:\Perl\perl>stdin3.pl < stdin3.pl
1:#! /usr/bin/perl
2:#
3:# stdin3.pl -- 標準入力で遊ぼう！（ループ編）
4:
5:use 5.010;
6:use strict;
7:use warnings;
8:
9:my $str;
10:my $i = 0;
11:while ($str = <STDIN>) {
12:    print ++$i, ":", $str;
13:}
```

stdin3.plというプログラムに、小なり記号（<）を使ってstdin3.plというプログラム ファイル自身を読み込ませています。<を使って、標準入力をキーボードからファイル入力へと切り替えることを**入力のリダイレクト**と言います。

見事にファイルが読み込まれ、標準出力（コマンド ライン画面）に行番号付きで表示されています。ここで分かるのは、入力のリダイレクトでファイルを渡すと、最後の行を読み終わった直後に

```
while ($str = <STDIN>) {
```

のループ条件は「偽」になり、ループを脱出してプログラムが終了することです。

$_ の導入

さて、先ほどのプログラム

```
#! /usr/bin/perl
#
# stdin3.pl -- 標準入力で遊ぼう！（ループ編）

use 5.010;
```

```
use strict;
use warnings;

my $str;
my $i = 0;
while ($str = <STDIN>) {
        print ++$i, ":", $str;
}
```

は、短縮できます。このようになります。

```
#! /usr/bin/perl
#
# stdin4.pl -- 標準入力で遊ぼう！（$_を導入）

use 5.010;
use strict;
use warnings;

my $i = 0;
while (<STDIN>) {
        print ++$i, ":", $_;
}
```

これは、変数を省略することで、あの例の謎の物体 $_（P.253参照）を使った結果です。下のようにwhileのループ条件の中に<ファイルハンドル>式を書くと

```
while(<STDIN>)
```

標準入力から読み込まれた1行がデフォルト変数の $_ に入ります。よって、変数 $str は不要になりました。なお、print関数は引数を省略すると $_ を取りますので、上のプログラムは、こうも書けます。

```
#! /usr/bin/perl
#
# stdin5.pl -- 標準入力で遊ぼう！（$_を導入、引数なしのprintを実験）

use 5.010;
use strict;
use warnings;

my $i = 0;
while (<STDIN>) {
        print ++$i, ":";
        print;
}
```

フィルター

なお、行番号を表示する機能を取りはずしてみると、こうなります。

```perl
#! /usr/bin/perl
#
# stdin6.pl -- 基本のフィルター

use 5.010;
use strict;
use warnings;

while (<STDIN>) {
        print;
}
```

これは、標準入力をそのまま標準出力にコピーするプログラムです。stdin6.pl自身を入力して実行してみます。

```
C:\Perl\perl>stdin6.pl < stdin6.pl
#! /usr/bin/perl
#
# stdin6.pl -- 基本のフィルター

use 5.010;
use strict;
use warnings;

while (<STDIN>) {
        print;
}
```

画面にそのままファイルが表示されました。また、こんなこともできます。

```
C:\Perl\perl>stdin6.pl < stdin6.pl > stdin6.copy
    入力出力両方リダイレクト
```

```
C:\Perl\perl>fc stdin6.pl stdin6.copy    ファイルを比較してみた
ファイル stdin6.pl と STDIN6.COPY を比較しています
FC: 相違点は検出されませんでした
```

stdin6.plを使って、ファイルstdin6.plをstdin6.copyというファイルにそのままコピーしてみました。そのあとfcというWindowsのコマンドを使ってファイルを比較してみましたが、まったく同じファイルでした。

> **MEMO**
>
> fcはfile compareという意味です。Mac/UNIXの場合はdiffが使えます。

標準入力から入力し、標準出力から出力するプログラムを、**フィルター**（filter）と言います。フィルターはUNIX文化の基本的なプログラムです。

上記の、入力を何もせずにそのままコピー出力するフィルターは（フィルターと言うよりストローですが）、最も基本的なフィルターです。応用が利くので、すらすら書けるようにしておいてください。

9-5 フィルターの応用

フィルターを応用して、実用的なファイル加工プログラムを作ります。

フィルターの応用1：行番号を振ろう

では応用のフィルターをいくつかご紹介しましょう。

まずは、ファイルに行番号を振ります。さっきもやりましたね。でも、今度は違うやり方をします。$_ と並ぶPerl組み込みの特殊変数として**$.**（ドル記号＋ドット）というのがありますが、これは最後に行ったファイル読み込みの行番号を示します。使ってみます。

```perl
#! /usr/bin/perl
#
# stdinNumber.pl -- 標準入力で遊ぼう！（$.を使う）

use 5.010;
use strict;
use warnings;

while (<STDIN>) {
        print "$.:$_";
}
```

こんなプログラムが動くのか不安になりますが、やってみましょう。

```
C:\Perl\perl>stdinNumber.pl < stdinNumber.pl
1:#! /usr/bin/perl
2:#
3:# stdinNumber.pl -- 標準入力で遊ぼう！（$.を使う）
4:
5:use 5.010;
6:use strict;
7:use warnings;
8:
9:while (<STDIN>) {
```

```
10:        print "$.:$_";
11:}
```

できました。

フィルターの応用2：コメント行だけを抜き出そう

今度はプログラムからコメント行だけを抜き出してみましょう。#がある行を抜けば良さそうですね。index関数を使ってやってみます。

```perl
#! /usr/bin/perl
#
# stdinComment.pl -- 注釈行を抜き出す（難アリ！）

use 5.010;
use strict;
use warnings;

while (<STDIN>) {
        next if index($_, "#") == -1;
        print;
}
```

ここを変更してみました。

```
        next if index($_, "#") == -1;
```

index関数で、"#"を探し、-1だったら（見つからなかったら）next文で次の周回に飛んでみました。では実行してみます。

```
C:\Perl\perl>stdinComment.pl < stdinComment.pl
#! /usr/bin/perl
#
# stdinComment.pl -- 注釈行を抜き出す（難アリ！）
        next if index($_, "#") == -1;
```

あれれ、うまく行っていませんね。ていうか、当然ですね。index関数の中に#が入っていますので、これも引っ掛かってしまいました。まあ、これぐらいは実用上オッケーとします。

> **MEMO**
>
> フィルターによるさまざまな文書処理は、第11章の「正規表現」を使うといろいろ書けますので、楽しみにしていてください。

9-6 リスト コンテキストでの `<STDIN>`

さて、これまでの

```perl
my $in_1 = <STDIN>;
```

や

```perl
while ($str = <STDIN>) {
```

および

```perl
while (<STDIN>) {
```

という使い方は、すべてスカラー コンテキストで`<STDIN>`を使ってきました。

この場合`<STDIN>`は標準入力から1行ぶん読み込み、読んだ行を返すという機能を持ちます。

さて、`<STDIN>`という式をリスト コンテキストで評価するとどうなるでしょうか。とんでもないことが起きます。このプログラムを実行してみましょう。

```perl
#! /usr/bin/perl
#
# stdinList.pl -- 4行目から6行目を抜き出す（リスト コンテキストの<STDIN>）

use 5.010;
use strict;
use warnings;

my @in = <STDIN>;

print @in[4..6];
```

実行してみます。

```
C:\Perl\perl>stdinList.pl < stdinList.pl
use 5.010;
use strict;
use warnings;
```

プログラムの5行目から7行目までが抽出されました。これはどういうことでしょうか。

```perl
my @in = <STDIN>;
```

という文を実行すると、`<STDIN>`がリスト コンテキストで評価され、配列@in

> CHAPTER **09** ファイル処理

に標準入力すべてが1行1要素の配列としてドバーンと取り込まれます。これをスライスの機能を使ってprintしているわけです。

ということで、ファイルをコピーするストローのようなフィルターは、こうも書けたことになります。

```
#! /usr/bin/perl
#
# stdinListCopy.pl -- 標準入力を標準出力にコピー（リスト版）

use 5.010;
use strict;
use warnings;

my @in = <STDIN>;

for my $in (@in) {
        print $in;
}
```

でも、forも制御変数を省略すると$_に入りますから、こうも書けたんです。

```
#! /usr/bin/perl
#
# stdinListCopy2.pl -- 標準入力を標準出力にコピー（リスト版、$_を使用）

use 5.010;
use strict;
use warnings;

my @in = <STDIN>;

for (@in) {
        print;
}
```

ていうか、<STDIN>をforの()に入れると当然リスト コンテキストになりますから、こうも書けたんです。

```
#! /usr/bin/perl
#
# stdinListCopy3.pl -- 標準入力を標準出力にコピー（リスト版、配列を使わない）

use 5.010;
use strict;
use warnings;

for (<STDIN>) {
```

```
        print;
}
```

ていうか、printはリストを引数に取るので、こうも書けたんです。

```
#! /usr/bin/perl
#
# stdinListCopy4.pl -- 標準入力を標準出力にコピー（リスト版、forも使わない）

use 5.010;
use strict;
use warnings;

print <STDIN>;
```

いかがですか。printの引数に渡したことで<STDIN>がリスト コンテキストで評価され、一気に出力されます。これでも立派なプログラムです。

でも、このプログラム、読んだ行を出力するのにいじりようがないので使いにくいと思います。まあちょっとおもしろいからご紹介しました。

9-7 ダイアモンド演算子（<>）

小なり記号（<）を書いて、すぐに大なり記号（>）を書くと、ひし形（<>）になりますが、これをPerlでは**ダイアモンド演算子**というすごい名前で呼んでいます。

> **MEMO**
> ぼくはこの<>を見ると、漫画「パタリロ！」のタマネギ部隊の口を思い出します。

これは、<STDIN>とほとんど同じ使い方ができます。

```
#! /usr/bin/perl
#
# diamond.pl -- ダイアモンド演算子の基本

use 5.010;
use strict;
use warnings;

while (<>) {
        print;
}
```

こうすると、さきほどと同じように標準入力を標準出力にコピーします。

```
C:\Perl\perl>diamond.pl < diamond.pl
#! /usr/bin/perl
#
# diamond.pl -- ダイアモンド演算子の基本

use 5.010;
use strict;
use warnings;

while (<>) {
        print;
}
```

では<STDIN>と<>はどこが違うのでしょうか。<>は、入力のリダイレクト(<)を省略できます。

```
C:\Perl\perl>diamond.pl diamond.pl        小なり記号（<）がない！
#! /usr/bin/perl
#
# diamond.pl -- ダイアモンド演算子の基本

use 5.010;
use strict;
use warnings;

while (<>) {
        print;
}
```

これでも同じ結果が得られます。これは、標準入力に対するリダイレクトではなく、引数で名前を渡したファイルを読み込んでくれるダイアモンド演算子の機能です。また、ファイル名を2つ以上渡せます。これで2つのファイルが順番に結合されます。

```
C:\Perl\perl>diamond.pl hello.txt diamond.pl    2つのファイルを入力
Hello! I am Perl :)        1つ目が表示される
Hello! I am Perl :)
Hello! I am Perl :)
#! /usr/bin/perl           2つ目が表示される
#
# diamond.pl -- ダイアモンド演算子の基本

use 5.010;
use strict;
use warnings;

while (<>) {
```

```
        print;
}
```

> **MEMO**
> これはMac/UNIXのcatコマンドの挙動と一緒です。

■ リスト コンテキストでのダイアモンド演算子

リスト コンテキストでダイアモンド演算子を評価すると、入力ファイルの全部の行のリストを返します。ですから、その入力を標準出力に単純にコピーするプログラムは

```
#! /usr/bin/perl
#
# diamondCopy.pl -- ダイアモンド演算子の入力を標準出力にコピー

use 5.010;
use strict;
use warnings;

my @in = <>;

for my $in (@in) {
        print $in;
}
```

と書けたことになりますので、もうくだくだしく繰り返しませんが、

```
#! /usr/bin/perl
#
# diamondCopy2.pl -- ダイアモンド演算子の入力を標準出力にコピー（最短版）

use 5.010;
use strict;
use warnings;

print <>
```

と書けたことになります。最後のセミコロンはなくても動くので取ってみました。

でも、すごいと思いませんか。「print <>」という実質8バイトで、Mac/UNIXのcatと同等なファイルを結合してコピーするプログラムができました。

さて、ファイルを辞書順にソートしてコピーするプログラムはどうなるでしょうか。考えてみてください。

CHAPTER 09 ファイル処理

ハイ、こうですね。

```
#! /usr/bin/perl
#
# diamondSort.pl -- ダイアモンド演算子の入力をソートして標準出力にコピー

use 5.010;
use strict;
use warnings;

print sort <>
```

ホントでしょうか？やってみます。

```
C:¥Perl¥perl>diamondSort.pl diamondSort.pl


#
# diamondSort.pl -- ダイアモンド演算子の入力をソートして標準出力にコピー
#! /usr/bin/perl
print sort <>
use 5.010;
use strict;
use warnings;
```

できてますね。引数に複数のファイルを渡すと、マージして（ファイルを混ぜて）ソートしてくれるからこのプログラムはすごく便利ですよ。ファイルを逆順にコピーするプログラムはどうすればいいでしょうか。

```
#! /usr/bin/perl
#
# diamondReverse.pl -- ダイアモンド演算子の入力を逆転して標準出力にコピー

use 5.010;
use strict;
use warnings;

print reverse <>
```

これでオッケーです。便利すぎるぞPerl！

9-8 ファイル名を指定した処理（読み込み編）

　ということで、ダイアモンド演算子<>と、コマンド ラインでのリダイレクト（<と>）さえ知っていればほとんどのファイル処理はできるような気がしてきましたが（実際これだけでかなりの用事はこなせるのですが）やはりファイル名をプログラムに指定して開きたい場合もあります。毎日同じファイルを開きたいからファイル名をプログラムに埋め込みたいとき、ファイルを2本以上開いて比較したいとき（<STDIN>だけではうまくいかない）などです。ということで、ファイル名を指定した処理を研究しましょう。

　まずは読み込みです。ファイルの名前を指定して読み込むには

1. `open`関数でファイルを開く
2. `<ファイルハンドル>`式で読み込む
3. `close`関数でファイルを閉じる

という3ステップが必要です。

open関数（読み込み）

　open関数を使うと、名前を指定してファイルを開くことができます。

　と、多くのプログラミングの入門書には書いてあると思うんですが、ファイルを「開く」とはどういうことでしょうか？

　これまで書いてきた

```
while (<STDIN>) {
  …処理…
}
```

というプログラムでは、標準入力の`STDIN`というファイルハンドルを使って、ファイルの行を読み込んでいました。ここでファイルハンドル`STDIN`は、読み込むファイルを指定する一種のファイル名と言えます。

　それに対して、コンピューターの中にユーザーが名前を付けて保管している、たとえば単価マスターの`tanka_master.txt`とか、今日の売り上げファイルの`uriage_today.txt`とか、あるいはPerlのプログラム ファイル`stdin.pl`という名前は、OSが管理しているファイル名です。

open関数は、OSが管理するファイル名に、ファイルハンドルを対応させます。さらに、読み込み／書き込みの別や、ファイルの文字コードなどの**アクセス モード**を指定します。

open関数が実行されると、コンピューターの内部では指定したファイルにアクセスできるように磁気ディスクのヘッドを動かしたり、入力用のバッファと呼ばれるメモリーを用意したりします。これが「ファイルを開く」という言葉の正体です。

読み込みのopen関数は以下のように引数3つを渡します。

```
open ファイルハンドル, "<", ファイル名;
```

第1引数のファイルハンドルは好きなように付けた名前です。通常 IN、FILE、MASTERなどの全部大文字の文字列を使います。プログラムの中ではこのファイルハンドルをprint関数や<ファイルハンドル>式(後述)に渡してファイルへの読み書きを行います。

> **MEMO**
> 最近ではファイルハンドルにスカラー変数を使うのが流行ですが、本書では昔ながらの大文字の文字列を使います。

第2引数がopenのモードです。ここで読み込みか、書き出しか、文字コードなどの指定をします。読み込みは"<"になります。コマンド ラインでの入力のリダイレクトと同じ方向ですね。

> **MEMO**
> open関数の文字コード指定についてはP.417で説明します。ここではASCII(英数字)を使用するので文字コード指定はいらないとします。

第3引数がファイル名です。

> **MEMO**
> open関数は引数2つを渡す書き方も一般的ですが、セキュリティ ホールの原因になりがちなので紹介しません。

<ファイルハンドル>式

ファイルの読み込みに使われるのは**<ファイルハンドル>式**です。open関数でオープンしたファイルハンドルを山型カッコ演算子(<~>)で囲んで作ります。open関数で指定したファイルハンドルがINであれば<IN>となります。

9.8 ファイル名を指定した処理（読み込み編）

この使い方は<STDIN>と一緒です。

```
$str = <IN>;
```

とスカラー コンテキストで評価すると$strにファイルの1行が入りますし、

```
while (<IN>) {
```

と書くとループ周回のたびに1行ずつ$_ に入り（$.に読み込んだ行の行番号が入り）最後の行を読み終わった次の周回でループを脱出します。

リスト コンテキストで

```
@arr = <IN>;
```

と書くと、<IN>の各行が配列@arrの各要素に一気に入ります。

close関数

ファイルを開いたら閉じます。これに使うのが**close**関数です。でもファイルを「閉じる」というのはどういうことでしょうか？ これは、プログラムのファイルハンドルとファイル名の関係が解消され、コンピューターが用意していたバッファ メモリーなどの装置が解放されることです。close関数はopenに比べるとはるかにシンプルです。

```
close ファイルハンドル;
```

このファイルハンドルはopenのときに指定したのと同じものを指定します。

open関数を使ったファイルの入力処理（実例）

ではプログラムを書いてみます。

ある果物屋さんの経理処理を書いてみます。以下のようなファイルuriage.txtに、今日一日で売れた果物の個数があったとします。（先頭に#がある行はコメントなので読み飛ばすとします。）

```
# uriage.txt
# name ureyuki
banana  3
ringo   5
ringo   3
ichigo  2
ringo   10
banana  10
melon   20
```

```
ichigo 5
```

これを果物単位でサマリーして（まとめて）、以下のようなファイルuriage_summary.txtを作りたいとします。

```
# uriage_summary.txt
# name  ureyuki
banana 13
ringo  18
ichigo 7
melon  20
```

こういうサマリー処理は一気にハッシュに読み込むのが簡単です。

```perl
#! /usr/bin/perl
#
# uriageSummary.pl -- 今日1日の売り上げをサマリーする

use 5.010;
use strict;
use warnings;

my $uriage_file = shift;

my %uriage;
open URIAGE, "<", $uriage_file;
while (<URIAGE>) {
        chomp;
        next if substr($_, 0, 1) eq "#";
        my ($name, $kosuu) = split;
        $uriage{$name} += $kosuu;
}
close URIAGE;

say "# uriage_summary.txt";
say "# name¥tureyuki";

for my $name (sort keys %uriage) {
        say join "¥t", $name, $uriage{$name};
}
```

実行します。

```
C:¥Perl¥perl>uriageSummary.pl uriage.txt
# uriage_summary.txt
# name  ureyuki
banana 13
ichigo 7
```

```
melon    20
ringo    18
```

オッケーですね。では解説します。

```
my $uriage_file = shift;
```

引数から本日の取引の売り上げファイル名を得て、$uriage_fileに入れています。

```
my %uriage;
```

このハッシュは、果物名をキーに、売れた総数を値に取るハッシュです。

open URIAGE, "<", $uriage_file;

ここがこの項目のポイントです。これは引数からshiftで得たファイル名$uriage_fileのファイルをオープンして、ファイルハンドルURIAGEに結びつけるopen関数です。

```
while (<URIAGE>) {
    ...
}
```

はSTDINから読み込むときとまったく同じで、入力ファイルの各行は暗黙的に$_ に入ります。

```
        chomp;
```

chompという関数を呼び出しています。この関数もデフォルトの引数に$_ を取るので、

```
        chomp $_;
```

と書くのと一緒です。

これは、$_ の末尾の改行を取り除くものです。ファイルから読み込んだら改行を取り除くのは定石なので、おぼえましょう。

```
        next if substr($_, 0, 1) eq "#";
```

は1文字目が#の行を読み飛ばしています。

```
        my ($name, $kosuu) = split;
```

は

```
banana 13
```

という行の中身を分解して、$nameに果物名を、$kosuuに個数を入れています。

split関数を引数なしで実行した時の動作は「$_を空白文字（タブまたは空白）で分解する」というものですので、タブ区切りのデータの分解にはぴったりです。$_の末尾から改行を取っておいたので、$kosuuには数字だけが入ります。

```
    $uriage{$name} += $kosuu;
```

ここではハッシュ%uriageのキーに果物名$nameを入れたハッシュ要素に、+=演算子を使って個数を加算しています。

$uriage{$name}というハッシュ要素が最初に登場したときは、値はundefで、数値コンテキストではゼロになるので、+=によって$kosuuと同じ値になります。

2度目以降に登場したときは、現状の個数の合計が入っているので、+=によって$kosuuの値がそれに加算されます。

結果的に、たとえば$uriage{banana}には本日売れたバナナの総数が合計されます。

```
close URIAGE;
```

でファイルをクローズします。

あとはハッシュの中身をキー順にソートして出力するだけです。解説は割愛します。

open関数のエラーに対処する

さて、上のプログラムの実行において、uriage.textのようにタイポをしたとします。どうなるでしょうか。

```
C:¥Perl¥perl>uriageSummary.pl uriage.text
readline() on closed filehandle URIAGE at C:¥Perl¥perl¥uriageSummary.pl line 13.
```

```
# uriage_summary.txt
# name   ureyuki
```

「プログラムの13行目において、閉じられた（開かれていない）ファイルハンドルURIAGEに対してreadline()関数が呼び出された」というエラーですね。このreadline()というのはPerlが内部で使っている関数の名前なので、気にしないでいいですが、Perlが内部で使っている関数の名前なんかが表示されてしまうのはダサいですね。

また、ファイルの読み込みは失敗しても最後までプログラムが完走しているので、出力ファイルの見出しだけ表示されているのがなんともイヤな感じです。

> **MEMO**
> 　実際のコマンド ライン実行においては、ファイル名の最初の「uri」ぐらいで Tab キーを押して補完すれば、存在するファイル名が自動的に入力されるので、こんなファイル名タイポは起きないと思います。

open関数のエラー チェックはどうすればいいでしょうか。こうします。

```
#! /usr/bin/perl
#
# uriageSummary2.pl -- 今日1日の売り上げをサマリーする（チェック付き）

…前略…

open URIAGE, "<", $uriage_file
        or die "cannot open $uriage_file because $!¥n";

…後略…
```

では実行します。
しょうこりもなく先ほどと同じようにファイル名を間違えたとします。

```
C:¥Perl¥perl>uriageSummary2.pl uriage.text
cannot open uriage.text because No such file or directory
```

ちゃんとオリジナルのエラー メッセージが出てプログラムが中断します。
　プログラムでは、open関数のうしろにorをはさんでdie関数を書きます。
　open関数はファイルのオープンに成功すると真を、失敗すると偽を返します。上のように、指定された物理ファイルが存在しない場合はopen関数が失敗して偽を返しますので、or以降が発動し、die関数が実行されます。
　die関数の引数には、二重引用符で囲んだメッセージの中に、**$!**という特殊変数が使われています。これは、open関数が失敗したときのエラー コードというものが入っていて、二重引用符に入れると失敗の原因（上の場合は「No such file or directory」）に展開されます。これを "cannot open ファイル名 because " という英語のうしろに書いたのがちょっとオシャレじゃないでしょうか（自慢）。

9-9 出力の open 関数

さて、上のプログラムではuriege_summary.txtというファイルを作ると

言っていながら、STDOUTにsayしているために標準出力（コマンド ライン画面）に表示されていますね。もちろん、

```
C:\Perl\perl>uriageSummary2.pl uriage.txt > uriage_summary.txt
```

とリダイレクトしてやればいいんですが、ファイル名が決まっている場合は、いちいち指定するのは面倒なので、出力のオープンをopen関数で行って、出力ファイル名を指定してやりましょう。

出力（書き出し）のopen関数は以下のように引数3つで書けます。

```
open ファイルハンドル, ">", ファイル名;
```

第2引数が、読み込みの時は"<"だったのが逆転しただけです。コマンド ラインでリダイレクトするときの向きと一緒で、分かりやすいですね。

ファイルの書き込みには、printやsayといった関数が使えます。

これまでのprint、say関数では、ファイルハンドルを指定していませんでしたので、デフォルトのファイルハンドルSTDOUTにすべての行が出力されていました。ここでファイルハンドルを明示的に指定することで、openしたファイルに出力します。

```
say ファイルハンドル 書き出すデータ
```

または、

```
print ファイルハンドル 書き出すデータ
```

と書きます。

基本的に関数名とデータの間にファイルハンドルをはさむだけです。**注意点としては、ファイルハンドルのうしろにカンマ(,)を書かないでください。**

> **MEMO**
> この後のプログラムで、あえてカンマを書いて失敗してみてください。

sayもprintも書き出すデータとしてスカラーもリストも取りますので、1行1行チマチマ出すことも、ドバーン！と複数行出すこともできます。

```
say OUT $str;   # OUTファイルハンドルにスカラー$strが出力される
say OUT @arr;   # OUTファイルハンドルに配列@arrがすべて出力される
```

なお、標準エラー出力のファイルハンドルは実はSTDERRでした。ですから

```
say STDERR 書き出すデータ
```

と書くと

```
warn 書き出すデータ
```

と書くのと大体同じになります。ただしsayにはプログラムの行番号を表示する機能がないし、紛らわしいのでわざわざsayで警告する必要はないと思います。警告するときは素直にwarnを使ってください。

ファイルのクローズは入力オープンと一緒です。

```
close ファイルハンドル;
```

open関数を使ったファイルの出力処理（実例）

では出力のopenを使ってみます。

```perl
#! /usr/bin/perl
#
# uriageSummary3.pl -- 今日1日の売り上げをサマリーする（出力ファイル指定）

use 5.010;
use strict;
use warnings;

my $uriage_file = shift;
my $uriage_summary_file = "uriage_summary.txt";

my %uriage;
open URIAGE, "<", $uriage_file
        or die "cannot open $uriage_file because $!¥n";
while (<URIAGE>) {
        chomp;
        next if substr($_, 0, 1) eq "#";
        my ($name, $kosuu) = split;
        $uriage{$name} += $kosuu;
}
close URIAGE;

open SUMMARY, ">", $uriage_summary_file
        or die "cannot open $uriage_summary_file because $!¥n";
```

```
say SUMMARY "# uriage_summary.txt";
say SUMMARY "# name¥tureyuki";

for my $name (sort keys %uriage) {
        say SUMMARY join "¥t", $name, $uriage{$name};
}

close SUMMARY;
```

実行します。

```
C:¥Perl¥perl>uriageSummary3.pl uriage.txt        何も表示されない
                                                 typeコマンドでファイルを調査
C:¥Perl¥perl>type uriage_summary.txt             表示された
# uriage_summary.txt
# name   ureyuki
banana   13
ichigo   7
melon    20
ringo    18
```

ちゃんとできましたね。

9-10 ファイル処理のいろいろ

他にも便利なファイル関係の関数や演算子などをまとめます。

■ select関数で出力のファイルハンドルを切り替える

出力でopenした後にselect関数を呼ぶと、デフォルトのファイルハンドルをSTDOUTから切り替えることができます。

```
select ファイルハンドル
```

を実行すると、それ以降

```
say 書き出すデータ
```

と書くと

```
say ファイルハンドル 書き出すデータ
```

と書いたのと同じことになります。ということは、コマンド ライン画面（標準出力）には表示されなくなり、ファイルハンドルを出力でオープンしたファイルにデータが書き出されます。もし途中でちょっとだけ標準出力にも表示したいなあ、と思ったら、逆にSTDOUTを明示的に入れて

```
say STDOUT 書き出すデータ
```

と書けばいいし、やっぱりSTDOUTにデフォルトを戻したい、と思ったら

```
select STDOUT
```

と書けばオッケーです。

　さっきのプログラムは、後半SUMMARYというファイルハンドルがたくさん出てきてうるさい感じですので、以下のように書き直せます。

```perl
#! /usr/bin/perl
#
# uriageSummary4.pl -- 今日1日の売り上げをサマリーする（selectを使う）

…前略…

open SUMMARY, ">", $uriage_summary_file
        or die "cannot open $uriage_summary_file because $!\n";
select SUMMARY;

say "# uriage_summary.txt";
say "# name\tureyuki";

for my $name (sort keys %uriage) {
        say join "\t", $name, $uriage{$name};
}

close SUMMARY;
```

ファイルテスト演算子でファイルの状態を調べる

　さて、出力のオープンが失敗するのはどういうときでしょうか。たとえば、出力ファイル名の指定において、

```
my $uriage_summary_file = "foo\\uriage_summary.txt";
```

と書いたとします。

　カレント ディレクトリーの下のfooというサブ ディレクトリーにファイルを作ろうとしているのですが、そのようなディレクトリーがない場合は失敗します。

> CHAPTER **09** ファイル処理

各自試してみてください。

> **M**EMO
>
> 　上の¥¥は、Windowsのパス区切り文字¥を意味します。2重引用符の中なので2個書いています。Mac/UNIXでこの実験を行う場合は、パス区切り文字がスラッシュ(/)ですので、`"foo/uriage_summary.txt"`でやってみてください。

さて、以下のコードについて考えます。uriage_summary.txtというファイルを指定して出力オープンし、オープンできない場合はdieします。

```
my $uriage_summary_file = "uriage_summary.txt";

…中略…

open SUMMARY, ">", $uriage_summary_file
        or die "cannot open $uriage_summary_file because $!¥n";
```

uriage_summary.txtというファイルがもともと存在しない場合は、ファイルが新規作成されますので、エラーにはなりません。それは当然です。

問題はもともと**存在した**場合ですが、しれっと上書きされてしまいます。やはりエラーにはなりません。

以下は、dirコマンドによってuriage_summary.txtというファイルの状態を確認した後で、現在作成中のプログラムuriageSummary4.plを実行し、ふたたびdirコマンドでファイルの状態を調べています。

> **M**EMO
>
> 　Mac/UNIXの場合は、`ls`コマンドを使って「`ls -al uriage_summary.txt`」と入力します。

```
C:¥Perl¥perl>dir uriage_summary.txt
 ドライブ C のボリューム ラベルは eMachines です
 ボリューム シリアル番号は 89C9-F870 です

 C:¥Perl¥perl のディレクトリ

2013/08/12  17:36                79 uriage_summary.txt        実行前
               1 個のファイル                79 バイト
               0 個のディレクトリ  14,736,519,168 バイトの空き領域

C:¥Perl¥perl>uriageSummary4.pl uriage.txt      実行

C:¥Perl¥perl>dir uriage_summary.txt
 ドライブ C のボリューム ラベルは eMachines です
```

```
ボリューム シリアル番号は 89C9-F870 です

C:¥Perl¥perl のディレクトリ

2013/08/12  20:02                79 uriage_summary.txt
            実行後。時刻が新しくなった
               1 個のファイル                  79 バイト
               0 個のディレクトリ  14,736,519,168 バイトの空き領域
```

このように、存在する場合もエラーになりません。名前も、内容もまったく同じファイルを2回書いているんですが、ファイルのタイムスタンプ（作成時刻）が変更されていることが分かります。つまり、**何のあいさつもなく古いファイルは破壊され、新しいファイルで上書きされます。**

これは地味ながら恐ろしい現象ではないでしょうか。前のファイルは取っておきたいが、今日のファイルも見たい、と言うとき、不用意に実行すると、前のファイルの内容は失われてしまいます。この場合は、どうすればいいでしょうか。

すでにファイルがあるのに上書きしようとしたら、警告を出して死ぬようにしてみます。

```perl
#! /usr/bin/perl
#
# uriageSummary5.pl -- 今日1日の売り上げをサマリーする
#          （ファイルテスト演算子で存在チェック）

use 5.010;
use strict;
use warnings;

my $uriage_file = shift;
my $uriage_summary_file = "uriage_summary.txt";

if (-f $uriage_summary_file) {
        die "$uriage_summary_file already exists!¥n";
}

my %uriage;

…後略…
```

現状の、uriage_summary.txtが存在する状態で実行してみます。

```
C:¥Perl¥perl>uriageSummary5.pl uriage.txt
uriage_summary.txt already exists!

C:¥Perl¥perl>dir uriage_summary.txt
```

```
 ドライブ C のボリューム ラベルは eMachines です
 ボリューム シリアル番号は 89C9-F870 です

 C:\Perl\perl のディレクトリ

2013/08/12  20:02           79 uriage_summary.txt  さっきと同じ時刻
               1 個のファイル                    79 バイト
               0 個のディレクトリ  14,738,157,568 バイトの空き領域
```

プログラムはメッセージを表示して die しています。念のためファイルの状態を dir で確認すると、さっきと同じタイムスタンプでした。

プログラムのミソはここです。

```
if (-f $uriage_summary_file) {
```

-f は**ファイルテスト演算子**と言うものの1つで、右側に来たスカラーをファイル名として評価して、それが普通のファイルであれば（ディレクトリーなどでなければ）真を、それ以外の場合（普通のファイルでないか、存在しない場合）は偽を返します。これを使って、ファイルの存在チェックをすることができます。

ファイルテスト演算子は他にもたくさんあります。一部を紹介します。

表9-2：ファイルテスト演算子の一覧

演算子	元の単語	意味
-s	size	ファイルの長さをバイト単位で返す
-f	file	普通のファイルであれば真を返す
-d	directory	ディレクトリーであれば真を返す
-T	text	テキスト ファイルであるときは真を返す
-B	binary	バイナリー ファイルであるときは真を返す
-M	modified	最後に更新されてからの期間を日数で返す

> **MEMO**
> その他、詳しくは perldoc perlop に入っています。

> **MEMO**
> 上の if ブロックは、短絡演算子 and を使うと1行に書きなおすことができます。各自やってみてください。

■ アペンド（追加書き）の open

もっとも、売り上げ処理は毎日行いますので、どんどん追加書きしたいと思うかもしれません。

```
# uriage_summary.txt
# name ureyuki
```

9.10 ファイル処理のいろいろ

```
# Wed Aug  5 21:07:27 2015
banana 13
ringo 18
ichigo 7
melon 20
# Wed Aug  5 22:08:27 2015
banana 3
ringo 20
ichigo 3
melon 15
```

このように、新しい日付にプログラムを実行するたびに、その日の日時をはさんで、どんどんファイルを追加していきたいとします。このような処理を**アペンド**（append、追加書き）と言います。

アペンドのopen関数は以下のように引数3つで書けます。

```
open ファイルハンドル, ">>", ファイル名;
```

出力のオープンの第2引数>を、>>にするだけです。

アペンドでopenしたファイルには、通常の出力ファイル同様sayやprintなどで出力し、処理が終わったらcloseします。ではプログラムを書きます。

```perl
#! /usr/bin/perl
#
# uriageSummary6.pl -- 今日1日の売り上げをサマリーする（アペンド）

use 5.010;
use strict;
use warnings;

my $uriage_file = shift;
my $uriage_summary_file = "uriage_summary.txt";

unless (-f $uriage_summary_file) {
	open UREYUKI, ">", $uriage_summary_file
	  or die "cannot open $uriage_summary_file because $!\n";
	select UREYUKI;
	say "# uriage_summary.txt";
	say "# name\tureyuki";
	close UREYUKI;
}

my %uriage;
open URIAGE, "<", $uriage_file
	or die "cannot open $uriage_file because $!\n";
```

```perl
while (<URIAGE>) {
        chomp;
        next if substr($_, 0, 1) eq "#";
        my ($name, $kosuu) = split;
        $uriage{$name} += $kosuu;
}
close URIAGE;

open UREYUKI, ">>", $uriage_summary_file
        or die "cannot open $uriage_summary_file because $!\n";
select UREYUKI;

say "# ", scalar localtime(time);

for my $name (sort keys %uriage) {
        say join "\t", $name, $uriage{$name};
}

close UREYUKI;
```

では解説します。

まず、アペンドには関係ありませんが、最初に出力ファイルの存在をチェックし、**存在しないならば見出しだけのファイルを作って速攻でクローズ**しています。

```perl
unless (-f $uriage_summary_file) {
        open UREYUKI, ">", $uriage_summary_file
          or die "cannot open $uriage_summary_file because $!\n";
        select UREYUKI;
        say "# uriage_summary.txt";
        say "# name\tureyuki";
        close UREYUKI;
}
```

MEMO

このopenの後のor dieは、ディスク装置の故障やディスクがいっぱいになったなど、何らかの事情で書き込みができないときに発動します。

次に、アペンドでopenして、実行時刻見出しを書いています。

```perl
open UREYUKI, ">>", $uriage_summary_file
        or die "cannot open $uriage_summary_file because $!\n";
select UREYUKI;

say "# ", scalar localtime(time);
```

あとは説明を省略します。

> **MEMO**
>
> open関数の第2引数の入力が<、出力が>というのは、コマンド ラインにおける標準入力のリダイレクトの入力<、出力>に対応していましたが、アペンドが>>というのも実はコマンド ライン操作に対応しています。Windowsのコマンド ラインで
>
> ```
> C:¥Perl¥perl>type newfile >> allfile
> ```
>
> と書くと、allfileの末尾にnewfileが結合します。

もう1つの特殊ファイルハンドルDATA

STDIN、STDOUT、STDERRと並ぶもう1つの特殊なファイルハンドルとして、**DATA**があります。これは、プログラムの末尾に__DATA__と書いて、それ以降にデータ行を書くと、<DATA>を使ってデータ行を1行ずつ読み込むものです。

__DATA__は、アンダースコア2つの間に、大文字でDATAと書いたものです。使い方はいろいろだと思いますが、ぼくはもっぱらプログラムの機能をチェックするのに使っています。以下に、懐かしい閏年の検証プログラムを作りました。

```perl
#! /usr/bin/perl
#
# manyLeap.pl -- 大量の閏年の検証（DATAを使う）

use 5.010;
use strict;
use warnings;

while (<DATA>) {
        chomp;
        my $year = $_;
        if ($year % 400 == 0 or $year % 4 == 0
                and $year % 100 != 0) {
                say "$year年は閏年です！";
        } else {
                say "$year年は閏年ではありません！";
        }
}

__DATA__
2000
2001
2004
2100
2104
```

```
10000
```

　__DATA__ の下にある行は、閏年かどうか検証したい西暦年の列です。これを <DATA> で読み込んでいます。

　以前は引数で読み込む形にして、コマンド ラインからいろいろな年を入れて検証していましたが、上のように必要なテストケースをばっちり書き残しておくと後々便利です。

　別のファイルを用意して、プログラムとセットで保存しておくのは面倒ですが、DATA を使えばプログラムの中に、テスト データのセットが保存できます。ここではちょっとした例しか挙げませんでしたが、第11章の正規表現の研究ではこのDATAファイルハンドルを大活躍させます。

☑ まとめコーナー

では復習しましょう。

- コンピューターの機能は入力（input）、処理（procedure）、出力（output）である
- ここでプログラムが入力／出力するデータの固まりをファイル（file）と呼ぶ
- ファイルにはテキスト ファイル（text file）とバイナリー ファイル（binary file）がある
- テキストとは最初から最後まで文字コード（character code）が詰まったファイルのことである
- テキストはテキスト エディターで読み書きできる
- バイナリーをテキスト エディターで開くと文字化けしている
  （Perlは両方扱えるが、本書ではテキストのみを扱う）
- 文字データは数値にコード化されている
- 文字コードで表現される文字データには英数字、漢字、ひらがな、カタカナ、空白、タブ、改行などがある
- これらを16進数値として見るにはファイル ダンプ ツールを使う

- `say`、`print` 関数はデフォルトでは（ファイルハンドルを明示的に指定しなければ）標準出力（standard output）に出力している
- 標準出力は通常コマンド ライン画面に結びつけられている
- 標準出力への出力を大なり（`>`）記号でファイルに切り替えられる。これをリダイレクトと言う

- よって、従来書いてきたプログラムもそのままでファイルに出力できる
- `warn`、`die`の出力メッセージやPerlの診断メッセージは標準エラー出力という別の論理ファイルに出力されている
- よって、大なり(>)記号のリダイレクトではファイルに出てこない
- Windowsで標準エラー出力をファイルにリダイレクトするには2>を使う（Mac/UNIX系はシェルによって操作が違う。本書では詳しく説明しない）
- `<STDIN>`という式をスカラー コンテキストで評価すると、プログラムはデフォルトではキーボードからの入力待ちになる
- 入力待ちは操作する人が Enter キーを押して改行するまで続く
- 改行すると、`<STDIN>`は1行の内容を返し、実行が再開する
- Windowsでは Ctrl + Z キーと改行、Mac/UNIXでは Ctrl + D キーをキーボードから入力すると、0x00（ヌル）というコードがキーボードから入る
- これはOSによって定まっている「文字列の終わり」という意味
- `<STDIN>`にヌル文字が入ると、`undef`を返す
- ヌル文字以外の文字列を打ち込むと真を返す。空文字列を打ち込んでもそのうしろに改行が入るので真になる
- Windowsの改行は0x0D0Aの2バイト
- Mac/UNIXの改行は0x0Aの1バイト
- Perlのプログラム内部では、エスケープ文字列\nはUNIX改行0x0A
- Windows版のPerlは、ファイルから入力する瞬間に0x0D0Aを0x0Aに変換する
- また、Windows版のPerlは、プログラムから出力する瞬間に0x0Aを0x0D0Aに変換する
- 小なり記号(<)を使えばファイルの内容をSTDINから読み込める
- これを入力のリダイレクトと言う
- STDINを標準入力のファイルハンドルという
- STDOUTを標準出力のファイルハンドルという
- STDERRを標準エラー出力のファイルハンドルという
- ファイルハンドルとはプログラム内でファイルを指示するために使うものである
- `while`条件の中で`<STDIN>`や`<ファイルハンドル>`という式をスカラー コ

- ンテキストで実行して1行のデータを読み込むと、デフォルトの変数`$_`にその内容が入る
- また、その時のファイルの中での行番号が`$.`に入る
- `print`、`say`関数で出力するデータを省略すると`$_`が出力される
- データを標準入力から入力して標準出力に出力するプログラムをフィルターと言う
- `<STDIN>`や`<ファイルハンドル>`という式をリスト コンテキストで評価すると、ファイルの全内容が1行1要素のリストで返る
- 小なり記号(`<`)、大なり記号(`>`)を連続で書くと、ひし形(`<>`)になるが、これをダイアモンド演算子と呼ぶ
- ダイアモンド演算子は、標準入力、およびプログラムの引数のファイル(複数指定可)の内容を返す。使い方は`<STDIN>`とほぼ一緒
- `open`関数は、任意の文字列からなるファイルハンドルと、OSが管理するファイル名を結びつけ、ファイル アクセスの準備をする
- 入力の`open`は以下のような構文になる
  `open ファイルハンドル, "<", ファイル名;`
- ここで第2引数を「モード」という。上の`"<"`は入力モードを表す
- `close`関数は、`open`関数で開いたファイルを解放する
- `chomp`関数は、スカラーから末尾の改行を取り除く
- `chomp`関数の引数を省略すると`$_`が作用対象になる
- `split`関数で、すべての引数を省略すると、`$_`をホワイトスペース(空白、改行、タブの任意個の並び)で分解する
- 出力の`open`は以下のような構文になる
  `open ファイルハンドル, ">", ファイル名;`
- 「`print ファイルハンドル スカラー;`」と書くと、ファイルハンドルに対してスカラーが出力される
- ファイルハンドルとスカラーの間にカンマ(`,`)がないのに注意
- 「`print ファイルハンドル;`」と書いて、出力するスカラーを省略すると、`$_`の内容が出力される
- `select`関数を使うとデフォルトのファイルハンドルを`STDOUT`から任意のファイルハンドルに切り替える

- 追加書き（append）のopenは以下のような構文になる
  open ファイルハンドル, ">>", ファイル名;
- ファイルのオープンに失敗した場合はopen関数が偽を返す
- このとき$!を二重引用符で囲むと開けなかった理由を説明する文字列（エラー コード）になる
- 「-f スカラー」という式は、スカラーのファイル名の普通のファイル（ディレクトリなどでないもの）が存在すると真を返す
- この-fのようなものをファイルテスト演算子と言う
- ファイルテスト演算子には他にも、サイズを計測する-s、最終更新が何日前かを調べる-Tなどがある
- プログラムの末尾に__DATA__という仕切りをはさんで、テスト データを書くことができる
- このテスト データはDATAファイルハンドルから読み込める

以上です。

Perlは伝統的に「ファイルをもらってきてどうにかこうにか処理する」という作業でものすごく使われてきました。そのためにこの部分の機能が超リッチです。がんばってマスターしましょう。

練習問題　　　　　　　　　　　　　　　　　　　　（解答はP.558参照）

Q1

なぞなぞです。
ファイルをそのままコピーするプログラム：
  `print <>`
ファイルを辞書順にソートしてコピーするプログラム：
  `print sort <>`
ファイルを逆転してコピーするプログラム：
  `print reverse <>`
ではファイルを辞書順の逆にコピーするプログラムは？

Q2

ファイルを16進数で表示するプログラム fdump.pl を書きましょう。

```
Atsuko Maeda
Yuko Ohshima
Rino Sashihara
```

という文字列が oota_pro.txt というファイルに入っていた場合、

```
C:¥Perl¥perl>fdump.pl oota_pro.txt
Atsuko Maeda
4777662466660
1435bf0d1541a
Yuko Ohshima
5766246766660
95bf0f8389d1a
Rino Sashihara
566625676666760
29ef0313898121a
```

という風にするとします。

最初のAが0x41ですが、これを縦書きで

4
1

と書いています。AtsukoとMaedaの間に空白文字0x20が入っていますが、

2
0

となっています。これは見やすくて便利だと思います。

（ヒント：unpack関数を使います）

> **M**EMO
>
> ちょっと大ネタです。時間に余裕があるときに挑戦してください！

（マイ）ベスト プラクティス

　ベスト プラクティスという言葉があります。経験的にやってみるとこれが一番良かった、ということの積み重ねのことです。

　ぼくは真夏に家に帰ると、まずエアコンを最強にして部屋を冷やしながらシャワーを浴び、シャワーから出てきたら部屋が冷えているのでエアコンを弱にして飲み物を飲んでくつろぎます。これがぼくの夏のベスト プラクティスです。

　Perlの世界にもベスト プラクティスが多く存在します。たとえばopen関数は昔は引数2個式で使ってました。

```
open OUT, ">$filename";
```

　しかし、これだと変数`$filename`にいろいろなモードを書いてシステムを不正にアクセスするクラッカーがいたので、引数は本書で紹介した通り

```
open OUT, ">", $filename;
```

と3個式で書くのが主流になりました。こういう風に、自分では普通気づかない思わぬエラーを他人が経験しているので、ベスト プラクティスから学ぶことは多いと思います。

　しかし、インデントはタブにするかとかスペースにするかとか、スペースにする場合4個にするかとか8個にするかとか、そもそもPerlを使うかどうか、エディターはvimにするかEmacsにするかなどは「宗教論争」であって、ぼくはもう人生後半に差し掛かってあまり時間がないし、現状にそこそこ満足しているのでこういう論争には近寄らないようにしています。

　でもケンカにならない程度にベスト プラクティスは共有すべきだと思います。大勢の人が同じ石につまづいて転ぶのは時間の無駄です。であればなるべく、情報は共有し、切磋琢磨してどんどんいいコードを書くのがオープンソースのいいところです。

　さっきから主張がグラグラしていますが、要は開発の効率や安全性を高めて浮く時間と、議論に費やす時間とのバランスだと思います。ケンカばっかりしていて、仕事が終わらないのはダメですよね。

　また、立場によると思います。自分だけしかプログラムを書かず、使うのは自分のチームだけで、扱うデータも決まっているんだったら、常に技術的なトレンドを追わなくても、**自分ルール**さえ統一的に決めておけばいいんじゃないでしょうか。

と、いろいろと言い訳を書いたところで、ぼくのベスト プラクティス、マイ ベスト プラクティスを申し述べます。

1. 不要にバイナリーは使わない

基本的にテキスト ファイルでファイルを設計します。特殊な形式は、平常時は良くても、何かあったときに手間がすごく掛かるからです。

dbm形式はそのままPerlのハッシュのコードを使い回せるファイル形式ですが、使いません。ではどうするかというと、タブ区切りのテキスト ファイルを使います。最初にファイルを一気にハッシュに読み込んでクローズし、ハッシュをいい感じに処理したら、もとのファイルを「元のファイル名.bak」にリネームして、ハッシュの中身を元のファイルに一気に書き出します。

2. 入出力モードを使わない

ファイルの真ん中辺を更新するプログラムなどは、本書で説明しなかった入出力モードを使うと作れますが、使いません。やはりさきほど書いた方針で、ファイルを一気に配列に読み込み、配列を更新して、また一気に書き出します。結構大きなファイルを使っているのですが、今のところ大したオーバーヘッドは起きません。

3. 対話式のプログラムを作らない

<STDIN>を使えば

```
C:¥Perl¥perl>gcm.pl
こんにちは、私は最小公倍数を求めるプログラムです
1個目の数を入れてください： 12
2個目の数を入れてください： 15
最小公倍数は60ですね！
```

的なプログラムを作れます。これは、使い方の説明をしなくて済むし、なんとなくカッコイイので作りたくなるんですが、面倒だし、大して便利でもないので使わない方がいいと思います。

単純に引数を使って

```
C:¥Perl¥perl>gcm.pl 12 15
最小公倍数は60ですね！
```

とした方がいいです。で、使い方はどこに書くかと言うと、引数を書かないで

```
C:\Perl\perl>gcm.pl
```

と引数なしで実行したときに

```
gcm.pl ---  最小公倍数を求めるプログラムです。
(使い方) C:\Perl\perl>gcm.pl <第1の数> <第2の数>
何かあったらsuguwakaruPerl@gmail.comへ
```

と表示すればいいんじゃないでしょうか。

4. プログラムはフィルターにせず、open関数を使う

　入力ファイル名を引数に取り、open関数で開くのが好みです。理由は文字コードを指定したり、ファイルテスト演算子で調べたりするのが簡単だからです。そういった機能が作ったプログラムのバージョン1で特に必要なくても、そのうち必要になることがあります。
　で、

```
input.txt
```

というファイルを

```
prog.pl
```

というプログラムで処理するときは、出力ファイル名を

```
input_prog.txt
```

としています。これで自分で何をしたかすぐ分かりますし、いちいちファイル名を考える手間が省けます。さらに実行した年月日時分秒を付けて

```
input_prog_20140614T220230.txt
```

とするのも一時自分の中で流行りましたが、やり過ぎな気がしてやめました。同じプログラムを2回実行したとき、時刻を入れると消えませんが、前に作ったファイルは消えた方が便利なこともあると思ったからです。
　以上、ここまでいろいろ書いてきました。
　読んで共感するルールもあれば、しないルールもあると思います。それでいいと思います。
　要は「無理なく実行できるルールに従う」、「必要なルールに従い、不要なルールは無視する」、「一貫したルールを持つ」、「ルールは常に改善する」ということが大切なんだと思っています。

CHAPTER

第10章
日本語処理

本章では、漢字やひらがな、カタカナなどの日本語データをPerlで使う方法を研究します。

> CHAPTER **10** 日本語処理

10-1 文字コードって何

9章で研究したPerlでファイルを使って入出力するデータは、すべていわゆる半角英数字にしてきました。これは、本書の進行上あえてそのようにしていただけで、文字コードの問題とPerlの使い方の問題が同時に発生するのが面倒なので、基本的に英数字を使ってお茶を濁してきました。当然実務では、日本語をバンバン取り扱う必要がありますし、Perlでも問題なく処理できます。むしろ、大得意です。

ということで本章では、これまで行ってきた処理を日本語データで行う方法を研究します。本書も終盤に入って来ましたが、これまでのプログラムの復習にもなると思います。また、文字コードの基本についても説明します。Perlが得意な分野である文字列処理の機能を使って、文字コードの研究をするのは効率的です。どうぞお楽しみください。

> **MEMO**
>
> 本章はShift_JISを使っているWindowsユーザーと、UTF-8を使っているMac/UNIXユーザーを両方想定しています。一応、より苦労が多いWindowsユーザーを中心に解説していきますが、随時Mac/UNIXユーザー向けの解説も入れていきますので、Mac/UNIXユーザーの方はWindowsの部分をざっと読み通しつつ、Mac/UNIX用の解説プログラムを実行してください。

英語はASCII

以下のような、英語でのみメッセージを表示するプログラムを書きます。

```perl
#! /usr/bin/perl
#
# printHelloEW.pl -- Greeting in English with Windows

use 5.010;
use strict;
use warnings;

print "Hello, I'm Perl!\n";
```

Windowsで実行するとこうなりました。

```
C:\Perl\perl\>printHelloEW.pl
Hello, I'm Perl!
```

これは、print関数によって「Hello, I'm Perl!」という文字列が標準出力

に出力され、標準出力はデフォルトではコマンド ライン画面に結びつけられているので、画面に文字列が表示された、という状態ですね。

画面に表示された文字列をファイルに吐き出すにはどうすればいいかおぼえてますか。そう、リダイレクトですね。

```
C:¥Perl¥perl¥>printHelloEW.pl > helloEW.txt
            ファイルhelloEW.txtにリダイレクトする
            画面には何も表示されない
```

するとhelloEW.txtというファイルが生成されます。

さて、下の図はプログラムprintHelloEW.plをエディターで作成しているところです。エディターにはたけやん氏作のWindows用フリーソフト、サクラエディタを使っています。

図10-1：英語版printHelloEW.plの作成画面

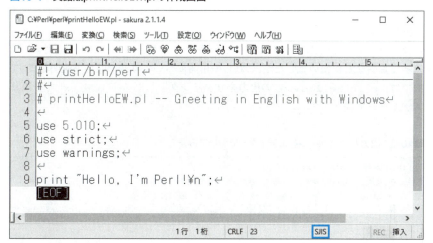

MEMO

この実験をお手元のパソコンで行う場合、ファイルの文字コードを表示できるエディターであれば何でも結構です。ぼくはWindowsではサクラエディタやEmacs、OS XではCotEditorやEmacs、LinuxではGEditやEmacsを使っています。

このプログラムはコメントも含めて、すべていわゆる半角英数字で書かれています。これらの半角英数字は**ASCII**と呼ばれる、アメリカで制定されたコンピューター界で最も古い文字コードに入っているものです。

このプログラムをWindowsで保存するとき、ぼくはここまで登場してきたプログラム同様、Shift_JIS（サクラエディタの表示では「SJIS」）で保存しました。

サクラエディタは画面の下端のグレーの帯（ステータス バー）に文字コードを表示できますが、ここに「SJIS」と書かれています。これは、このファイルがShift_JISと言われる日本語コードで書かれていることを意味します。

でも、さっきこのプログラムは英数字だからASCII、と言ったばっかりですよね。これは、どういうことでしょうか。

Shift_JISは、後で詳しく述べますが、英数字の他に、漢字、ひらがな、カタカナを含む日本語コードです。この英数字部分がASCIIと共通だからです。

他のエディターでは、ASCIIを明示的に指定してプログラムを作ることができます。サクラエディタでも「Latin1」を指定して英語を打ち込むとASCIIになります。

しかし、そのファイルを一度閉じてもう一度開くと、SJISと表示されると思います。なぜかと言うと、Shift_JISのいわゆる半角英数字部分はASCIIと共通であるため、ASCIIのファイルを開くとサクラエディタがShift_JISであると自動判定するからです。これはほとんどのWindows用日本語対応エディター共通の動作です。

文字コード、ASCII、Shift_JIS、半角英数字、日本語コードという言葉を、先走って説明なしに使いましたが、これらの用語については後で改めて説明します。

では、`printHelloEW.pl`の出力をリダイレクトした`helloEW.txt`をやはりエディターで開きます。

図10-2：出力したファイルをエディターで開いてみた

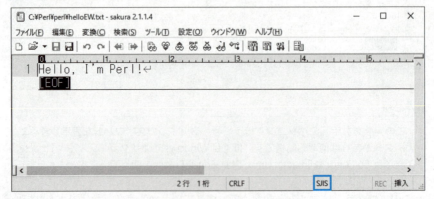

さきほど同様、ステータス バーに「SJIS」と書かれています。このように、出力されたデータもShift_JISとして自動判定されています。（こっちも実はASCIIなんですけど！）

📖 改行コード

なお、サクラエディタのステータス バーには「SJIS」の他に「CRLF」とも書かれています。これは改行コードがCRLFつまりCR（キャリッジ リターン、0x0D）とLF（ライン フィード、0x0A）の2文字であることを意味します。

Perlのプログラムを含む、エディターで作ったファイルを保存するとき、WindowsではCRLFになります。また、WindowsのPerlで、print／say関数でエスケープ文字列¥nを出力し、出力をファイルにリダイレクトすると、その改行コードもCRLFになります。

一方、Mac/UNIXでは標準の改行コードがLF（0x0A）のみになります。これは後で解説します。

📖 ダンプしてみる

では、テキスト ファイルの文字コードをより深く調査しましょう。

ファイルはコンピューターに保存されるデータの固まりで、2進数（0と1）の数値で書かれています。ファイルを数値として表示することを**ダンプ**すると言います。しかし2進数で「01011000 01011001 01011010...」などと表示されても桁数が多くて人間には見づらいので、人間が見るときは4桁ずつ16進数に直して「58 59 5A...」と表示します。

ダンプにはダンプ ツールを使います。下図はhelloEW.txtを、Kakasyさん作のWindowsで動作するフリーのダンプ ツールxdumpで表示したものです。

図10-3：ダンプ ツールで表示したhelloEW.txt

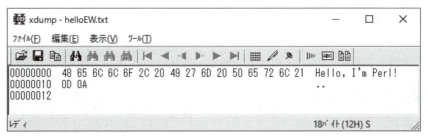

Perlからprintやsayで出力したファイルは、テキスト ファイルと呼ばれ、先頭から文字コードと言う2進数の数値がぎっしり詰まっています。**文字コード**（character code）とは、コンピューターで処理するために文字に番号を振ったものです。

左の「48 65 6C 6C 6F...」というのが文字コードで、これらの16進数がコンピューターには保存されています。実際には「01001000 01100101 01101100

01101100 01101111...」のような2進数で書かれています。

コード（code）とは情報を数字や記号に変換したもので、符号とも言います。

文字コードは、文字（英数字、かな、漢字）を2進数の数字に変換したもののことです。文字をコードに変えることを**エンコード**（encode、符号化）、コードを文字に直すことを**デコード**（decode、復号化）と言います。

で、右側の「Hello, I'm Perl!..」というのは、左の16進数に対応した文字列です。右側の先頭のHは左側の48に対応します。つまり、Hの文字コードは16進数で0x48であることを意味します。

> **MEMO**
> 0x48は16進数の48のことです。ヘキサのヨンハチなどと読みます。この数は2進数では01001000b、10進数では72です。

以下、eが0x65、lが0x6C、oが0x6Fであると分かります。

最後の..は、ピリオドが2個入っているわけではありません。画面の左側のダンプを見ると、..に該当するのは「0D 0A」で、0x0D0Aの2バイトが入っています。Windowsではこの2バイトで改行を示します。xdumpの右側画面では、ここで改行したら表示がくずれるので、制御文字は妥協してピリオド(.)で表しているだけです。0x0D、0x0Aはそれぞれ CR、LF という略号で表します。

> **MEMO**
> 8ビット、2進数8桁、16進数2桁で表すデータのことを1バイト（byte）と言います。これはコンピューターが8ビットだったころのなごりのあまり正確ではない用語で、Unicodeという文字コードの世界では1オクテットと言い直すことになっていますが、本書では1バイト＝8ビットで押し通します。

文字と文字コードを上下に並べて書いてみます。

図10-4：**文字と文字コード**

H	e	l	l	o	,	空白	I	'	m	空白	P	e	r	l	!	改行	
48	65	6C	6C	6F	2C	20	49	27	6D	20	50	65	72	6C	21	0D	0A

Hが0x48、eが0x65、lが0x6C、カンマ,が0x2C、空白が0x20になります。

この文字と文字コード（数値）の対応関係のことを一般的に文字コード系（encoding scheme）と言います。これは信号の赤が止まれ、青が進めというのと一緒で、人間が勝手に決めたものです。

文字コード系にはいくつか種類があります。このファイルで使用されている文字コード系をASCII（American Standard Code for Information Interchange）と言

います。ASCIIはアメリカで制定されたもので、1バイトで英数字を表すものです。前にも出てきましたが、コード表は以下の通りです。

図10-5：ASCIIのコード表

	0	1	2	3	4	5	6	7
0	NUL	DLE	SP	0	@	P	`	p
1	SOH	DC1	!	1	A	Q	a	q
2	STX	DC2	"	2	B	R	b	r
3	ETX	DC3	#	3	C	S	c	s
4	EOT	DC4	$	4	D	T	d	t
5	ENQ	NAK	%	5	E	U	e	u
6	ACK	SYN	&	6	F	V	f	v
7	BEL	ETB	'	7	G	W	g	w
8	BS	CAN	(	8	H	X	h	x
9	HT	EM	)	9	I	Y	i	y
A	LF	SUB	*	:	J	Z	j	z
B	VT	ESC	+	;	K	[	k	{
C	FF	FS	,	<	L	\	l	|
D	CR	GS	-	=	M	]	m	}
E	SO	RS	.	>	N	^	n	~
F	SI	US	/	?	O	_		DEL

0x00〜0x7Fまでの128個のコード範囲に文字が入っています。

0x00〜0x1Fまでの32個は制御文字と言って、ヌル文字（0x00）やタブ（0x09）や改行（CRは0x0D、LFは0x0A）などの目に見えない記号が入っています。

0x20はスペース（表ではSPとなっているが、本来は空白）が入っています。

0x21〜0x7Eまでの94個は図形文字と言って、英数字やカンマ（,）（0x2C）、ピリオド（.）（0x2E）のような目に見える記号類が入っています。

0x7FはDELという制御文字が入っています。

> **MEMO**
>
> スペースは形はありませんが、幅がありますので、制御文字とされることも、図形文字とされることもあります。定義上は特殊な制御文字とされています。

最小のASCII文字0x00は2進数で00000000bです（10進数では0です）。

最大のASCII文字0x7Fは2進数で01111111bです（10進数では127です）。2進数は00000000bのようにbという文字（binaryの略）を付けて示すことがあります。

0x80（10000000b、10進数では128）以上のASCII文字はありません。つまり、1バイト（8ビット）中の下位7ビットしか使っていないことが分かります。10進

数で0〜127ですから、128個のコードを入れることができます。ASCIIは最も古い情報処理用の文字コードの1つで、あらゆるパソコンがASCIIだけは読めるようにしています。

プログラムもダンプしてみる

PerlのスクリプトprintHelloEW.plもファイルである以上ダンプできますので、xdumpを使ってやってみます。

図10-6：プログラムもダンプしてみた

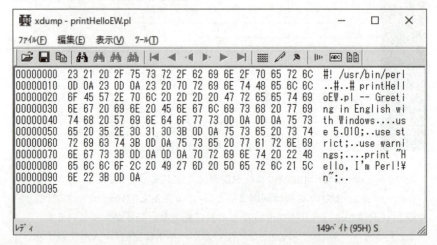

先頭に0x23 0x21が入っていますがこれはシュバング行の#!です。

その後もずーっとスクリプトの文字コードが入っていますが、0x22、つまり引用符(")に続いて「Hello, I'm Perl!」という文字列が入っています。

この文字コードが、リダイレクトしたファイルhelloEW.txt同様「48 65 6C 6C 6F...」というコード列になっています。

当たり前のようですが、これをしっかり認識してください。

- プログラムはASCIIで書いた。「Hello」は「0x48 0x65 0x6C 0x6C 0x6F」
- それをprint関数で標準出力に表示した
- それをコマンドプロンプトで実行すると、画面に「Hello, I'm Perl!」と正しく表示された
- それをファイルにリダイレクトすると、テキストファイルに「Hello, I'm Perl!」とASCIIで書き出された

ということです。

つまり、プログラム→コマンド プロンプト画面→リダイレクト ファイルと、同じ文字コード（「0x48 0x65 0x6C 0x6C 0x6F」などの数値）が流れて行き、コマンド プロンプトやエディターは、その数値を画面に表示するときに、ASCIIのコード表に基づいて文字（「Hello」などの字形）に変換しているということです。

> **M**EMO
>
> 　ちなみに、Windowsのコマンド プロンプトの文字コードはShift_JIS（正確にはShift_JISをMicrosoftが拡張したCP932）に設定されています。コマンド プロンプトの文字コードは一応変えることもでき、Mac/UNIXで標準であるUTF-8にすることもできます。そうすると本書は全部UTF-8推しで書けてぼくはラクチンなのですが、この設定がなかなか一筋縄ではいかないのと、なんだかんだ言ってWindowsの実務ではShift_JISを使うことが多いので、本書ではWindowsではShift_JIS、Mac/UNIXではUTF-8という二刀流で進みます。どちらの環境をお使いの方も、別の環境について学ぶのは有益ですので、このさい両方読んでください。

▍Mac/UNIXでも英語で`Hello`

　ではここまで、Windowsでやったことをもう1回Macでやってみます。

　Mac/UNIXの方はWindows用の説明を軽く読んで、理解したところでこの項に進んでください。

　Windowsの方はWindows用の説明を熟読した上で、この項は飛ばしてもかまいませんが、家ではWindowsだが会社はMacやUNIX、ローカルのWindowsでテストしたプログラムをUNIXのレンタルサーバーで使う、などということは今後Perl人間として生きていく上で「あるある」ですので、なるべく目を通してください。

　Mac/UNIXは、コマンド ライン端末の文字コードを自由に設定できますが、今時はUTF-8になっていることが多いと思いますので、ここではUTF-8とします。

　次の図は、Macのフリーウェアである宇佐見公輔氏作の「CotEditor」を使ってプログラムを書いているところです。

図10-7：英語版`printHelloEM.pl`の作成画面（Mac）

［改行コード］を「LF」に設定します。Mac/UNIXのファイルは改行コードをLF（0x0A）のみにするのが決まりです。

［エンコーディング］と書かれていますがこれは本書で言うところの文字コードのことです。これを「UTF-8」に設定します。これがポイントです。

> **MEMO**
>
> CotEditorの場合、「エンコーディング（UTF-8）を使って変換または再解釈しますか？」というメッセージが表示されたら［変換］をクリックします。これは、すでにUTF-8以外の文字コードになっているファイルを、UTF-8に変換するという意味です。

なお、Mac/UNIXのエディターで見ると、文字コード0x5Cの記号がバックスラッシュ（\）に見え、改行を示すエスケープ文字列が\nに見えます。

Windowsのように¥には見えませんが、同じ0x5Cという文字コードなので注意してください。

0x5Cというコードはもともとバックスラッシュ（\）ですが、日本版Windowsでは¥と表示されます。

> **MEMO**
>
> 同様の文字が0x7Eで、ASCII的にはチルダ（~）ですが、JISではオーバーライン（￣）の字形も許されています。OSやフォントによって見え方が変わります。

では実行してみます。

図10-8：英語版printHelloEM.plの実行画面

```
perl — bash — 72×9
[perl]$ printHelloEM.pl
Hello, I'm Perl!
[perl]$
```

ちゃんと実行され、あいさつが表示されますね。

ではファイルにリダイレクトして、ダンプします。

この場合、ここでは、UNIXコマンド`hexdump`を使います。

使い方は、下のように`hexdump`に`-C`というオプションを渡します。これで1バイトごとに16進表示を行い、右画面に文字を表示します。

図10-9：hexdumpで実行結果をダンプ

```
perl — bash — 80×24
[perl]$ printHelloEM.pl > helloEM.txt
[perl]$ hexdump -C helloEM.txt
00000000  48 65 6c 6c 6f 2c 20 49  27 6d 20 50 65 72 6c 21  |Hello, I'm Perl!|
00000010  0a                                                |.|
00000011
[perl]$
```

さて、この結果ですが、以下のようになっています。

図10-10：Mac/UNIXの出力した文字と文字コード

H	e	l	l	o	,	空白	I	'	m	空白	P	e	r	l	!	改行
48	65	6C	6C	6F	2C	20	49	27	6D	20	50	65	72	6C	21	0A

改行がWindowsでは`0x0D 0x0A`の2文字だったのが、`0x0A`という1文字に変わった以外はすべて同じ文字コードですね。これは、後述しますが、UTF-8もShift_JISも、いわゆる半角英数字はASCIIに準じているからです。ですから、英語だけ出力しているこの時点においては、プログラムをShift_JISを指定して保存しても問題がなかったことになります。

MEMO

UNIXのパイプの機能を使って

```
$ printHelloEM.pl | hexdump -C
```

と実行すれば、中間ファイル`helloEM.txt`を作らずに`printHelloEM.pl`の出力をダンプできます。

10-2 日本語を表示する

では、日本語のプログラムを書いてみます。
まずはWindowsでやってみます。

```perl
#! /usr/bin/perl
#
# printHelloJW.pl -- 日本語であいさつする
#  (※Shift_JIS、改行CRLFで保存)

use 5.010;
use strict;
use warnings;

print "こんにちは、Perlともうします！\n";
```

このプログラムをShift_JIS、改行コードはCRLFで保存してください。

この動作はエディターによって異なります。サクラエディタの場合は、[名前を付けて保存]ボックスで指定します。

図10-11：名前を付けて保存画面。[文字コードセット]と[改行コード]に注目

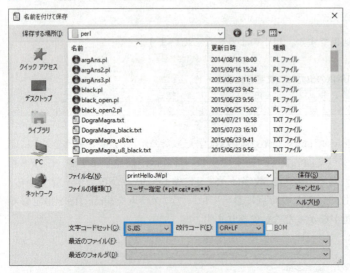

保存すると、編集画面はこうなります。

図10-12：日本語のプログラム作成画面

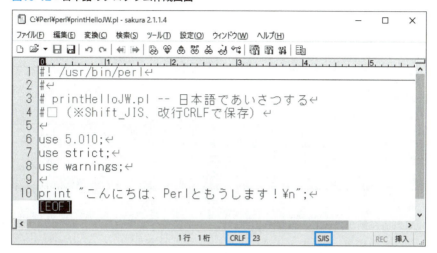

やはり「CRLF」、「SJIS」と表示されています。（そうしてください、と言ったからですが！）

これを実行します。1回目は画面に表示し、2回目はファイルにリダイレクトします。

```
C:\Perl\perl>printHelloJW.pl      実行する
こんにちは、Perlともうします！    画面にメッセージが正常に表示される

C:\Perl\perl>printHelloJW.pl > helloJW.txt    ファイルにリダイレクト
                                              何も表示されない
```

で、リダイレクトしたファイル（helloJW.txt）をエディターで開いてみます。

図10-13：日本語でリダイレクトしたファイル

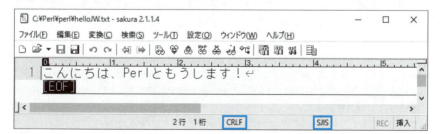

> CHAPTER 10 日本語処理

やはり、「CRLF」、「SJIS」と表示されています。
ダンプします。

図10-14：日本語のダンプ

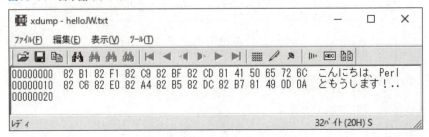

これも左側がコード、右側が文字です。上下に並べて書いてみます。

図10-15：文字と文字コード（Shift_JIS編）

こ	ん	に	ち	は	、	P	e	r	l	と	も	う	し	ま	す	！	改行	
82B1	82F1	82C9	82BF	82CD	8141	50	65	72	6C	82C6	82E0	82A4	82B5	82DC	82B7	8149	0D	0A

　まず、いわゆる半角英数字のPerlは「50 65 72 6C」で、これはさきの英語のファイルhelloEW.txtと一緒です。末尾の改行（CRLF）も0x0D 0x0Aで同じです。
　問題はひらがなで、「こ」、「ん」、「に」、「ち」、「は」の5文字がそれぞれ、0x82B1、0x82F1、0x82C9、0x82BF、0x82CDと、各文字が16進数4桁で書かれています。これは2進数16桁に当たります。
　ASCIIは0x20～0x7Fまでの96文字に収まっていました。アルファベットは大文字26文字、小文字26文字ですし、数字は0～9で10文字です。その他は~!@#$%^&などの記号ですが、合わせて96文字以内に収められています。
　一方、日本語の文字はどれぐらい必要でしょうか。ひらがなを約50文字、カタカナを約50文字とすると、もう100文字です。（実際には「ァィゥェォ」のような小書き文字や句読点があるのでもっと必要になります。）
　問題は漢字で、何千文字とも何万文字とも言われています。

> **MEMO**
> 　Shift_JISに入っている字は、JIS X 0208の基本漢字6,879字および、各メーカーの機種依存文字です。

Shift_JIS

さて、これまでWindowsユーザーのみなさんにはスクリプトをShift_JISで保存してもらいました。その結果、リダイレクトで作成されるファイルもShift_JISになっていました。

さんざん登場させておいてご紹介が遅れましたが、このShift_JISは日本語の文字コード系の1つで、英数字、半角カタカナ、全角ひらがな、全角カタカナ、漢字などが入っています。

もうちょっと実験用にわざとらしいプログラムを使って研究しましょう。

```perl
#! /usr/bin/perl
#
# printSjis.pl -- 日本語の文字を研究する
# （※Shift_JIS、改行CRLFで保存）

use 5.010;
use strict;
use warnings;

print "abcABC123アイウあいうアイウ一二三¥n";
```

実行します。

```
C:¥Perl¥perl>printSjis.pl         実行する
abcABC123アイウあいうアイウ一二三   画面に正常に表示される

C:¥Perl¥perl>printSjis.pl > sjis.txt   ファイルにリダイレクト
```

リダイレクトしたファイルをダンプします。

図10-16：Shift_JISのダンプ

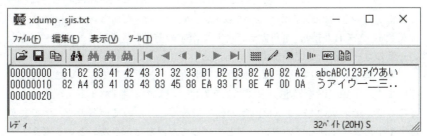

文字とコードを並べてみます。

CHAPTER 10 日本語処理

```
a    b    c    A    B    C    1    2    3    ア    イ    ウ    あ      い
61   62   63   41   42   43   31   32   33   B1   B2   B3   82A0   82A2

う      ア      イ      ウ      一      二      三      (改行)
82A4   8341   8343   8345   88EA   93F1   8E4F   0D 0A
```

　a、b、c、A、B、C、1、2、3は半角英数字です。ここまではASCIIと一緒です。つまり、半角英数字だけを使ってShift_JISファイルを作ると、そのファイルはShift_JISともASCIIとも言えることになります。これが、この章の最初でASCIIを使ってファイルを書いたのに、サクラエディタで開くとShift_JISと自動判定されてしまった理由です。

> **MEMO**
> 日本製のエディターはASCIIのみのファイルを開くとShift_JISと表示しがちです。

　次に半角カナのア、イ、ウですが、0xB1、0xB2、0xB3となっています。ASCII同様1文字1バイト(16進数2文字)ですが、ASCII最大の文字0x7Fよりも大きい文字コードになっています。アの文字コード0xB1は2進数だと10110001bで、一番左側の桁が1です。つまり、ASCIIは1バイト中7ビットしか使っていませんでしたが、半角カナを使うと8ビットフルに使うことになります。

　次はひらがな、カタカナ、漢字です。「あ」は0x82A0、「ア」は0x8341、「一」は0x88EAです。このように、2バイト(16進数4桁)を使います。
　このうち、前半1バイト(「あ」の0x82、「ア」の0x83)は「必ず0x80以上である」ことになっています。
　で、後半1バイトは「0x80以上のこともあれば、未満のこともある」ことになっています(「あ」は0xA0だから0x80以上、「ア」は0x41だから0x80未満)。
　英数字(ASCII互換)、半角カナ、そして漢字の前半1バイトは、必ずダブらない一意のコードが入っています。
　一方、漢字の後半1バイトは、英数字や半角カナと重複してもいいことになっています。Shift_JISを処理するプログラムは、漢字の前半1バイトを読み込んだところで、その次の1バイトは漢字の後半であると分かっているので、すでに英数字や半角カナで使っているコードとカブっても混乱は起きないという考え方です。

> **MEMO**
> これが後で問題を起こします。お楽しみに!

10.2 日本語を表示する

　Shift_JISに含まれている漢字はJIS X 0208という規格に納められたJIS基本漢字というもので、6,355文字が入っています。また、全角ひらがな、全角カタカナの他に、○▲□のような記号、αβγのようなギリシャ文字のような非漢字が524文字入っています。ＡＢＣ０１２３のような全角の英数字も入っています。これらの非漢字もJIS X 0208という規格の範囲です。合わせて、6,879文字が全角文字です。

> **MEMO**
> ＡＢＣ０１２３のような全角の英数字はASCIIの英数字とは赤の他人なので注意しましょう！

> **MEMO**
> 各メーカーはその他に、JIS X 0208以外の機種依存文字を入れています。Windowsで使われるMicrosoft用のShift_JISは、正確にはCP932と言って、Mac/UNIXと機種依存文字が微妙に違いますが、本書ではこだわらずにShift_JISと言います。詳しく知りたい方は拙著『文字コード【超】研究 改訂第2版』(ラトルズ)を読めばいいのではないでしょうか。(宣伝かよ！)

　まとめると、こうなります。

表10-1：Shift_JISのコード範囲

文字種	バイト数	コードの範囲
制御文字	1バイト (0x00〜0x1F)	ASCIIと同じ
半角英数字	1バイト (0x20〜0x7F)	ASCIIと同じ
半角カタカナ	1バイト (0xA1〜0xDF)	ASCIIと別 (ASCIIとカブらない)
全角文字	2バイト (前半が0x81〜0x9Dと0xE0〜0xEF、後半が0x40〜0x7Eと0x80〜0xF0)	前半はASCIIや半角カタカナとカブらない 後半は半角英数字、半角カタカナとカブることもある

Shift_JISのコード表、1バイト編 (`wincode1_mod.txt`)

　Shift_JISは制御文字32文字、英数字96文字、半角カタカナ63文字(句読点やカギカッコも含む)、全角文字が6,879文字ですので全部で7,070文字あります。この本にも全部のコード表を載せて載せきれないわけではありませんが、紙がもったいないので、ネットにコード表のファイルを用意しました。

　本書のサポートページからダウンロードできるサンプル ファイルに同梱されている、`wincode1_mod.txt` (1バイト版)と`wincode2_mod.txt` (2バイト版)をごらんください。

> **MEMO**
> このコード表は中島靖さんが作成されたものに、UTF-8を追加したものです。

> CHAPTER 10 日本語処理

まず、次ページの`wincode1_mod.txt`を見てみましょう。

これには、Shift_JISで1桁である、制御文字、半角英数字、半角カタカナが入っています。

> **MEMO**
>
> 次ページからはxyzzyという画面分割がしやすいエディターを使って電子コード表`wincode1_mod.txt`を見ていますが、単にコードを調べるだけであればこれまで使ってきたサクラエディタやCotEditorなど、お使いのエディターでかまいません。その場合等幅フォント（全角は縦：横が1:1、半角は1:0.5になるフォント）を使うををおすすめします。WindowsではMS明朝、MacではOsaka-等幅などです。

この図では、Windowsのフリーウェアのテキストエディターであるxyzzyを使って`wincode1_mod.txt`を開いています。xyzzyではバッファバーという黒い帯に文字コードを表示しますが、この表示は「sjis:crlf」で、これもShift_JIS（改行はCRLF）のファイルであることを示します。ここではxyzzyの機能を使って画面を分割し、長いコード表のあちこちの部分を見ています。

先頭1行目からは、このコード表の内容説明が書いてあります。

26行目には、どの列に何が入っているかの見出しが入っています。

さしあたり用があるのは左から2列目の「SJIS」と右端の「字」です。

「SJIS」の列にはShift_JISの文字コード（16進数）が入っています。

「字」の列には文字コードのバイナリーが直接入っているので、エディターで設定したフォントでその字形を見ることができます。ただし、改行やタブなどの制御文字は文字そのものではなくて説明が入っています。

先頭の方は制御文字が入っています。

0x09は「HT（horizontal tab）」と書かれていますがいわゆるタブ文字のことです。Perlでは¥tというエスケープ文字列で出力します。

0x20は「（空白）」と書かれていますが、これは「 」つまりいわゆる半角のスペースのことです。

63行目からASCII領域の英数字が始まります。

0x21は感嘆符！、0x23はポンド記号#です。本書のPerlスクリプトはシュバング行の#!で始まりますが、文字コード的には「0x23 0x21」でしたね。

79行目からは数字です。0x30が0、0x31が1、0x32が2ですね。

97行目からはアルファベットの大文字で、A、B、Cがそれぞれ0x41、0x42、0x43です。

125行目は0x5Cで、日本語フォントでは円記号¥が、英語フォントではバックスラッシュ\が通常表示される文字です。この文字が次の項目で嵐を巻き起こしますので「Windowsの0x5Cは¥」とおぼえておいてください。

10.2 日本語を表示する

図10-17：wincode1_mod.txt

```
xyzzy 0.2.2.253@EMACHINES - C:/Perl/perl/wincode1_mod.txt                    —  □  ×
ファイル(F) 編集(E) 検索(S) 表示(V) ウィンドウ(W) ツール(T) ヘルプ(?)
········□········10········20········30········40········50········60········70········
    1│日本語文字コード表（1バイト文字）』
    2│』
    3│・JIS X 0201 をベースにした文字コード表である。コードは左から、JIS コ』
    4│ード、シフト JIS コード、日本語 EUC コード、Unicode である。すべて16』
----- wincode1_mod.txt (Text) [sjis:crlf]       1:5       File: C:/Perl/perl/wincode1_mod.txt
········□········10········20········30········40········50········60········70········
   26│JIS7/8 SJIS EUC Uni UTF8  字』
   27│』
   28│ 00 00   00 0000 00 NUL(null)』
   29│ 01 01   01 0001 01 SOH(start of heading)』
----- wincode1_mod.txt (Text) [sjis:crlf]      26:5       File: C:/Perl/perl/wincode1_mod.txt
········□········10········20········30········40········50········60········70········
   37│ 09 09   09 0009 09 HT (horizontal tab)』
   38│ 0A 0A   0A 000A 0A LF (line feed)』
   39│ 0B 0B   0B 000B 0B VT (vertical tab)』
   40│ 0C 0C   0C 000C 0C FF (form feed)』
   41│ 0D 0D   0D 000D 0D CR (carriage return)』
----- wincode1_mod.txt (Text) [sjis:crlf]      37:5       File: C:/Perl/perl/wincode1_mod.txt
········□········10········20········30········40········50········60········70········
   62│ 20 20   20 0020 20    (空白)』
   63│ 21 21   21 0021 21 !』
   64│ 22 22   22 0022 22 "』
   65│ 23 23   23 0023 23 #』
----- wincode1_mod.txt (Text) [sjis:crlf]      62:5       File: C:/Perl/perl/wincode1_mod.txt
········□········10········20········30········40········50········60········70········
   79│ 30 30   30 0030 30 0』
   80│ 31 31   31 0031 31 1』
   81│ 32 32   32 0032 32 2』
   82│ 33 33   33 0033 33 3』
----- wincode1_mod.txt (Text) [sjis:crlf]      79:5       File: C:/Perl/perl/wincode1_mod.txt
········□········10········20········30········40········50········60········70········
   97│ 41 41   41 0041 41 A』
   98│ 42 42   42 0042 42 B』
   99│ 43 43   43 0043 43 C』
  100│ 44 44   44 0044 44 D』
----- wincode1_mod.txt (Text) [sjis:crlf]      97:5       File: C:/Perl/perl/wincode1_mod.txt
········□········10········20········30········40········50········60········70········
  131│ 61 61   61 0061 61 a』
  132│ 62 62   62 0062 62 b』
  133│ 63 63   63 0063 63 c』
  134│ 64 64   64 0064 64 d』
----- wincode1_mod.txt (Text) [sjis:crlf]     131:5       File: C:/Perl/perl/wincode1_mod.txt
········□········10········20········30········40········50········60········70········
  216│ 31/B1 B1 8EB1 FF71 EFBDB1  ア』
  217│ 32/B2 B2 8EB2 FF72 EFBDB2  イ』
  218│ 33/B3 B3 8EB3 FF73 EFBDB3  ウ』
  219│ 34/B4 B4 8EB4 FF74 EFBDB4  エ』
  220│ 35/B5 B5 8EB5 FF75 EFBDB5  オ』
  221│ 36/B6 B6 8EB6 FF76 EFBDB6  カ』
----- wincode1_mod.txt (Text) [sjis:crlf]     216:31      File: C:/Perl/perl/wincode1_mod.txt
                                                                            10/07 10:12
```

CHAPTER 10 日本語処理

以下、アルファベットの小文字a、b、cがそれぞれ0x61、0x62、0x63で、いわゆる半角カナア、イ、ウがそれぞれ0xB1、B2、B3です。

■ Shift_JISのコード表、2バイト編（`wincode2_mod.txt`）

次に、`wincode2_mod.txt`を見てみましょう。こちらにはひらがな、全角のカタカナ、漢字など、Shift_JISで2バイトの文字が入っています。

1行目からは説明です。
54行目からコード表がはじまりますが、最初に見出し行があります。
3列目のSJISがShift_JISで、一番右の「字」という列に字が書いてあります。
55行目の、文字コード表の最初の行は、Shift_JISで0x8140ですが、「字」の列が何も見えません。実際にはここには「　」つまり全角の空白が入っています。パソコンで`wincode2_mod.txt`を開いて、ここにカーソルを当ててみると、カーソルの大きさが全角文字分（MSゴシックなどでは正方形）になることが分かります。全角の空白「　」は、最小のShift_JIS日本語コードです。

340行目からひらがなが始まります。ひらがな界で最小のShift_JISコードは、0x829Fの「ぁ」です。これは「ふぁんたじー」などに使う「小さいあ」です。出版業界では小書きのあと言います。それに続く普通の「あ」は0x82A0です。このように「ぁあいいうう…」という順番になっていることに注目してください。

> **MEMO**
> 「ぁあいいうう…」という順番は「ファイル」、「不安」、「フィンランド」、「不意」などという言葉を読み仮名順に並べたときにちゃんと並ばせるためです。

435行目からはカタカナ。「ア」は0x8341です。
910行目から漢字。Shift_JISで一番小さい漢字は「亜」で0x889Fです。
985行目に漢数字の「一」が来ます。0x88EAです。
1970行目は「三」で、0x8E4Fです。
3082行目は「二」で、0x93F1です。

コード順に言うと一→三→二の順番になっています。これはこのへんの漢字（JIS第一水準と言います）の順番が、代表的な読みの五十音順（イチ、サン、ニ）になっているからです。

話が長くなりましたが、もう一度ダンプ画面と見比べてみましょう。

図10-18：wincode2_mod.txt

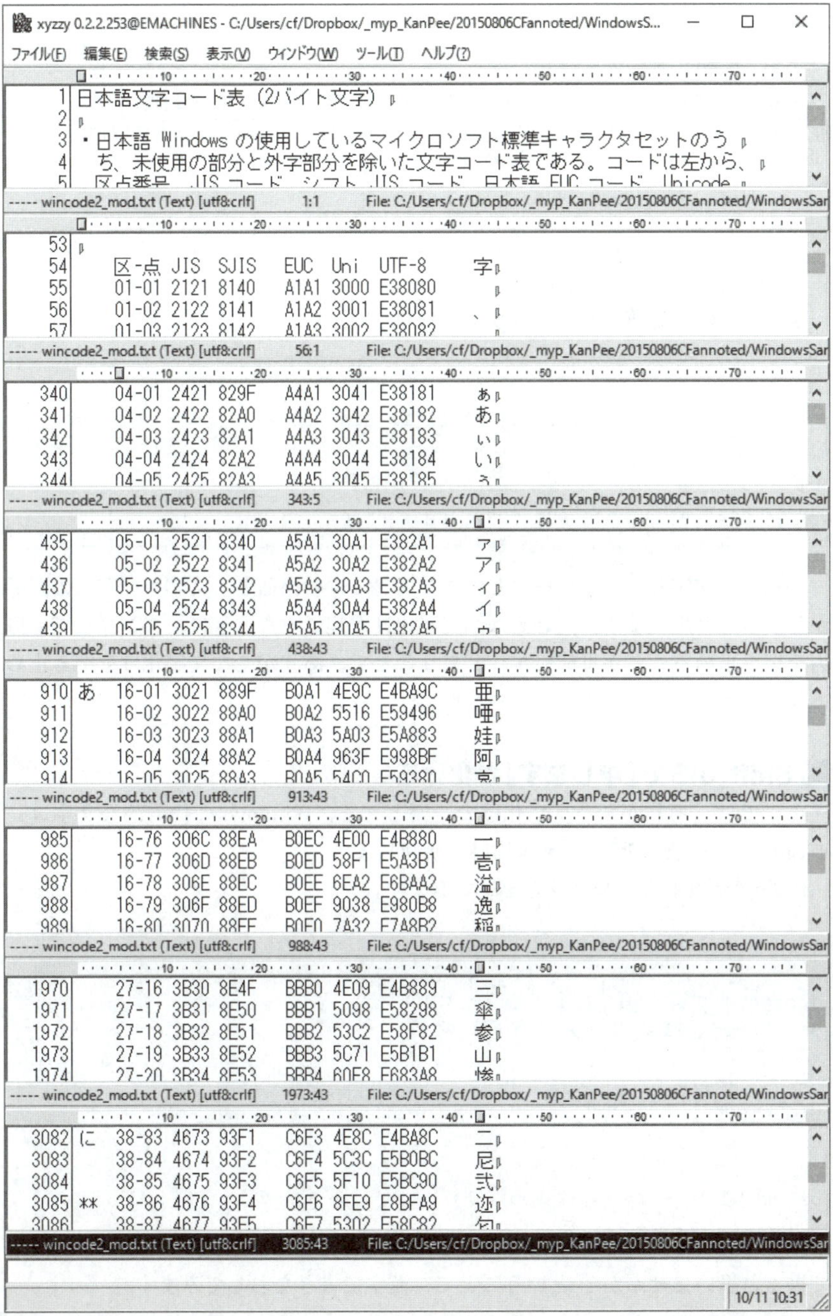

```
xyzzy 0.2.2.253@EMACHINES - C:/Users/cf/Dropbox/_myp_KanPee/20150806CFannoted/WindowsS...    □  ×
ファイル(F)  編集(E)  検索(S)  表示(V)  ウィンドウ(W)  ツール(T)  ヘルプ(?)
          ·10·······20·······30·······40·······50·······60·······70·····
     1  日本語文字コード表（2バイト文字）
     2
     3 ・日本語 Windows の使用しているマイクロソフト標準キャラクタセットのう
     4   ち、未使用の部分と外字部分を除いた文字コード表である。コードは左から、
     5   区占悉旦  JIS コード  シフト JIS コード  日本語 FUC コード  Unicode
----- wincode2_mod.txt (Text) [utf8&crlf]    1:1    File: C:/Users/cf/Dropbox/_myp_KanPee/20150806CFannoted/WindowsSar
          ·10·······20·······30·······40·······50·······60·······70·····
    53
    54      区-点  JIS   SJIS   EUC   Uni   UTF-8   字
    55      01-01 2121  8140   A1A1  3000  E38080       、
    56      01-02 2122  8141   A1A2  3001  E38081       、
    57      01-03 2123  8142   A1A3  3002  E38082
----- wincode2_mod.txt (Text) [utf8&crlf]   56:1    File: C:/Users/cf/Dropbox/_myp_KanPee/20150806CFannoted/WindowsSar
          ·10·······20·······30·······40·······50·······60·······70·····
   340      04-01 2421  829F   A4A1  3041  E38181    ぁ
   341      04-02 2422  82A0   A4A2  3042  E38182    あ
   342      04-03 2423  82A1   A4A3  3043  E38183    ぃ
   343      04-04 2424  82A2   A4A4  3044  E38184    い
   344      04-05 2425  82A3   A4A5  3045  F38185    う
----- wincode2_mod.txt (Text) [utf8&crlf]  343:5    File: C:/Users/cf/Dropbox/_myp_KanPee/20150806CFannoted/WindowsSar
          ·10·······20·······30·······40·······50·······60·······70·····
   435      05-01 2521  8340   A5A1  30A1  E382A1    ァ
   436      05-02 2522  8341   A5A2  30A2  E382A2    ア
   437      05-03 2523  8342   A5A3  30A3  E382A3    ィ
   438      05-04 2524  8343   A5A4  30A4  E382A4    イ
   439      05-05 2525  8344   A5A5  30A5  F382A5    ウ
----- wincode2_mod.txt (Text) [utf8&crlf]  438:43   File: C:/Users/cf/Dropbox/_myp_KanPee/20150806CFannoted/WindowsSar
          ·10·······20·······30·······40·······50·······60·······70·····
   910  あ  16-01 3021  889F   B0A1  4E9C  E4BA9C    亜
   911      16-02 3022  88A0   B0A2  5516  E59496    唖
   912      16-03 3023  88A1   B0A3  5A03  E5A883    娃
   913      16-04 3024  88A2   B0A4  963F  E998BF    阿
   914      16-05 3025  88A3   B0A5  54C0  F59380    京
----- wincode2_mod.txt (Text) [utf8&crlf]  913:43   File: C:/Users/cf/Dropbox/_myp_KanPee/20150806CFannoted/WindowsSar
          ·10·······20·······30·······40·······50·······60·······70·····
   985      16-76 306C  88EA   B0EC  4E00  E4B880    一
   986      16-77 306D  88EB   B0ED  58F1  E5A3B1    壱
   987      16-78 306E  88EC   B0EE  6EA2  E6BAA2    溢
   988      16-79 306F  88ED   B0EF  9038  E980B8    逸
   989      16-80 3070  88EE   B0F0  7A32  F7A8B2    稲
----- wincode2_mod.txt (Text) [utf8&crlf]  988:43   File: C:/Users/cf/Dropbox/_myp_KanPee/20150806CFannoted/WindowsSar
          ·10·······20·······30·······40·······50·······60·······70·····
  1970      27-16 3B30  8E4F   BBB0  4E09  E4B889    三
  1971      27-17 3B31  8E50   BBB1  5098  E58298    傘
  1972      27-18 3B32  8E51   BBB2  53C2  E58F82    参
  1973      27-19 3B33  8E52   BBB3  5C71  E5B1B1    山
  1974      27-20 3B34  8E53   BBB4  60F8  F683A8    惨
----- wincode2_mod.txt (Text) [utf8&crlf]  1973:43  File: C:/Users/cf/Dropbox/_myp_KanPee/20150806CFannoted/WindowsSar
          ·10·······20·······30·······40·······50·······60·······70·····
  3082  に  38-83 4673  93F1   C6F3  4E8C  E4BA8C    二
  3083      38-84 4674  93F2   C6F4  5C3C  E5B0BC    尼
  3084      38-85 4675  93F3   C6F5  5F10  E5BC90    弐
  3085  **  38-86 4676  93F4   C6F6  8FE9  E8BFA9    迩
  3086      38-87 4677  93F5   C6F7  5302  F58C82    匂
----- wincode2_mod.txt (Text) [utf8&crlf]  3085:43  File: C:/Users/cf/Dropbox/_myp_KanPee/20150806CFannoted/WindowsSar

                                                                  10/11 10:31
```

図10-19：Shift_JISのダンプ（再掲）

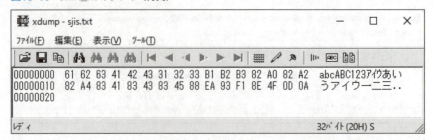

文字とコードを並べると、こうでしたね。

```
a    b    c    A    B    C    1    2    3    ア    イ    ウ    あ    い
61   62   63   41   42   43   31   32   33   B1    B2    B3    82A0  82A2

う     ア     イ     ウ     ー     ニ     三     (改行)
82A4   8341   8343   8345   88EA   93F1   8E4F   0D 0A
```

これで、文字と、文字コードと、ダンプツールの画面と、文字コード表の関係が分かったと思います。たとえば、文字化けが起こったときに、ダンプして、原因を突き止めることが可能です。と言うことで、ありがちな文字化けを突き止めてみましょう！

■ Shift_JISで「申します」が化ける

ここでは、ありがちな文字化けの一例として、Windowsの代表的な文字コードShift_JISを使った時の「5C問題」を研究します。

P.366で研究したプログラムを見てみます。

```perl
#! /usr/bin/perl
#
# printHelloJW.pl -- 日本語であいさつする
#  (※Shift_JIS、改行CRLFで保存)

use 5.010;
use strict;
use warnings;

print "こんにちは、Perlともうします！\n";
```

このプログラムにはちょっと変なところがあります。普通「申します」は漢字で書くと思いませんか？ ということで、漢字で書きなおしてみます。

10.2 日本語を表示する

```perl
#! /usr/bin/perl
#
# printHelloJW2.pl -- 漢字であいさつする（Shift_JIS版）（不具合があります）
# （※Shift_JIS、改行CRLFで保存）

use 5.010;
use strict;
use warnings;

print "こんにちは、Perlと申します！\n";
```

では実行してみましょう。Windowsで、Shift_JISで保存したスクリプトを実行している場合は、不具合が起きます。

> **MEMO**
>
> Mac/UNIXでも文字コードをShift_JISに設定していればやはり問題が起きます。

```
C:\Perl\perl>printHelloJW2.pl
こんにちは。Perlと垂オます！
```

「申し」が「垂オ」という、垂直のスイに半角カナの小書きのオになってしまいました。いわゆるひとつの**文字化け**ってやつですね。

では研究しましょう。出力された文字コードが知りたいので、ファイルにリダイレクトします。

```
C:\Perl\perl>printHelloJW2.pl > helloJW2.txt   ファイルにリダイレクトする
                                               何も出なくなる
```

ここで、出力したファイルをダンプします。

図10-20：化けたファイルをダンプしてみた

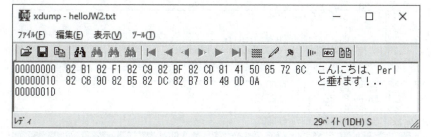

分かりやすく並べて書いてみます。

```
こ    ん   に   ち   は   、    P   e   r   l
82B1 82F1 82C9 82BF 82CD 8141 50  65  72  6C

と    垂   ｵ   ま   す   ！   (改行)
82C6 9082 B5  82DC 82B7 8149 0D0A
```

問題箇所の、垂直の「垂」という字と半角カナの「ｵ」をコード表で見てみましょう。

図10-21：wincode2_mod.txtで「垂」を調べるとたしかに0x9082

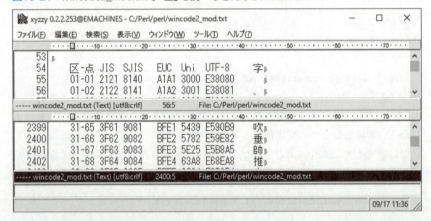

図10-22：wincode1_mod.txtで「ｵ」を調べるとたしかに0xB5

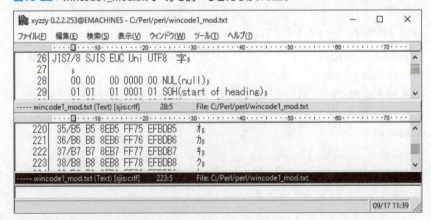

ダンプの通り、「垂」は0x9082、「才」は0xB5であると分かりますね。(当たり前ですが…。)

ではここで、本来出したかった「こんにちは。Perlと申します！(改行)」という文字列をテキスト エディターに手で打ち込んでみましょう。

図10-23：ほんとはこうしたかった

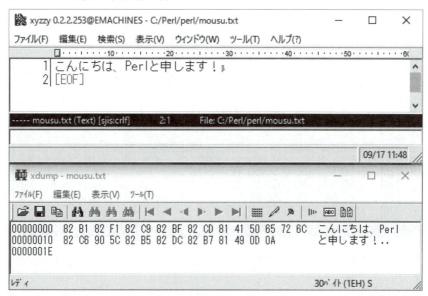

上図はテキスト エディター画面とダンプ ツールを並べてみました。今度の文字コードはこうなりました。

```
こ     ん     に     ち     は    、     P  e  r  l
82B1  82F1  82C9  82BF  82CD  8141  50 65 72 6C

と     申     し     ま     す    ！    (改行)
82C6  905C  82B5  82DC  82B7  8149  0D0A
```

図は省略しますが、wincode2_mod.txtで「申」を調べると0x905Cに、ひらがなの「し」を調べると0x82B5になっています。

ということで、「申(0x905C)し(0x82B5)」が、「垂(0x9082)才(0xB5)」に化けていると分かります。

つまり、「申」の後半の0x5Cが消失し、その結果「申」の前半0x90と「し」の前

半0x82が合体し、「垂(0x9082)」という字になっています。その結果、「し(0x82B5)」の後半0xB5が千切れて、「オ(0xB5)」になっています。

では、なぜ0x5Cが消失したのでしょうか。

そもそも、この0x5Cという字はどんな文字コードでしょうか。wincode1_mod.txtで調べてみます。

図10-24：0x5Cは¥だった！

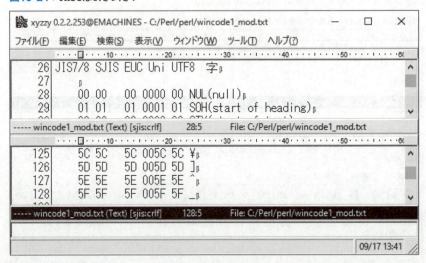

これは、Windowsで日本語フォントを使うと円記号¥に見えますが、その他のフォントを使うとバックスラッシュ\に見える字です。バックスラッシュは、P.27ですでに研究しましたが、二重引用符""の中では、以下のような性質を持っていました。

- ¥nは改行、¥tはタブのように、¥と特定の字を組み合わせれば、エスケープ文字列として機能を持つ
- ¥¥と書くと¥という字そのものが表示される
- エスケープ文字列にならない単独の¥は、消失する

Shift_JISの漢字は、前半1バイトは英数字、半角カタカナとカブらないようなコード範囲でしたが、後半1バイトはASCIIともカブることがあります。上記の現象は、二重引用符("")の中でバックスラッシュ(¥)を削除するという処理が、Shift_JIS漢字の後半にも効いてしまったために発生した現象です。

まとめると、

- 本来Shift_JISで「申し」と表示したかった。「申」は`0x905C`、「し」は`0x82B5`
- しかし、Perlのプログラムの二重引用符の中で、「申」の後半がバックスラッシュ（`0x5C`）と判断されて、削除された
- その結果「申」の前半（`0x90`）と「し」の前半（`0x82`）が合体して「垂」（`0x9082`）になった
- 残された「し」の後半（`0xB5`）は「オ」になった
- これは、Shift_JISで漢字の後半がバックスラッシュとたまにカブるから悪い！

ということです。

> **MEMO**
>
> この現象はPerlだけでなく、C言語など二重引用符（""）の中でバックスラッシュ（0x5C、¥または \）がエスケープの意味を持つ言語でShift_JISを使った場合に起こります。

これはどうやったら解決できるでしょうか。

その場しのぎの解決法～余計な¥を挿入する

ではまず、昭和時代に流行っていたShift_JISの「申」が化ける問題についてのちょっとしたセコい解決方法を示してみましょう。問題の漢字「申」のうしろに余分な¥（`0x5C`）をはさみます。

```perl
#! /usr/bin/perl
#
# printHelloJW3.pl -- 漢字であいさつする（Shift_JIS版）
#   (不具合を解決してみました)
#   (※Shift_JIS、改行CRLFで保存)

use 5.010;
use strict;
use warnings;

print "こんにちは、Perlと申¥します！¥n";
```

実行してみます。

```
C:¥Perl¥perl>printHelloJW3.pl
こんにちは、Perlと申します！
```

直りましたね。なぜか分かりますか。これは、二重引用符の中で¥¥が¥になるという規則を応用したものです。「申」の後半と¥と、2つの`0x5C`というコー

ドが連続して、1つの￥に置き換えられ、結果的に正しく見えるということです。

では、すべてこういう字に￥を付ければ解決でしょうか。後半に0x5Cがある全角文字はShift_JISにいくつあるでしょう。詳しく述べませんが、これは、`wincode2_mod.txt`をgrep機能で検索すると分かります。

図10-25：0x5Cで終わる漢字

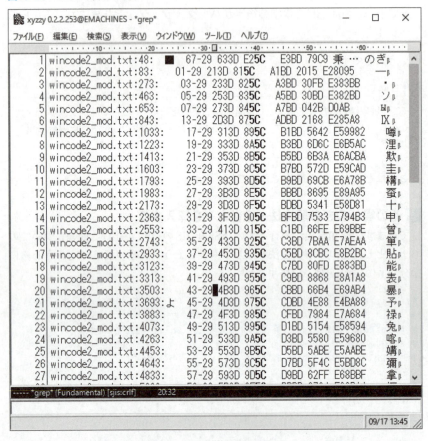

カタカナの「ソ」、漢数字の「十」、表示の「表」なども入ります。こういう字を全部おぼえておいて￥を挿入するのはかなり面倒です。

「ソチ五輪選手の十代の表現力に感嘆したと申し上げる」と言いたいために「ソ￥チ五輪選手の十￥代の表￥現力に感嘆したと申￥し上げる」などと書かなければなりません。うっとうしい話です。

根本的な解決法～UTF-8を使う

では、根本的な解決法として、プログラムをUnicodeの一種、UTF-8で保存してみます。

Unicodeとは、アメリカのASCII、日本のShift_JISよりも大きい、全世界で使う全文字を収録することを目指して作られた国際文字コード規格です。この規格ではUTF-8、UTF-16など、いくつかの文字コード系を定めていますが、ここではUTF-8を使います。

UTF-8はShift_JIS同様、ASCII部分は共通です。よって、いわゆる半角英数字だけを使えば、ASCIIも、Shift_JISも、UTF-8も共通ということになります。

問題の漢字ですが、Shift_JISは漢字の前半だけ一意のコードになっていましたが、後半はASCIIとコードを共用していたので0x5C(¥)問題が起こっていました。しかし、UnicodeそしてUTF-8は、最初から世界を目指して設計された文字コードですので、さきほどの現象は起きません。

```
#! /usr/bin/perl
#
# printHelloU8W.pl -- 漢字であいさつする（UTF-8版、Windows用）
#  (※UTF-8、改行CRLFで保存)

use 5.010;
use strict;
use warnings;

print "こんにちは、Perlと申します！¥n";
```

プログラムの見た目的には「Perlと申します！」の当時と変わりませんが、UTF-8で保存してください。サクラエディタで保存したところを以下に示します。

> CHAPTER 10 日本語処理

MEMO

　UTF-8を含むUnicodeの国際規格では、バックスラッシュ \ は0x5C、円記号 ¥ は0xA5という違うコードになりますが、Windowsの標準フォントであるMSゴシック、MS明朝、メイリオなどでは、依然として0x5Cの字形も ¥ になっています。つまり、0x5Cと0xA5という2つのコードに同じ ¥ という字形が割り当てられていることになります。本書としては0x5Cの文字の字形としてWindowsのプログラムでは ¥ を、Mac/UNIXのプログラムでは \ を使います。下図は、文字コード表というWindows付属のプログラムで、MSゴシックにおける0x5Cと0xA5を比べたものです。

図10-26：0x5Cと0xA5という2つのコードに同じ¥

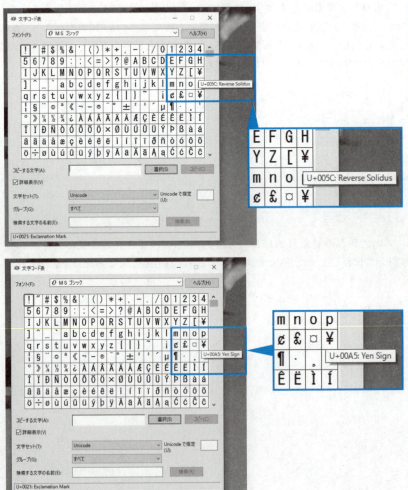

10.2 日本語を表示する

図10-27：UTF-8でプログラムを保存

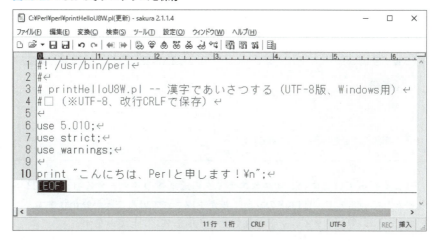

ではWindowsで実行します。下には実行画面を掲げます。

図10-28：UTF-8をWindowsコマンド プロンプトに表示してみたが…。

うわっボロボロに文字化けしましたね。これはUTF-8の文字コードをそのままShift_JIS対応のコマンド プロンプトに放流してしまったからです。では、ファイルにリダイレクトしてみます。

```
C:¥Perl¥perl>printHelloU8W.pl > helloU8W.txt
```

リダイレクトしたファイルをサクラエディタで開いてみます。

図10-29：UTF-8でリダイレクトしてみる

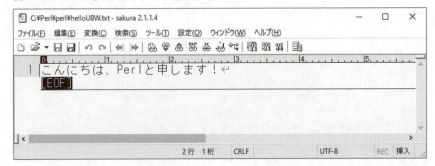

うまく行っていますね。サクラエディタの最下端のステータスバーにUTF-8と書かれているので、UTF-8のファイルが生成されていることが分かります。

では、ついでにリダイレクトされたファイルをダンプしてみます。

図10-30：UTF-8のダンプ

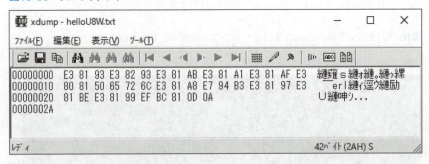

まず、ダンプ ツールxdumpの右側が文字化けを起こしています。この「縺薙ｓ縺ｫ…」という文字化けは、さっきコマンド ライン画面に表示したときと一緒ですね。つまり、xdumpの右側もムリヤリShift_JISで表示していることが分かります。

では、最初の文字、ひらがなの「こ」はUTF-8では何と言うコードでしょうか。これは文字コード表wincode2_mod.txtの一番右側のカラムになります。下図はwincode2_mod.txtの一部を表示したものです。

図10-31：UTF-8のコード

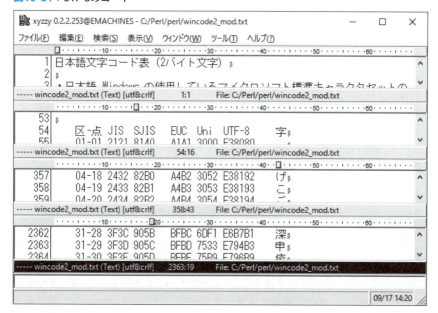

「こ」は0xE38193になります。E3、81、93と、あらゆるバイトが0x80を超えているので、0x5C(¥)を含むASCII文字とはカブりません。

ということで、衝撃の事実ですが、UTF-8ではひらがな1文字が3バイトにエンコードされます。このように、UTF-8ではあらゆる文字コードをダブらせない代わりに、文字の長さをどんどん長くしています。日本語で使う文字のUTF-8でのバイト数は以下のようになります。

表10-2：日本語で使うUTF-8の文字数

文字数	バイト数
ASCII互換の半角英数字	1
ひらがな、半角／全角カタカナ、Shift_JISの範囲のJIS基本漢字を含むBMPの漢字	3
BMPの範囲を超える漢字	4

CHAPTER 10 日本語処理

> **MEMO**
>
> Shift_JISの範囲のJIS基本漢字とは、JIS X 0208規格の漢字7000字ほどのことです。
>
> Unicodeでは、Unicodeスカラー値と呼ばれる文字番号がU+XXXXという形の16進数4桁の範囲の文字のことをBMPと言いますが、BMPの範囲にはASCII英数字、ひらがな、全角カタカナ、半角カタカナ、そしてJIS基本漢字がすべて入ります（BMPの漢字は27,000字ほどあり、JIS基本漢字以外の字もたくさん入っています）。
>
> BMPの範囲を超える漢字とは、Unicodeスカラー値がU+XXXXXと16進数5桁の範囲の字のことで、ここにもJIS基本漢字以外の字が収録されています。
>
> Unicodeスカラー値はUnicode文字に付ける背番号のようなもので、UTF-8文字コードはこの値から規則に基づいて計算します。
>
> この計算の結果、ASCIIの英数字は1バイトになり、ひらがな、全角カタカナ、半角カタカナ、JIS基本漢字を含むBMPの範囲の漢字は3バイト、BMPを超える漢字は4バイトになるのです。本書は文字コードの本ではないので詳細は割愛します。

また、同じ表から、「申」は0xE794B3であると分かります。これも「こ」同様あらゆるバイトが0x80以上ですので、ASCIIとは絶対にカブりません。

ということで、リダイレクトしてUTF-8のファイルを作ることはうまくできるけど、コマンド ライン画面の表示は文字化けしてしまうプログラムができました。では、Shift_JISを表示するように設定されているコマンド ライン画面の表示も正しくするにはどうすればいいでしょうか。

> **MEMO**
>
> 文字化けの画面に何回も登場した「縺」という字は、Shift_JISの0xE381に当たる字です。UTF-8のひらがなは必ず0xE381で始まるので、「縺」という字がやたら出てくる文字化けを見ると我々プロは「あー、UTF-8で書いた日本語をShift_JIS環境に出しているなー」と判断します。こんな判断能力が身についてもあまり自慢にはなりませんが…。ちなみに「縺」は音読みではレンと読み、訓読みでは「縺れる」と書いてモツれると読みます。

10-3 utf8 プラグマ モジュール

ということで、プログラムはUTF-8で書きながら、出力はShift_JISにすることはできないでしょうか。できます！ それには、現在書いているプログラムがUTF-8であることをPerlに伝える utf8 プラグマ モジュールと、STDOUT ファイルハンドルに出力する文字コードを指定する binmode 関数を使います。

プログラムはUTF-8で、出力はShift_JISで

次のプログラムを見てください。

なお、本書のこれ以降のプログラムはすべてUTF-8で保存するとします。

```perl
#! /usr/bin/perl
#
# printHelloU8W2.pl -- binmodeを使う
# (※UTF-8、改行CRLFで保存)

use 5.010;
use strict;
use warnings;
use utf8;

binmode STDOUT, ":encoding(Shift_JIS)";

print "こんにちは、Perlと申します！\n";
```

では実行してみます。

図10-32：できたー！

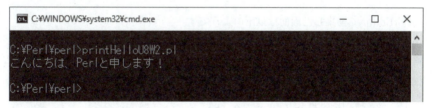

見事に表示されましたね。これでどんな0x5C文字も文字化けしません。

では、この use utf8、binmodeとは何でしょうか。

その前に、Mac/UNIXについて説明を追い付かせてください。

Mac/UNIXではUTF-8を使おう

本書の方針では、Mac/UNIXでは、プログラムは最初からUTF-8で保存し、ターミナルの端末コードもUTF-8に設定していただくことにします。

> **MEMO**
>
> Macのターミナルの端末コードは、購入時のデフォルトでUTF-8になっていると思います。

以下のコードをUTF-8で保存し、改行コードはLF（0x0Aのみ）にします。

```
#! /usr/bin/perl
#
# printHelloU8M.pl -- こんにちはと漢字であいさつする（UTF-8版）
#  （※UTF-8、改行LFで保存）

use 5.010;
use strict;
use warnings;

print "こんにちは、Perlと申します！\n";
```

> **MEMO**
> UTF-8では、¥と\は違う文字で、改行のエスケープ文字列は\nなので注意してください。

CotEditorは編集画面の上のメニューバーから［エンコーディング］ボックスで文字コードを、［改行コード］ボックスで改行コードを選択できるようになっているので、正しく選択して保存（Macでは Command を押しながら S キー）すればオッケーです。

CotEditorで編集した画面は以下のようです。

図10-33：［エンコーディング］がUTF-8、［改行コード］がLF

10.3 utf8プラグマ モジュール

実行してみます。

```
$ printHelloU8M.pl
こんにちは、Perlと申します！
$
```

UTF-8ではShift_JISの範囲を含む、UnicodeのBMPという範囲に入る漢字は3バイトで、BMP範囲外の漢字は4バイトですが、いずれの文字のいずれのバイトも\などの半角文字とカブらないように設計されていますので、プログラムを何もいじらなくてもそのまま日本語が表示できます。

また、多くのMac/UNIX環境では、端末の文字コードがUTF-8に設定されているため、use utf8やbinmodeを使わなくても、プログラムをUTF-8に指定し、そのまま標準出力に表示すれば、正しく日本語が画面に表示されます。

ただし、Mac/UNIXで動作させるもともとUTF-8のプログラムであってもuse utf8やbinmode関数を使うことは意味があります。

これについて研究しましょう。

use utf8

ふたたびWindowsマシンによる研究になりますが、基本の概念は一緒ですので、Mac/UNIXをお使いの方も一緒に研究しましょう。

それではまず、**use utf8**から研究します。

useで導入するutf8は、strictやwarningsと同じく、プラグマ モジュールと呼ばれるものです。これは、それ以降のプログラムの動作を変えます。

use utf8と書いてutf8プラグマ モジュールを使うと、それ以降の二重引用符("")で囲んだ文字列リテラルは、**UTF-8内部文字列**として認識されます。

> **MEMO**
> UTF-8内部文字列のことを「UTF-8フラグが立った文字列」などと呼ぶこともあります。

一方、utf8を使わなければ、文字列リテラルは、文字コードがただの2進数の並びとして認識されるだけです。ちょっと試してみましょう。以下のプログラムはUTF-8（改行コードはCRLF）で保存してください。

```
#! /usr/bin/perl
#
# use_utf8_W.pl -- use utf8の実験（Windows用）
# (※UTF-8で保存し、改行コードはCRLFにする)
```

CHAPTER 10 日本語処理

```perl
use 5.010;
use strict;
use warnings;

use utf8;

my $str = "ABCDEあいうえお";
say "文字列【$str】の長さは".length($str)."です";              # 13行目
say "関数substr(\$str,3,6)の答えは".substr($str,3,6)."です"; # 14行目

no utf8;

$str = "ABCDEあいうえお";
say "文字列【$str】の長さは".length($str)."です";
say "関数substr(\$str,3,6)の答えは".substr($str,3,6)."です";
```

　では実行します。UTF-8をWindowsのコマンド プロンプトに放流したら文字化けが起きることは分かっているので、ここでは最初からファイルにリダイレクトしています。

```
C:¥Perl¥perl>use_utf8_W.pl > utf8_W.txt
Wide character in say at C:¥Perl¥perl¥use_utf8_W.pl line 13.
Wide character in say at C:¥Perl¥perl¥use_utf8_W.pl line 14.
```

　「Wide character」という警告が出ています。これは1回目、2回目の、use utf8の後のsayで起こっているものです。(3回目、4回目のno utf8の後のsayでは起こっていません。)
　これはPerlでUnicodeを使うとありがちな警告の1つです。あとで研究します。
　結果ファイルutf8_W.txtを見てみます。
　このファイルにはShift_JISとしてもUTF-8としても変な字が入っているので、開くときに自動判定が効かないと思いますので、テキスト エディターの機能でUTF-8を指定して開いてください。
　サクラエディタではまずアプリを起動し、[ファイル]-[開く]で[ファイルを開く]ボックスを表示させて、開くファイル名(ここではutf8_W.txt)を選択して、[文字コードセット]を「UTF-8」に設定します。

図10-34：サクラエディタで文字コードを指定して開く

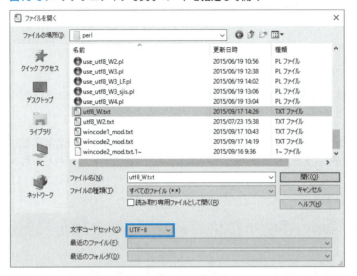

開くと、こんな感じになります。

図10-35：サクラエディタで開いたらちょっとヘン

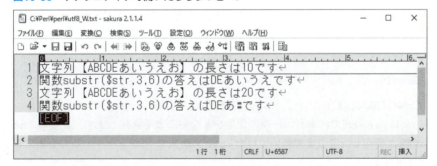

ちょっと最後の行の「DEあ」の後に文字化けが生じています。サクラエディタでは黄色い「■」に見えますが、これはエディターによって違うと思います。
では解説します。

```
use utf8;
```

はプログラムでUTF-8を使う時に最初に宣言します。これで、これ以降の文字列リテラルは、UTF-8文字列として認識されます。つまり、下の$strは、英数字5文字と、ひらがな5文字からできていると分かっているということです。

```
my $str = "ABCDEあいうえお";
```

では、「ひらがなであると分かっている」とはどういうことでしょうか。

```
say "文字列【$str】の長さは".length($str)."です";
```

というsay関数の実行結果を見ます。

> 文字列【ABCDEあいうえお】の長さは10です

となります。

英数字5文字と、ひらがな5文字ですから、length関数が返す10文字は正しい値です。これが、utf8プラグマ モジュールによって、英数字とひらがなをちゃんと認識できている第1の証拠です。

次に、

```
say "関数substr(¥$str,3,6)の答えは", substr($str,3,6), "です";
```

の結果を見てみます。

> 関数substr($str,3,6)の答えはDEあいうえです

となります。

> ABCDEあいうえお

という文字列の4文字目(ゼロ始まりで数えると3)から6文字分をsubstr関数で取り出しますので「DEあいうえ」で合っています。

では、次に

```
no utf8;
```

ゾーンに突入します。

noはuseの逆で、モジュールの使用をしないことを意味します。よって、**no utf8**と書くと、ここまで効いていたutf8プラグマ モジュールの効力を帳消しにします。

よって、二重引用符("")の中は、UTF-8文字列ではない1文字1バイトの文字コードの列として認識されます。以下は、さっきと同じ文を繰り返しています。

```
say "文字列【$str】の長さは".length($str)."です";
```

の結果は

> 文字列【ABCDEあいうえお】の長さは20です

と表示されます。この20とはどういう数字でしょうか。

図10-36：UTF-8のABCとあいうえお

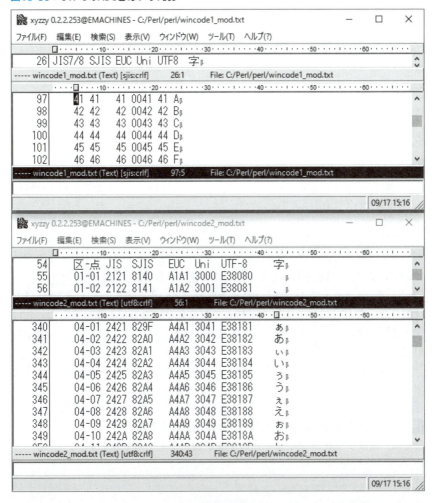

　上図は、wincode1_mod.txtでABCDEを、wincode2_mod.txtであいうえおを表示したものです。UTF-8は一番右の16進数です。
　いわゆる半角英数字のAは0x41、Bは0x42、Cは0x43、になっています。このエリアはASCII、Shift_JIS、UTF-8はすべて共通で、1文字1バイト（16進数2桁）です。
　次にあいうえおです。「あ」はShift_JISでは0x82A0でしたが、UTF-8では前にも出てきましたが0xE38182と3バイト（16進数6桁）になっています。
　ということで、「ABCDEあいうえお」は、バイトで数えると英数字5バイト、ひ

らがなは3×5＝15バイトで、合計20バイトになると分かります。これがno utf8状態でのlength関数の戻り値20の意味です。

次に、

```
say "関数substr(¥$str,3,6)の答えは", substr($str,3,6), "です";
```

の表示は

```
関数substr($str,3,6)の答えはDEあ■です
```

となっています。

> **MEMO**
>
> 文字化けの表現はエディターによってさまざまですが、サクラエディタでは黄色で■と書かれているようです。

　これはどういうことでしょうか。
　結論を言うと、これは、「ABCDEあいうえお」の4バイト目から6バイトを取って来ています。4バイト目はDで、そこから6バイトです。「DE」までで2バイト。「あ」までで5バイトです。あと1バイト取る、ということで、「い」を3分の1だけ削り取った（？）文字をムリヤリ作って文字化けになってしまいました。化け文字はサクラエディタでは黄色い■に見えていますが、ソフトによって挙動が違います。
　これらの現象が、no utf8状態では$strをUTF-8文字列ではなく1バイト文字の列として見ているということを示しています。

■utf8プラグマ モジュールをMac/UNIXで使う

　では、utf8プラグマ モジュールの実験をMacでもやってみます。

```
#! /usr/bin/perl
#
# use_utf8_M.pl -- use utf8の実験（Mac用）
# （※UTF-8で保存し、改行コードはLFにする）

use 5.010;
use strict;
use warnings;

use utf8;

my $str = "ABCDEあいうえお";
say "文字列【$str】の長さは".length($str)."です";         # 13行目
```

```
say "関数substr(¥$str,3,6)の答えは".substr($str,3,6)."です";  # 14行目

no utf8;

$str = "ABCDEあいうえお";
say "文字列【$str】の長さは".length($str)."です";
say "関数substr(\$str,3,6)の答えは".substr($str,3,6)."です";
```

　上のプログラムは、内容としてはWindows用にさっき実験したものと一緒です。ただし改行コードをCRLF（0x0D0A）ではなく、LF（0x0A）にします。

　Macは端末コードをUTF-8に設定しているので、文字化けが起きないと予想されるので、リダイレクトなしでそのまま画面に表示してみます。

```
$ use_utf8_M.pl
Wide character in say at /Users/query1000/perl/use_utf8_M.pl line
13.
文字列【ABCDEあいうえお】の長さは10です
Wide character in say at /Users/query1000/perl/use_utf8_M.pl line
14.
関数substr($str,3,6)の答えはDEあいうえです
文字列【ABCDEあいうえお】の長さは20です
関数substr($str,3,6)の答えはDEあ?です
```

　予想通り、ターミナルに日本語メッセージが文字化けせずに表示されましたね。

　ただし、use utf8を使うと、「Wide character...」という警告が表示されました。

　なお、length関数およびsubstr関数の結果は、Windows同様、use utf8状態では文字単位、no utf8状態ではバイト単位になりました。

　no utf8部分は「DEあ?」と表示されています。「?」はMacのターミナルにおける文字化けの表現です。

10-4 binmode 関数

　ここまでuse utf8によるutf8プラグマ モジュールの使用について研究してきました。このプラグマ モジュールを使うことで、「このプログラムUTF-8で書いてるよ」とPerlに伝えることができ、PerlはすべてのUnicode文字を1文字ずつ解釈できます。

　次にbinmode関数について研究します。これは、sayやprint、<STDIN>などを使ってプログラムから読み込み／書き出しを行う文字コードを設定します。

binmode関数でWide character警告を消す

Windowsに戻ります。

前の項でno utf8にするとASCII以外のUTF-8、1文字が正しく1文字に解釈されないことがあると分かったので、さっきのプログラムのno utf8部分を除去し、スッキリとuse utf8だけにしてみます。

```perl
#! /usr/bin/perl
#
# use_utf8_W2.pl -- use utf8の実験（修正、Windows版）
# （※UTF-8で保存し、改行コードはCRLFにする）

use 5.010;
use strict;
use warnings;

use utf8;

my $str = "ABCDEあいうえお";
say "文字列【$str】の長さは".length($str)."です";          # 13行目
say "関数substr(¥$str,3,6)の答えは".substr($str,3,6)."です"; # 14行目
```

実行します。出力はutf8_W2.txtにリダイレクトします。

```
C:¥Perl¥perl>use_utf8_W2.pl > utf8_W2.txt
Wide character in say at C:¥Perl¥perl¥use_utf8_W2.pl line 13.
Wide character in say at C:¥Perl¥perl¥use_utf8_W2.pl line 14.
```

あいかわらず「Wide characters」という警告が出続けています。出力ファイルutf8_W2.txtは、

```
文字列【ABCDEあいうえお】の長さは10です
関数substr($str,3,6)の答えはDEあいうえです
```

ですので問題ありませんが、警告が気持ち悪いですね。

「Wide character in say」は、UTF-8内部文字列をそのままsayで出力したときに発生する警告です。UTF-8内部文字列は、プログラムの中で使う特殊なデータで、プログラムの外に出すには、普通のバイナリー列に変換してやる必要があります。

> **MEMO**
>
> UTF-8内部文字列をバイナリー列に変換することを、「UTF-8フラグを落とす」とも言います。

それ以前に、そもそもこのプログラムをShift_JISをやめてUTF-8化したのは、

Shift_JISだと「申」という字が化けると言う理由でした。

　Windowsの場合は、Shift_JISの方が、コマンド ラインで文字化けせずに見えて便利ですが、UTF-8で書いたスクリプトからはUTF-8が出てくるので、そのままShift_JIS対応のコマンド ラインに出力すると「縺薙ｓ縺ｫ…」とか文字化けするから、わざわざリダイレクトしてファイルを開いて見ているわけです。

　プログラムはUTF-8で作るけど、出力はShift_JISにしたい。ここで使うのがbinmode関数です。

```
#! /usr/bin/perl
#
# use_utf8_W3.pl -- use utf8の実験（binmodeを使う）
# （※UTF-8で保存し、改行コードはCRLFにする）

use 5.010;
use strict;
use warnings;

use utf8;
binmode STDOUT, ":encoding(Shift_JIS)";

my $str = "ABCDEあいうえお";
say "文字列【$str】の長さは".length($str)."です";
say "関数substr(¥$str,3,6)の答えは".substr($str,3,6)."です";
```

　では実行してみましょう。今度は実行結果をリダイレクトせず、直接コマンドラインに表示させてみます。

```
C:¥Perl¥perl>use_utf8_W3.pl
文字列【ABCDEあいうえお】の長さは10です
関数substr($str,3,6)の答えはDEあいうえです
```

　やったー。文字化けしていません。また、「Wide characters」警告がなくなりました。

　ここがミソです。

`binmode STDOUT, ":encoding(Shift_JIS)";`

　binmode関数は、ファイル ハンドルで入出力する文字コードを指定する関数です。名前はbinary modeの略です。

　第1引数STDOUTは標準出力のファイル ハンドルです。（P.305参照）

　第2引数":encoding(Shift_JIS)"は、Shift_JISで出力することを意味します。

　binmodeを使うと、STDOUT（標準出力）に出すコードを、UTF-8内部文字列

からバイナリー列に変換します。

さらに、引数":encoding(Shift_JIS)"で指定の文字コードに変換します。

一方そのころMac/UNIXでは···

Mac/UNIXでは、UTF-8を出力しているので、文字化けは起きませんが、やはり「Wide characters」警告が発生していました。

この場合はどうすればいいでしょうか。

```perl
#! /usr/bin/perl
#
# use_utf8_M2.pl -- use utf8の実験（binmodeでUTF-8を指定する）
# （※UTF-8で保存し、改行コードはLFにする）

use 5.010;
use strict;
use warnings;

use utf8;
binmode STDOUT, ":encoding(UTF-8)";

my $str = "ABCDEあいうえお";
say "文字列【$str】の長さは".length($str)."です";
say "関数substr(\$str,3,6)の答えは".substr($str,3,6)."です";
```

このように、binmodeの第2引数をUTF-8にすればオッケーです。

実行します。

```
$ use_utf8_M2.pl
文字列【ABCDEあいうえお】の長さは10です
関数substr($str,3,6)の答えはDEあいうえです
```

バッチリですね。

length関数も、substr関数も正しい答えを出し、「Wide character in say」警告も表示されていません。また、これは前のバージョンからですが、文字化けせずにコマンドラインに文字が表示されていますね。

> **MEMO**
>
> Shift_JISはShiftとJISの間がアンダースコア（_）、UTF-8はUTFと8の間がマイナス（-）であることに注意してください。これはIANAという組織に登録されている正式名です。

10-5 プログラムのUTF-8化に関する問題とその解決

これからはWindowsもMac/UNIXもUTF-8でプログラムを書いて運用しようと思いますが、その時引っ掛かるかもしれないいくつかの問題があります。

本書の方針として、実験用の小さいプログラムで、出そうなエラーはあらかじめぶつかっておいて、実務プログラムで出会ってもひるまない強い心を鍛えましょう。

■ UTF-8を使ったPerlのまとめ

細かい話の前に、ここまでで研究したUTF-8を使って二重引用符（""）で囲んだ日本語コードを出力するポイントをまとめます。

- プログラムの文字コードをUTF-8にする
  ⮕Shift_JISにすると「申」、「表」、「ソ」のようなうしろ半分が0x5Cの（¥）文字が問題になる
- プログラムの改行コードはWindowsの場合は0x0D0Aの2文字に、Mac/UNIXの場合は0x0Aの1文字にする
- use utf8を書く。これでプログラム内の二重引用符の文字列はUTF-8内部文字列になる
  ⮕これをやらないとlength、substrが文字単位でなくバイト単位で効いてしまう

> **MEMO**
>
> ただし、二重引用符の文字列がASCII文字の範囲のみであれば、もともと1文字は1バイトであるので、utf8プラグマ モジュールを使わなくても正しく1文字ずつ処理が行われます。また、use utf8と書いても、実はASCII文字（およびISO 8859-1ラテン文字）だけで書かれた二重引用符文字列は、UTF-8内部文字列に変換されません。文字列にASCII（およびラテン文字）でない文字（たとえば漢字）が入るとその瞬間にutf8配下のプログラムではUTF-8内部文字列に変換されます。ただし、これはPerlが内部で勝手にやっていることで、これを意識しなくても特に問題はありません。

- Windowsの場合は「`binmode STDOUT, ":encoding(Shift_JIS)";`」と書く
  ⮕これをやらないとUTF-8がそのままコマンド プロンプトに出力されるので「縺薙ｓ縺ｫ…」などと文字化けになる
  ⮕さらにUTF-8内部文字列がそのまま出力されるので「Wide character

in say」という警告が出る

- Mac/UNIXの場合は「`binmode STDOUT, ":encoding(UTF-8)";`」と書く
  ⮕これをやらないとUTF-8がそのままコマンドプロンプトに出力されるが、ターミナルの端末コードが正しくUTF-8になっていれば問題なく表示される
  ⮕ただしUTF-8内部文字列がそのまま出力されるので「`Wide character in say`」という警告は出る

●失敗その1：`use utf8`を書かないで`binmode`を使ってしまったら…

さて、ここまで、`utf8`プラグマ モジュールは使ったが`binmode`は使わないプログラムは書きましたが、逆に`use utf8`を使わないが`binmode`は指定したプログラムを書いたらどうなるでしょうか。やってみます。まずはMac版です。

```perl
#! /usr/bin/perl
#
# use_utf8_M3.pl -- use utf8の実験（use utf8をあえて外してみる）
# （※UTF-8で保存し、改行コードはLFにする）

use 5.010;
use strict;
use warnings;

#use utf8; # 注釈にして無効化してみた
binmode STDOUT, ":encoding(UTF-8)";

my $str = "ABCDEあいうえお";
say "文字列【$str】の長さは".length($str)."です";
say "関数substr(¥$str,3,6)の答えは".substr($str,3,6)."です";
```

実行結果は以下の通り。

図10-37：use utf8なしのbinmodeあり（Mac版）

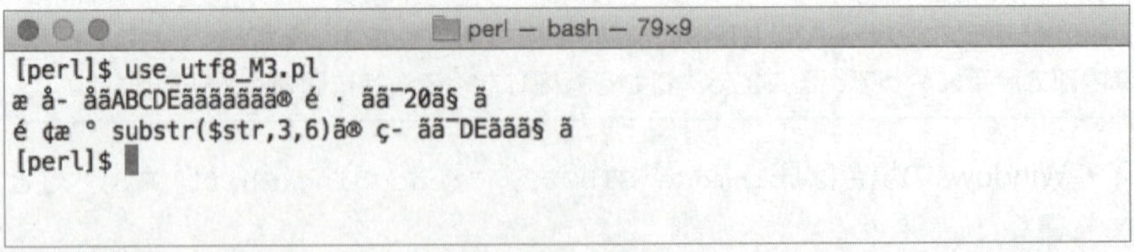

```
[perl]$ use_utf8_M3.pl
æ å- ååABCDEããããããã® é · ãã¯20ã§ ã
é ¢æ ° substr($str,3,6)ã® ç- ãã¯DEããã§ ã
[perl]$
```

このように文字化けになります。ヨーロッパで使う半角特殊文字が固め打ちで出ていますね。これはプログラムをバイト単位で解釈することを余儀なくされた

ために、たとえば文字列の「文」という漢字を構成する3バイトのコード0xE69687が、0xE6、0x96、0x87などという3つの文字にムリヤリ解釈された上に、UTF-8に変換されたものです。よく見ると、ABCDEやsubstrのようなもともと1バイトのASCII文字はそのまま表示されています。

Windows版はもっと激しくエラーが発生します。

```perl
#! /usr/bin/perl
#
# use_utf8_W4.pl -- use utf8の実験（use utf8をあえて外してみる）
# （※UTF-8で保存し、改行コードはCRLFにする）

use 5.010;
use strict;
use warnings;

#use utf8;  # 注釈にして無効化してみた
binmode STDOUT, ":encoding(Shift_JIS)";

my $str = "ABCDEあいうえお";
say "文字列【$str】の長さは".length($str)."です";  # ここが14行目
say "関数substr(\$str,3,6)の答えは".substr($str,3,6)."です";
```

実行結果は以下の通りです。

図10-38：use utf8なしのbinmodeあり（Windows版）

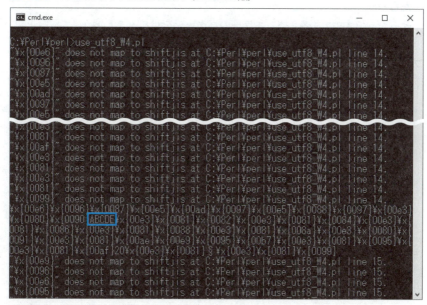

うわー大変ですね。

まず最初の「"¥x{00e6}" does not map to shiftjis at C:¥Perl¥perl¥use_utf8_W4.pl line 14.」は「C:¥Perl¥perl¥use_utf8_W4.pl 14行目の"¥x{00e6}"はshiftjisに対応していない」的な意味です。これは、本来表示すべきであった「文字列【$strの長さは…】の1文字目、漢字の「文」(UTF-8で0xE69687)の1バイト1バイトが、UnicodeのU+00E6、U+0096、U+0087として解釈され、それをShift_JISに変換しようとしたのだが、該当する文字がない、という意味の警告です。漢字や「【】」などの全角文字のUTF-8コードは、各バイトの文字コードがカブらないように設計されていますので、すべてこのエラーになります。1バイト1行メッセージが出力されているのです。

怒涛の「does not map to shiftjis」警告の後に

```
¥x{00e6}¥x{0096}¥x{0087}¥x{00e5}…
```

と表示されていますが、これはsay関数の実行結果で、なんとか出せる字を出そうとがんばっているところです。先頭の¥x{00e6}¥x{0096}¥x{0087}は「文」というUTF-8文字をムリヤリ1バイトずつ解釈して、解釈しきれなかった字をコードと一緒にそのまま表示しています。画面をよく見ると「ABCDE」というASCIIの範囲の文字はそのまま表示されていますね。

●失敗その2：UTF-8で保存しないでutf8プラグマ モジュールを使ってしまったら…

せっかくですのでもう1個、エラーのパターンを見てみましょう。

WindowsはどうしようもなくShift_JISを使いますので、**Shift_JISで保存したプログラムをuse utf8宣言してしまった場合**どうなるか見てみましょう。以下は、前に使ったプログラムを文字コードとプログラム名だけ変えてみました。

```perl
#! /usr/bin/perl
#
# use_utf8_W3_sjis.pl -- use utf8の実験（Shift_JISで保存してしまった）
# （※Shift_JISであえて保存し、改行コードはCRLFにする）

use 5.010;
use strict;
use warnings;

use utf8;
binmode STDOUT, ":encoding(Shift_JIS)";

my $str = "ABCDEあいうえお";
say "文字列【$str】の長さは".length($str)."です";
```

```
say "関数substr(¥$str,3,6)の答えは".substr($str,3,6)."です";
```

実行します。エラーが出ますが、出そうと思って出しているので、別に心が折れることはありません。予定の行動だから平気だもん！

```
C:¥Perl¥perl>use_utf8_W3_sjis.pl
Malformed UTF-8 character (unexpected continuation byte 0x82, with
no preceding start byte) at C:¥Perl¥perl¥use_utf8_W3_sjis.pl line
13.
Malformed UTF-8 character (unexpected continuation byte 0xa0, with
no preceding start byte) at C:¥Perl¥perl¥use_utf8_W3_sjis.pl line
13.

・・・後略・・・
```

こういうのが50行ぐらい出たと思います。翻訳してみると、「不正な形のUTF-8文字（前もって現れるべき開始バイトがないのに、予想外の継続バイト0x82が現れた）。C:¥Perl¥perl¥use_utf8_W3_sjis.plの13行目」などという意味です。

文字コード表wincode2_mod.txtで検索すると分かりますが、0x82A0はShift_JISの漢字の「あ」です。UTF-8は、ASCII範囲以外は文字の種類を特定するために特定のバイトで開始されることになっています。これがないのに、0x82などの変なバイトが来たので「Malformed」（不正の形の）というエラーが出たのです。

ということで、日本語文字列を使う時は、

- プログラムをUTF-8で保存し、utf8プラグマ モジュールを使っていないのにbinmode関数を使ったファイルハンドルに日本語の二重引用符文字列を出力すると大変なことになる
  ⮕Mac/UNIX版で:encodingにUTF-8を指定した場合は、UTF-8文字の各バイトがムリヤリUnicode文字としてUTF-8に変換されるので変なヨーロッパ文字満載の文字化けになる
  ⮕Windows版で:encodingにShift_JISを指定した場合は、UTF-8文字の各バイトがムリヤリUnicode文字としてShift_JISに変換されるので、全角文字の場合は対応する字がないので「does not map to shiftjis」というメッセージが大量に出る
- プログラムをShift_JISで保存し、utf8を使うと、Shift_JIS文字をUTF-8文字として解釈しようとするので「Malformed UTF-8 character」というエラーが大量に出る

ということが分かりました。

ちゃんと日本語を出力するプログラムの書き方をまとめると、

- スクリプトはUTF-8で保存する
- `use utf8`を付ける
- `binmode`で出力文字コードを用途に合わせて指定する

の3つを行えばオッケーです。

WindowsとMac/UNIXの違いを追求する

さて、ここまでWindowsとMax/UNIXのプログラムを、ほとんど一緒と言いながら2つずつバラバラに作ってみました。違いは

- 改行コードがWindowsはCRLF(0x0D0A)、Mac/UNIXはLF(0x0A)である
- `STDOUT`の`binmode`の`:encoding`指定がWindowsは`Shift_JIS`、Mac/UNIXは`UTF-8`である

ということでしたね。

　Perlはほとんどのコードを WindowsとMac/UNIXで使い回せるのがウリであると前に書きましたが、これでは看板に偽りありです。なんとか一緒にできないでしょうか。できます！

●Windowsのスクリプトって本当にCRLF改行じゃないとダメなの？

　実際には、見た目上は同じスクリプトで改行コードだけが違う、という場合、スクリプトをUTF-8で書いていれば、Windows ⟷ Mac/UNIX間をFTPという仕組みでファイルをやりとりすれば問題ありません。インターネットの使い方になりますが、FTP転送するとき「アスキー モード」に指定すれば、WindowsからMac/UNIXに転送するときはCRLFをLFに、Mac/UNIXからWindowsに転送するときはLFをCRLFに自動的に変換してくれますので、改行に関しては気を使わなくていいことになっています。

　しかし、本当に、Windows改行(CRLF)のスクリプトをMac/UNIXで動かせないのでしょうか。逆に、UNIX改行(LF)のスクリプトをWindowsで動かせないのでしょうか。いままではOS標準のテキスト ファイルの仕様に従って来ましたが、あえて慣習に反逆してみましょう。

●Windows改行(CRLF)のスクリプトをMac/UNIXで動かしてみる

　では、さきほど動いていたプログラムをあえてCRLF改行で保存してみます。ここではMacのCotEditorの機能を使って改行コードを指定して保存します。

10.5 プログラムのUTF-8化に関する問題とその解決

図10-39：MacのCotEditorで改行コードをCRLFにしてみた

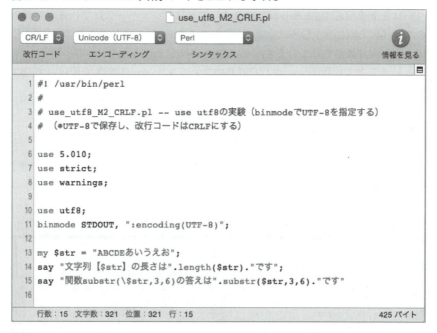

改行コードは目に見えませんから違いがわかりませんが、実行してみます。

図10-40：bashがエラーになった

```
[perl]$ use_utf8_M2_CRLF.pl
-bash: /Users/query1000/perl/use_utf8_M2_CRLF.pl: /usr/bin/perl^M: bad interpre
ter: No such file or directory
[perl]$
```

エラーになりました。これは「あるある」で、Windowsで開発してUNIXサーバーで運用する人はやってしまいがちな誤りですのでおぼえましょう。

> **MEMO**
>
> Windowsで作ったスクリプトを単純にクラウド経由でドラッグ＆ドロップしたり、FTPの「バイナリー モード」で転送してしまったときに起こります。

このエラーではシュバング行「#! /usr/bin/perl」をコマンド ライン シェル（この場合はbash）が実行しようとして、「/usr/bin/perl^Mという悪いイ

> CHAPTER 10 日本語処理

ンタープリターを実行しようとしてるけど、そんな名前のファイルやディレクトリはありません！」と怒られています。これは、シュバング行でPerlエンジンのファイルperlのうしろに余計なCRがあるからです。CRがここでは「^M」という文字列で表示されています。

　ということで、Windows改行CRLFのファイルをMac/UNIXで使い回すのはあきらめましょう。

● Mac/UNIX改行（LF）のスクリプトをWindowsで動かしてみる

　では逆に、Windows用のスクリプトをUNIX改行（LF）で保存してみます。ここではサクラエディタの［ファイル］-［名前を付けて保存］を使って［改行コード］を「LF（UNIX）」にしてみます。

図10-41：Windowsのサクラエディタで改行コードをLFにしてみた

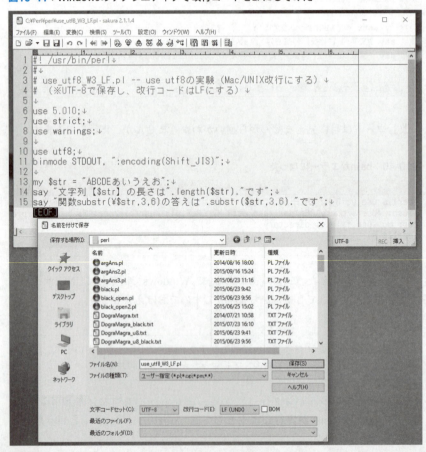

やはり改行が変わっても目に見えた違いはありません。

> **MEMO**
> 実際には、超微妙ですが、サクラエディタの機能で、LFは↓、CRLFは←」と書き分けられているようです。また、ステータス バーにも「LF」と表示されています。

では実行します。

図10-42：できた！

あっさり正しく動作しました。

ということで、いままでわざわざ改行コードを使い分けてきましたが、Mac/UNIXに合わせてLFにすれば、共通のスクリプトを書けます。

なお、上の`say`関数が出力する改行コードはCRLFでしょうか、LFでしょうか。ActivePerlでは、プログラム自体の改行がLFであっても、CRLFを出してくれるサービス機能が働いて、`say`関数ではCRLFが出力されます。

● `$^O`でOS名を取得して文字コードを変える

では、1本のスクリプトの中で、`binmode`の`:encoding`指定をWindows用では`Shift_JIS`、Mac/UNIXでは`UTF-8`に変えるにはどうすればいいでしょうか。

それには、特殊変数`$^O`を使います。ドル記号（$）、キャレット（^）、大文字のオー（O）です。

この変数には、現在Perlを実行しているOSの名前が入ってきます。以下のスクリプトをごらんください。

```
#! /usr/bin/perl
#
# printOS.pl -- OS名の表示

use 5.010;
use strict;
use warnings;

say "$^O is OS name";
```

CHAPTER 10 日本語処理

Windowsで実行してみます。

```
C:\Perl\perl>printOS.pl
MSWin32 is OS name
```

これはMicrosoft Windowsのことです。

> **MEMO**
> 32は32ビットのことかと思いますが、64ビットバージョンでも32と出てきます。

Mac (OS X) だとこうなります。

```
$ printOS.pl
darwin is OS name
```

darwinはOS Xのコア部分のことです。
その他、以下のようになります。

表10-3：$^Oの値

OS名	$^O
Windows一般	MSWin32
MacOS 9以下	MacOS
OS X	darwin
Linux一般	linux
FreeBSD	freebsd

> **MEMO**
> IBMのAIX、HPのHP-UX、SunのSolarisなどのメーカー系UNIXも違う文字列を返します。お使いのPerlでの詳細な値はperdocのperlportで確認が可能ですが、不安な場合は上のprintOS.plを実行してみればいいでしょう。

で、ここではWindows（$^OがMSWin32）であればShift_JIS、それ以外であればUTF-8という前提に立ってプログラムを作ります。

たぶんこれで大丈夫だと思いますが、個々のOSについて適正な文字コードは時代とともに移り変わることがありますので、注意が必要です。

```
#! /usr/bin/perl
#
# use_utf8.pl -- use utf8の実験（Windows、Mac／Linuxの両方で動く）
# （※UTF-8で保存し、改行コードはLFにする）

use 5.010;
use strict;
use warnings;
```

```perl
use utf8;
if ($^O eq "MSWin32") {
   binmode STDOUT, ":encoding(Shift_JIS)";
} else {
   binmode STDOUT, ":encoding(UTF-8)";
}

my $str = "ABCDEあいうえお";
say "文字列【$str】の長さは".length($str)."です";
say "関数substr(¥$str,3,6)の答えは".substr($str,3,6)."です";
```

では実行します。

図10-43：MacでもOK

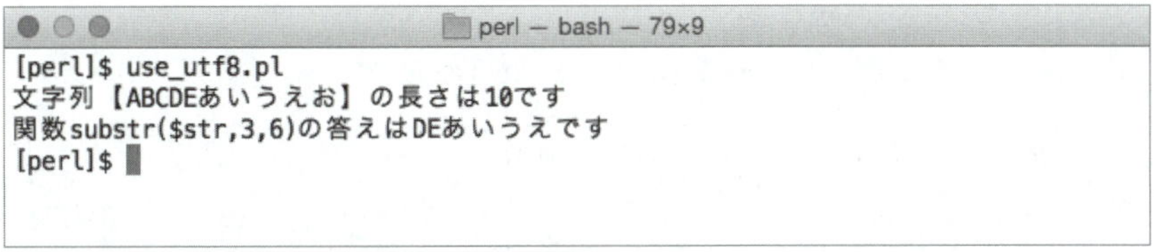

```
[perl]$ use_utf8.pl
文字列【ABCDEあいうえお】の長さは10です
関数substr($str,3,6)の答えはDEあいうえです
[perl]$
```

図10-44：WindowsでもOK

```
C:¥Perl¥perl>use_utf8.pl
文字列【ABCDEあいうえお】の長さは10です
関数substr($str,3,6)の答えはDEあいうえです

C:¥Perl¥perl>
```

オッケーですね！ ということで、話が長くなりましたが、この方針で今後進もうと思います。

10-6 入力ファイルの文字コード指定

出力ファイルについての文字コード指定ができたところで、次は入力ファイルについて研究します。

■ STDINからの入力

さて、これまでのプログラムでは二重引用符で囲んだ文字列リテラルを使って

CHAPTER 10 日本語処理

データを作っていました。今度は、STDINファイルハンドルを使って標準入力からデータを入力してみましょう。

以下のプログラムは、入力された行の、各文字の間にスペースを入れて出力するプログラムです。

```perl
#! /usr/bin/perl
#
# stdinSplit.pl -- STDINで遊ぼう（不具合あり）
# （※UTF-8で保存し、改行コードはLFにする）

use 5.010;
use strict;
use warnings;

use utf8;
if ($^O eq "MSWin32") {
    binmode STDOUT, ":encoding(Shift_JIS)";
} else {
    binmode STDOUT, ":encoding(UTF-8)";
}

while(<STDIN>) {
        chomp;
        say join " ", (split //);
}
```

では最初に、英数字を入れてみます。以下の英文をenglish.txtというファイルに入れます。ASCIIの範囲の英数字ですので、Shift_JISで書こうが、UTF-8で書こうが同じ文字コードになります。

> **MEMO**
>
> 実際には、UTF-8のファイルの最初にBOMという見えないUnicode文字を入れて、UTF-8であることを明示することもできますが、本書では説明しません。

```
Hello Japanese people.
I like Japanese culture.
I like sushi.
I like anime too.
```

実行します。

```
C:\Perl\perl>stdinSplit.pl < english.txt
H e l l o   J a p a n e s e   p e o p l e .
I   l i k e   J a p a n e s e   c u l t u r e .
I   l i k e   s u s h i .
```

```
I like anime too.
```

いい感じに間の抜けたテキスト ファイルができましたね。
ファイルを読み込んで、空白を挿入する部分を見てみましょう。

```
while(<STDIN>) {
    chomp;
    say join " ", (split //);
}
```

おなじみの、標準入力のSTDINから1行ずつ読み込んでデフォルトの変数$_に入れるループです。

最初にchomp関数で改行を取り除いておきます。

で、split関数に//で空のパターンを渡します。split関数の戻り値は、$_を1文字ずつバラバラにした配列になります。

その配列をjoin " "で空白1つをはさんで1つの文字列にくっつけ直します。

最後にsay関数でその文字列を出力して1周回分のループが終わりです。say関数なので末尾に改行が入ります。

では、日本語のファイルを適用してみましょう。以下のような文字列を使ってShift_JISのテキスト ファイルを作り、japanese.txtとして保存します。

織田信長「鳴かぬなら殺してしまえホトトギス」
豊臣秀吉「鳴かぬなら鳴かせてみようホトトギス」
徳川家康「鳴かぬなら鳴くまで待とうホトトギス」

Windowsで実行すると、怒涛のエラーが起こります。

```
C:¥Perl¥perl>stdinSplit.pl < japanese.txt
"¥x{0090}" does not map to shiftjis at C:¥Perl¥perl¥stdinSplit.pl
 line 19, <STDIN> line 1.
"¥x{0093}" does not map to shiftjis at C:¥Perl¥perl¥stdinSplit.pl
 line 19, <STDIN> line 1.
"¥x{0090}" does not map to shiftjis at C:¥Perl¥perl¥stdinSplit.pl
 line 19, <STDIN> line 1.
"¥x{0092}" does not map to shiftjis at C:¥Perl¥perl¥stdinSplit.pl
 line 19, <STDIN> line 1.
・・・中略・・・
¥x{0090} D ¥x{0093} c ¥x{0090} M ¥x{0092} ¥x{00b7} ¥x{0081} u ¥x{0
096} ¥x{00c2} ¥x{0082} ¥x{00a9} ¥x{0082} ¥x{00ca} ¥x{0082} ¥x{00c8
}¥x{0082} ¥x{00e7} ¥x{008e} E ¥x{0082} ¥x{00b5} ¥x{0082} ¥x{00c4}
¥x{0082} ¥x{00b5} ¥x{0082} ¥x{00dc} ¥x{0082} ¥x{00a6} ¥x{0083} z
¥x{0083} g ¥x{0083} g ¥x{0083} M ¥x{0083} X ¥x{0081} v
"¥x{0096}" does not map to shiftjis at C:¥Perl¥perl¥stdinSplit.pl
 line 19, <STDIN> line 2.
"¥x{0090}" does not map to shiftjis at C:¥Perl¥perl¥stdinSplit.pl
 line 19, <STDIN> line 2.
```

> CHAPTER **10** 日本語処理

```
・・・後略・・・
```

　これは見おぼえがありますね。いずれも、入力をShift_JIS日本語文字列としてでなく、1バイト1文字の文字コードの列として解釈しているから起こるエラーです。

　「"¥x{0090}" does not map to shiftjis at C:¥Perl¥perl¥stdinSplit.pl line 19, <STDIN> line 1.」はShift_JISに対応していない文字が出現したというエラーです。<STDIN>に渡されたデータの1行目がエラーになっています。

　¥x{0090}、¥x{0093}、¥x{0090}は「織」、「田」、「信」というShift_JIS漢字の前半(2バイトの最初の1バイト)の0x90、0x93、0x90のことです。エラーの後に表示された文字列の冒頭を見てみます。

```
¥x{0090} D ¥x{0093} c ¥x{0090} M ¥x{0092} ¥x{00b7}
```

　最初に、0x90とD(0x44)の間にスペースが入っています。これは「織」という漢字のShift_JISコードが0x9044なのを、前半後半を別の字として解釈されたために漢字の真ん中に無理矢理スペースを入れているところです。

　以下、0x93 + c(0x63)が「田(0x9363)」、0x90 + M(0x4D)が「信(0x904D)」と来て、次に0x92B7が来ます。これは当然「長」という字です。Shift_JISの前半は必ずASCIIとカブりませんが、後半はカブったりカブらなかったりするので、「¥x{hhhh} 英数字」と、「¥x{hhhh} ¥x{hhhh}」という、2つのパターンの文字化けがあるということですね。(どうでもいいですが・・・。)

　なお、Mac/UNIXで実行すると、エラーは出ませんが、以下のような不本意な実行結果になったと思います。

```
$ stdinSplit.pl < japanese.txt
ç ¹  ç  °äïé  ・ã    é³  ã      ã  ¬ã    ªã      æ®º ã
ã  ¦ã      ã  ¾ã    ã          ã®ã    ¹ã          ã
è  ±  è   £ç§å       ã          ã  é³  ã      ã  ¬ã    ã          é³
ã
ã  ¦ã      ã  ¾ã    ¿ã    ã          ã          ã      ®ã        ã
ã
ã¾³  ã・ã     ã®  ¶ã°  ã     é³  ã      ã   ¬ã    ã          é³
ã  ¦ã     ¾ §å¾ ã    ã          ã          ã      ®ã        ¹
```

　これも、UTF-8の多バイト文字列を無理矢理1バイトずつ読み込み(詳しくは述べませんが、ISO-8859-1というASCIIに西欧特殊文字を加えた文字コードとして解釈し)、それをUTF-8としてスペースをはさんで表示したものです。

　なぜWindowsのように怒涛のエラーが出なかったかというと、UTF-8はShift_JISよりもダントツに多くの文字コードを使うので、表示できない文字コー

ド（UTF-8として不当な文字コード）が少ないからです。とは言っても、意味のないプログラムの動作です。

このように、Perlで入力ファイルの文字コードを指定しないと、1文字1バイトの文字コードとして解釈されます。

> **MEMO**
> 詳しく言うと、アメリカおよび西ヨーロッパで使われるISO 8859-1として解釈されます。

では、この不具合を直してみましょう。これには、標準出力（STDOUT）だけでなく、標準入力（STDIN）にもbinmodeを作用させます。

```perl
#! /usr/bin/perl
#
# stdinSplit2.pl -- STDINで遊ぼう（不具合修正）
# （※UTF-8で保存し、改行コードはLFにする）

use 5.010;
use strict;
use warnings;

use utf8;
if ($^O eq "MSWin32") {
   binmode STDIN, ":encoding(Shift_JIS)";
   binmode STDOUT, ":encoding(Shift_JIS)";
} else {
   binmode STDIN, ":encoding(UTF-8)";
   binmode STDOUT, ":encoding(UTF-8)";
}

while(<STDIN>) {
      chomp;
      say join " ", (split //);
}
```

では実行してみます。

```
C:\Perl\perl>stdinSplit2.pl < japanese.txt
織 田 信 長 「 鳴 か ぬ な ら 殺 し て し ま え ホ ト ト ギ ス 」
豊 臣 秀 吉 「 鳴 か ぬ な ら 鳴 か せ て み よ う ホ ト ト ギ ス 」
徳 川 家 康 「 鳴 か ぬ な ら 鳴 く ま で 待 と う ホ ト ト ギ ス 」
```

あっさり実行できましたね。では変更点を確認します。

```
if ($^O eq "MSWin32") {
   binmode STDIN, ":encoding(Shift_JIS)";
   binmode STDOUT, ":encoding(Shift_JIS)";
} else {
   binmode STDIN, ":encoding(UTF-8)";
   binmode STDOUT, ":encoding(UTF-8)";
}
```

　STDINへのbinmodeを追加し、文字コードにはWindowsはShift_JIS、Mac/UNIXはUTF-8を指定しました。

　入力ファイルの文字コードは何が来るでしょうか。WindowsであってもUnicodeや他のコードのファイルを使うこともありますし、逆にMacでもShift_JISなどの文字コードを使うこともあるでしょう。UnicodeでもUTF-8の他にUTF-16などの文字コードもあります。ここでは妥協して、WindowsはShift_JISでそれ以外はUTF-8決め打ちにしましょう。

　これで、標準入力のファイルハンドルSTDINから入力されるデータの文字コードがbinmode関数を使って通知され、<STDIN>でデータが読み込まれる$_変数がUTF-8内部文字列になります。

　よって、split関数が正しく日本語を1文字ずつ分解し、join関数によって間に空白が挿入されます。

> **MEMO**
>
> 　ActivePerlの場合、STDINから読み込まれる改行がWindows改行（CRLF）の場合プログラムの内部でLFのみに変換されます。つまり0x0D0Aが0x0Aになります。これはP.313で研究しました。

　このプログラムはMac/UNIXでも正しく動作します。せっかくですから英語、日本語を取り交ぜたファイルを処理してみました。

図10-45：ちゃんと英語も日本語も処理できた

```
[perl]$ stdinSplit2.pl < EJ.txt
H e l l o   J a p a n e s e   p e o p l e .
I   l i k e   J a p a n e s e   c u l t u r e .
I   l i k e   s u s h i .
I   l i k e   a n i m e   t o o .
織 田 信 長 「 鳴 か ぬ な ら 殺 し て し ま え ホ ト ト ギ ス 」
豊 臣 秀 吉 「 鳴 か ぬ な ら 鳴 か せ て み よ う ホ ト ト ギ ス 」
徳 川 家 康 「 鳴 か ぬ な ら 鳴 く ま で 待 と う ホ ト ト ギ ス 」
[perl]$
```

10.6 入力ファイルの文字コード指定

■ 自作ファイル ハンドルの文字コード指定

STDIN／STDOUTではなく、open関数を使って自作のファイル ハンドルを指定して開いたファイルであっても文字コードを指定することができます。

以下のプログラムは、さきほど書いた1文字ずつ間隔を空けるプログラムを、ファイル ハンドル指定で行うものです。また、せっかくプログラムで日本語が処理できるようになりましたので、join関数に■（四角）という日本語文字を渡して、空白ではなく■で間を空けるようにしてみました。

```perl
#! /usr/bin/perl
#
# black.pl -- ファイル ハンドルで遊ぼう（binmodeをファイル ハンドルに使う）
# （※UTF-8で保存し、改行コードはLFにする）

use 5.010;
use strict;
use warnings;

use utf8;

my $file_name = shift or die "specify input file\n";
$file_name =~ /\.txt$/
   or die "input file name $file_name should be *.txt\n";
open IN, "<", $file_name
   or die "cannot open $file_name because $!";

$file_name =~ s/\.txt$/_black.txt/;
open OUT, ">", $file_name
   or die "cannot open $file_name because $!";


if ($^O eq "MSWin32") {
   binmode IN, ":encoding(Shift_JIS)";
   binmode OUT, ":encoding(Shift_JIS)";
} else {
   binmode IN, ":encoding(UTF-8)";
   binmode OUT, ":encoding(UTF-8)";
}

while(<IN>) {
      chomp;
      say OUT join "■", (split //);
}

close IN;
close OUT;
```

次の図は、Shift_JISで用意したファイルDograMagra.txtを、上記のスクリプトblack.plで変換して、生成されたファイルDograMagra_black.txtとともに表示しています。

図10-46：ファイルの文字コードの変換

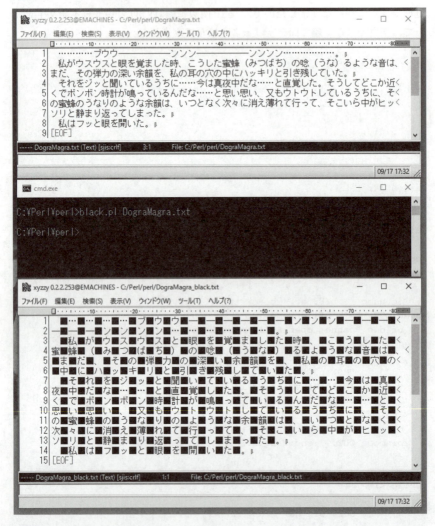

エディターxyzzyのバッファ バー（黒い帯）で、Shift_JISだったファイルが正しく1文字ずつ解釈されているのが分かります。なかなか難しい文章ですが、文字化けもないようです。文字の間に■が入って、より不気味さが増しましたね。

MEMO

テキストは夢野久作著『ドグラ・マグラ』青空文庫版によりました。

では、プログラムの内容を説明します。

```
my $file_name = shift or die "specify input file¥n";
```

これは、プログラムの第1引数として入力ファイルを得て`$file_name`に格納しています。第1引数がなければor以降に進んで「入力ファイルを指定せよ」と言い残して`die`します。

```
$file_name =~ /¥.txt$/
    or die "input file name $file_name should be *.txt¥n";
```

ファイルの末尾に`.txt`という文字列がなければ「入力ファイルの名前は`*.txt`であるべきだ」と言い残して`die`します。ファイル名のチェックの部分に、次の章で出てくる正規表現マッチをフライングして使っています。

```
open IN, "<", $file_name
    or die "cannot open $file_name because $!";
```

ファイル名のファイルを入力オープンします。失敗したら「`$!`という理由で`$file_name`が開けなかった」と言い残して`die`します。

```
$file_name =~ s/¥.txt$/_black.txt/;
```

これは出力ファイルの名前を作っています。たとえば`company.txt`というファイルを入力したら`company_black.txt`というファイル名を勝手に付けます。ぼくはこの、出力ファイル名をプログラムが勝手に付けてくれる方法が気に入っています。ファイル名をいちいち考えて打ち込まずに済むし、何の処理をやったかがすぐ分かるからです。これも次の章で学ぶ正規表現による置換を使ってみました。

```
open OUT, ">", $file_name
    or die "cannot open $file_name because $!";
```

これも出力オープン、失敗したら死ぬという処理ですね。

```
if ($^O eq "MSWin32") {
    binmode IN, ":encoding(Shift_JIS)";
    binmode OUT, ":encoding(Shift_JIS)";
} else {
    binmode IN, ":encoding(UTF-8)";
    binmode OUT, ":encoding(UTF-8)";
```

}

　ここがミソです。
　入力のファイル ハンドルINおよび出力のファイル ハンドルOUTの:encodingをOSに応じてShift_JISまたはUTF-8としています。これで、INで読み込まれたデータは、指定された文字コードで正しく解釈され、UTF-8内部文字列に変換されます。また、ファイル ハンドルOUTから出力するデータは、UTF-8から指定された文字コードに戻されます。
　use utf8を指定しているので、これで正しくひらがなも漢字も1文字ずつ処理されます。
　binmodeはオープンした後のファイル ハンドルに作用して文字コードを指定します。STDIN、STDOUTは標準でオープンしっぱなしですからいつでも実行可能ですが、上記のプログラムのIN、OUTのような自作ファイル ハンドルの場合オープン後に実行可能です。
　通常はopenしたらすかさずbinmodeしましょう。

```
while (<IN>) {
    chomp;
    say OUT join "■", (split //);
}
```

　処理的には標準入力から読み込んだデータを標準出力にスペースを入れながらコピーするプログラムと同じです。
　変わっているのは入力のファイル ハンドルがINに、出力のファイル ハンドルがOUTに、joinの引数（字と字の間にはさむ文字）が日本語の全角四角形（■）になっていることです。

```
close IN;
close OUT;
```

　明示的にopenした自作ファイル ハンドルですので明示的にcloseします。

■ 自作ファイル ハンドルの文字コード指定2

　とはいえ、「openを書いたらすかさずbinmodeを書け」などといちいちおぼえておくのもカッコ悪い気がします。実は、open関数に引数として文字コードを渡すことができます。

```
#! /usr/bin/perl
#
# black_open.pl -- ファイル ハンドルで遊ぼう（open関数版）
# （※UTF-8で保存し、改行コードはLFにする）
```

10.6 入力ファイルの文字コード指定

```perl
use 5.010;
use strict;
use warnings;

use utf8;

my $file_name = shift or die "specify input file\n";
$file_name =~ /\.txt$/
    or die "input file name $file_name should be *.txt\n";

if ($^O eq "MSWin32") {
    open IN, "<:encoding(Shift_JIS)", $file_name
        or die "cannot open $file_name because $!";
    $file_name =~ s/\.txt$/_black.txt/;
    open OUT, ">:encoding(Shift_JIS)", $file_name
        or die "cannot open $file_name because $!";
} else {
    open IN, "<:encoding(UTF-8)", $file_name
        or die "cannot open $file_name because $!";
    $file_name =~ s/\.txt$/_black.txt/;
    open OUT, ">:encoding(UTF-8)", $file_name
        or die "cannot open $file_name because $!";
}

while(<IN>) {
    chomp;
    say OUT join "■", (split //);
}

close IN;
close OUT;
```

ミソはこの部分です。

```perl
open IN, "<:encoding(Shift_JIS)", $file_name
    or die "cannot open $file_name because $!";

open OUT, ">:encoding(Shift_JIS)", $file_name
    or die "cannot open $file_name because $!";
```

open関数の第2引数に、入力／出力モードだけでなく文字コードも指定しています。

入力を示す小なり記号<、出力を示す大なり記号>の後に、binmode関数と同様の:encoding指定を入れます。これで、入力のファイルの場合は、openしたファイルをどの文字コード系の文字として解釈してUTF-8内部文字列に変換するか（この場合はShift_JIS）、出力のファイルの場合は、UTF-8内部文字列

をどの文字コード系の文字に変換出力するか(この場合はShift_JIS)が、open関数一発で指定できます。

10-7 decode関数とencode関数

binmode関数やopen関数よりも使い道は少ないのですが、use utf8状態のプログラムにおいて文字列をUTF-8内部文字列に変える、あるいは戻す関数がdecode／encode関数です。

引数のdecode

外部からデータを与える方法は、ファイル入力だけではありません。引数もそうです。以下のプログラムを見てください。

```
#! /usr/bin/perl
#
# argAns.pl -- 引数を答える (不具合あり)

use 5.010;
use strict;
use warnings;
use utf8;
if ($^O eq "MSWin32") {
   binmode STDOUT, ":encoding(Shift_JIS)";
} else {
   binmode STDOUT, ":encoding(UTF-8)";
}

my $arg = shift;

say "今、あなた、こうおっしゃいましたね!";
say $arg;
say "と…!";
```

引数を、プログラムからのメッセージにはさんで表示するプログラムです。
では実行してみます。

```
C:\Perl\perl>argAns.pl こにゃにゃちは
今、あなた、こうおっしゃいましたね!
"\x{0082}" does not map to shiftjis at C:\Perl\perl\argAns.pl line
18.
"\x{0082}" does not map to shiftjis at C:\Perl\perl\argAns.pl line
18.
```

10.7 decode関数とencode関数

```
"¥x{00c9}" does not map to shiftjis at C:¥Perl¥perl¥argAns.pl line
18.
"¥x{0082}" does not map to shiftjis at C:¥Perl¥perl¥argAns.pl line
18.
"¥x{00e1}" does not map to shiftjis at C:¥Perl¥perl¥argAns.pl line
18.
"¥x{0082}" does not map to shiftjis at C:¥Perl¥perl¥argAns.pl line
18.
"¥x{00c9}" does not map to shiftjis at C:¥Perl¥perl¥argAns.pl line
18.
"¥x{0082}" does not map to shiftjis at C:¥Perl¥perl¥argAns.pl line
18.
"¥x{00e1}" does not map to shiftjis at C:¥Perl¥perl¥argAns.pl line
18.
"¥x{0082}" does not map to shiftjis at C:¥Perl¥perl¥argAns.pl line
18.
"¥x{00bf}" does not map to shiftjis at C:¥Perl¥perl¥argAns.pl line
18.
"¥x{0082}" does not map to shiftjis at C:¥Perl¥perl¥argAns.pl line
18.
"¥x{00cd}" does not map to shiftjis at C:¥Perl¥perl¥argAns.pl line
18.
¥x{0082}±¥x{0082}¥x{00c9}¥x{0082}¥x{00e1}¥x{0082}¥x{00c9}¥x{0082}
¥x{00e1}¥x{0082}¥x{00bf}¥x{0082}¥x{00cd}
と…！
```

ハイ、これはもう既出のエラーですね（P.404参照）。Shift_JISの文字列をUTF-8内部文字列に変換せずに実行したからこのように怒られました。（Mac/UNIXでも、入力文字列を1バイトずつ処理して出力するため、西欧特殊文字交じりの文字化けになります。）では、ファイルからではなく、引数から得た文字列を変換し、UTF-8内部文字列に変換するにはどうすればいいでしょうか。こうします。

```perl
#! /usr/bin/perl
#
# argAns2.pl -- 引数を答える（修正版）

use 5.010;
use strict;
use warnings;
use utf8;
if ($^O eq "MSWin32") {
    binmode STDOUT, ":encoding(Shift_JIS)";
} else {
    binmode STDOUT, ":encoding(UTF-8)";
}
```

CHAPTER 10 日本語処理

```perl
use Encode;

my $arg = shift;
if ($^O eq "MSWin32") {
    $arg = decode "Shift_JIS", $arg;
} else {
    $arg = decode "UTF-8", $arg;
}

say "今、あなた、こうおっしゃいましたね！";
say $arg;
say "と…！";
```

実験してみます。

```
C:¥Perl¥perl>argAns2.pl こにゃにゃちは
今、あなた、こうおっしゃいましたね！
こにゃにゃちは
と…！
```

うまく行きましたね。では解説します。

`use Encode;`

はここで使用するdecode関数を含むEncodeという**モジュール**を読み込んできています。モジュールとはプログラムをパワーアップするために用意されたプログラムの部品を詰め込んだものです。Windows側のみ説明します。

`$arg = decode "Shift_JIS", $arg;`

ここではさっそくdecode関数を使っています。これで$argをShift_JISで解釈し、UTF-8内部文字列に変換しています。

このように**decode関数**は、

```
$スカラー2 = decode "文字コード名", $スカラー1;
```

のように実行すると、$スカラー1に入った文字列を、"文字コード名"で与えられた文字コードで解釈して、UTF-8内部文字列に変換したものを、$スカラー2に代入します。

上の例では、$argをShift_JISで解釈してUTF-8内部文字列に変換したものを、同じ$argに上書きしています。

10.7 decode関数とencode関数

encode関数

　用語の復習ですが、エンコード（encode、符号化）は文字（「ABC」や「あいうえお」など）をコード（code、符号。0x414243などの数値）に変換することで、デコード（decode、復号化）はコードを文字に戻すことでしたね。

　Perlの場合は外部の文字データをUTF-8内部文字列に変換する（文字コードをUTF-8にし、UTF-8フラグを付ける）ことをデコード、UTF-8内部文字列をプログラムの外部に出力できるデータに戻すことをエンコードと言います。

　先ほどは、引数から入って来る文字データを、Perlの内部で使いやすいようにUTF-8内部文字列に変換するためにdecode関数を使いました。同様に、UTF-8内部文字列を外部文字列に戻すには、**encode関数**を使います。

　decode関数はいろいろな文字コード（本書で扱うのはShift_JISとUTF-8だけですが、他にもたくさんあります）をUTF-8にし、UTF-8フラグをオンにします。これでUTF-8内部文字列ができます。

　encode関数はUTF-8内部文字列のUTF-8フラグをオフにし、指定された文字コード（Shift_JISやUTF-8など）に変換します。

> **MEMO**
> 変換せずにUTF-8内部文字列をそのままprintやsayで出力すると「Wide character」などの警告が出ます。P.398を参照。

　binmode関数をSTDIN、STDOUTを含むファイル ハンドルに作用させたり、open関数で引数に:encodingを指定すれば、そのファイル ハンドルを使ってアクセス（読み込み／書き出し）を行うたびに、読み込む場合はデコード、書き出すときにはエンコードを自動的に行ってくれますので、decode／encode関数をあえて書く必要はありません。さきほどの実験では、引数という、ファイル ハンドルを経由しない経路で入ってきた文字列をデコードするためにdecode関数を使いました。

　一方、少なくとも本書では、文字はprintやsayを使って外部に出力するので、STDOUTを含むファイル ハンドルをbinmode関数やopen関数で:encodingを指定すればいいので、encode関数を積極的に使う必要はないと思います。

　まあ、decode関数を説明してencode関数を説明しないのも気持ち悪いので使ってみましょう。先ほどのプログラムから、binmode関数をあえて削除し、代わりにencode関数を使ってみます。

```
#! /usr/bin/perl
#
# argAns3.pl -- 引数を答える（encode編）
```

> CHAPTER **10** 日本語処理

```perl
use 5.010;
use strict;
use warnings;
use utf8;

use Encode;

my $enc;
if ($^O eq "MSWin32") {
    $enc = "Shift_JIS";
} else {
    $enc = "UTF-8";
}

my $arg = shift;
$arg = decode $enc, $arg;

say encode $enc,"今、あなた、こうおっしゃいましたね！";
say encode $enc, $arg;
say encode $enc,"と…！";
```

いかがでしょうか。まず、本題とは関係ありませんが、あまりにも文字コード名を繰り返し書くので、`$enc`というスカラー変数を導入し、Windowsの場合は`"Shift_JIS"`、Mac／UNIXの場合は`"UTF-8"`を格納して、`decode`および`encode`関数の第1引数として使っています。

引数を`decode`するのはこれまでと同じですが、`binmode`を使っていないために、`say`関数`say`でデータを外界に放流するたびに、いちいち外の世界で使われている文字コードに合わせてエンコードしてやっています。

```
$スカラー2 = encode "文字コード名", $スカラー1
```

と言う風に書くと、UTF-8内部文字列`$`スカラー1は、UTF-8内部文字列でなくなり（UTF-8フラグを落とされ）、指定された文字コード（上の場合は`$enc`の中身）に変換されて、`$`スカラー2に代入されます。上のプログラムでは`$`スカラー2では受けず、`encode`関数の戻り値をそのまま`say`出力しています。

つまり、以下の3つの書き方は同じ機能になります。

入力の場合：

- `open`関数の第2引数に`"<:encoding(文字コード名)"`を渡す
- `open`した入力のファイルハンドルに`binmode ":encoding(文字コード

名)"を使う
- openした入力のファイル ハンドルから読み込むたびに decode "文字コード名" を使う

出力の場合：

- open関数の第2引数に">:encoding(文字コード名)"を渡す
- openした出力のファイル ハンドルにbinmode ":encoding(文字コード名)"を使う
- openした出力のファイル ハンドルに書き出すたびにencode "文字コード名"を使う

実際には、使う場合に応じて、

- STDIN、STDOUTを:encoding指定するにはbinmode
- ファイル名を指定してopenする場合はopen関数の:encoding指定
- 引数など、ファイル以外から来た文字列を手動でdecode／encodeする必要に迫られたときはdecode／encode関数

と使い分けるのがいいと思います。

繰り返しますが、入り口はデコード、出口はエンコードです。

最初がデコード、というのがちょっと分かりにくいかもしれませんが、世間（Perlの外部）からやってくる文字データはすでに何らかの文字コードにエンコード（符号化）されているので、それをPerlで読み込むときはデコードしてUTF-8内部文字列にしてやる、処理が終わってUTF-8内部文字列を世間に書き出すときはエンコードしてやる、というイメージです。

WindowsのスクリプトをMac/UNIXに移植するには（まとめ）

ということで、UTF-8で保存され、use utf8プラグマ モジュールが付いているPerlのスクリプトの場合、Windows用のスクリプトをMac/UNIXで使うには、以下のように変更します。

- 改行コードがCRLFだった場合はLFに変更する

> **MEMO**
> 逆にWindows用でLFを使うのはOKですね。

- binmode、open関数、decode、encodeの:encoding引数をShift_JISからUTF-8に変換する

> **MEMO**
> もちろんWindowsでもUTF-8が使えますし、Mac/UNIXでもShift_JISを使えます。本書ではWindowsはShift_JIS、Mac/UNIXはUTF-8というありがちな設定にしているだけです。

なお、日本語コードの問題ではありませんが、以下の修正も必要になります。

- シュバング行#!のperlの位置をMac/UNIXサーバーに合わせて正しく設定する

> **MEMO**
> perlの位置はコマンドwhich perlで調べられます。

☑ まとめコーナー

　本章では、慣れれば非常に便利でありながら、なかなかなじみがなくてつまづいている方も多いと思われるPerlのUnicode対応機能について、集中的に研究してきました。ぜひマスターして活用してください。

- テキスト ファイルは文字コードが入っている
- ファイルの文字コードを知るにはダンプツールを使う
- これまで使ってきた英数字の文字コードはASCIIでエンコードされていた
- Perlのスクリプト（プログラム）もテキストファイルで、ダンプすると文字コードが分かる
- print関数（およびsay関数）で文字列リテラルを標準出力に出力した場合は、リダイレクトするとテキスト ファイルに文字コードを格納することができる
- そのテキスト ファイルをダンプした16進数と、プログラム内のprint関数に渡した文字列をダンプした16進数は（STDOUTの:encodingを指定しなければ）同じ
- ASCIIで保存したプログラムのprint関数で文字列リテラルを出力するとASCII文字列が出力される
- Shift_JISで保存したプログラムのprint関数で文字列リテラルを出力するとShift_JIS文字列が出力される
- Shift_JISの半角英数字はASCIIと共通で、1文字1バイト（0x80未満の7ビッ

トコード）
- Shift_JISの半角カタカナはASCIIとカブらない領域の1文字1バイト（0x80以上の8ビットコード）
- Shift_JISの全角文字（全角英数字、全角カタカナ、ひらがな、漢字）は1文字2バイト
- Shift_JISの全角文字の前半はASCII、半角カナとカブらないコードになっている（0x80以上の8ビットコード）
- Shift_JISの全角文字の後半はASCII、半角カナとカブる可能性がある（0x80未満のことも、以上のこともある）
- Shift_JISの半角文字部分（半角英数字と半角カタカナ）は`wincode1_mod.txt`文字コード表で検索できる
- Shift_JISの全角文字部分は`wincode2_mod.txt`文字コード表で検索できる
- Shift_JISの「申」、「表」、「十」、「ソ」などの文字を二重引用符で囲んで`print`／`say`関数で出力すると文字化けが起きる
- これは後半バイトが0x5C（ASCIIの\、Shift_JISの¥）であり、文字列リテラルの中では削除されるからである
- その場しのぎの解決法としては、「申¥」のように余計な¥を入れると¥¥となり、二重引用符の機能で¥となって文字化けが解消できる
- 根本的な解決法としてはUTF-8でプログラムを保存する
- 単純にUTF-8でプログラムを書いて`print`関数で文字列リテラルを出力するとUTF-8が出力される
- Windowsのコマンド プロンプトはデフォルトでShift_JISに設定されており、UTF-8のテキストを表示すると、縺繧縺…などという文字化けになる
- UTF-8はUnicode規格の文字コード系の一種
- 半角英数字部分はShift_JIS同様ASCIIと共通
- 半角カタカナおよびShift_JISに入っている全角文字は3バイト
- Unicodeスカラー値がU+XXXXXと5桁になる漢字は4バイト（この漢字はShift_JISの範囲ではない）
- PerlスクリプトをUTF-8で保存し、`use utf8`と書き、`binmode`関数でSTDOUTファイル ハンドルを`:encoding("Shift_JIS")`指定すれば、UTF-8で保存したプログラムの`print`関数でShift_JISを出力することができ

る
- `utf8`プラグマ モジュールを使うと、UTF-8で保存したプログラムの文字列リテラルがUTF-8内部文字列として認識される
- UTF-8で保存したプログラムで`utf8`を使わない場合、文字リテラル`"日本語"`はUTF-8内部文字列でないので、`length("日本語")`はバイト数9を返す
- `utf8`を使う場合`"日本語"`は、UTF-8内部文字列なので、`length("日本語")`は文字数3を返し、`substr("日本語",0,1)`がきちんと1文字目の`"日"`を返す

- UTF-8で保存し、`use utf8`と書いたプログラムで、`binmode`宣言をしていないファイル ハンドルからUTF-8内部文字列を出力すると「`Wide character`」という警告が出る
- これを出なくするには、`binmode`関数か`open`関数で出力のファイル ハンドル(標準出力の場合は`STDOUT`)に`:encoding`で出力したい文字コードを指定する
- Windowsのコマンド ラインに正しく表示するには`Shift_JIS`を指定する
- Mac/UNIXのコマンド ラインに正しく表示するには`UTF-8`を指定する

- `STDIN`などの入力のファイル ハンドルから取得された文字列は、そのままだとバイナリとして1バイトずつ解釈される
- この文字列をそのまま、`binmode`で`:encoding`指定された`STDOUT`などの出力のファイル ハンドルに出力しようとすると「`"\x{00e7}" does not map to ～`」などのエラー メッセージが出たり、文字化けしたりすることがある
- `binmode`関数で`STDIN`などの入力のファイル ハンドルを`:encoding`指定することにより、指定した文字コード系で正しく解釈され、UTF-8内部文字列に変換される

- `binmode`関数はオープンした後のファイル ハンドルに`:encoding`を指定する
- `open`関数でも、第2引数に`:encoding`を指定することができる

- プログラムの引数で渡された文字列は、UTF-8内部文字列ではなく、バイナリとして1バイトずつ処理される
- このとき`decode`関数で`:encoding`を指定すれば、指定された`:encoding`からUTF-8内部文字列に変換される

- encode関数を使って:encodingを指定すれば、UTF-8内部文字列が指定した:encodingに変換され、UTF-8内部文字列ではなくなる（UTF-8フラグがオフになる）
- ActivePerlでは、デフォルトではWindows改行（CRLF）をファイル ハンドルから読み込むとMac/UNIX改行（LF）に変更し、Mac/UNIX改行（LF）をファイル ハンドルから出力するとWindows改行（CRLF）に変更する
- これでMac/UNIXと同じスクリプトが使い回せる
- 使っているOSの名前は`$^O`特殊変数に入ってくる。Windowsは`MSWin32`、Macは`darwin`である

練習問題　　　　　　　　　　　　　　　　（解答はP.559参照）

Q1

本章では、入力ファイル名を指定してopenし、各文字の間に■を入れる以下のようなプログラムを書きました。

```
#! /usr/bin/perl
#
# black.pl -- ファイル ハンドルで遊ぼう
# （※UTF-8で保存し、改行コードはLFにする）

…中略…

my $file_name = shift or die "specify input file\n";
$file_name =~ /\.txt$/
    or die "input file name $file_name should be *.txt\n";
open IN, "<", $file_name
    or die "cannot open $file_name because $!";
$file_name =~ s/\.txt$/_black.txt/;
open OUT, ">", $file_name
    or die "cannot open $file_name because $!";


if ($^O eq "MSWin32") {
    binmode IN, ":encoding(Shift_JIS)";
    binmode OUT, ":encoding(Shift_JIS)";
} else {
    binmode IN, ":encoding(UTF-8)";
```

```
        binmode OUT, ":encoding(UTF-8)";
}
```

…後略…

　で、上のプログラムの改良版として、binmodeを使わずにopen関数に:encoding指定を加える以下のプログラムを紹介しました。

```
#! /usr/bin/perl
#
# black_open.pl -- ファイル ハンドルで遊ぼう（open関数版）
# （※UTF-8で保存し、改行コードはLFにする）
```

…中略…

```
my $file_name = shift or die "specify input file\n";
$file_name =~ /\.txt$/
    or die "input file name $file_name should be *.txt\n";

if ($^O eq "MSWin32") {
        open IN, "<:encoding(Shift_JIS)", $file_name
                or die "cannot open $file_name because $!";
        $file_name =~ s/\.txt$/_black.txt/;
        open OUT, ">:encoding(Shift_JIS)", $file_name
                or die "cannot open $file_name because $!";
} else {
        open IN, "<:encoding(UTF-8)", $file_name
                or die "cannot open $file_name because $!";
        $file_name =~ s/\.txt$/_black.txt/;
        open OUT, ">:encoding(UTF-8)", $file_name
                or die "cannot open $file_name because $!";
}
```

…後略…

　ところが、後者の方が明らかにプログラムが長くなっています。後者をbinmode関数を使わずにより短くしてください。

Q2

　Shift_JISのファイルを入力して、UTF-8に変換するプログラムs2u.plを書いてください。

エラー メッセージは友達だ！

　本書では、いろいろなパターンのエラー メッセージおよび警告をコレクションすることにこだわっています。こんなパターンのプログラムを書くと、こんなエラー メッセージが出る。ここを直すだけで、エラー メッセージは出なくなる。こういうパターンの「持ち駒」をいっぱい手元に持っておくことは、大切なことだと思います。

　本書の第3章では、プログラムの各機能の使い方を練習するための、豆プログラムをたくさん作って、自分の手元に置いておくことをおすすめしました。それと同様に、あるエラー メッセージが発生する最小のプログラムを作って、それはどういう意味で、どうやったら直るのかコメント付きで書き溜めてはいかがでしょうか。

　あなたがPerlの研究家であれば世の中のあらゆるエラー メッセージを収集するのも有意義だと思いますが、そうでないなら、さしあたり自分が遭遇した、ハマったメッセージだけを収集するのがいいと思います。こういうメッセージに出会って、こうやったら、直った。それを一度きりの出会いにしておかないで、未来に残るものとして記録として豆プログラムを持っておくということです。

　「キャプテン翼」というマンガでは「ボールは友達だ」と言っていましたが、ぼくは「エラー メッセージは友達だ」と思います。
　最初エラー メッセージが山ほど出ると、英語でガミガミ怒られているようないやな気持ちになりますが、たかだかコンピューターが言っていることですので、気にする必要はありません。（実際にはリアルな上司や先輩からちょうだいするお小言もそれほど気にする必要はありません。「この人の考え方だとこういうご意見になるのか～。勉強になるなあ～。フムフム」と聞いておくのが正しい態度です。）

　それに、コンピューターのメッセージは当然ながら合理的です。人が文句を言ってくるときは、その人の感情で多少変なことを言われることもありますが、コンピューターは誠心誠意間違っていることを私心なく言ってくれます。Perlのメッセージはどこかユーモラスなので読んでいて楽しいこともあります。
　エラー メッセージをバンバン出して、味方につけていれば、プログラミングも楽しくなりますよ。

CHAPTER

第 11 章
正規表現

本章では、文字列処理の花形、
正規表現の世界をご紹介します。

11-1 正規表現とマッチ演算子

さて、いよいよ本章では正規表現を研究します。

本書は新しい章に入るたびに「いよいよ！」と言いがちですが、これこそ極め付けの「いよいよ！」です。文字列を自由自在に検索、置換できる正規表現は、Perlが得意とする文字列処理の極め付きと言えるものです。

正規表現は「もう1つのプログラミング言語」と言えるほど非常に機能が多彩なので、本気で書くと本書ほどの本がもう1冊必要になりますが、ほんのちょっと使うだけでも効果は絶大ですので、ほんのちょっとだけでもおぼえましょう。

正規表現（regular expression）という言葉は、翻訳がちょっと悪いと思います。「一般的な式」ぐらいの意味でしょう。これは、いろいろな文字列を検索するパターンを作る決まりのことです。

みなさんがお使いのテキスト エディターの中でも、ちょっと高機能なエディターであれば装備されていると思います。

正規表現のよくある使い方としては

- マッチ演算子（//）を使って文字列パターンの存在チェックを行う
- カッコ（()）を使って文字列パターンの捕獲（切り出し）を行う
- 置換演算子（s///）を使って文字列パターンの置換を行う

という3つがあります。まず、マッチ演算子について研究します。

■ マッチ演算子（//）

最初に、固定の文字列による検索を行います。

せっかくですので、すぐに応用できるように、実務で良く見られる社員名簿的なデータを使って解説します。

以下のプログラムは、2013年に行われたAKB48 32ndシングル「恋するフォーチュンクッキー」選抜総選挙のメンバーの中から、チームAを抽出するものです。

```
#! /usr/bin/perl
#
# matchA.pl -- Team-Aを検索（マッチ演算子（//）による検索（固定文字列））

use 5.010;
use strict;
use warnings;

use utf8;
```

```
binmode DATA, ":encoding(UTF-8)";

if ($^O eq "MSWin32") {
   binmode STDOUT, ":encoding(Shift_JIS)";
} else {
   binmode STDOUT, ":encoding(UTF-8)";
}

while (<DATA>) {
        print if /Team-A/;  # 固定文字列「Team-A」
}

# 順位（タブ）苗字（空白）名前（タブ）メール アドレス（タブ）チーム名（タブ）
  グループ名（改行）
# メール アドレスは「ローマ字名_ローマ字苗字@example.com」（※架空のものです）

__DATA__
1    指原 莉乃      Rino_Sashihara@example.com       Team-H    HKT48
2    大島 優子      Yuuko_Ohshima@example.com        Team-K    AKB48
3    渡辺 麻友      Mayu_Watanabe@example.com        Team-B    AKB48
4    柏木 由紀      Yuki_Kashiwagi@example.com       Team-B    AKB48
5    篠田 麻里子    Mariko_Shinoda@example.com       Team-A    AKB48
6    松井 珠理奈    Jurina_Matsui@example.com        Team-E    SKE48
7    松井 玲奈      Rena_Matsui@example.com          Team-S    SKE48
8    高橋 みなみ    Minami_Takahashi@example.com     Team-A    AKB48
9    小嶋 陽菜      Haruna_Kojima@example.com        Team-A    AKB48
10   宮澤 佐江      Sae_Miyazawa@example.com         Team-K    AKB48
11   板野 友美      Tomomi_Itano@example.com         Team-K    AKB48
12   島崎 遥香      Haruka_Shimazaki@example.com     Team-B    AKB48
13   横山 由依      Yui_Yokoyama@example.com         Team-A    AKB48
14   山本 彩        Sayaka_Yamamoto@example.com      Team-N    NMB48
15   渡辺 美優紀    Miyuki_Watanabe@example.com      Team-M    NMB48
16   須田 亜香里    Akari_Suda@example.com           Team-KII  SKE48
```

> **MEMO**
>
> メール アドレスはすべて架空のものです。ドメイン名 example.com はこういうコンピューターの解説書などに自由に登場させるために、現実には絶対に作ってはならないドメイン名として、RFC 2606という国際的なルールで取り決められています。ということで、このアドレスにメールを出しても誰にも迷惑は掛かりません。

　ここでは、P.345で紹介した<DATA>ファイルハンドルを使ってプログラム内でデータを渡しています。（このプログラムはUTF-8で保存します。）
　では実行します。

> CHAPTER 11 正規表現

```
C:\Perl\perl>matchA.pl
5    篠田 麻里子    Mariko_Shinoda@example.com        Team-A    AKB48
8    高橋 みなみ    Minami_Takahashi@example.com      Team-A    AKB48
9    小嶋 陽菜     Haruna_Kojima@example.com         Team-A    AKB48
13   横山 由依     Yui_Yokoyama@example.com          Team-A    AKB48
```

 ちゃんとチームAだけ抜き出せましたね。ではプログラムを解説します。

```
use utf8;

binmode DATA, ":encoding(UTF-8)";

if ($^O eq "MSWin32") {
   binmode STDOUT, ":encoding(Shift_JIS)";
} else {
   binmode STDOUT, ":encoding(UTF-8)";
}
```

 前の章の話題ですが、utf8プラグマ モジュールを使うことで、このプログラムのデータ文字列はUTF-8内部文字列として使うことになりました。
 ファイル ハンドルDATAで取得する__DATA__以降のデータは、プログラムと同じUTF-8のテキスト ファイルに保存しますから、binmodeの:encodingにはUTF-8を指定します。
 そして、標準出力（STDOUT）の文字コードをOSによってWindowsの場合はShift_JIS、それ以外の場合はUTF-8にbinmode指定します。

```
       print if /Team-A/;   # 固定文字列「Team-A」
```

 ここがキモです。ここでは「Team-A」という固定文字列で検索を掛けています。
 2つのスラッシュ（//）で文字列をはさんだものは**マッチ演算子**（match operator）と呼ばれるものです。/と/の間には検索文字列を入れます。この検索文字列を**パターン**（pattern）と言います。

> **MEMO**
> +や-などの記号で成り立つ演算子と違い、2つのスラッシュで文字列をはさんだものが演算子というのが新しいですが、なじんでください。

 マッチ演算子を使った文字列検索の作用対象は、$_になります。

> **MEMO**
> $_以外を調べるには結合演算子（=~）というものを使います。本章の後半で出てきます。

マッチ演算子を実行すると、パターンが作用対象の文字列の一部に一致するかどうかを調べます。一致することを**マッチする**といいます。

マッチ演算子は真偽を返す演算子で、パターンが作用対象の文字列の一部にマッチすれば真を、しなければ偽を返します。

ということで、マッチ演算子`/Team-A/`は変数`$_`の中からパターン「`Team-A`」にマッチする文字列を検索することになります。

ここでは「`Team-A`」という固定文字列がパターンになります。固定文字列もれっきとしたパターンなので注意してください。

```
5    篠田 麻里子    Mariko_Shinoda@example.com         Team-A    AKB48
```

という行は「`Team-A`」というパターンにマッチしますので、マッチ演算子`/Team-A/`は真を返します。

```
7    松井 玲奈    Rena_Matsui@example.com            Team-S    SKE48
```

という行はマッチしませんので、マッチ演算子は偽を返します。

ということで上の文は、`$_`に「`Team-A`」という固定文字列が入っていれば`if`条件が真になり、`print`関数が起動します。

`print`関数もデフォルトで`$_`を引数に取りますから、「`Team-A`」が入っている`__DATA__`行をまるごと表示します。`__DATA__`行の末尾には改行が入っているので、`say`ではなく`print`で正しく改行されます。

最も簡単な正規表現ドット(.)

上では「`Team-A`」という固定文字列をパターンに使いました。

このパターンを書く言語、規則のことを、**正規表現**といいます。さきほど固定文字列「`Team-A`」も、まさにその文字列に一致する立派なパターンであると書きましたが、固定文字列でパターンを書くことも、立派な正規表現です。

しかしながら、固定文字列ばかり検索していたのでは、わざわざ正規表現なんか導入しないで`index`関数でも使っていればいいですね。正規表現の値打ちは、パターンに可変の文字列も書けることです。

ここでは、最も簡単な正規表現であるドット(`.`)を紹介します。

これは、なんでもいいから何か1文字にマッチする正規表現です。これを難しい言葉で「任意の1文字にマッチする正規表現」などと言います。

いま、同じ選抜メンバーの中から、漢字名が3文字の人を抽出したいとします。

名簿データの中で、漢字の苗字と名前の間にはスペースが、名前とそのうしろに出てくるメール アドレスの間にはタブが入っています。

> CHAPTER **11** 正規表現

```
1    指原 莉乃    Rino_Sashihara@example.com    Team-H    HKT48
```
[タブ][空白][タブ]   [タブ]   [タブ]

このように、データの中で空白とタブの間に入っているものは漢字名だけです。

上のデータの漢字名は「莉乃」で、2文字ですので、これから書くプログラムでは抽出されないことになります。

「漢字名が3文字である」というパターンは、「空白とタブの間に任意の文字が3個ある」と考えられます。

任意の文字がドット1つですので、任意の文字が3個は「...」です。よって、「空白( )とタブ(¥t)の間に3文字ある」というパターンは「 ...¥t」となるような気がします。本当でしょうか。試してみましょう。

```
#! /usr/bin/perl
#
# matchDot.pl -- 名前が3文字のメンバー（ドット(.)を使った検索）

use 5.010;
use strict;
use warnings;
use utf8;

if ($^O eq "MSWin32") {
   binmode STDOUT, ":encoding(Shift_JIS)";
} else {
   binmode STDOUT, ":encoding(UTF-8)";
}

while (<DATA>) {
        print if / ...¥t/;   # スペースとタブの間に3文字
}

__DATA__
```

･･･後略･･･

実行します。

```
C:¥Perl¥perl>matchDot.pl
5    篠田 麻里子    Mariko_Shinoda@example.com    Team-A    AKB48
6    松井 珠理奈    Jurina_Matsui@example.com     Team-E    SKE48
8    高橋 みなみ    Minami_Takahashi@example.com  Team-A    AKB48
15   渡辺 美優紀    Miyuki_Watanabe@example.com   Team-M    NMB48
16   須田 亜香里    Akari_Suda@example.com        Team-KII  SKE48
```

オッケーですね！ 核心部分のみ解説します。

```
        print if / ...\t/;  # スペースとタブの間に3文字
```

　マッチ演算子(//)に、先ほど考えたパターン「　...\t」を入れています。これで名前が3文字の人が抽出されます。

　繰り返しますが、これまで出てきた「Team-A」、「　...\t」という、マッチ演算子(//)の中に入っている検索文字列がパターンです。

　なお、「.」のように正規表現で使われる特殊文字をメタ文字と言います。メタ文字について詳しくは後で解説します。

- スラッシュ2つ(//)で文字列をはさんだものは、Perlの演算子の1つで、マッチ演算子と言う
- マッチ演算子には、検索する文字列を含む。この文字列のことを、パターンと言う
- パターンには、固定文字列だけでなく、ドット(.)やアスタリスク(*)などを使った可変文字列も書ける
- このドットやアスタリスクのような特殊文字を、メタ文字という
- 固定文字とメタ文字を組み合わせて、パターンを作る言語のことを、正規表現という
- マッチ演算子に含まれたパターンが、あるデータの一部または全部に一致することをマッチするという
- マッチが起こると、マッチ演算子は真を返す

という状態です。用語がいっぱい出てきて大変ですが混乱しないでください。

> **MEMO**
>
> 　Perl以外に、テキスト エディターなどのソフトウェアでも正規表現が使えます。この場合は「検索」などというボックスに正規表現を使ってパターンを指定します。つまり、Perlのマッチ演算子(//)は、テキスト エディターの「検索」ボックスに当たります。

ここで注意！ utf8と正規表現について

　上のプログラムで...という正規表現が、「麻里子」とか「みなみ」のような日本語3文字の文字列にマッチしましたが、これはutf8プラグマ モジュールを使用した、Unicodeを1文字ずつきちんと処理するプログラムだからです。
　もし上のプログラムで

```
#! /usr/bin/perl
#
# matchDot_noutf8.pl -- 名前が3バイトのメンバー（ドット(.)による検索）
```

CHAPTER 11 正規表現

```perl
use 5.010;
use strict;
use warnings;
#use utf8;

if ($^O eq "MSWin32") {
  binmode STDOUT, ":encoding(Shift_JIS)";
} else {
  binmode STDOUT, ":encoding(UTF-8)";
}

while (<DATA>) {
    print if / ...\t/; # スペースとタブの間に3文字
}

__DATA__

…後略…
```

のようにutf8を使用停止すると、以下のようになります。

```
C:\Perl\perl>matchDot_noutf8.pl
"\x{00e5}" does not map to shiftjis, <DATA> line 14.
"\x{00e6}" does not map to shiftjis, <DATA> line 14.
"\x{009c}" does not map to shiftjis, <DATA> line 14.
"\x{00e5}" does not map to shiftjis, <DATA> line 14.
"\x{00bd}" does not map to shiftjis, <DATA> line 14.
"\x{00a9}" does not map to shiftjis, <DATA> line 14.
14      \x{00e5}±±\x{00e6}\x{009c}¬ \x{00e5}\x{00bd}\x{00a9} Sayak
a_Yamamoto@example.com Team-N   NMB48
```

まず、UTF-8内部文字列でない文字列を強制的にdecodeしようとしたため、エラーメッセージが出て出力が化け化けになっています。

これはbinmodeをやめれば出てこないのですが、その代わりUTF-8がそのまま出てくるのでWindowsのコマンドプロンプトではやはり化け化けになります。

プログラムをUTF-8で書くのをやめてShift_JISを使えばWindowsでも化けませんが、その代わり「申」のように0x5Cを含む文字が問題になります。

> **MEMO**
> AKB48では12期の武藤十夢さんの十（0x8F5C）が0x5Cを含みます。

出力されている文字列を化けてるなりに見てみると、どうも14位の「山本 彩」さんにマッチしているようです。

これは、スペースとタブに囲まれている「彩」というUTF-8の漢字が、3バイ

トであるためにマッチしているという現象です。

では漢字3文字の名前にマッチするにはどうすればいいでしょうか。UTF-8で9バイトと考えればドット9つ（.........）でしょうか。しかし、以前も述べましたが漢字1文字が3バイトになる漢字は限られていて、のちにUnicodeに追加された文字はもっと多いバイト数になります。たとえばボクサーの「辰吉 丈一郎さん」の「丈」は「丈」の右上に点が付いた字ですが、UTF-8では`0xF0A0808B`という4バイトになります。

やはり、日本語を正規表現にマッチさせる場合は、プログラムをUTF-8で保存して、`use utf8`状態で使うようにしましょう。

11-2 量指定子

量指定子（quantifier）という正規表現を紹介します。なぜコンピューターの本ってこういう小難しい言葉をおぼえさせようとするんでしょうかね。「漁師停止」と変換ミスしがちなので注意してください。

これは、文字の繰り返しを指定します。

苗字がローマ字8文字からなる人を抽出します。Watanabeさんとかですね。この組織のメール アドレスは苗字のローマ字がアンダースコア（_）とアットマーク（@）の間にはさまっている形ですから、/_........@/と書けそうな気がします。しかし、このドット8個（........）が少し見づらいですね。この場合、ドット（.）という文字を8回繰り返します。

ここでは`{8}`という量指定子を使います。ブレース（`{}`）に繰り返す回数を入れて、繰り返したい文字のうしろに書きます。こうなります。

```perl
#! /usr/bin/perl
#
# matchDotQuant.pl -- 量指定子{n}を使う

…中略…

while (<DATA>) {
        print if /_.{8}@/;  # _と@の間に文字8個
}

__DATA__
```

…後略…

.... を .{8} で置き換えました。

> CHAPTER 11 正規表現

この{8}が量指定子で、直前の文字を8回繰り返す、という意味です。

ここではドット(.)を8回繰り返しますので、........とまったく同じ意味になります。実行します。

```
C:\Perl\perl>matchDotQuant.pl
3    渡辺  麻友     Mayu_Watanabe@example.com        Team-B    AKB48
10   宮澤  佐江     Sae_Miyazawa@example.com         Team-K    AKB48
13   横山  由依     Yui_Yokoyama@example.com         Team-A    AKB48
14   山本  彩       Sayaka_Yamamoto@example.com      Team-N    NMB48
15   渡辺  美優紀   Miyuki_Watanabe@example.com      Team-M    NMB48
```

さて、量指定子には他にもいろいろあります。一番良く使うのがアスタリスク(*)です。これは、ゼロ回以上の繰り返しを意味します。

以下のようにマッチ演算子を変えると、「子」で名前が終わるメンバー(文字数は制限なし)を抽出します。

```perl
#! /usr/bin/perl
#
# matchDotQuant2.pl --  量指定子*を使う

‥‥中略‥‥

while (<DATA>) {
        print if / .*子\t/;  #  スペースと「子」の間に任意の文字列
}

__DATA__

‥‥後略‥‥
```

これで以下のメンバーが抽出されます。

```
2    大島  優子     Yuuko_Ohshima@example.com        Team-K    AKB48
5    篠田  麻里子   Mariko_Shinoda@example.com       Team-A    AKB48
```

「優子」、「麻里子」と名前の長さが変わっても、「子」で終わるメンバーがきちんと検索できることに注目してください。

「 .*子\t」というパターンは、苗字と名前の間のスペースと「子」の間に、「.*」つまり任意の文字(.)をゼロ回以上繰り返したものが入ります。「.*子」には「子」もマッチするので注意してください。もし漢字名が「子」というただ1文字のメンバーが名簿にあれば、この正規表現でマッチします。

量指定子には以下のような種類があります。

表11-1：量指定子（最大マッチ）（an、ant、atom、attend、aunt、annotationの6語をマッチさせた結果）

量指定子	意味	パターン例	マッチする文字列の例（青字部分がマッチ）	マッチしない文字列の例
?	0回または1回	a.?n	an、ant、aunt、annotation	atom、attend
*	0回以上の繰り返し	a.*t	ant、atom、attend、aunt、annotation	an
+	1回以上の繰り返し	a.+t	ant、attend、aunt、annotation	an、atom
{n}	n回の繰り返し	a.{2}t	aunt	an、ant、atom、attend、annotation
{n,}	n回以上の繰り返し	a.{2,}t	aunt、annotation	an、ant、atom、attend
{n,m}	n回以上m回以下の繰り返し	a.{0,4}t	ant、atom、attend、aunt、annotation	an

> **MEMO**
> 最大マッチの意味はすぐ下で説明します。

ドット（.）は空白にもマッチするので、「M.*」や「M.+」は「Mariko Shinoda」にもマッチします。

また、ドット以外の文字にも量指定子を使えます。「M{5}」と書くと、「M」という固定文字列を5回繰り返して、「MMMMM」という文字列にマッチします。

名簿データで/1{2}/にマッチする行を抽出すると、11位の板野さんが抽出されます（ただ、この場合は素直に/11/と書いた方が分かりやすいでしょう）。

■ マッチ変数$&

さて、さきほどから「マッチしたかどうか」つまり、真か偽かしか使っていませんが、次にパターンが文字列のどの部分に実際にマッチしたかを調べてみます。

パターンが文字列の一部にマッチするとき、マッチした部分のことをマッチ文字列と言います。

マッチ演算子を使ってマッチが起こったとき、マッチ文字列が自動的にセットされるのが、**マッチ変数**（$&）です。

$&はデフォルト変数（$_）、行番号変数（$.）、OS名変数（$^O）、後で出てくるプログラム名変数（$0）などと同様、Perlに備わっている特殊変数の1つです。

ではこれを使って「子」が付く名前を抽出してみます。

```
#! /usr/bin/perl
#
# matchName.pl -- 子が付く名前を抽出（マッチ変数$&を使う）

…中略…

while (<DATA>) {
        say "【$&】" if / .*子¥t/;
```

> CHAPTER 11　正規表現

```
    }
    __DATA__
    …後略…
```

　$_ の一部が「空白＋任意の文字列＋子＋タブ」というパターンにマッチしたら、マッチ文字列を表示しています。表示するときは、$& の前後に墨付きパーレン(【】)を入れて見やすくしています。$& はスカラー変数ですから、二重引用符の中に入れると文字列に展開されます。また、末尾に改行がありませんので say を使っています。実行します。

```
C:\Perl\perl>matchName.pl
【 優子 】
【 麻里子　　】
```

　オッケーですね。名前を抽出したかったのに、前に空白、うしろにタブが付くのがいまいちですが、マッチしている部分がはっきり分かりますね。

最大マッチ

　さて、今度は苗字が「松」で始まる人の漢字氏名を抽出してみます。現在扱っているデータは

```
# 順位（タブ）名前（空白）苗字（タブ）メール アドレス（タブ）チーム名（タブ）↵
グループ名（改行）
```

というフォーマットですから、

```
タブ＋松＋任意の文字列＋空白＋任意の文字列＋タブ
```

で抜き出せばいいような気がします。正規表現で書けば

```
\t松.* .*\t
```

でしょうか。ちょっとやってみます。

```perl
#! /usr/bin/perl
#
# matchMatsu.pl -- 松で始まる氏名を抽出（難アリ！）

…中略…

while (<DATA>) {
    say ">$&<" if /\t松.* .*\t/;
}
```

```
__DATA__
…後略…
```

実行します。

```
C:\Perl\perl>matchMatsu.pl
>       松井  珠理奈    Jurina_Matsui@example.com           Team-E    <
>       松井  玲奈      Rena_Matsui@example.com             Team-S    <
```

うまく行きませんね。人選はうまく行っていますが、マッチ文字列に余計なメール アドレスとチーム名がくっついています。これは、

順位	苗字	名前	メール アドレス		チーム名	グループ名
6	松井	珠理奈	Jurina_Matsui@example.com		Team-E	SKE48
タブ	空白	タブ		タブ	タブ	改行

という文字列のどの部分が、

`タブ+松+任意の文字列+空白+任意の文字列+タブ`

というパターンにマッチするかという問題です。こちらの意図としては、以下のこの色の網掛けの部分がマッチして欲しかったんです。

順位	松の付く苗字	名前	メール アドレス	チーム名	グループ名
6	松井	珠理奈	Jurina_Matsui@example.com	Team-E	SKE48
タブ	空白	タブ		タブ	タブ	改行

しかし実際には、以下のこの色の網掛けの部分がマッチしてしまいました。

順位	松の付く苗字	名前	メール アドレス	チーム名	グループ名
6	松井	珠理奈	Jurina_Matsui@example.com	Team-E	SKE48
タブ	空白	タブ		タブ	タブ	改行

どちらも、タブではさまれた、松で始まり、空白を含む文字列です。同じパターンにマッチする文字列が、解釈によって2つ考えられることになります。

このように、2通りの解釈が成り立つ場合、アスタリスク(*)量指定子は、常に長い方を取ります。これを、**最大マッチ**と言います。

最大マッチの動作は、ちょっと実感と異なるので注意してください。

1回以上の繰り返しであるプラス(+)や、5回以上の繰り返し({5,})など、長さが変化する繰り返しは、常に最大マッチになります。

最小マッチ

ではどうすればいいかというと、**最小マッチ**を使います。
量指定子に?を付けると、常に最小マッチになります。

表11-2：量指定子（最小マッチ）（an、ant、atom、attend、aunt、annotationの6語をマッチさせた結果）

量指定子	意味	パターン例	マッチする文字列の例（青字部分がマッチ）	マッチしない文字列の例
??	0回または1回	a.??n	an、ant、aunt、annotation	atom、attend
*?	0回以上の繰り返し	a.*?t	ant、atom、attend、aunt、annotation	an
+?	1回以上の繰り返し	a.+?t	ant、attend、aunt、annotation	an、atom
{n}?	n回の繰り返し	a.{2}?t	aunt	an、ant、atom、attend、annotation
{n,}?	n回以上の繰り返し	a.{2,}?t	aunt、annotation	an、ant、atom、attend
{n,m}?	n回以上m回以下の繰り返し	a.{0,4}t	ant、atom、attend、aunt、annotation	an

マッチする言葉は同じですが、青字で表すマッチ文字列が変わります。

```
Mayu Watanabe is in Team-B.
```

という文字列に

```
/M.+ /;  # Mで始まり空白で終わる1文字以上（最大マッチ）の文字列
```

という最大マッチのマッチ演算子を作用させると

```
Mayu Watanabe is in Team-B.
```

の網掛けの部分が`$&`に入ります。文字列中最後のスペースまでよくばって延長するからです。しかし

```
/M.+? /;  # Mで始まり空白で終わる1文字以上（最小マッチ）の文字列
```

という最小マッチのマッチ演算子を作用させると

```
Mayu Watanabe is in Team-B.
```

が`$&`に入ります。文字列中最初のスペースで遠慮して延長を打ち切るからです。
プログラムで実験してみましょう。

```
#! /usr/bin/perl
#
# matchMatsuMin.pl  --  松で始まる氏名を抽出（最小マッチ）

…中略…
```

```
while (<DATA>) {
        say ">$&<" if /\t松.* .*?\t/;
}

__DATA__
・・・後略・・・
```

チーム名まで広がって困っていた名前の部分の量指定子を最小マッチにしてみました。では実行。

```
C:\Perl\perl>matchMatsuMin.pl
>       松井 珠理奈      <
>       松井 玲奈        <
```

OKですね。左右にタブが入っていますがこれは仕様です。

> **MEMO**
> n回ジャストの繰り返しは、最大マッチ{n}も最小マッチ{n}?も同じ意味になります。

11-3 位置指定

ここではパターンが文字列の出現する位置を指定する正規表現を研究します。

先頭の^、末尾の$

総選挙の順位が4位の人を抜き出したいとします。数字4にマッチする演算子はこれです。

```
/4/
```

しかしこれは、あからさまにダメです。

AKB48とかSKE48とかグループ名の4にもマッチしてしまうので、全員にマッチしてしまいます。この場合は4というパターンが出現する場所を指定します。

```
/^4/
```

このキャレット（^）は、**位置指定の正規表現**の1つで、文字列の先頭、つまり、最初に出現する文字の前の位置にマッチします。使ってみます。

```
#! /usr/bin/perl
#
```

> CHAPTER **11** 正規表現

```
# match4.pl -- 4位を抽出 (先頭の位置指定^)

…中略…

while (<DATA>) {
        print if /^4/;
}

__DATA__
…後略…
```

実行してみます。

```
C:¥Perl¥perl>match4.pl
4    柏木 由紀    Yuki_Kashiwagi@example.com        Team-B    AKB48
```

オッケーです。もし40位台のメンバーもいればその人たちもマッチしたところですが、このデータは16位までなので、先頭に4が付くデータとして4位の人だけが抽出されます。

^とは逆に、$は行の末尾にマッチします。たとえば今回のデータ行で/SKE48$/と書くと末尾がSKE48のデータを抽出します。

> **M**EMO
>
> 行の末尾には改行がありますが、位置指定の$は、デフォルトでは改行の直前にマッチします。よって、末尾がSKE48のデータを抽出するために、/SKE48¥n$/などと書く必要はありません。ただ、対象データに複数行が入っている場合は不都合なので「修飾子の/s」というものを使います。後で出てきます。

単語境界の ¥b

¥b（バックスラッシュとb）も位置指定の正規表現です。bはバウンダリー（boundary）という英語の略で、境界、区切り目という意味です。

これは、大雑把に言うと、改行および空白のように見えるものと、文字のように見えるものの間にマッチします。これを**単語境界**と言います。おもしろい例はもう少し高度な知識を身につけてから紹介します。

ということで、位置指定の正規表現の一覧は以下の通りです。

表11-3：位置指定の正規表現

正規表現	意味
^	行頭
$	行末
¥b	単語境界

11-4 文字クラス

これまで、文字にマッチする正規表現は「松」（漢字「松」にマッチする）、「¥t」（タブにマッチする）と言った固定文字列の他は、あらゆる文字にマッチするドット（.）しか研究してきませんでした。

ここで、**文字クラス**（character class）について学びます。これは、複数の文字を束ねて「そのうちのどれか1文字」という文字にするものです。

これを作るには、アングル ブラケット（[ ]）で、対象にする文字群を囲みます。

たとえば、[abc]であれば、aかbかcにマッチします。これは範囲を示すハイフン(-)を使って[a-c]とも書けます。[a-z]と書けば英小文字どれか1文字ということになります。[aA1]と書いて「aかAか1どれか1文字」というパターンを作ることもできます。[0-9A-F]と書くと、16進数1桁にマッチします。

文字クラスを使ってイニシャルがMWの人の英語氏名を抽出してみます。

```
#! /usr/bin/perl
#
# matchMW.pl -- イニシャルMWの氏名を抽出（[文字クラス]）

…中略…

while (<DATA>) {
      say $& if /M[a-z]*_W[a-z]*/;
}

__DATA__
…後略…
```

どうでしょうか。

```
C:¥Perl¥perl>matchMW.pl
Mayu_Watanabe
Miyuki_Watanabe
```

名前と苗字の間に余計なアンダースコア（_）が付いていますが、予定の行動です。核心部分は以下の通りです。

```
      say $& if /M[a-z]*_W[a-z]*/;
```

Mで始まる名前は、Mの後に任意の小文字[a-z]がゼロ個以上と書けます。この部分です。

```
            M[a-z]*
```

> CHAPTER **11** 正規表現

アンダースコアをはさんで、Wで始まる苗字を名前同様に W[a-z]* と書きます。

なお、任意の大文字 [A-Z] をあわせて使えば、データから全員のローマ字氏名だけを抽出できます。

```
#! /usr/bin/perl
#
# matchNames.pl -- 氏名を抽出（[文字クラス]）

…中略…

while (<DATA>) {
        say $& if /[A-Z][a-z]*_[A-Z][a-z]*/;
}

__DATA__
…後略…
```

[A-Z] が頭文字に、[a-z]* がそれ以降にマッチします。実行は省略します。

文字クラスの否定

文字クラス [a-z] と書くと、英小文字のいずれか1文字という意味になりましたが、アングル ブラケット開け（[）の直後にキャレット（^）を書いて [^a-z] とすると、英小文字**以外**のいずれか1文字という意味になります。これを**文字クラスの否定**と言います。

表11-4：文字クラスとその否定

正規表現	意味	a	A	9
[a-z]	英小文字1文字	マッチする	マッチしない	マッチしない
[^a-z]	英小文字以外1文字	マッチしない	マッチする	マッチする

[^a-z] は空白、スペース、記号にもマッチします。マッチしないのはp、x、kなどの英小文字だけです。

キャレット（^）という記号は、文字クラスを示すアングル ブラケット（[）の先頭に書かれると文字クラスの否定という意味になりますが、文字クラスの外では行頭の位置指定という意味になります。つまり、同じ記号を2つの違う意味で共用しています。こういうところが正規表現はちょっとビビリますが、落ち着いて考えるとそれほど難しくありません。

下のプログラムの正規表現「^[^1]」は、2つの意味のキャレットを同時に使っています。[^1]（1以外の文字）が先頭に現れるという意味です。

```
#! /usr/bin/perl
```

```
#
# match2_9.pl -- 2〜9位を抽出（先頭の位置指定^と文字クラスの否定^）

…中略…

while (<DATA>) {
        print if /^[^1]/;
}

__DATA__
…後略…
```

　1位の人と、10位以下の人が除外されるので、結果的に2位から9位が抽出されるはずです。

文字クラスのショートカット（ちょっと要注意）

　さて、数字1文字を書くのにいちいち [0-9] と書くのはちょっと面倒です。そこでPerl正規表現では、**文字クラスのショートカット**（短縮形）というものが用意されています。

　たとえば、数字1文字のショートカットは ¥d です。d は digit の略です。以下のプログラムは、10位以下の人を抽出します。

```
#! /usr/bin/perl
#
# matchUnder10.pl -- 10位以下を抽出（文字クラスのショートカット¥d）

…中略…

while (<DATA>) {
        print if /^¥d¥d/;
}

__DATA__
…後略…
```

　¥d¥d と書くと、数字2桁になりますので、結果的に順位1桁の人を除外します。実行結果は省略します。

　さて、文字クラスの否定を使って、たとえば [^0-9] と書くと数字1桁以外、という意味になりましたが、このショートカットも用意されています。この場合は大文字のDを書いて ¥D と書きます。次のプログラムでは、順位つまり数字で始まっていない不当なデータを抽出します。

```
#! /usr/bin/perl
#
```

CHAPTER 11 正規表現

```
# matchNoRank.pl -- 順位が書かれていないデータを抽出
# （否定の文字クラスのショートカット\D）

…中略…

while (<DATA>) {
        print if /^\D/;
}

__DATA__
…後略…
```

　現在使っている`__DATA__`以下のデータにはこのようなエラーデータがありませんので、実行結果は空になります。

　以下、文字クラスのショートカットをまとめてご紹介しますが、ここで注意が1つあります。文字クラスのショートカットが指す範囲は、`use utf8`が付いていない旧来のASCII仕様のプログラムと、`use utf8`が付いているUnicode対応のプログラムとで、まったく異なるということです。

表11-5：文字クラスのショートカット

文字クラスのショートカット	意味	no utf8	use utf8
\d	数字 (digit)	[0-9]	\p{IsDigit}
\D	数字以外	[^0-9]	\P{IsDigit}
\s	空白 (whitespace)	[\t\n\r\f]	\p{IsSpace}
\S	空白以外	[^\t\n\r\f]	\P{IsSpace}
\w	単語文字 (word character)	[a-zA-Z0-9_]	\p{IsWord}
\W	単語文字以外	[^a-zA-Z0-9_]	\P{IsWord}

　ASCII状態では`\d`はさきほど申しました通り数字（`[0-9]`同等）、`\D`はそれ以外（`[^0-9]`）になります。

　一方、`use utf8`状態では`\d`は`\p{IsDigit}`となっています。これは、本書では説明を割愛しますが、Unicodeの文字プロパティというものを使った文字クラスです。

　この、`IsDigit`というのは数字であるという意味ですが、この字はASCIIの算用数字`[0-9]`の他に、アラビア語やインド語の数字や、日本の全角数字`[０-９]`も入ります。この文字クラスに入る数字は、PerlおよびUnicodeのバージョンによって異なりますが、Perl 5.18.0がサポートしているUnicode 6.2の場合で当てはまる数字が460個（！）あります。

　そもそも与えられたデータから数字を抽出する目的で`\d`という文字クラスを書いたとき、０とか９とかの全角数字を含んで欲しいでしょうか。ぼくはあまり含んで欲しくありません。

今までの、順位でメンバーを抽出するプログラムが、use utf8付きでありながら¥dが正しく使えていたのは、全角数字のようなUnicode文字がたまたま入っていなかったからです。何が入っているかわからないデータを扱う場合は、思わぬ文字列がマッチしてしまう可能性があります。

その他の文字クラスも同じような状況です。

空白文字¥sは、非use utf8状態では空白、タブ、改行にマッチしますが、use utf8状態では日本語の全角スペース「　」を含む世界の言語のいろんなスペース26個になります。

単語文字¥wは、非use utf8状態では、英数字およびアンダースコア(_)にマッチするという便利なものです。しかしuse utf8状態では、ひらがな、カタカナその他、世界の言語のさまざまな文字にマッチし、その範囲がUnicodeのバージョンごとに激しく変わります。あまりにも膨大な字にマッチするので、逆に使い道がありません。

> **MEMO**
>
> no utf8状態の¥wになぜアンダースコアが入っているのかが謎ですが、プログラマーが変数名などに使いがちだからでしょうか。

まとめると、use utf8プラグマ モジュールを使って、日本語1文字を正しく1文字として扱えるように書いたUnicode対応プログラムでは、¥d、¥s、¥wおよびその否定形という文字クラスのショートカットは、思わぬ字にマッチするので使わないのが無難である、ということになります。

> **MEMO**
>
> しかし「/a修飾子」というものを使えば、use utf8状態のプログラムでもちゃんとショートカットを使うことができます。後で紹介しますのでお楽しみに。

日本語文字クラス（1）〜ひらがなとカタカナ

さて、ひらがな、カタカナ、漢字の文字クラスはどう書けばいいでしょうか。

ひらがなとカタカナは比較的単純そうに思えます。英大文字1文字が[A-Z]だったので、ひらがな1文字は[あ-ん]でいけるのではないでしょうか。

実際には超・微妙な話ですが、厳密には[**ぁ**-ん]が正しいのです。

この話は本書にすでに出てきました。読んだおぼえがある方は、本書をめちゃくちゃ丁寧に読んでくださっていると思います。御礼申し上げます。まあおぼえてない方も気にしないでください。P.374でご紹介した通り、日本語文字コード表（wincode2_mod.txt）の中身としてひらがなが入っています。で、ひらがなの文字コードは「ぁあぃいぅう…」という順番になっているのです。これはソート

順の関係です。ということで、ひらがな1文字の正規表現は[ぁ-ん]になります。

> MEMO
> 　[文字クラス開始文字-文字クラス終了文字]という形式での文字クラスは、no utf8ではASCII順(正確にはISO 8859-1順)、use utf8ではUnicode順になります。
> 　[a-z]が英小文字1文字、[A-Z]が英大文字1文字になるように[ぁ-ん]がひらがな1文字になるのは、Unicodeでひらがなの文字コードがShift_JISと同じように隣接して並んでいるからです。この件は本書では深入りしません。

　1文字以上のひらがな列にマッチさせるつもりで、「/[あ-ん]+/」というマッチ演算子を書いていると、「あるふぁるふぁ」という文字列にマッチしません。「ぁ」が文字クラス[あ-ん]に含まれていないので、「あるふ」までで途切れてしまうわけです。これは「正規表現あるある」です。

　カタカナは[ア-ヶ]でいけると思います。ヶは40ヶとか言う時に使う、箇数の箇で、これが普通のカタカナとしては最大の文字コードです。

　ですが、これだと長音記号が入らないので、より正確には[ア-ヶー]でしょうか。これは「『ア』から『ヶー』まで」という意味ではなく、「『ア』から『ヶ』まで、および『ー』」という意味ですから注意してください。

> MEMO
> 　これでもヴとか、繰り返し点([ヽヾ〃]とか)とか、近年Unicodeに増えた濁音のヴとかギとか、叱のような組み文字などが入りませんが、本書のカバーする範囲を超えますので掘り下げません。上で「普通の」ひらがななどと書いているのはその意味です。

　となると、ひらがなもカタカナ同様長音記号が使えた方がいいです。というのは、ひらがながカタカナの読み仮名として使われているパターンが多いからです。ということで、ひらがな1文字の正規表現としては[ぁ-んー]、カタカナ1文字の正規表現としては[ア-ヶー]を本書では推します。

日本語文字クラス(2)〜漢字

　漢字がやっかいです。

　[亜-熙]と書いてある本を持っていたら、その本はだいぶ情報が古いので注意してください。これはJIS X 0208漢字を、JIS順に並べたときの、一番小さな「亜」と、一番大きな「熙」を範囲としたものです。Unicodeでは漢字の順番が変わっているので、「亜」より小さい漢字も、「熙」より大きい漢字もあります。

> **MEMO**
> 熙は、昔の総理大臣「細川護熙(ほそかわもりひろ)」のヒロの字です。

　UTF-8でプログラムを書く以上、Unicodeのコード表上の、コードが一番小さい漢字と大きな漢字を並べる必要があります。
　[一-龠]というのが比較的使えるという説もありますが、これはJIS X 0208の範囲の文字をUnicodeで範囲指定しただけで、どんどん増えていくUnicodeの漢字に対応できません。
　この場合は、PerlのUnicodeプロパティというものを使います。簡単に言うと¥p{Han}で漢字1文字を示すものです。¥は0x5Cです。（Hanは漢字の中国語読みハンツから来ています。）
　Unicodeプロパティとは何かについても本書ではあまり深く掘り下げませんが、¥p{Han}が漢字1文字を示す正規表現の文字クラスになる、とおぼえてください。また、漢字以外1文字はpを大文字にして¥P{Han}になります。

> **MEMO**
> ひらがな1文字、カタカナ1文字もUnicodeプロパティを使って、¥p{Hiragana}、¥p{Katakana}と書けますが、長音記号が入らないので本書ではおすすめしません。

　ということで、「ひらがな、カタカナ、漢字1文字を示す文字クラス」は[ぁ-んァ-ヶー¥p{Han}]ぐらいが実用的です。

> **MEMO**
> ¥p{Han}では「丈」のようなUnicodeの拡張面の（BMP以外の）漢字が当たりませんが、ここでは割愛します。

11-5　カッコ（()）と縦バー（|）

　これまでは正規表現のパターンを1文字単位で制御していましたが、ここではカッコ（()）および縦バー（|）を使って、文字列単位の選択や繰り返しを行います。

■カッコ（()）によるグループ化と量指定子

　これまで量指定子は、文字単位で指定してきました。「.{3}」は任意の文字3文字という意味ですし、「[a-z]*」は任意の長さの英小文字列という意味でした

> CHAPTER **11** 正規表現

ね。しかし、文字列単位での繰り返しは指定できないのでしょうか。それには、**カッコ(())によるグループ化**を使います。

たとえば、「(ABC){1,3}」というパターンは、「ABC」、「ABCABC」、「ABCABCABC」のどれかとマッチします。

用例はP.491で置換と一緒に説明します。

■ カッコ(())による捕獲

もう1つのカッコの機能が**捕獲**(capture、キャプチャー)です。

これまで、マッチした結果は`$&`という特殊変数を使って取得してきました。これはマッチ文字列全体を取得します。

日本語氏名が「松」で始まるメンバーを取得したプログラムを再掲します。

```
#! /usr/bin/perl
#
# matchMatsuMin.pl -- 松で始まる氏名を抽出（最小マッチ）

…中略…

while (<DATA>) {
    say ">$&<" if /\t松.* .*?\t/;
}

__DATA__
1	指原 莉乃	Rino_Sashihara@example.com	Team-H	HKT48
2	大島 優子	Yuuko_Ohshima@example.com	Team-K	AKB48
3	渡辺 麻友	Mayu_Watanabe@example.com	Team-B	AKB48
4	柏木 由紀	Yuki_Kashiwagi@example.com	Team-B	AKB48
5	篠田 麻里子	Mariko_Shinoda@example.com	Team-A	AKB48
6	松井 珠理奈	Jurina_Matsui@example.com	Team-E	SKE48
7	松井 玲奈	Rena_Matsui@example.com	Team-S	SKE48
8	高橋 みなみ	Minami_Takahashi@example.com	Team-A	AKB48
…後略…
```

メンバー名はタブで囲まれていて、苗字と名前の間にスペースが入っています。

よって「タブ＋松で始まる文字列＋空白＋任意の文字列（最小マッチ）＋タブ」というパターン(\t松.* .*?\t)で氏名を抽出していましたが、抽出結果を`$&`（マッチ文字列全体）によって参照しているので、出力結果には前後にタブが入ってしまっていました。

```
C:\Perl\perl>matchMatsuMin.pl
>	松井 珠理奈	<
>	松井 玲奈	<
```

11.5 カッコ（()）と縦バー（|）

では、このタブを除去するにはどうすればいいでしょうか。つまり**検索パターンの一部だけを利用する**ということです。

これには、パターンの利用したい部分をカッコ(())で囲みます。これを捕獲といいます。捕獲された文字列は、$1、$2という特殊な変数に格納されます。

上のプログラムを捕獲を使って改良します。

```
#! /usr/bin/perl
#
# matchMatsuParen.pl -- 松で始まる氏名を抽出（()による捕獲）

…中略…

while (<DATA>) {
        say ">$1<" if /\t(松.* .*?)\t/;
}

__DATA__
…後略…
```

このように、タブを除いた氏名の部分だけをカッコでくるんでいます。これで氏名が捕獲され、変数$1に格納されるので、それをsayで出力しています。

実行してみましょう。

```
C:\Perl\perl>matchMatsuParen.pl
>松井 珠理奈<
>松井 玲奈<
```

地味な変更ですが、前後の無駄なタブが取り除かれました。

カッコを複数使うと、$2、$3…という変数に次々に文字列を捕獲できます。また、参照するときに順番を変えることも可能です。

以下のプログラムでは、イニシャルがMWであるメンバーのローマ字氏名を、「苗字, 名前」という風に、苗字を先にして、名前の前にカンマと空白を入れて編集します。

```
#! /usr/bin/perl
#
# matchMWParen.pl -- イニシャルMWの氏名を抽出して編集（()による捕獲と編集）

…中略…

while (<DATA>) {
        say "$2, $1" if /(M[a-z]*) (W[a-z]*)/;
}
```

```
__DATA__
･･･後略･･･
```

アンダースコアの前の「M＋小文字列」を1個目のカッコで、アンダースコアの後の「W＋小文字列」を2個目のカッコで捕獲し、それを順番を変えてカンマと空白をはさんで出力しています。実行します。

```
C:¥Perl¥perl>matchMWParen.pl
Watanabe, Mayu
Watanabe, Miyuki
```

OKですね。

捕獲を行わないカッコ（(?:〜)）

このように、カッコ（()）を使ってパターンのグループ化を行うと、同時に捕獲が発生します。

非常に便利な機能ですが、カッコを何回も書くような複雑な正規表現の場合はちょっとやっかいです。「5番目のカッコには生年月日が入るから$5」とか、「11番目のカッコには所属事務所が入るから$11」とか、数え上げて管理するのが大変だからです。その場合は、普通のカッコ（()）の他に(?:〜)という書き方ができます。この〜の部分にはパターンが入ります。

この(?:〜)のカッコは、グループ化だけで、捕獲を行いません。たとえば、「(?:松.*)」と書くと、松で始まる文字列をグループ化するが、捕獲はしないということになります。本書ではこれが必要になるような複雑なパターンは書かないので、用例は割愛します。

縦バー（|）による選択条件

アングルブラケット（[]）を使った文字クラスは、文字単位での範囲を指定しましたね。[abc]と書くと、aかbかcどれか1文字という意味になりました。

では文字列単位で「abcかxyz」のように指定するにはどうすればいいのでしょうか。これには縦バー（|）を使います。

「NMB48かHKT48」という意味のパターンは

```
(NMB48|HKT48)
```

と書けます。48を2回書くのが無駄なので

```
(NMB|HKT48)
```

と書けそうな気がしますが、これは「NMBまたはHKT48」という意味になるのでダメです。もし48を1回にしたければ

```
(NMB|HKT)48
```

と書きます。

　縦バーによる選択条件は、カッコで囲まなくても書けますが、どこまでを選択するのか範囲を明確にするために、カッコ(())で囲むのが安全です。以下のプログラムは、NMB48またはHKT48のメンバーの日本語氏名を出力します。

```perl
#! /usr/bin/perl
#
# matchCaptureOR.pl -- NMB48またはHKT48のメンバーの氏名を抽出
#   (縦バーによる選択)

…中略…

while (<DATA>) {
    if (/(HKT48|NMB48)/) {
       my $group = $1;
       /^[0-9]+\t(.*?)\t/;
       say "$1\t$group";
    }
}

__DATA__
1   指原 莉乃     Rino_Sashihara@example.com       Team-H    HKT48
2   大島 優子     Yuuko_Ohshima@example.com        Team-K    AKB48
3   渡辺 麻友     Mayu_Watanabe@example.com        Team-B    AKB48
4   柏木 由紀     Yuki_Kashiwagi@example.com       Team-B    AKB48
5   篠田 麻里子   Mariko_Shinoda@example.com       Team-A    AKB48
6   松井 珠理奈   Jurina_Matsui@example.com        Team-E    SKE48
7   松井 玲奈     Rena_Matsui@example.com          Team-S    SKE48
8   高橋 みなみ   Minami_Takahashi@example.com     Team-A    AKB48
…後略…
```

実行します。

```
C:\Perl\perl>matchCaprureOR.pl
指原 莉乃         HKT48
山本 彩           NMB48
渡辺 美優紀       NMB48
```

　ではプログラムを解説します。

```perl
    if (/(HKT48|NMB48)/) {
```

> CHAPTER **11** 正規表現

では、HKT48かNMB48を含む行かどうかを判定しています。同時にここでグループ名がカッコによって捕獲されます。

```
        my $group = $1;
```

捕獲したグループ名をスカラー変数$groupに取っておきます。このあとまた捕獲のある正規表現を使うので、$1が変わってしまうからです。

```
        /^[0-9]+¥t(.*?)¥t/;
```

マッチ演算子だけをおもむろに書いています。

このマッチ演算子は「行頭＋1桁以上の数字＋タブ＋(1文字以上の文字列、最小マッチ)＋タブ」というものですが、(1文字以上の文字列、最小マッチ)というカッコで囲まれた部分は日本語氏名です。

よって、このマッチ演算子を実行することで、日本語氏名が捕獲され、$1に入ります。このマッチ演算子はこの捕獲のためにだけ書いたものです。

マッチ演算子ですからマッチすれば真を、しなければ偽を返しますが(このデータとパターンの場合、必ず真になります)その結果値は無視しています。

```
        say "$1¥t$group";
```

$1に氏名が、$groupにグループ名が入っていますのでタブをはさんで出力します。

縦バーの落とし穴

さて、同じ原理で、チームKとチームKIIのメンバーを抽出するとします。

```
#! /usr/bin/perl
#
# matchCaptureOR2.pl -- チームKまたはチームKIIのメンバーの氏名を抽出
#        (縦バーによる選択)（バグあり！）

…中略…

while (<DATA>) {
    if (/(Team-K|Team-KII)/) {
        my $group = $1;
        /^[0-9]+¥t(.*?)¥t/;
        say "$1¥t$group";
    }
}

__DATA__
1    指原 莉乃    Rino_Sashihara@example.com              Team-H    HKT48
```

```
    2   大島 優子      Yuuko_Ohshima@example.com          Team-K    AKB48
    3   渡辺 麻友      Mayu_Watanabe@example.com          Team-B    AKB48
```

…中略…

```
   15   渡辺 美優紀    Miyuki_Watanabe@example.com        Team-M    NMB48
   16   須田 亜香里    Akari_Suda@example.com             Team-KII  SKE48
```

実行します。

```
C:¥Perl¥perl>matchCaprureOR2.pl
大島 優子          Team-K
宮澤 佐江          Team-K
板野 友美          Team-K
須田 亜香里        Team-K
```

微妙に間違っています。抽出する人選はうまく行っているのですが、Team-KIIの須田亜香里さんが、Team-Kになってしまっています。

ここが問題です。

```
        if (/(Team-K|Team-KII)/) {
```

ここで、須田亜香里さんのチーム名「Team-KII」は、パターン「Team-K」にマッチしてしまいます。

```
   16   須田 亜香里    Akari_Suda@example.com             Team-KII  SKE48
```

これは、縦バーによるグループ選択が、論理演算子orと同じように短絡するからです。（論理演算子のorの短絡についてはP.208を見てください。）

つまり縦バーで並んだパターンを、左からマッチさせて、どれか1つでもマッチしたら、そこでそれ以上の縦バーで並んだ検索は打ち切られてしまいます。上の場合はチーム名「Team-KII」がパターン「Team-K」にもマッチすると分かった時点で、そこから先の吟味は行われません。

どうすればいいでしょうか。この場合はパターンが長い順にします。

```
        if (/(Team-KII|Team-K)/) {
```

検証はおまかせします。

なお、別解としては、単語境界にマッチする位置指定の正規表現¥bを使用します。

```
        if (/(Team-K¥b|Team-KII¥b)/) {
```

こう書けば、縦バーの前の「Team-K¥b」は「Team-KII」にはマッチしません。「Team-K」のうしろにタブ、空白、行末のようなものが来る場合のみが縦バーの

前の「Team-K\b」にマッチします。

11-6 まだまだマッチ演算子の隠された機能が…

マッチ演算子は、まだまだ紹介しきれていない機能があります。数多くの機能を習得するほどプログラムをラクチンに、カッコ良く書くことができるので、1個1個マスターしましょう。

■ 正規表現を変数に入れる

以前イニシャルがMWの人を抽出するプログラムmatchMW.plを書きました。

今度はそれを改造して、任意のイニシャルを引数で指定して、当てはまる人を抽出するプログラムを書いてみましょう。

matchMW.plを改造して、こんな感じで書いてみました。

```perl
#! /usr/bin/perl
#
# matchInitial.pl -- 任意のイニシャルの氏名を抽出
#           (正規表現をスカラー変数を入れ込む)

…中略…

my ($first, $last) = split //, shift;

while (<DATA>) {
        say $& if /$first[a-z]*_$last[a-z]*/;
}

__DATA__
…後略…
```

ちょっとした改造で済みました。3回連続で実行してみます。

```
C:\Perl\perl>matchInitial.pl MW
Mayu_Watanabe
Miyuki_Watanabe

C:\Perl\perl>matchInitial.pl MS
Mariko_Shinoda

C:\Perl\perl>matchInitial.pl MT
Minami_Takahashi
```

では改造点を見ていきます。

11.6 まだまだマッチ演算子の隠された機能が···

まず、引数の分析です。

```
my ($first, $last) = split //, shift;
```

これは、shiftで受けた引数を、パターンに空文字列を渡したsplit関数で分割し、$first、$lastに格納しています。

次がキモです。

```
say $& if /$first[a-z]*_$last[a-z]*/;
```

これを、以前書いたイニシャルMW固定のバージョンと比較します。

```
say $& if /M[a-z]*_W[a-z]*/;
```

このように、マッチ演算子(//)の中に、固定文字列の代わりにスカラー変数を入れ込むことができます。これで外から得られたデータを使うことができます。

> **MEMO**
>
> ただしこの場合、任意の1文字にマッチするドット(.)、マッチ演算子を終わらせてしまうスラッシュ(/)など、正規表現で意味のある「メタ文字」がスカラー変数に入ってくると、当然パターンが壊れてしまうので注意が必要です。パターンの中に手で書いた文字の場合は、バックスラッシュ(¥)をいちいち手で書いてエスケープすればいいのですが、スカラー変数に閉じ込められている場合はそれも効きません。この場合は、quotemeta関数というのを使えば、スカラー変数の中のメタ文字をすべてエスケープすることができます。本書での説明は割愛します。

split関数と正規表現

さて、ここまで正規表現推しで来たのにこんなことを言うのも何ですが、いま扱っているようなありがちなタブ区切りのテキストデータの場合、P.142で紹介した**split**関数を使ってデータを分割して処理する方がどちらかと言うと簡単です。

split関数は以下のような3つの書き方があります。

```
split                    引数なし。$_を空白文字で分割する
split /パターン/         引数1つ。$_を指定された正規表現パターンで分割する
split /パターン/, $スカラー変数  引数2つ。$スカラー変数を指定された正規表現パターンで分割する
```

引数なしのsplitは、$_を「空白やタブなどの空白文字の1回以上の繰り返し」で分割します。

ここで言う「パターン」は、これまでマッチ演算子で使ってきた正規表現で書

かれたパターンと同じものです。split関数はこれまで、正規表現を使わず、固定文字列を使って分解してきました。

```
@arr = split /\t/ $str;  # $strをタブ文字で分割して配列@arrに格納する
```

「\t」という固定文字列も立派な正規表現ですから、これで使えていたわけですが、以下のようにさまざまな可変文字列にマッチするパターンを使うことができます。

```
@arr = split /\t+/ $str;
    # $strを1文字以上のタブ文字で分割して配列@arrに格納する

@arr = split /[,:;]/ $str;
    # $strをカンマ、コロン、セミコロンのうちのどれかで分割して
    # 配列@arrに格納する
```

では、split関数を使って、各メンバーの日本語名とメール アドレスだけをタブ区切りで表示してみましょう。現在扱っているAKBグループの名簿は、以下のようなフォーマットになっています。

```
# 順位（タブ）苗字（空白）名前（タブ）メール アドレス（タブ）チーム名（タブ）↵
  グループ名（改行）
# メール アドレスは「ローマ字名_ローマ字苗字@example.com」（※架空のものです）
```

これを以下のように表示します。

苗字（空白）名前（タブ）メール アドレス（改行）

必要なのは日本語名とメール アドレスですので、ここではパターンとして「\t」を渡し、タブで分割します。

```
#! /usr/bin/perl
#
# splitPattern.pl -- 名前とメール アドレスだけを抽出（split関数で分割する）

…中略…

while (<DATA>) {
    chomp;
    my (undef, $name, $mail) = split /\t/;
    say "$name\t$mail";
}

__DATA__
…後略…
```

実行します。

```
C:¥Perl¥perl>splitPattern.pl
指原 莉乃      Rino_Sashihara@example.com
大島 優子      Yuuko_Ohshima@example.com
…後略…
```

オッケーですね。では解説します。

```
chomp;
```

まずsplitでタブ分割する前の定石として、余計な改行記号を取り除いています。とは言うものの、このchompは実は今回は不要です。というのは、行末に入っているのはグループ名で、今回使用せずに捨てているデータだからですが、今後プログラムやデータフォーマットが変わったときのために、書いておいた方がいいと思います。行データを読み込んだらchompで改行を取っておくのは定石です。

```
my (undef, $name, $mail) = split /¥t/;
```

ここでsplit関数です。先頭に来るのが順位ですが、受け側をundefにして捨てています。$rankなどというスカラー変数を作って、代入しつつ無視するというのも手ですが、undefをsplitの受け側リストに使うとデータが消えるという機能の復習のために書いてみました。

受け側の$mailでリストは終わっています。この後にデータとしてはチーム名、グループ名が入っていますが、これは捨てています。なお、スライスを使って

```
my ($name, $mail) = (split /¥t/) [1, 2];
```

と書いても行けるような気がしますが、「名前が前から数えて2番目、メール アドレスが3番目に入っている」などということを数字で指定するのは、可読性が落ちるような気がして採用しませんでした。まあTIMTOWTDIです！

```
say "$name¥t$mail";
```

最後は名前とメール アドレスを出力して終わりです。

$_ 以外のスカラー変数にマッチ演算子を作用させる

さて、これまでマッチ演算子(//)を$_ にだけ作用させてきました。つまり、<DATA>で読み込んだ行全体にマッチさせてきました。

しかし、一般のスカラーにマッチさせたい場合もあります。その場合は、以下のように =~（イコール チルダ）という演算子を使います。これを**結合演算子**と呼びます。

> CHAPTER **11** 正規表現

> $スカラー変数 =~ /パターン/

　さきほどの、`split`を使って名簿から名前とメール アドレスのみを抽出するプログラムを改造して、メール アドレスを「ローマ字苗字＋カンマ＋空白＋ローマ字名前」という風に変換させることにします。これで名前の和英対訳のような感じに表示されます。

```
#! /usr/bin/perl
#
# matchScalar.pl -- メール アドレスから名前を取り出す
#  （スカラー変数にマッチさせる）

…中略…

while (<DATA>) {
    chomp;
    my (undef, $name, $mail) = split /\t/;

    $mail =~ /(.*)_(.*)\@example\.com/;
    say "$name\t$2, $1";
}

__DATA__
…後略…
```

　実行してみます。

```
C:\Perl\perl>matchScalar.pl
指原 莉乃        Sashihara, Rino
大島 優子        Ohshima, Yuuko
渡辺 麻友        Watanabe, Mayu

…後略…
```

　OKですね。
　ここでは、まず`split`関数で行全体をタブで区切り、`$name`、`$mail`を抽出したあとに、正規表現を`$mail`に対して使ってローマ字名前とローマ字苗字を抽出しています。正規表現1回で書くよりも見やすくて意図が明確だと思います。
　なお、マッチ演算子にスカラー変数がマッチしない場合真にするには、`=~`の代わりに`!~`を使います。
　さきほどの任意のイニシャルの人を抽出するプログラムに、引数チェックを加えてみます。

11.6 まだまだマッチ演算子の隠された機能が…

```perl
#! /usr/bin/perl
#
# matchInitialCheck.pl -- 任意のイニシャルの氏名を抽出、引数チェック付き
#         (否定の結合演算子=~)
```

…中略…

```perl
my $initial = shift;

unless ($initial) {
    die "no initial specified\n";
} elsif ($initial !~ /^[A-Z][A-Z]/) {
    die "illegal initial: $initial\n";
}

my ($first, $last) = split //, $initial;

while (<DATA>) {
        say $& if /$first[a-z]*_$last[a-z]*/;
}

__DATA__
```

…後略…

4回実行してみます。

```
C:\Perl\perl>matchInitialCheck.pl            引数を渡さなかった
no initial specified
C:\Perl\perl>matchInitialCheck.pl mw         小文字でイニシャルを入れた
illegal initial: mw
C:\Perl\perl>matchInitialCheck.pl mW         片方小文字でイニシャルを入れた
illegal initial: mW
C:\Perl\perl>matchInitialCheck.pl MW         正しくイニシャルを入れた
Mayu_Watanabe
Miyuki_Watanabe
```

OKですね。

```perl
my $initial = shift;

unless ($initial) {
    die "no initial specified\n";
```

引数を今度は1つのスカラー$initialに取ってみました。

unless文で、もし$initialが真偽値コンテキストで偽の場合（引数が渡されなかった場合）「no initial specified」というメッセージを出してdieし

ています。

```
} elsif ($initial !~ /^[A-Z][A-Z]/) {
    die "illegal initial: $initial\n";
```

ここが今回のポイントです。変数$initialにパターン「^[A-Z][A-Z]」（アルファベットの大文字2つ）をマッチさせ、もしマッチしなければelsifブロックの中を実行します。

その場合は「illegal initial: 」というメッセージと共に、$initialを表示してdieしています。

引数チェックには正規表現が便利なので活用してください。

まとめると

```
/パターン/         $_にパターンがマッチしたら真を返す
$スカラー変数 =~ /パターン/
                 $スカラー変数にパターンがマッチしたら真を返す
$スカラー変数 !~ /パターン/
                 $スカラー変数にパターンがマッチしなかったら真を返す
```

となります。

11-7 メタ文字と区切り文字

ここでは、正規表現のメタ文字（特殊な意味を持つ文字）と、演算子の区切り文字について研究します。

メタ文字

これまで、正規表現による検索パターンの中で、いろいろな記号を特殊な意味で使って来ました。

正規表現でドット（.）という字は1文字を示します。プラス記号（+）は直前のパターンを1回以上繰り返します。アングル ブラケット（[]）は文字クラスを作り、カッコ（()）は正規表現をグループ化して捕獲します。

ここで困ったことは、たとえばドット（.）そのものを検索できないということです。

いま扱っているAKB48のデータの中で、上位7名のメールのみを、負荷分散のためにexample.comからGODDESS.exampla.comというドメインに変更したとします。

で、この7人を抽出するプログラムを書いてみました。

```
#! /usr/bin/perl
#
# GODDESS7.pl -- 神7を検索（不具合あり）

・・・中略・・・

while (<DATA>) {
        print if /S.e/;
}

__DATA__
1    指原 莉乃    Rino_Sashihara@GODDESS.example.com       Team-H    HKT48
2    大島 優子    Yuuko_Ohshima@GODDESS.example.com        Team-K    AKB48
3    渡辺 麻友    Mayu_Watanabe@GODDESS.example.com        Team-B    AKB48
4    柏木 由紀    Yuki_Kashiwagi@GODDESS.example.com       Team-B    AKB48
5    篠田 麻里子   Mariko_Shinoda@GODDESS.example.com       Team-A    AKB48
6    松井 珠理奈   Jurina_Matsui@GODDESS.example.com        Team-E    SKE48
7    松井 玲奈    Rena_Matsui@GODDESS.example.com          Team-S    SKE48
8    高橋 みなみ   Minami_Takahashi@example.com             Team-A    AKB48
9    小嶋 陽菜    Haruna_Kojima@example.com                Team-A    AKB48
10   宮澤 佐江    Sae_Miyazawa@example.com                 Team-K    AKB48
11   板野 友美    Tomomi_Itano@example.com                 Team-K    AKB48
12   島崎 遥香    Haruka_Shimazaki@example.com             Team-B    AKB48
13   横山 由依    Yui_Yokoyama@example.com                 Team-A    AKB48
14   山本 彩     Sayaka_Yamamoto@example.com              Team-N    NMB48
15   渡辺 美優紀   Miyuki_Watanabe@example.com              Team-M    NMB48
16   須田 亜香里   Akari_Suda@example.com                   Team-KII  SKE48
```

ドメイン名が`GODDESS.example.com`のメンバーは、「`S.e`」（エス・ドット・イー）という文字列を含むので、それを検索してみましたが、当然ながらダメです。

```
C:¥Perl¥perl>GODDESS7.pl
1    指原 莉乃    Rino_Sashihara@GODDESS.example.com       Team-H    HKT48
2    大島 優子    Yuuko_Ohshima@GODDESS.example.com        Team-K    AKB48
3    渡辺 麻友    Mayu_Watanabe@GODDESS.example.com        Team-B    AKB48
4    柏木 由紀    Yuki_Kashiwagi@GODDESS.example.com       Team-B    AKB48
5    篠田 麻里子   Mariko_Shinoda@GODDESS.example.com       Team-A    AKB48
6    松井 珠理奈   Jurina_Matsui@GODDESS.example.com        Team-E    SKE48
7    松井 玲奈    Rena_Matsui@GODDES S.example.com         Team-S    SKE48
10   宮澤 佐江    Sae_Miyazawa@example.com                 Team-K    AKB48
```

上位7名の他に、10位の宮澤さんも抽出されてしまいました。パターンの「`S.e`」は、固定文字列「`S.e`」ではなく、「`S`＋任意の1文字＋`e`」という正規表現になってしまったために、ローマ字名「`Sae`」もマッチしてしまった状態です。

ではどうするかというと、おなじみですが、固定文字列としてのドットの前に

CHAPTER 11 正規表現

はバックスラッシュ(¥)を入れてエスケープします。

```
#! /usr/bin/perl
#
# GODDESS7_2.pl -- 神7を検索（修正。メタ文字をエスケープ）

…中略…

while (<DATA>) {
    print if /S¥.e/;
}

__DATA__

…後略…
```

パターンの中で、「¥.」という正規表現は、固定文字「.」に置き換わります。これで宮澤さんが出てこなくなります。

```
C:¥Perl¥perl>GODDESS7_2.pl
1   指原 莉乃    Rino_Sashihara@GODDESS.example.com    Team-H   HKT48
2   大島 優子    Yuuko_Ohshima@GODDESS.example.com     Team-K   AKB48
3   渡辺 麻友    Mayu_Watanabe@GODDESS.example.com     Team-B   AKB48
4   柏木 由紀    Yuki_Kashiwagi@GODDESS.example.com    Team-B   AKB48
5   篠田 麻里子  Mariko_Shinoda@GODDESS.example.com    Team-A   AKB48
6   松井 珠理奈  Jurina_Matsui@GODDESS.example.com     Team-E   SKE48
7   松井 玲奈    Rena_Matsui@GODDESS.example.com       Team-S   SKE48
```

このように、正規表現として特殊な意味を持つために、その文字そのものを検索したい場合はバックスラッシュでエスケープしなければならない字のことを、**メタ文字**(meta character)と言います。

正規表現のメタ文字は以下の通りです。

表11-6：正規表現のメタ文字（文字クラス以外）

文字	名　前	用　途
¥	バックスラッシュ	メタ文字のエスケープ、¥t（タブ）などのエスケープ文字列の指定、¥d（数字1文字）などの文字クラスのショートカットの指定
|	縦バー	パターンの選択
(	カッコ開け	グループ化、捕獲
)	カッコ閉じ	グループ化、捕獲
[	アングルブラケット開け	文字クラスを作る
{	ブレース開け	X{2,3}のような量指定子
^	キャレット	行頭の位置指定
$	ドル記号	行末の位置指定
*	アスタリスク	ゼロ個以上の量指定子
+	プラス	1個以上の量指定子
?	疑問符	ゼロ個または1個の量指定子、量指定子の最小マッチ
.	ドット	任意の1文字

MEMO
カッコは開けと閉じが両方入っているのに、アングルブラケットとブレースは開けだけがメタ文字なのがちょっとおもしろいですね。なぜか分かりますか？

なお、文字クラス（[〜]）あるいは否定の文字クラス（[^〜]）を作るアングルブラケット（[]）の中では、これらのメタ文字の大部分が無力化されます。

たとえば、カッコ開けかカッコ閉じのどちらかにマッチする文字クラスを作るには、[()]と書けばOKです。[¥(¥)]と書く必要はありません。文字クラスの中に併記される文字はどれも平等なので、（から）までをグループ化するという意味を失うからです。なお、[)(]と書いても意味は同じになります。

キャレット（^）は文字クラスの先頭においてのみ文字クラスの否定という意味のメタ文字になります。[^@]という文字列クラスはアットマーク以外の文字にマッチしますが、[@^]だとアットマークまたはキャレットにマッチします。

文字クラスの中でのメタ文字は以下の通りです。

表11-7：正規表現のメタ文字（文字クラス）

文字	名前	用途
¥	バックスラッシュ	メタ文字のエスケープ、¥t（タブ）などのエスケープ文字列の指定、¥d（数字1文字）などの文字クラスのショートカットの指定
^	キャレット	否定の文字クラス（文字列クラスの先頭でのみメタ文字）
-	ハイフン	[a-z]のように文字の範囲を示す
]	アングルブラケット閉じ	文字クラスの終わりを表す

MEMO
アンダースコアとキャレット以外の1文字を表す文字クラスは[^_^]となります。ちょっとかわいいですね。

正規表現のアットマーク（@）にも注意

アットマーク（@）は正規表現的に意味のあるメタ文字ではありませんが、正規表現の中に入れると思わぬエラーになるので注意が必要です。前のプログラムで、上位7人の人は、メールアドレスが「@GODDESS.example.com」で終わるので、こう書いたとします。

```
#! /usr/bin/perl
#
# GODDESS7_3.pl -- 神7を検索（ドメイン全体を抜いてみた。エラー）

‥‥中略‥‥

while (<DATA>) {
```

```
        print if /@GODDESS¥.example¥.com/;
}

__DATA__

…後略…
```

ところが、これがエラーになります。

```
C:¥Perl¥perl>GODDESS7_3.pl
Possible unintended interpolation of @GODDESS in string at C:¥Perl
¥perl¥GODDESS7_3.pl line 20.
Global symbol "@GODDESS" requires explicit package name at C:¥Perl
¥perl¥GODDESS7_3.pl line 20.
Execution of C:¥Perl¥perl¥GODDESS7_3.pl aborted due to compilation
errors.
```

「`Possible unintended interpolation of @GODDESS in string`」というのは、「文字列の中で`@GODDESS`の意図していない書き込みが行われたっぽい」ぐらいの意味です。

「`Global symbol "@GODDESS" requires explicit package name`」というのは、変数を`my`宣言しないで使っているときのやつですね。

ということで、検索パターンの中に`@GODDESS`と書くと、配列`@GODDESS`をそこに展開しようとするようです。

ということで、文字としてのアットマーク（`@`）を検索するときも、バックスラッシュでエスケープする必要があります。

スラッシュ（//）以外も使える

これまでマッチ演算子としてスラッシュ2つ（`//`）を使っていましたが、その場合、スラッシュ（`/`）という文字自体を検索する場合は、それもバックスラッシュ（¥）でエスケープします。パターンの中でスラッシュを書くと、そこまででパターンが終了してしまうからです。

これが、大量のスラッシュを含んでいるデータの場合は難儀になります。特にあるあるなのが、Mac/UNIXのファイル名です。Mac/UNIXでは、パス区切り文字がスラッシュになります。たとえば`/usr/local/bin/perl`のようにファイルの絶対パス名を書きます。

いま、ファイル名を大量に、ランダムに含んだファイル`fileList.txt`があったとします。

```
/usr/bin/zcmp
/usr/bin/zdiff
```

11.7 メタ文字と区切り文字

```
/usr/local/bin/ptar
/sbin/nologin
/sbin/pfctl
/usr/bin/ypcat
/usr/bin/ypmatch
/bin/tcsh
/bin/test
/usr/local/bin/nkf
/usr/local/bin/perl
/bin/sync
/usr/local/bin/prezip
/bin/sh
/usr/local/bin/psed
/usr/local/bin/pspell-config
/sbin/rtsol
```

　この中から、/usr/local/bin/pで始まる4文字のファイルを抽出したい場合、以下のようなプログラムで実現できます。

```perl
#! /usr/bin/perl
#
# fileGrep.pl -- ファイル名を抽出する
#  (デフォルトのマッチ演算子（//）では見づらい)

use 5.010;
use strict;
use warnings;

use utf8;

binmode STDIN, ":encoding(UTF-8)";

if ($^O eq "MSWin32") {
   binmode STDOUT, ":encoding(Shift_JIS)";
} else {
   binmode STDOUT, ":encoding(UTF-8)";
}

while (<STDIN>) {
      print if /^\/usr\/local\/bin\/p...$/;
}
```

　これまで入力データとプログラムを同一ファイルにするために<DATA>を使ってきましたが、ここでは入力ファイルを外部から得るために<STDIN>を使っています。では実行します。ここでは、Mac/UNIXで実行しています。

```
$ fileGrep.pl < filelist.txt
```

```
/usr/local/bin/ptar
/usr/local/bin/perl
/usr/local/bin/psed
```

うまくいきました。では正規表現の部分を見てみましょう。

```
        print if /^¥/usr¥/local¥/bin¥/p...$/;
```

行頭(^)と行末($)で「/usr/local/bin/p...」というパターンをはさんでいます。「p...」はpで始まる4文字です。

それはいいんですが、「¥/」のようにスラッシュをバックスラッシュでエスケープしているので、ちょっと見づらくなっています。

Perlではこのような場合、マッチ演算子をスラッシュ以外の記号にすることができます。次のプログラムをごらんください。

```
#! /usr/bin/perl
#
# fileGrep2.pl -- ファイル名を抽出する（マッチ演算子を改良）

…中略…

while (<STDIN>) {
        print if m~^/usr/local/bin/p...$~;
}
```

動作はまったく同じですが、正規表現がグッとスッキリしましたね。ここでは、マッチ演算子をm~~にしています。このように、m(matchのmです)の後に好きな記号を書き、また同じ記号で閉じれば、マッチ演算子になります。また、

```
m{^/usr/local/bin/p...$}
```

のように、同じ種類のカッコ（{}、()、[]）を使うこともできます。この場合はパターンをカッコの開ける／閉じるで包みます。

以上をまとめると、以下の3つは同じマッチ演算子になります。

/パターン/	スラッシュでパターンを囲む
m~パターン~	m~と~でパターンを囲む
m{パターン}	m{と}でパターンを囲む

ここでパターンを囲む文字（//におけるスラッシュ（/）、m~パターン~におけるチルダ（~）、m{パターン}におけるブレース（{}）のことを、区切り文字(delimiter)と呼びます。パターンの中にあまり出てこない字を区切り文字に使うのが便利でしょう。

11.8 修飾子

いままで使ってきた/パターン/という書き方は、実はm/パターン/という書き方の省略形です。省略せずにm/パターン/と書くこともできます。動作は同じです。

> **MEMO**
> つまり、//のことをマッチ演算子と呼ぶとこれまで説明してきましたが、正しくは、m//のことをマッチ演算子と呼びます。//はm//の省略形です。

11-8 修飾子

マッチ演算子のうしろに付けて機能の指定を行うものを**修飾子**(modifier、モディファイヤー)と言います。また難しい言葉が出てきましたね。「就職誌」と変換ミスしないように注意しましょう。

修飾子はマッチ演算子のうしろに書きます。

▌文字クラスのショートカットをASCII状態で使う /a

P.453で紹介したように、文字クラスには¥d、¥s、¥wというショートカット、およびその否定形¥D、¥S、¥Wという便利なものがありますが、use utf8状態だとなかなかうまく使えません。

これを、修飾子/aを使うとうまく動作させることができます。

> **MEMO**
> aはASCIIの略だと思います。

表11-8：文字クラスのショートカット (ASCII状態)

文字クラスのショートカット	意味	対応する文字クラス (no utf8)
¥d	数字 (digit)	[0-9]
¥D	数字以外	[^0-9]
¥s	空白 (whitespace)	[¥t¥n¥r¥f]
¥S	空白以外	[^ ¥t¥n¥r¥f]
¥w	単語文字 (word character)	[a-zA-Z0-9_]
¥W	単語文字以外	[^a-zA-Z0-9_]

「英数字およびアンダースコア1文字以上」は¥w+です。

「英数字、アンダースコア、およびドットが1文字」は[¥w.]のように書けます。¥wにさらにドットを追加するわけです。このように文字クラスのショートカットを使って、より広い文字クラスを作ることができます。

[¥d¥s]は、数字および空白1文字、という意味です。

CHAPTER 11 正規表現

　ではプログラムの中で使ってみます。
　下は、以前書いた標準体重を計算するプログラム（バグあり）の一部です。prints.txtというテキストファイルに保存されていたとしましょう。

```
print "あなたの身長は$heightmですね！\n";
print "あなたの体重は$weightkgですね！\n";
print "あなたの身長だと標準体重は$stdWeightkgです！\n";
print "あなたは$tooMuchkg太りすぎです！\n";
```

　このプログラムは、変数名と単位がくっついているという問題があったのですが、この変数名を抜き出したいと思ったとします。変数名で使える文字は、英数字とアンダースコアですから、\wという文字クラスのショートカットとぴったり一致します。
　ということで、以下のようなプログラムが考えられると思います。

```perl
#! /usr/bin/perl
#
# varGrep.pl -- 変数名を検索する（文字クラスのショートカットを利用）
#         （バグあり！）

use 5.010;
use strict;
use warnings;

use utf8;

binmode STDIN, ":encoding(UTF-8)";

if ($^O eq "MSWin32") {
   binmode STDOUT, ":encoding(Shift_JIS)";
} else {
   binmode STDOUT, ":encoding(UTF-8)";
}

while (<STDIN>) {
      say $& if /\$\w+/;
}
```

　では実行します。

```
C:\Perl\perl>varGrep.pl < prints.txt
$heightmですね
$weightkgですね
$stdWeightkgです
$tooMuchkg太りすぎです
```

ダメですね。これは文字クラス\wが、英数字とアンダースコアだけではなく、Unicodeの漢字とひらがなも含んでしまったために起こった問題です。

```
print "あなたの身長は$heightmですね！\n";
print "あなたの体重は$weightkgですね！\n";
print "あなたの身長だと標準体重は$stdWeightkgです！\n";
print "あなたは$tooMuchkg太りすぎです！\n";
```

　use utf8を付けるとこのような現象が起こります。この場合に、修飾子/aを使って問題を回避します。

```
#! /usr/bin/perl
#
# varGrep2.pl -- 変数名を検索する（文字クラスのショートカットを利用）
#         （修飾子/aで問題解決！）

…中略…

while (<STDIN>) {
        say $& if /\$\w+/a;
}
```

　修飾子はこのように、マッチ演算子のうしろにくっつけます。なお、こういう解説書には慣習上「/a修飾子」とスラッシュを付けて書きますが、マッチ演算子にくっつけるのは「a」だけです。「マッチ演算子/\$\w+/に/a修飾子を付ける」と書いてあっても「/\$\w+//a」とはならず「/\$\w+/a」となるので注意してください。

　では実行します。

```
C:\Perl\perl>varGrep2.pl < prints.txt
$heightm
$weightkg
$stdWeightkg
$tooMuchkg
```

　無事英数字だけを抜けましたね。

> **MEMO**
> 修飾子/aはPerl 5.14からの新機能です。

■ 大小文字を無視する/i

　/iという修飾子はignore case（大小文字を区別しない）の略です。

```
/ri/i
```

CHAPTER 11 正規表現

というマッチ演算子は「`RI`」、「`Ri`」、「`rI`」、「`ri`」のいずれにもマッチします。

「ローマ字名にリが付く人」を検索する場合は、このマッチを使えば「`Rino_Sashihara`」も「`Mariko_Shinoda`」もマッチして便利です。

■ 空白、コメントを入れる /x

`/x`という修飾子はeXpandedの略です。これを書くと、パターンの中に空白、改行、コメントを自由に書くことができます。

たとえば、以下のようなちょっとばかり複雑なマッチ演算子があるとします。これでAKB48の名簿を一気に分析します。

```
/^(\d+)\t([\p{Han}あ-ん]+) ([\p{Han}あ-ん]+)\t([a-zA-Z]+)_
([a-zA-Z]+)\@example\.com\t(Team-[A-Z]+)\t([A-Z]{3}48)$/;
```

これを、`/x`修飾子を付けると、以下のように書くことができます。

```
/^
    (\d+)                    # 先頭
    \t                       # 順位（$1）
    ([\p{Han}あ-ん]+)        # 日本語苗字（$2）
    \                        # （空白）
    ([\p{Han}あ-ん]+)        # 日本語名前（$3）
    \t
    ([a-zA-Z]+)              # ローマ字名前（$4）
    _
    ([a-zA-Z]+)              # ローマ字苗字（$5）
    \@example\.com           # ドメイン名
    \t
    (Team-[A-Z]+)            # チーム名（$6）
    \t
    ([A-Z]{3}48)             # グループ名（$7）
$/x;
```

だいぶ見やすくなったのではないでしょうか。`$4`がローマ字名前とか、`$6`がチーム名とか書いておくとプログラミングが楽だと思います。

`/x`修飾子を使う場合、以下の点に注意してください。

- パターンの中に空白は自由に書ける。何個書いても無視される
- 空白自体にマッチするパターンを書くには、スペースをバックスラッシュでエスケープして「`\ `」と書く
- `#`のうしろは注釈になる
- ポンド記号（`#`）自体にマッチするパターンを書くには、ポンド記号をバックスラッシュでエスケープして「`\#`」と書く

何回もマッチする /g

いままでのマッチ演算子は、ある文字列の中で1回マッチしたら次の処理に向かっていましたが、修飾子/g（globalという意味です）を使うと、同じ文字列を何回もマッチしようとします。

/gが付いたマッチ演算子はスカラー コンテキストで使う場合と、リスト コンテキストで使う場合とで意味が変わります。

スカラー コンテキストでの使い方は少しややこしいので、割愛します。

/gをリスト コンテキストで評価すると、マッチした文字列（1つのときも複数のときもある）を全部、一気にリストで返します。マッチしなかったら空リストになります。

1行に何回も同じ言葉が出てくるとき、まとめて収集するのに便利です。

少し前にプログラムから変数名を抽出するvarGrep2.plというプログラムを作りました。

```perl
#! /usr/bin/perl
#
# varGrep2.pl -- 変数名を検索する（文字クラスのショートカットを利用）
#          （修飾子/aで問題解決！）

…中略…

while (<STDIN>) {
        say $& if /\$\w+/a;
}
```

実は、これを書いた時はごまかしていたのですが（スミマセン）、ちょっと問題があります。これを使って、下の標準体重プログラム全体を処理してみます。

```perl
#! /usr/bin/perl
#
# stdWeight8.pl -- 標準体重を計算する（すっきりして見えるがバグあり）

use strict;
use warnings;

my $height = 1.8;
my $weight = 82;

my $stdWeight = ($height ** 2) * 22;
my $tooMuch   = $weight - $stdWeight;

print "あなたの身長は$heightmですね！\n";
print "あなたの体重は$weightkgですね！\n";
```

> CHAPTER **11** 正規表現

```
print "あなたの身長だと標準体重は$stdWeightkgです！\n";
print "あなたは$tooMuchkg太りすぎです！\n";
```

では実行します。

```
C:\Perl\perl>varGrep2.pl < stdWeight8.pl
$height
$weight
$stdWeight
$tooMuch
$heightm
$weightkg
$stdWeightkg
$tooMuchkg
```

お分かりでしょうか。各行1個目しか表示されていませんね。

```
my $stdWeight = ($height ** 2) * 22;
my $tooMuch   = $weight - $stdWeight;
```

という行は、複数の変数が表示されて欲しかったのですが、最初の1個を表示するだけで満足しています。これは、

```
while (<STDIN>) {
    say $& if /\$\w+/a;
}
```

というプログラムのマッチ演算子(//)が、$_ に格納された各行のデータで1回目だけマッチしたら満足して次のwhile周回に進んでしまうからです。

そこで、プログラムをこう書き直します。

```
#! /usr/bin/perl
#
# varGrep3.pl -- 変数名を検索する（修飾子/gで一網打尽！）

…中略…

while (<STDIN>) {
    if (my @arr = /\$\w+/ag) {
        say join ", ", @arr;
    }
}
```

実行します。

```
C:\Perl\perl>varGrep3.pl < stdWeight8.pl
$height
$weight
```

11.8 修飾子

```
$stdWeight, $height
$tooMuch, $weight, $stdWeight
$heightm
$weightkg
$stdWeightkg
$tooMuchkg
```

これで無事に、複数の変数を含む行が美しくカンマ区切りで表示されました。ポイントはここです。

```
if (my @arr = /¥$¥w+/ag) {
    say join ", ", @arr;
}
```

`$_`に格納された各行からパターン`¥$¥w+`にマッチする文字列を抽出するマッチ演算子に、修飾子`/g`を付けて結果を配列`@arr`で受けています。

これで、`@arr`にはその行に含まれているマッチ文字列が全部格納されます。なお、変数名がない場合は空リスト(`()`)になりますので、`if`条件は偽になり、`if`ブロックはスキップされます。

> **MEMO**
> このように、`/g`修飾子を付けようが付けまいが、マッチ演算子を真偽値コンテキストで評価した結果は同じです。

1個以上の変数が格納された場合は、`if`ブロックの中で、配列`@arr`を「カンマ＋空白」をはさんで`join`して`say`出力しています。

以上、マッチ演算子の修飾子として、本書では4種類だけご紹介しました。まとめます。

表11-9：マッチ演算子の修飾子

修飾子	英語	意味
/a	ASCII	文字コードのショートカット`¥d`、`¥w`、`¥s`とその否定形をASCII文字にのみ適用する
/i	Ignore case	大小文字を無視する
/x	eXpand	空白、注釈を無視する
/g	Global	1行の中で検索を繰り返す

他にも`/m`、`/s`、`/o`、`/cg`がありますが本書では割愛します。

11-9 置換の基礎

さて、これまではマッチ演算子だけを使ってきましたが、今度は**置換演算子**（s///）を紹介します。

マッチ演算子は次のような形をしていました。

```
/パターン/          2つのスラッシュでパターンを囲む
m~パターン~        m+特定の文字と、同じ文字でパターンを囲む
m{パターン}        m+特定のカッコ開けと、同じカッコの閉じでパターンを囲む
```

マッチ演算子はmatch（一致する）の略でmという字を書きますが、スラッシュで//と書く場合はmを省略できます。

これに対して置換演算子は、次のような形をしています。

```
s/パターン/置換文字列/        s+3つのスラッシュでパターンと置換文字列を囲む
s~パターン~置換文字列~        s+特定の文字3つでパターンと置換文字列を囲む
s{パターン}{置換文字列}       s+特定のカッコ開けと、同じカッコの閉じでパターン
                             を囲み、置換文字列を同じカッコの開け閉じで囲む
```

sはsubstitute（置換する）の略です。スラッシュ囲みの場合はs///とします。マッチ演算子のmのように省略することはできません。

s{}{}の書き方だとカッコのペア2つの間に改行を入れられるので

```
s{長い長い長い長い長い長い長い長い長い長い長い長い長い長い検索パターン}
 {長い長い長い長い長い長い長い長い長い長い長い長い置換文字列}
```

のように長い検索パターンと置換文字列を別の行に分けられて便利です。

■ 固定文字列の置換

まず、固定文字列の単純な置換を練習します。これはみなさんがテキスト エディターなどで使ったことがあると思います。

ここで、また本章の基本に立ち返ってAKB48選抜の名簿整理をします。

以下のプログラムでは、「Team-A」を「篠田チームA」、「Team-K」を「大島チームK」、「Team-B」を「柏木チームB」と置換します。

```
#! /usr/bin/perl
#
```

11.9 置換の基礎

```
# teamChange.pl -- チーム名の変更（s///を使う）（難アリ！）
…中略…

while (<DATA>) {
        s/Team-A/篠田チームA/;
        s/Team-K/大島チームK/;
        s/Team-B/柏木チームB/;
        print;
}

__DATA__
1    指原 莉乃    Rino_Sashihara@example.com      Team-H     HKT48
2    大島 優子    Yuuko_Ohshima@example.com       Team-K     AKB48
3    渡辺 麻友    Mayu_Watanabe@example.com       Team-B     AKB48
4    柏木 由紀    Yuki_Kashiwagi@example.com      Team-B     AKB48
5    篠田 麻里子  Mariko_Shinoda@example.com      Team-A     AKB48

…中略…

15   渡辺 美優紀  Miyuki_Watanabe@example.com     Team-M     NMB48
16   須田 亜香里  Akari_Suda@example.com          Team-KII   SKE48
```

実行します。

```
C:\Perl\perl>teamChange.pl
1    指原 莉乃    Rino_Sashihara@example.com      Team-H       HKT48
2    大島 優子    Yuuko_Ohshima@example.com       大島チームK   AKB48
3    渡辺 麻友    Mayu_Watanabe@example.com       柏木チームB   AKB48
4    柏木 由紀    Yuki_Kashiwagi@example.com      柏木チームB   AKB48
5    篠田 麻里子  Mariko_Shinoda@example.com      篠田チームA   AKB48

…中略…

15   渡辺 美優紀  Miyuki_Watanabe@example.com     Team-M         NMB48
16   須田 亜香里  Akari_Suda@example.com          大島チームKII  SKE48
```

ちょっと変なところがありますが、変なところがあるなりにプログラムを解説していいですか、

```
        s/Team-A/篠田チームA/;
```

という文は、置換演算子s///を$_に対して作用させます。

もし$_に「Team-A」というパターンが入っていたら、$_のその部分を「篠田チームA」という文字列に変えます。

これによって置換が行われたら真を、行われなかったら偽を返します。上のプログラムでは、真偽値は特に使わず無視していますので、$_に「Team-A」が入っ

ていれば置換が行われ、入っていなければ何もせずに、次の行に制御が移ります。
　以下、「Team-K」、「Team-B」についても同様に処理が行われています。
　「Team-H」に所属する「指原 莉乃」さん（1位）の所属チームはTeam-Hで、今回の置換処理3つの対象ではないので、$_は変化しません。

位置指定を使う置換

さて、どの部分が変だったのでしょうか。

```
#! /usr/bin/perl
#
# teamChange.pl -- チーム名の変更（s///を使う）（難アリ！）

‥‥中略‥‥

while (<DATA>) {
        s/Team-A/篠田チームA/;
        s/Team-K/大島チームK/;
        s/Team-B/柏木チームB/;
        print;
}

__DATA__
1    指原 莉乃      Rino_Sashihara@example.com      Team-H    HKT48
2    大島 優子      Yuuko_Ohshima@example.com       Team-K    AKB48

‥‥中略‥‥

15   渡辺 美優紀    Miyuki_Watanabe@example.com     Team-M    NMB48
16   須田 亜香里    Akari_Suda@example.com          Team-KII  SKE48
```

というプログラムの実行結果が、

```
C:¥Perl¥perl>teamChange.pl
1    指原 莉乃      Rino_Sashihara@example.com      Team-H       HKT48
2    大島 優子      Yuuko_Ohshima@example.com       大島チームK    AKB48

‥‥中略‥‥

15   渡辺 美優紀    Miyuki_Watanabe@example.com     Team-M           NMB48
16   須田 亜香里    Akari_Suda@example.com          大島チームKII    SKE48
```

のようになりました。つまり、Team-Kのみを置換するつもりの置換演算子が、Team-KIIのTeam-K部分にまで作用してしまい、大島チームKIIという存在しないチームができてしまいました。
　須田亜香里さんの「Team-KII」の部分文字列として「Team-K」がマッチしてし

11.9 置換の基礎

まうという、これは前にもあった問題ですね。どうやって解決すればいいでしょうか。ひさびさにみなさん考えてみてください。

まあ、ちょっとダサい解答？ としてはこういう考え方もあると思います。

```
#! /usr/bin/perl
#
# teamChange2.pl -- チーム名の変更（s///を使う）（これでもできる！）
```

…中略…

```
while (<DATA>) {
        s/Team-A¥t/篠田チームA¥t/;
        s/Team-K¥t/大島チームK¥t/;
        s/Team-B¥t/柏木チームB¥t/;
        print;
}

__DATA__
```

…後略…

置換前の文字列がタブで終わることに注目し、その余計なタブまでマッチさせてやって、置換後の文字列にも同じタブを付けてやれば、見た目上はうまくいきます。

でも、置換前と後と同じタブ文字を書くのはちょっとダサいでしょうか。おすすめはこうです。

```
#! /usr/bin/perl
#
# teamChange3.pl -- 置換（s///を使う）（¥bを使う！）
```

…中略…

```
while (<DATA>) {
        s/Team-A¥b/篠田チームA/;
```

```
        s/Team-K\b/大島チームK/;
        s/Team-B\b/柏木チームB/;
        print;
}

__DATA__

…後略…
```

このように、検索側に単語境界の位置指定\bを使います。これで、Team-Kのうしろが\bにマッチしない（空白も行末も来ない）Team-KIIが置換対象から除外されます。

置換による削除

上の項では固定文字列を置換しましたが、文字クラスや量指定子を使って、さまざまな可変文字列を一気に置換することももちろんできます。

また、置換演算子を使って文字列を削除することもできます。置換文字列側を空っぽにすればいいのです。

以上の知識を踏まえて、「AKBの名簿からメール アドレスを削除する」というプログラムを書いてみましょう。

これはこの時点でも書けると思うので、お急ぎでない方は考えてみてください。

こんな感じでしょうか。

```
#! /usr/bin/perl
#
# mailRemove.pl --  メール アドレスの削除（s///を使った可変文字列の削除）

…中略…

while (<DATA>) {
        s/\w+\@example\.com\t//;
        print;
}

__DATA__
```

```
1    指原 莉乃      Rino_Sashihara@example.com            Team-H    HKT48
2    大島 優子      Yuuko_Ohshima@example.com            Team-K    AKB48
```

…後略…

実行します。

```
C:\Perl\perl>mailRemove.pl
1    指原 莉乃      Team-H    HKT48
2    大島 優子      Team-K    AKB48
```

…後略…

キモはこの部分です。

```
    s/\w+\@example\.com\t//;
```

これは「s/検索パターン//」という形の置換演算子です。置換側が空文字列なので、検索パターンにマッチした文字列は削除されます。

なお、マッチ演算子で出てきた、正規表現に空白とコメントを入れて分かりやすくする/x修飾子は、置換演算子でも同じように検索パターン側を解説することができます。

上のパターンは大して複雑ではありませんが、一応これを使ってゴテゴテ解説してみると

```
    s/                    # 置換するパターン
        \w+               # 英数字およびアンダースコア1字以上
                          # (ローマ字名_ローマ字苗字)
        \@example\.com    # ドメイン名。アットマークは配列のシジル、
                          # ドットは任意の1文字という意味があるので
                          # エスケープ
        \t                # タブも1つ消す
    //x;                  # 削除
```

という感じです。

カッコによる捕獲と置換を組み合わせる

置換演算子において、検索パターンでカッコを使って捕獲し、置換文字列で$1、$2…を使ってその結果を使うことができます。

特定の文字列のみを抽出したり、順序を入れ替えたりする加工に便利です。

現在「ローマ字名_ローマ字苗字@example.com」となっているメール アドレスを、「ローマ字苗字ローマ字名@example.com」のように、名前と苗字を入れ替えてくっついて並べることになったとします。「Yui_Yokoyama@example.

com」の場合は「YokoyamaYui@example.com」のようにしたいわけです。こうします。

```perl
#! /usr/bin/perl
#
# mailChange.pl -- メール アドレスの変更（s///とカッコによる捕獲）

…中略…

while (<DATA>) {
    s/(\w+)_(\w+)\@/$2$1\@/;
    print;
}

__DATA__
1    指原 莉乃    Rino_Sashihara@example.com      Team-H    HKT48
2    大島 優子    Yuuko_Ohshima@example.com       Team-K    AKB48

…後略…
```

実行検証および解読はおまかせします。この捕獲と置換演算子の組み合わせは、行の一部分だけを変更するときに便利です。

> **MEMO**
>
> 　以前は置換演算子s///の検索側でカッコを使って捕獲した文字列を置換側で再利用するには、$1、$2ではなくて\1、\2を使っていました。これはsedという言語のなごりです。sedはあらゆる命令を1文字で書くという変わり種の言語で、マッチがm、置換がsというPerlの検索置換機能の書き方は、sedから取り入れられたものです。現在も、実はPerlで\1、\2式の書き方が可能です。これは後方互換性を保つため、sedのスクリプトをPerlに移行する場合は便利です。しかし、最初からPerlで開発する場合は、$1、$2を素直に使った方がいいでしょう。置換演算子の外では、もう\1、\2は使えませんので、$1、$2を使うしかありません。

11-10　高度な置換

置換の基礎が分かったところで応用編とまいりましょう。

結合演算子=~と置換

　行全体$_ではなく、任意のスカラー変数に対してマッチ演算子を作用させるためには、結合演算子=~を使いました。

置換演算子でもこれを使って、任意のスカラー変数の中だけ置換させることができます。

さきほどのメール アドレスの書式を変えるプログラムを、split関数と結合演算子を使って書きなおしてみます。

```perl
#! /usr/bin/perl
#
# mailChange2.pl -- メール アドレスの変更（結合演算子を使う）

…中略…

while (<DATA>) {
      chomp;
      my ($rank, $name, $mail, $team, $group) = split /\t/;
      $mail =~ s/(\w+)_(\w+)\@/$2$1\@/;
      say join "\t", ($rank, $name, $mail, $team, $group);
}

__DATA__
```

…後略…

では解説します。

```perl
      my ($rank, $name, $mail, $team, $group) = split /\t/;
```

まずタブでsplitして、順位、名前、メール アドレス、チーム名、グループ名に分解しています。

```perl
      $mail =~ s/(\w+)_(\w+)\@/$2$1\@/;
```

ここがキモです。これまで$_変数全体に掛けていた置換演算子を、結合演算子を使ってスカラー変数$mailにだけ作用させています。マッチ演算子と原理は同じです。

```perl
      say join "\t", ($rank, $name, $mail, $team, $group)
```

splitした要素をjoinで結合します。

プログラムの文字数はかえって多くなったのですが、わかりやすさは損なわれていないと思います。もっと長大なタブ区切りデータの場合は、このように分解してからじっくり料理し、改めて結合した方が分かりやすくなるでしょう。

繰り返しの言葉を削除する（グループ化と量指定子）

さて、P.457で、量指定子を文字列に使うにはカッコを使ってグループ化する

と申しました。

A+のように、文字に量指定子を付けると、A、AA、AAAAAのような文字列にマッチします。

一方、(ABC)+のように、グループに量指定子を付けると、ABC、ABCABC、ABCABCABCABCABCのような文字列の繰り返しにマッチします。

これを使って、英語の文章からtheという言葉が誤って複数回出ているものをきれいにしてみます。

```perl
#! /usr/bin/perl
#
# removeDup.pl -- 重複するtheを削除

use 5.010;
use strict;
use warnings;

use utf8;

binmode DATA, ":encoding(UTF-8)";

if ($^O eq "MSWin32") {
    binmode STDOUT, ":encoding(Shift_JIS)";
} else {
    binmode STDOUT, ":encoding(UTF-8)";
}

while (<DATA>) {
        s/(the )+/the /g;
        print;
}

__DATA__
Who is the programmer in the the office?
I'm the the the programmer in the the the the office.
Did you write the the the the the program?
Yes, I did.
```

では実行。

```
C:¥Perl¥perl>removeDup.pl
Who is the programmer in the office?
I'm the programmer in the office.
Did you write the program?
Yes, I did.
```

これぐらいお茶の子ですね。

/g修飾子

前の方で、マッチ演算子の修飾子（m//のうしろに付けて機能を変更するもの）としていくつかを紹介しましたが、このうち以下の3つは、置換演算子にもそのまま適用できます。

表11-10：マッチ演算子の修飾子

修飾子	英語	意味
/a	ASCII	文字コードのショートカット ¥d、¥w、¥sとその否定形をASCII文字にのみ適用する
/i	Ignore case	大小文字を無視する
/x	eXpand	空白、注釈を無視する

もう1つご紹介した/gですが、置換演算子では1行で何回も置換するという機能になります。

置換演算子の戻り値は置換が起これば1、起こらなければ0が返ります。これは実は置換が実行された回数です。

ただし、置換演算子はデフォルトでは1回までしか置換を行いませんので、この値は0か1かのどちらかです。

ところが、/g修飾子（globalの略）を指定すると、1行の中で可能な限り何回も置換を行い、戻り値として置換に成功した回数を返します。

下のファイルは簡単なテキスト ファイルです。perlGuide.txtとして格納されていたとします。

```
perlのある生活

目次:
  まえがき
  1. perlをインストールしよう -- MacでもWindowsでもUNIXでも大丈夫！
  2. perlを学ぼう -- 技術評論社から出ている本が良さそうだ！
  3. perlを使おう -- スクリプトを書いて、テストをして、みんなに使ってもらおう！
  4. perlを楽しもう -- 新しい機能をおぼえてプログラムをパワーアップしよう！
  5. 愛するperl --　おお、perl、perl、perl！ もうperlなしでは生きられない！
  6. perlを教える -- このころには誰かにperlを教えずにはいられなくなっている！
  あとがき
```

ここでperlという言葉が多用されていますが、これを**P**erlと置換したいとします。かつ、何行目に何個出てきたかログも取りたいとします。以下のように書いてみました。

```
#! /usr/bin/perl
#
# substituteGlobal.pl -- 複数の単語を置換する（s///演算子の/g修飾子）
```

> CHAPTER **11** 正規表現

```perl
use 5.010;
use strict;
use warnings;

use utf8;

if ($^O eq "MSWin32") {
   binmode STDIN, ":encoding(Shift_JIS)";
   binmode STDOUT, ":encoding(Shift_JIS)";
} else {
   binmode STDIN, ":encoding(UTF-8)";
   binmode STDOUT, ":encoding(UTF-8)";
}

while (<STDIN>) {
      my $count = s/perl/Perl/g;
      warn "$count substitutions in line $.\n" if $count;
      print;
}
```

キモはここです。

```perl
      my $count = s/perl/Perl/g;
```

s///演算子に/g修飾子を渡すことで、1行の中でマッチする限りperlをPerlに置換します。ここで/g修飾子付き置換演算子は置換した回数を返しますから、それを$countに入れます。

```perl
      warn "$count substitutions in line $.\n" if $count;
```

で、ここで$countという式が1以上(ゼロ以外)になれば真偽値コンテキストで真になりますので後置if文が発動し、warnが実行されます。

warnでは$countに得られた置換数と、$.に入ってくる行番号を表示します。warn文字列の末尾に改行(\n)を入れていますので、プログラム名やプログラムの行番号は表示されません。

また、入力ファイルの改行をそのまま活かしますので、sayではなくprintで出力しています。

では実行します。置換後のテキストファイルはprintで標準出力に、置換ログはwarnで標準エラー出力に表示されるので、以下のように実行します。

```
C:\Perl\perl>substituteGlobal.pl < perlGuide.txt > perlGuide_mod.txt 2> log.txt
```

出力ファイルperlGuide_mod.txtは以下のようになりました。

```
Perlのある生活

目次:
  まえがき
  1. Perlをインストールしよう -- MacでもWindowsでもUNIXでも大丈夫!
  2. Perlを学ぼう -- 技術評論社から出ている本が良さそうだ!
  3. Perlを使おう -- スクリプトを書いて、テストをして、みんなに使ってもらおう!
  4. Perlを楽しもう -- 新しい機能をおぼえてプログラムをパワーアップしよう!
  5. 愛するPerl --   おお、Perl、Perl、Perl! もうPerlなしでは生きられない!
  6. Perlを教える -- このころには誰かにPerlを教えずにはいられなくなっている!
  あとがき
```

ログ ファイル log.txt は以下のようになりました。

```
1 substitutions in line 1
1 substitutions in line 5
1 substitutions in line 6
1 substitutions in line 7
1 substitutions in line 8
5 substitutions in line 9
2 substitutions in line 10
```

OKですね。

/e修飾子

ここで魔法のような/e修飾子の技をお目に掛けましょう。これはevaluateの略で、置換側の文字列をまずPerlの式として評価(実行)して、その戻り値に置換します。

下のプログラムが何をするか予想できるでしょうか。

```perl
#! /usr/bin/perl
#
# addTax.pl -- s///演算子の/e修飾子で遊ぼう!(消費税8%を適用する)

use 5.010;
use strict;
use warnings;

use utf8;

if ($^O eq "MSWin32") {
    binmode STDIN, ":encoding(Shift_JIS)";
    binmode STDOUT, ":encoding(Shift_JIS)";
} else {
    binmode STDIN, ":encoding(UTF-8)";
    binmode STDOUT, ":encoding(UTF-8)";
```

> CHAPTER 11 正規表現

```
}
while (<STDIN>) {
    s/(\d+)/$1*1.08/ge;
    print;
}
```

　このプログラムは、文章に出てくる数値(\d+)にすべて、1.08を掛けて、消費税8%(2015年当時)を乗せた金額にする、というものです。
　以下のようなファイルをkaimono.txtとして保存したとします。

```
昨日300円のビールと、600円の焼き鳥を買った。
その後2800円のプログラミング解説書を買った。
次の日40000000円の建売住宅を買った。
```

　実行します。

```
C:¥Perl¥perl>addTax.pl < kaimono.txt
昨日324円のビールと、648円の焼き鳥を買った。
その後3024円のプログラミング解説書を買った。
次の日43200000円の建売住宅を買った。
```

　見事に金額が税込みになっていますね。
　置換側にPerlの関数の呼び出しを書き、戻り値で文章の中身を入れ替えることもできます。使いこなすと超強力です。
　なお、/e修飾子は何個でも書くことができます。/eeと2個書けば2回、/eeeと3個書けば3回評価が起こります。ここでは詳しく説明しませんが、実行するたびに結果が変わる関数の呼び出しなどを使うとき便利です。

■ ループ置換

　さて、/g修飾子を使っても置換しきれない場合があります。たとえば、ネストしたカッコです。以下のようなテキストがあったとします。

```
Super Machine GT400仕様表
  液晶：15.6インチ(TFT(ノングレアタイプ))/解像度：WXGA(1366x768)
  CPU：Dual-Core(2GHz(2コア)(交換可能))
```

　これを、カッコ(())で囲まれた部分をすべて取り除いて以下のようにしたいとします。

```
Super Machine GT400仕様表
  液晶：15.6インチ/解像度：WXGA
  CPU：Dual-Core
```

　1重または2重のカッコのペアがありますが、これを消すのがなかなか面倒です。

11.10 高度な置換

とりあえず書いてみます。

```perl
#! /usr/bin/perl
#
# removeParen.pl -- 多重カッコを削除（バグあり）

use 5.010;
use strict;
use warnings;

use utf8;

binmode DATA, ":encoding(UTF-8)";

if ($^O eq "MSWin32") {
   binmode STDOUT, ":encoding(Shift_JIS)";
} else {
   binmode STDOUT, ":encoding(UTF-8)";
}

while (<DATA>) {
    s/\(.*\)//g;
    print;
}

__DATA__
Super Machine GT400仕様表
  液晶：15.6インチ(TFT(ノングレアタイプ))/解像度：WXGA(1366x768)
  CPU：Dual-Core(2GHz(2コア)(交換可能))
```

あからさまにダメですが、まあ実行してみましょう。

```
C:\Perl\perl>removeParen.pl
Super Machine GT400仕様表
  液晶：15.6インチ
  CPU：Dual-Core
```

はい、カッコの外にある「/解像度：WXGA」が削除されてしまいましたね。

    s/\(.*\)//g;

という置換演算子は、(で始まり、)で終わる、1文字以上の文字列（最大マッチ）を可能な限り繰り返し削除する、という意味です。カッコ(())はメタ文字ですのでエスケープしています。このパターンは、データの2行目に以下のようにマッチしてしまいます。

液晶：15.6インチ(TFT(ノングレアタイプ))/解像度：WXGA(1366x768)

では、以下のようにしたらどうでしょうか。

```perl
#! /usr/bin/perl
#
# removeParen2.pl -- 多重カッコを削除（これもダメ）

・・・中略・・・

while (<DATA>) {
    s/￥(.*?￥)//g;
    print;
}

__DATA__
Super Machine GT400仕様表
  液晶：15.6インチ(TFT(ノングレアタイプ))/解像度：WXGA(1366x768)
  CPU：Dual-Core(2GHz(2コア)(交換可能))
```

量指定子 * に ? を付けて、最小マッチにしています。さあどうだ。

```
C:￥Perl￥perl>removeParen2.pl
Super Machine GT400仕様表
  液晶：15.6インチ)/解像度：WXGA
  CPU：Dual-Core)
```

ダメです。

```
    s/￥(.*?￥)//g;
```

という置換演算子によって、以下の部分がマッチしてしまいます。

```
液晶：15.6インチ(TFT(ノングレアタイプ))/解像度：WXGA(1366x768)
```

このように、「TFT」という言葉の前の (と、「ノングレアタイプ」のうしろの) をペアリングして削除してしまいます。で、その削除によって、「ノングレアタイプ」の前の (も削除されてしまうので、「/解像度：」の前の) が消されずに取り残されてしまいます。

ではこれはどうでしょうか。

```perl
#! /usr/bin/perl
#
# removeParen3.pl -- 多重カッコを削除（バグあり）

・・・中略・・・

while (<DATA>) {
    s/￥([^()]*￥)//g;
```

```
        print;
}

__DATA__
Super Machine GT400仕様表
  液晶：15.6インチ(TFT(ノングレアタイプ))/解像度：WXGA(1366x768)
  CPU：Dual-Core(2GHz(2コア)(交換可能))
```

　[^()]は、(でも)でもない文字1文字にマッチする正規表現です。ちなみに、文字クラス[〜]の中では(も)もメタ文字ではないので、エスケープはしていません。ということで、(と)の間に(でも)でもない文字が0文字以上入っている文字列を削除します。これによって、()で囲まれた最も内側の文字列のみを削除するようにしてみました。

　と、長々と説明してきましたが、これも、ダメです。

```
C:¥Perl¥perl>removeParen3.pl
Super Machine GT400仕様表
  液晶：15.6インチ(TFT)/解像度：WXGA
  CPU：Dual-Core(2GHz)
```

　かなり惜しい感じで、カッコの対応は崩れていませんが、まだ、ダメです。最内の(〜)だけは削除できたのですが、多重カッコの外側が残されてしまいました。一応繰り返し削除して欲しい気持ちで/g修飾子を付けたのですが、これだけではダメのようです。

　これは、「(TFT(ノングレアタイプ))」というネスティングにおいて、内側の「(ノングレアタイプ)」を削除した時点で、もうPerlはうしろを振り返らないで前進するために、外側の「(TFT)」が削除されていない状態です。

```
(〜)...(〜)...(〜)
```

というパターンのカッコで囲まれた文字列であれば、

```
s/¥([^()]*¥)//g;
```

で全部消すことができます。しかし、

```
...(〜(〜)〜)...
   A  B C D
```

というネスティングのあるパターンでは、消せません。というのは、s///演算子は、最内の(〜)(上のBとC)のペアを消した時点で、C地点まで作業したと考えるので、A地点を振り返らないからです。

　実は、「ネスティングを含む対応するカッコを消す」という問題は、かなり有名で、正規表現だけでは解けないことになっています。

CHAPTER 11 正規表現

じゃあ、もうあきらめましょうか。

いやいや、それは悔しいじゃないですか。我々は正規表現だけを使っているわけでなく、それを機能の一部として使っているPerlを使っているわけです。Perlの力を信じましょう。

では、どうすればいいでしょうか。実は、ここまで精読してきた天才的なあなたは、この時点で答えが出せると思います。ちょっと考えてみてください。

> **MEMO**
>
> などと、本なんかに挑発的なことが書いてあったからと言って、答えが出るまで何時間もウンウンうなって考える必要はありません。面倒だったらさっさと先に読み進めてください。ぼくはこういうことが書いてある本はたいていそうすることにしています。

では解答です。

要は置換演算子s///を、(〜)のペアがなくなるまでループさせればいいわけです。こうなります。

```
#! /usr/bin/perl
#
# removeParen4.pl -- 多重カッコを削除（whileでs///をループさせる）

…中略…

while (<DATA>) {
    1 while s/¥([^()]*¥)//;
    print;
}

__DATA__
Super Machine GT400仕様表
 液晶：15.6インチ(TFT(ノングレアタイプ))/解像度：WXGA(1366x768)
 CPU：Dual-Core(2GHz(2コア)(交換可能))
```

実行。

```
C:¥Perl¥perl>removeParen4.pl
Super Machine GT400仕様表
  液晶：15.6インチ/解像度：WXGA
  CPU：Dual-Core
```

やったー！！！ 結構手間が掛かりましたね。

```
while (<DATA>) {
    1 while s/¥([^()]*¥)//;
    print;
}
```

これは、whileの中でさらにwhileをネスティングさせています。

内側のwhileは、いま処理している行($_)の中で、(で始まり、)で終わる、(でも)でもない文字の列を削除することを、何度も繰り返します。

```
1 while 式;
```

という書き方は、後置while文の一種で、

```
while (式) {
  1;
}
```

と同じことです。「式」が真を返す間、「1」という式を繰り返します。この「1」というのは「1という式の評価」という、特に意味のない行動です。文法エラーになったり、プログラムの他の部分に影響を与えたりしない文なら、何を書いてもいいことになっていますが、何を書いてもいいことになっている場合は、こんなところで個性を発揮してもしょうがないので「1」と書きます。

/g修飾子の付いたs///演算子を1回行うのとは違って、s///がwhileで実行されるごとに検索開始位置がリセットされますので、最内の(〜)が削除されるごとに$_の先頭から(〜)を検索しなおします。

(〜)による削除が成功している間は、s///演算子が1、つまり真を返しますから、while条件は成立し、繰り返しが続きます。

削除すべき(〜)がなくなれば、s///演算子はゼロ、つまり偽を返しますから、while文が終了し、$_がprintされます。

この書き方は便利なのでおぼえましょう。

ファイル全部を一気読み（slurp）

さて、上のパターンでも解決できないことがあって、それは複数の行をまたいでパターンをマッチさせるときです。

CHAPTER 11 正規表現

　ここまでの正規表現マッチおよび置換は、すべてデータを1行ずつ読んで処理するというものでした。たとえばこんな感じです。

```perl
#! /usr/bin/perl
#
# removeTeam.pl -- チーム名を削除

use 5.010;
use strict;
use warnings;

use utf8;

binmode DATA, ":encoding(UTF-8)";

if ($^O eq "MSWin32") {
   binmode STDOUT, ":encoding(Shift_JIS)";
} else {
   binmode STDOUT, ":encoding(UTF-8)";
}

while (<DATA>) {
      print if s/Team-[A-Z]*\b//;
}

__DATA__
1    指原 莉乃    Rino_Sashihara@example.com         Team-H    HKT48
2    大島 優子    Yuuko_Ohshima@example.com          Team-K    AKB48
3    渡辺 麻友    Mayu_Watanabe@example.com          Team-B    AKB48
4    柏木 由紀    Yuki_Kashiwagi@example.com         Team-B    AKB48
‥‥後略‥‥
```

　`<DATA>`という、ファイルハンドルからなる式を、`while`で評価するたびに、1行を読み込んで`$_`に入れ、置換処理をし、`print`しています。

　`<DATA>`を初めて評価するときは、1行目を`$_`に読み込みます。ここでいう1行とは1行目はファイルの先頭から改行コードまでです。

　2回目以降は、次の行を読み込みます。次の行は、さっき読み込んだ改行コードのうしろから次の改行コードまでです。

図11-1：1行とはどこまでか

このように行単位の処理を行うことは多いので、正規表現で行末を示す位置指定の正規表現$は改行コードの前にマッチし、うしろに改行コードがあることを意識しないでいいことになっています。このような処理を行指向処理と言います。

多くの場合はこれで済むのですが、行をまたがって検索置換をするときはこれではうまくいきません。たとえば、下のテキストからC言語方式のコメントである、「/*」と「*/」で囲まれた文字列を削除するとします。

（改行を⏎で示します。）

> Perlを勉強する前に、お使いのコンピューターにPerlが入っていることを確認しま⏎
> しょう。/*編集者さんへ、本書の読者はどのようなコンピューターを使うでしょうか？⏎
> 一応Windows、Mac、Linuxを想定して書きます。*/LinuxとMacをお使いの場合は、⏎
> Perlはすでにインストールされています。Windowsをお使いの場合は、ActivePerl⏎
> や、Strawberry Perlなどをインターネットからダウンロードすることができます。⏎
> /*編集者さんへ、固有名詞を書いてもいいものでしょうか？ */

削除を開始する「/*」と、終了する「*/」が別の行にあるため、行指向処理では削除する部分がマッチしません。

このような場合は、ファイルの全行を一気にスカラー変数に入れて処理します。以下のプログラムを見てください。

なお、このプログラムは入力ファイルの拡張子が.txtだったとします。あと、置換とは関係ありませんが、ちょっとエラー チェックを豪華にしてみました。

```perl
#! /usr/bin/perl
#
# slurp.pl -- 複数行にまたがるコメントの削除（一気読み置換）

use 5.010;
use strict;
use warnings;
```

CHAPTER 11 正規表現

```perl
use utf8;

if ($^O eq "MSWin32") {
    binmode STDIN, ":encoding(Shift_JIS)";
    binmode STDOUT, ":encoding(Shift_JIS)";
} else {
    binmode STDIN, ":encoding(UTF-8)";
    binmode STDOUT, ":encoding(UTF-8)";
}

my $infile = shift
    or die "usage: $0 <infile>.txt\n";

my $outfile = $infile;
$outfile =~ s/.txt$/_out.txt/
        or die "$infile was not terminated with .txt\n";

open IN, "<", $infile
        or die "cannot open $infile as IN because $!\n";

{
        local $/;
        undef $/;
        $_ = <IN>;
}

close IN;

open OUT, ">", $outfile
        or die "cannot open $outfile as OUT because $!\n";

1 while s{/\*.*?\*/}{}s;

print OUT;
close OUT;
```

では実行します。最初に3パターン実行エラーを出してみました。

> **MEMO**
>
> 入力ファイルをcomment.txtという名前で、C:¥Perl¥perlに置いたとします。

```
C:¥Perl¥perl>slurp.pl              引数を指定しない場合は
usage: C:¥Perl¥perl¥slurp.pl <infile>.txt      使い方を表示する

C:¥Perl¥perl>slurp.pl naiyo.txt         存在しないファイルを指定した
cannot open naiyo.txt as IN because No such file or directory
```

11.10 高度な置換

```
C:¥Perl¥perl>slurp.pl comment.xxx   拡張子がtxtでないファイルを指定した
comment.xxx was not terminated with .txt

C:¥Perl¥perl>slurp.pl comment.txt   正常に使用した

C:¥Perl¥perl>type comment_out.txt   出力ファイルの中身を確認
   Perlを勉強する前に、お使いのコンピューターにPerlが入っていることを確認し
ましょう。LinuxとMacをお使い
の場合は、Perlはすでにインストールされています。Windowsをお使いの場合は、
ActivePerlや、Strawberry Perlなどをインターネットからダウンロードすること
ができます。
```

OKですね。

MEMO

typeコマンドはWindowsの機能です。Mac/UNIXの場合は、代わりにcatコマンドを使います。

ではプログラムの最初の方から見ていきます。

```perl
my $infile = shift
   or die "usage: $0 <infile>.txt¥n";
```

引数を得て入力ファイル名を格納するスカラー変数$infileに代入します。

ここで引数を指定しないと、shift関数はundefを返しますから、この代入文はundefとなり、真偽値コンテキストで偽になります。よってor以降が実行され、ちゃんと引数を指定してくださいよというエラーを吐いてプログラムは死にます。ここではプログラムの簡単な使い方を書いてみました。引数なしでプログラムを実行すると、使い方が表示されるのはクールだと思います。

で、ここに来て新事実ですが、特殊変数$0にはプログラムの名前がPerlによって代入されます。よってここで二重引用符の中で展開すると、「slurp.pl」という文字列になります。このメッセージでは、slurp.plというプログラムの使い方を書いているのでバッチリです。別に$0という変数を使わずに

```perl
my $infile = shift
   or die "usage: slurp.pl <infile>.txt¥n";
```

と書いても、いいような気がしますが、いちいちプログラム名をタイプするのがめんどくさいですし、この部分のコードを他のプログラムで使い回す時に、埋め込まれたプログラムを書きかえるのもダサいですから。ここでは$0を使ってみました。これで、このルーチンはそのまま他のプログラムにコピペできます。

```perl
my $outfile = $infile;
```

> CHAPTER 11 正規表現

```
$outfile =~ s/.txt$/_out.txt/
    or die "$infile was not terminated with .txt¥n";
```

ここで出力ファイル名を格納するスカラー変数$outfileを作りますが、このファイル名を入力ファイル名をちょっと変えたものにしてみます。

たとえば入力が「comment.txt」であれば出力は「comment_out.txt」とします。これは運用上分かりやすいと思います。

まずmy宣言した$outfileに$infileを代入します。

次に、この$outfileを作用対象として置換演算子(s///)を使い、末尾の「.txt」を「_out.txt」に置換します。こういうちょっとしたところでも、正規表現を使うと便利です。もうsubstr関数とか、index関数とか面倒くさくて使ってられないですよね。

ここで結合演算子(=~)は、置換した回数を返します。もし$infileの末尾に「.txt」がなければ、パターンがマッチしないので、置換は行われず、結合演算子はゼロを返し、真偽値コンテキストで判定すると偽になります。

ということで、置換が行われなかった場合は、拡張子が.txtでなかったということで、or以降のdieが発動され、「$infileが.txtで終わってないよ」というエラーメッセージを吐いて強制終了します。

さっきの実行例では「comment.xxx」というファイルを入力したときこれが起きましたね。

```
open IN, "<", $infile
    or die "cannot open $infile as IN because $!¥n";
```

次に入力ファイルをオープンします。これもファイルがなかったりして正しく開けなかった場合はメッセージを吐いてdieしています。

```
{
    local $/;
    undef $/;
    $_ = <IN>;
}
```

ここが第1のキモです。

まず、全体をブロック({})で囲んでいます。理由はすぐ下で説明します。

次に$/という特殊変数をlocal宣言し、undef関数で未定義値にしています。

$/というのは行の切れ目を保持する変数で、デフォルトでは改行(¥n)が入っています。<IN>をスカラーコンテキストで評価したとき1行分が入ってきますが、この1行分がどこで終わるかを知っているのが$/です。

これを未定義値にすると、<IN>をスカラーコンテキストで評価したとき、行

11.10 高度な置換

の切れ目がなくなりますので、ファイルハンドル IN でオープンしたファイルの全行が返ります。

よって、最後の代入文「$_ = <IN>」によって、<IN>で得られるファイルの内容すべてが $_ にドバーンと入ります。ファイルの全行が $_ に入るわけです。

これを英語で slurp mode と言いますが、ここでは一気読みモードと呼ぶことにします。

> **MEMO**
> slurp とは英語でスープのようなものをすすりこむことだそうです。

紹介が遅れましたが、**local** は my 同様、変数をローカル化するものです。

> **MEMO**
> my 宣言による変数のローカル化については、P.277 をごらんください。

システム組み込みの変数 $/ は my 宣言できませんので、local という仕組みを使ってローカル化しています。my と local の違いや使い分けについては割愛します。ほとんどの場合 my で大丈夫ですが、この用途で $/ をいじるためには local を使います。本書で local が出てくるのはここだけです。

で、この一気読みの部分はブロック（{}）で囲んでいます。ブロックの外に出れば、$/ のローカル化が解けますので、元通り $/ には現在の改行（デフォルトでは ¥n）が戻り、通常の改行単位での読み込みが可能になります。

プログラムに戻ります。

```
close IN;

open OUT, ">", $outfile
        or die "cannot open $outfile as OUT because $!";
```

入力ファイルの内容は一気読みしてしまって、もう用はありませんので、IN をクローズします。代わりに $outfile を出力でオープンします。

```
1 while s{/¥*.*?¥*/}{}s;
```

ここが第 2 のキモです。

まず置換対象は「/*」と「*/」で囲まれた「.*?」（最小マッチの任意の文字列）です。

スラッシュがたくさん出てくるので、見やすいように置換演算子として s{}{} を使ってみました。¥* というのは、アスタリスクそのものにマッチさせるためにバックスラッシュでエスケープしているものです。

置換演算子のうしろに、修飾子/sが入っています。これは「single line」という意味で、置換演算子の作用対象となるデータ（この場合は$_）の改行も単なる1文字としてドット（.）にマッチさせる、という意味です。一気読みの場合は修飾子に/sを使う（複数行からなる全ファイルを単一行（single line）と見なす）とおぼえてください。

```
print OUT;
close OUT;
```

置換が終わったらprintで$_をOUTに出力します。1回のprintで全行がドバーンと出力されます。

で、OUTをクローズします。

いかがでしょうか。ポイントは$/をundef化してファイルを一気にスカラーに読み込むことと、置換演算子に/s修飾子を渡して行またがりのマッチを可能にすることです。

一気読みを使うと込み入ったパターンの置換でも安全にできることがあるので、試してみてください。

■ 変換演算子（tr///）

ここでマッチ演算子、置換演算子に続いて、正規表現を使う第3の演算子である**変換演算子**（tr///演算子）を紹介します。

trはtransliterationの略で、日本語の訳語は翻字と言います。

翻字とは、英語をカタカナに変えるなど、外国語を文字単位で変換することですが、Perlの変換演算子は文字単位の変換を行います。以下のプログラムを見てください。

```perl
#! /usr/bin/perl
#
# trTest.pl -- tr///演算子を使った変換

use 5.010;
use strict;
use warnings;

my $str = "This is a pen. I was born in Japan. How do you do.";
$str =~ tr/abcdefghijklmnopqrstuvwxyz/ABCDEFGHIJKLMNOPQRSTUVWXYZ/;
say $str;
```

実行します。

```
C:\Perl\perl>trTest.pl
THIS IS A PEN. I WAS BORN IN JAPAN. HOW DO YOU DO.
```

11.10 高度な置換

英小文字が、すべて大文字に変換されています。このように、aがAに、bがBに、cがCに、検索側の1文字ずつが対応して変換されます。

```perl
#! /usr/bin/perl
#
# trTest2.pl -- tr///演算子を使った変換2

use 5.010;
use strict;
use warnings;

my $str = "This is a pen. I was born in Japan. How do you do.";
$str =~ tr/abcdefghijklmnopqrstuvwxyzABCDEFGHIJKLMNOPQRSTUVWXYZ/
ABCDEFGHIJKLMNOPQRSTUVWXYZabcdefghijklmnopqrstuvwxyz/;
say $str;
```

のように書くと、大文字は小文字に、小文字は大文字に変わります。

```
C:¥Perl¥perl>trTest2.pl
tHIS IS A PEN. i WAS BORN IN jAPAN. hOW DO YOU DO.
```

結合演算子(=~)を使わず、変換演算子(tr///)の作用対象を明示しなかった場合は、マッチ演算子(//)や置換演算子(s///)同様、$_ が作用対象になります。

連続した文字コードを変換するにはハイフン(-)を使う簡略記号があります。この場合も検索側と変換側が同じ文字数になるように注意します。

```perl
tr/a-z/A-Z/; # $_の小文字が大文字に変換される
```

```perl
tr/a-zA-Z/A-Za-z/; # $_の小文字が大文字に、大文字が小文字に変換される
```

```perl
tr/0-9/A-J/; # $_の数字が英大文字の最初の10文字に変換される
```

この演算子の戻り値は変換した回数になります。よって、

```perl
$count = tr/a-z/a-z/; # $_の小文字が小文字に変換される（変化なし）
```

という文を使うことで、$_ の内容を変えずに、$_ の中の小文字を数えて、その数を$countに入れることができます。$countのうしろに来るのが=~ではなく=であることに注意してください。tr///演算子で字が書きかわる対象は$_ で、書きかわった回数が$countに入るわけです。この場合はaからzまでの小文字を、同じくaからzまでの小文字に変えてやっているので、何もしなかったのと同じことになります。これで文字列を破壊せずに、文字列の中の小文字の個数が$countに入ります。

> CHAPTER **11** 正規表現

☑ まとめコーナー

　いかがでしょうか。本章は正規表現の研究としてはまだまだ序の口で、お伝えすることはもっとたくさんあるんですが、よく使うパターンを中心に研究してきました。まとめます。

- 正規表現とはさまざまな文字列にマッチするパターンを書く言語である
- マッチ演算子(//)は、正規表現で書いたパターンを入れて検索に使う
- マッチ演算子は、作用対象のスカラー変数の中にパターンにマッチする部分があれば真を、なければ偽を返す
- マッチ演算子のデフォルトの作用対象は$_である
- マッチ演算子に固定文字列を入れると単純な検索ができる。固定文字は立派な正規表現である
- ドット(.)は任意の1文字にマッチする正規表現である
- 量指定子によって正規表現の繰り返しを記述できる
- 量指定子には?(0回か1回)、*(0回以上の繰り返し)、+(1回以上の繰り返し)、{n,m}(n回以上m回以下の繰り返し)などがある
- 以上の量指定子は最大マッチであり、繰り返しの回数によって複数のマッチが考えられる場合は、大きい方になる
- 量指定子に*?、+?、{n,m}?のように疑問符を付けると、最小マッチになる
- マッチ演算子がマッチした部分文字列をマッチ文字列と言う
- マッチ文字列は、マッチ変数$&に入る
- キャレット(^)は行頭にマッチする位置指定の正規表現である
- ドル記号($)は行末(改行の直前)にマッチする位置指定の正規表現である
- ¥bは単語境界(スペースと文字の間、文字と行頭／行末の間)にマッチする位置指定の正規表現である
- アングル ブラケット([])で[abc]のように複数の文字を囲むと、aかbかcどれか1文字を示す正規表現になる。このように文字の範囲を示す正規表現を文字クラスという
- 文字クラスの中でハイフン(-)を使うと連続する文字コードの範囲を示す。たとえば[A-Z]は大文字1文字を示す文字クラスである
- アングル ブラケット開けの直後にキャレット(^)を書くと文字クラスの否

定になる。たとえば[^a-z]は英小文字以外1文字になる
- 文字クラスにはショートカットがある。¥dは数字1文字に、¥Dは数字以外1文字にマッチする
- use utf8プラグマ モジュールを使ったプログラムで文字クラスのショートカットを使うと、文字の範囲が必要以上に大きくなってしまう問題がある。この場合は/a修飾子を使う
- use utf8プラグマ モジュールを使ったプログラムでひらがな1文字を示す文字クラスは[ぁ-んー]でおおむね正しい。先頭は「あ」ではなくて小書きの「ぁ」で始まることに注意
- 同じくカタカナ1文字を示す文字クラスは[ァ-ヶー]でおおむね正しい。先頭は「ア」ではなくて小書きの「ァ」で始まることに注意。「ヶ」は箇数を示す小書きのヶ
- 同じく漢字1文字を示す文字クラスは¥p{Han}でおおむね正しい
- カッコ(())で囲んだ正規表現はグループ化でき、縦バー(|)の選択を囲んだり、(ABC)+のように量指定子を使って文字列を繰り返すのに便利である
- 縦バーを使って複数の正規表現を(パターン1|パターン2)のように並べると、並んだ正規表現のいずれかを示す
- 縦バーによる選択は、前の方の選択肢にマッチするとそれ以降の吟味が行われない(短絡が起きる)ので注意が必要である。長い順に並べれば良い
- カッコ(())で正規表現を囲むとマッチした文字列が捕獲される
- 捕獲された文字列は、$1, $2という数字付きの変数でアクセスできる
- グループ化のみを行い、捕獲しない場合は(?:〜)のようにカッコ開けのうしろに疑問符とコロンを付ける
- /$var/のように、引数やファイルなどの外部から取り込んだデータをスカラー変数に入れ、それをマッチ演算子に入れてパターン マッチを行うこともできる
- split関数の引数には、区切り文字列の指定にマッチ演算子(/パターン/)を渡すことができる
- 結合演算子(=~)を使うことで、マッチ演算子の作用対象を$_以外の任意のスカラー変数にできる。マッチが起これば真に、起こらなければ偽になる
- 否定の結合演算子(!~)を使っても、マッチ演算子の作用対象$_以外の任意

のスカラー変数にできるが、結果は=~とは逆に、マッチが起これば偽に、起こらなければ真になる

- 正規表現として特殊な機能をもつために、その字自体を検索したいのであればエスケープする必要がある字をメタ文字という
- 検索パターンの、文字クラス以外でのメタ文字は以下の通り

    ¥ | ( ) [{ ^ $ * + ? .
- 文字クラスの中では、メタ文字が異なる。以下の通り

    ¥ ^ -]
- mと書くことで、m~~、m{}のように任意の文字またはカッコの組み合わせによるマッチ演算子が作れる。//はm//の省略形である
- マッチ演算子のうしろに付けるスイッチを修飾子という
- /aは文字クラスのショートカットをuse utf8を使ったプログラムでもuse utf8がない状態で使う
- /iは大小文字を無視する
- /xは正規表現の中に空白や改行、注釈を入れることを許す
- /gはマッチを1行の中で何回も行う
- 置換演算子(s///)を使ってパターンにマッチした文字列を置換することができる
- 置換演算子もs~~~、s{}{}のような自由な記号を使える
- 置換演算子の使い方はs/検索パターン/置換文字列/のようになる
- ここで検索パターンには正規表現が書ける
- s/検索パターン//のように置換文字列を空にすると検索パターンにマッチした文字列を削除する
- 検索パターンでカッコ(())によるキャプチャーを行った時、変数$1、$2を置換文字列の中で使える
- 置換演算子のデフォルトの作用対象も$_だが、結合演算子(=~)を使って作用対象を変えることもできる
- /g修飾子(global)を使うと、同じ行に何回も正規表現マッチを行う
- その場合置換演算子s///gは置換した回数を返す
- /e修飾子(evaluate)を使うと、置換演算子をPerlで評価した結果値で置換が行われる

- /eeだと2回、/eeeだと3回評価が起こる
- ネストしたカッコなど、s///gでも置換できないパターンの場合は 1 while s///;の形式のループ置換を行う
- 行またがりでパターン マッチさせるには一気読み (slurp) モードを使う
- 一気読みモードのためには、改行文字を格納している特殊変数$/をブロック({})で囲み、local宣言で一時的にローカル化してundefで未定義値にする。この状態でファイルハンドル<IN>をスカラー コンテキストで読み込むとファイル全体が読み込まれる
- 一気読みモードで置換するときは/s修飾子を使う。これで任意の文字列の正規表現ドット(.)が改行にもマッチする
- 変換演算子(tr///)を使うと文字単位の変換が行われる
- tr/123/abc/のように書くと1がa、2がb、3がcに変わる
- 変換演算子ではtr/1-3/a-c/のように範囲をハイフンで指定することができる。この場合も変換前と変換後で字数を合わせること

こんなところです。
パッと見て分からない場合は何度も読み返してください。

練習問題　　　　　　　　　　　　　　　　　　（解答はP.561参照）

Q1

本章でフィーチャーしたAKB選抜名簿を使った問題です。
以下の穴埋めプログラムを完成させて、名簿をローマ字の姓名の順にソートしてください。

```perl
#! /usr/bin/perl
#
# sortNameReading.pl -- ローマ字姓名によってソート

use 5.010;
use strict;
use warnings;

use utf8;
```

```
binmode DATA, ":encoding(UTF-8)";

if ($^O eq "MSWin32") {
    binmode STDOUT, ":encoding(Shift_JIS)";
} else {
    binmode STDOUT, ":encoding(UTF-8)";
}

........................................................
........................................................
............ここを埋めてください(何行でも可).....................
........................................................
........................................................

# 順位(タブ)苗字(空白)名前(タブ)メール アドレス(タブ)チーム名(タブ)
  グループ名(改行)
# メール アドレスは「ローマ字名_ローマ字苗字@example.com」(※架空のものです)

__DATA__
1    指原 莉乃      Rino_Sashihara@example.com         Team-H    HKT48
2    大島 優子      Yuuko_Ohshima@example.com          Team-K    AKB48
3    渡辺 麻友      Mayu_Watanabe@example.com          Team-B    AKB48
4    柏木 由紀      Yuki_Kashiwagi@example.com         Team-B    AKB48
5    篠田 麻里子    Mariko_Shinoda@example.com         Team-A    AKB48
6    松井 珠理奈    Jurina_Matsui@example.com          Team-E    SKE48
7    松井 玲奈      Rena_Matsui@example.com            Team-S    SKE48
8    高橋 みなみ    Minami_Takahashi@example.com       Team-A    AKB48
9    小嶋 陽菜      Haruna_Kojima@example.com          Team-A    AKB48
10   宮澤 佐江      Sae_Miyazawa@example.com           Team-K    AKB48
11   板野 友美      Tomomi_Itano@example.com           Team-K    AKB48
12   島崎 遥香      Haruka_Shimazaki@example.com       Team-B    AKB48
13   横山 由依      Yui_Yokoyama@example.com           Team-A    AKB48
14   山本 彩        Sayaka_Yamamoto@example.com        Team-N    NMB48
15   渡辺 美優紀    Miyuki_Watanabe@example.com        Team-M    NMB48
16   須田 亜香里    Akari_Suda@example.com             Team-KII  SKE48
```

結果としてはこうなります。

```
C:¥Perl¥perl>sortNameReading.pl
11   板野 友美      Tomomi_Itano@example.com           Team-K    AKB48
4    柏木 由紀      Yuki_Kashiwagi@example.com         Team-B    AKB48
9    小嶋 陽菜      Haruna_Kojima@example.com          Team-A    AKB48
6    松井 珠理奈    Jurina_Matsui@example.com          Team-E    SKE48
7    松井 玲奈      Rena_Matsui@example.com            Team-S    SKE48
10   宮澤 佐江      Sae_Miyazawa@example.com           Team-K    AKB48
2    大島 優子      Yuuko_Ohshima@example.com          Team-K    AKB48
1    指原 莉乃      Rino_Sashihara@example.com         Team-H    HKT48
12   島崎 遥香      Haruka_Shimazaki@example.com       Team-B    AKB48
```

```
 5   篠田 麻里子   Mariko_Shinoda@example.com      Team-A    AKB48
16   須田 亜香里   Akari_Suda@example.com          Team-KII  SKE48
 8   高橋 みなみ   Minami_Takahashi@example.com    Team-A    AKB48
 3   渡辺 麻友     Mayu_Watanabe@example.com       Team-B    AKB48
15   渡辺 美優紀   Miyuki_Watanabe@example.com     Team-M    NMB48
14   山本 彩       Sayaka_Yamamoto@example.com     Team-N    NMB48
13   横山 由依     Yui_Yokoyama@example.com        Team-A    AKB48
```

このように、まず苗字がローマ字順に並び、同じ苗字の場合は名前のローマ字順に並ぶようにします。

（松井の場合は珠理奈→玲奈の順に、渡辺の場合は麻友→美優紀の順に並べます。）

Q2

同じデータを使って、以下のフォーマットで和英対訳の名簿を出力してください。

- 日本語名、タブ、ローマ字名
- 日本語名は苗字、空白、名前のまま
- ローマ字名は苗字が先で、名前との間にカンマ＋空白をはさむ
- 苗字をすべて大文字にする

このような感じになったらOKです。

```
指原 莉乃     SASHIHARA, Rino
大島 優子     OHSHIMA, Yuuko
渡辺 麻友     WATANABE, Mayu
```

…後略…

COLUMN

無理をしない

　今回のお題は正規表現でした。正規表現と言えば、上級者がその持てる知力の限りを尽くして書いた、凝りに凝ったものを見かけることがあります。

　自分で調子良く書いたプログラムを自分でメンテしているのであれば、それも問題ありませんが、IT業界にいるとそれだけでは済まなくて、他人が書いたプログラムを解読、改造させられることが多いです。

　「あっ君、正規表現分かるんだよね、昔使っていたプログラムがあるんだけど、面倒見てた人がいなくなっちゃったので、ちょこちょこっと直して動くようにしてくれるかなあ。なる早で」などと、オトナの人に気軽に頼まれます。夜中に、昔の名人が書いた複雑怪奇なパターンを解読していると、泣きたくなります。

　ネットにも詰将棋的な正規表現の大作が載っていて、たまに見ては「すごいなー」と感心します。「どーゆー頭の構造の人がこんなの書いたんだろ‥‥」としみじみ感心することもしばしばです。

　しかし、ぼくはヌルいヘタれ野郎だと自分で認めているので、無理はしません。

　具体的に言うと、長い正規表現は変数を使って分割します。

　また、メール アドレスや日付、カンマ区切りファイルなどのありがちなデータを分析する場合は、専用のモジュール（部分的なプログラム）がCPANというPerl腕自慢のネット アーカイブにアップされているので、そこから使えそうなモジュールをもらいます。

　不自然なほど大作の正規表現は、書いた人が異常に頭が良かったとか、森羅万象あらゆる文字列の処理を正規表現1つでやらずにおれない正規表現マニアであったという他に、その人がもともと使っていたのが正規表現だけしか使えない単純な検索置換ツールであったという可能性もあります。ぼくの前いた会社では実は最後のパターンが多かった。「継ぎ足すだけで入れ替えない秘伝のタレ」のような、複雑怪奇な正規表現が、代々受け継がれ、Perlのプログラムに組み込まれて後輩が営々とメンテしているという、そういう状況だったわけです。

　我々が使っているのはもっとインテリジェントな言語、Perlですから、正規表現にすべての仕事を任せないで、読みやすいコードを書く方がいいと思います。

　どうしても先人の大作を読み解かざるを得ない場合は、本章で作ったような__DATA__文を使った正規表現をテストするチェックプログラムを書き、/x修飾子を使ってどんどんコメントを入れて解読すればいいでしょう。

　正規表現に限らずですが、とりあえずぼくは無理をしないことにしています。

CHAPTER

第12章
モジュール入門／
フォルダー処理、CGI

本章では、ちょっとPerlの基礎をはみ出して、高度なモジュールの世界をかいま見てみましょう。

> CHAPTER **12** モジュール入門／フォルダー処理、CGI

12-1 モジュール、オブジェクト指向

　前の章までで、一応本書の主眼である基本的なPerlの研究を終わりました。割愛した便利機能はまだまだありますが、ここまでの知識でも十分さまざまな処理ができます。

　本書で扱っていないテーマの中で、特に大きなものは以下の通りです。

- **リファレンス**…C言語のポインターに似たもの
- **モジュール**…プログラムを分割して別のファイルにくくり出すメカニズム
- **パッケージ**…大きなプログラムで変数名を異なる「名前空間」に所属させて混乱を避ける仕組み
- **オブジェクト指向**…ユーザー独自のデータ型を作る仕組み。上記の3つを組み合わせて実現する

　おおまかに言って、これらの機能は大きなプログラムを作るためのものです。『続・初めてのPerl』(Randel L. Schwartz, brian d foy, Tom Phoenix 著、伊藤 直也、田中 慎司、吉川 英興 監訳、株式会社ロングテール／長尾 高弘 訳) によると、100行以上のプログラムを作成するためには、プログラマーはこれらの技術を必要とするそうです。逆に小さなプログラムであれば、必要ありません。そして、Perlはプログラムがすごく短く簡潔に書けるので、100行もプログラムを書かなくても、結構用事が済んでしまいます。本書のサンプルは大体が10行程度、せいぜい20行ですけど、結構楽しめますね。

　ただ、モジュールやオブジェクト指向の仕組みを初心者でもすぐ使えるようにした方がいい理由が1つあって、それはCPANが活用できることです。

　CPAN (ぼくはこの読み方をシーパンだと思ってたんですが、クパンと言う人も多いらしいです) とは、インターネット上の巨大なアーカイブで、世界中のPerl自慢がプログラムの断片を無料で公開しているものです。ここからモジュールを導入することで、あなたのプログラムをバンバンパワーアップできます。

　ということで、ぜひリファレンス、モジュール、パッケージ、オブジェクト指向をマスターした方がいいと思いますが、本書の範囲を超えますので説明は割愛します。スミマセン。

> **MEMO**
> 筆者自身の本で恐縮ですが (宣伝かよ！ その宣伝前にも見たよ！) これらの技術を学ぶためには『すぐわかるオブジェクト指向Perl』(技術評論社刊) を自信を持ってすすめます。

しかしながら、モジュールを見よう見まねで使うだけなら、これらの技術を学ばなくてもできます。たいていはマニュアルに、親切なサンプルコードが付いているからです。

ということで本章では、モジュールのめくるめく世界をちょっとだけチラ見していただこうと思います。

まず、階層が深いフォルダーに散らばっている大量のファイルを一気に処理するFile::Findモジュールを、そしてPerlと言えばコレ、と言われることが多いCGIの開発を簡単にする、CGIモジュールの使い方を紹介します。

この章の内容だけでもマスターすれば、モジュールの威力を味わっていただけると思います。

> **MEMO**
>
> File::FindモジュールもCGIモジュールも、どちらもPerlに標準で組み込まれているので、CPANからのダウンロードおよびインストールは不要です。

12-2 ディレクトリー処理には File::Find

これまでのスクリプトでは、文字列を表示するか、せいぜい1つのファイルを入出力処理していました。しかしながら日常的には、あるWebサイトの大量のHTMLファイルの用語を次々に一括置換するような処理をする必要があります。本章では、今まで作ってきた単一ファイルを処理するプログラムを、ちょいちょいと手を加えるだけで大量ファイルの一括処理を行うように変身させる、File::Findモジュールを使ってみましょう。

■ いきなりサンプル プログラム

では、いきなりサンプル プログラムをお見せしましょう。以下のプログラムは、カレント ディレクトリー(コマンド プロンプトで現在作業中のフォルダー)以下にある"(C) Black Company Ltd. 2014"という文字列を、"(C) White Company Ltd. 2015"と一気に置き換えます。

```
#! /usr/bin/perl
#
# globalReplace.pl -- HTML の文字列を検索置換

use strict;
use warnings;
use File::Find;
```

```perl
use File::Copy;

find(\&fileProc, ".");

sub fileProc {
    my $fname = $_ ; # あとで $_ が変わるからここで取っておく

    return unless -f $_;
    return unless  /\.html?$/;

    warn "processing $File::Find::name\n";

    open IN,  "<", $fname;
    open TMP, ">", "$fname.temptemp";
          # こんなファイル名のファイルはないとする
    while (<IN>) {
            s{\(C\) Black Company Ltd\. 2014}
             {(C) White Company Ltd. 2015};
            print TMP;
    }
    close TMP;

    move("$fname.temptemp", $fname);
}
```

たったのこれだけで、大量のファイルを一括処理します。本当でしょうか？実行してみます。

実験では、C:\foo、C:\foo\bar、C:\foo\foo、C:\foo\foo\foobarというフォルダーに、同じ中身のファイル file.htm と file.html を置いてみました。

> **M**EMO
>
> サンプルをダウンロードされる方は、12章のサンプル プログラムと同じフォルダーに入っている foo というフォルダーをWindowsではC:\に置くと本書と同じ環境で実験できます。
>
> Mac/UNIXの方は自分のHomeにでも置いてください。tree コマンドの代わりには「file . -print」でファイル、ディレクトリーを一覧できます。
>
> 以下は、コマンド プロンプトで、カレント ディレクトリーをC:\fooで行うとします。

12.2 ディレクトリー処理にはFile::Find

> **MEMO**
>
> Windowsの場合は以下の操作でC:¥fooに移動します。
>
> `C:¥>C:` 　Cドライブにカレント ドライブを切り替える
> `C:¥>cd ¥foo` 　¥fooにカレント ディレクトリーを切り替える
>
> Mac/UNIXの操作手順は割愛します。

```
C:¥foo>tree /a /f        カレントディレクトリー (C:¥foo) の下のファイルを調べる
フォルダー パスの一覧:  ボリューム eMachines
ボリューム シリアル番号は 4A00004A E961:60B5 です
C:.
|   file.htm             カレントディレクトリー (C:¥foo) にあるファイル
|   file.html
|
+---bar                  サブフォルダー (C:¥foo¥bar)
|       file.htm         サブフォルダーにあるファイル
|       file.html
|
¥---foo                  サブフォルダー (C:¥foo¥foo)
    |   file.htm         サブフォルダーにあるファイル
    |   file.html
    |
    ¥---foobar           サブフォルダーのサブフォルダー (C:¥foo¥foo¥foobar)
            file.htm     サブフォルダーのサブフォルダーにあるファイル
            file.html


C:¥foo>type file.htm     カレントディレクトリーにあるファイルの中身を表示する
<html>                   表示された中身
This is the document.<br />
This is the document.<br />
This is the document.<br />
This is the document.<br />
This is the document.<br />
(C) Black Company Ltd. 2014<br />
</html>

C:¥foo>globalReplace.pl  作成したPerlスクリプトを実行
processing ./file.htm    スクリプトが表示した進行状況
processing ./file.html
processing ./bar/file.htm
processing ./bar/file.html
processing ./foo/file.htm
processing ./foo/file.html
```

```
processing ./foo/foobar/file.htm
processing ./foo/foobar/file.html

C:\foo>type file.htm    処理後のファイルの中身を表示する
<html>
This is the document.<br />
This is the document.<br />
This is the document.<br />
This is the document.<br />
This is the document.<br />
(C) White Company Ltd. 2015<br />  たしかに変更されている。
</html>                            他のファイルもすべて同様に更新されている
```

では中身を解説します。

```
use File::Find;
use File::Copy;
```

ここでFile::FindおよびFile::Copyというモジュールを導入して、使用可能にしています。

どちらもPerlにもともと入っている標準モジュールなので、CPANなどからダウンロードしたり、追加インストールしたりする必要はありません。

```
find(\&fileProc, ".");
```

これはFile::Findモジュールのfindというサブルーチンを呼び出しています。使い方を一般的に書くとこうなります。

```
find(\&実行するサブルーチン名, 開始ディレクトリー);
```

サブルーチンには、&fileProcという自作のサブルーチンを渡します。

ここで、本書では出てこない知識ですが、&fileProcというサブルーチン呼び出しの前にバックスラッシュ(\)を付けています。これで、サブルーチン&fileProcのリファレンスというものが作成されます。サブルーチンのリファレンスを作ることで、あるサブルーチンを別のサブルーチンに引数として渡すことができます。サブルーチンのリファレンスのことをコードレフ(coderef)とも言います。

find関数の第2引数"."では連続処理を開始するフォルダーを指定しています。ここではドット(.)を渡すことでカレント ディレクトリー(現在作業中のフォルダー)を指定します。

要するに、File::Findモジュールを導入すると使うことができるfindという関数に、処理を開始するフォルダーと、やって欲しいサブルーチンのリファレ

ンスを渡しています。このようにfindを実行することで、現在のディレクトリー以下の全ファイルが次々に処理されます。

treeコマンドに使って表示したディレクトリー構造は、以下のようになっています。

```
C:.
|   file.htm            カレントディレクトリー（C:¥foo）にあるファイル
|   file.html
|
+---bar                 サブフォルダー（C:¥foo¥bar）
|       file.htm        サブフォルダーにあるファイル
|       file.html
|
¥---foo                 サブフォルダー（C:¥foo¥foo）
    |   file.htm        サブフォルダーにあるファイル
    |   file.html
    |
    ¥---foobar          サブフォルダーのサブフォルダー（C:¥foo¥foo¥foobar）
            file.htm    サブフォルダーのサブフォルダーにあるファイル
            file.html
```

ですから、処理すべきファイルは以下の8つです。

```
C:¥foo¥file.htm
C:¥foo¥file.html
C:¥foo¥bar¥file.htm
C:¥foo¥bar¥file.html
C:¥foo¥foo¥file.htm
C:¥foo¥foo¥file.html
C:¥foo¥foo¥foobar¥file.htm
C:¥foo¥foo¥foobar¥file.html
```

これらのファイルを、findは次々に処理します。

具体的に言うと、まずC:¥foo¥file.htmについて、以下のことをします。

(1) $_ に、ベース ファイル名file.htmを入れる
(2) $File::Find::nameに、完全パス名C:¥foo¥file.htmを入れる
(3) サブルーチンfileProcを実行する

サブルーチンfileProcの中では、$_ および$File::Find::nameに格納されたファイル名を使った処理を書けば、C:¥foo¥file.htmを処理させることができます。

これを、C:¥foo¥file.html、C:¥foo¥bar¥file.htm…と繰り返し、8つのファイルを順次処理して終了します。

`$File::Find::name`はパッケージ名付きの変数です。`$name`という変数名に、`File::Find`という「パッケージ」が指定されています。

パッケージとは何でしょうか。簡単に紹介してみます。

これまでは標準体重`$stdWeight`とか、入力ファイル名`$infile`のような、my宣言を付けた変数を使ってきましたが、これはレキシカル変数と言って、パッケージに属さない変数でした。

また、本書の最初の方で、`use strict`のない状態でmy宣言なしで変数を使ったことはありますが、これは`$main::stdWeight`のように、mainパッケージと言うデフォルトのパッケージに属しています。

これに対して、`$File::Find::name`は`File::Find`モジュールの中で定義された`File::Find`パッケージに属する変数、ということです。

> **MEMO**
>
> パッケージは、たとえて言うと変数名の「苗字」のようなものだと考えてください。パッケージの機能を使って同じ名前の変数を複数個作れます。たとえば「鈴木一郎」とか「田中一郎」のようなものです。一方、my宣言を付けたレキシカル変数は「イチロー」のように苗字に属さない名前です。パッケージは大きなプログラムで変数名を管理する技法ですが、本書では小さいプログラムばかり研究していたので、すべてレキシカル変数を使用しました。

プログラムの解説に戻ります。

```
sub fileProc {
    my $fname = $_;  # あとで $_ が変わるからここで取っておく
```

ここから自作サブルーチンの作成を開始します。名前は何でもかまいません。ここではファイルごとの処理という意味を込めて、`fileProc`という名前を付けてみました。

`$_`には、find関数によって`file.htm`などのファイル名が入って来ます。後でファイルを読み込むときに`$_`を上書きしますので、ここで変数`$fname`に取っておきます。

```
    return unless -f $_;
```

`$_`をファイルテスト演算子-fでチェックし、普通のファイルでない場合は処理を中止します。(普通のファイルでないものとは、ディレクトリー(フォルダー)やMac/UNIXのシンボリックリンクなどです。) ファイルテスト演算子が偽を返した場合は、return関数によってサブルーチンのこの後の処理を全部すっ飛ばしてメインに戻ります。この場合、メインプログラムのfindは次のファイルか

12.2 ディレクトリー処理にはFile::Find

ら処理を再開します。

```
        return unless /¥.html?$/;
```

ファイル名が「〜.htm」あるいは「〜.html」でない場合は、やはり処理を中断してメインに戻ります。unless条件では、$_のファイル名を正規表現で評価しています。

```
        warn "processing $File::Find::name¥n";
```

大量のファイルを処理していて、長時間コンピューターがウンともスンとも言わないとユーザーが不安になるので、現在処理中のファイルをwarnで表示してみました。(今回のテスト用ファイル8個ぐらいであれば、一瞬で終わるので、あまり必要ではありません。)$File::Find::nameには、C:¥foo¥file.htmlのようにファイルの完全パス名が入ります。

```
        open IN,  "<",  $fname;
        open TMP, ">", "$fname.temptemp";
                # こんなファイル名のファイルはないとする
        while (<IN>) {
                s{¥(C¥) Black Company Ltd¥. 2014}
                        {(C) White Company Ltd. 2015};
                print TMP;
        }
        close TMP;
```

これは普通のファイル処理ですね。
C:¥foo¥file.htmを読み込み、C:¥foo¥file.htmtemptempというファイルを新規作成して書き出しています。ここではC:¥foo¥file.htmtemptempなどというファイルは、事前に存在しないという前提に立っています。

あとはwhile文の中で、正規表現を使って検索置換を行っています。

```
        move("$fname.temptemp", $fname);
```

ここがもう1つのミソです。File::Copyというモジュールに入っているmoveというサブルーチンを使っています。これで処理後のファイルC:¥foo¥file.htmtemptempによって、処理前のファイルC:¥foo¥file.htmを上書き置換します。同時に、中間ファイルC:¥foo¥file.htmtemptempは削除されます。

moveの使い方を一般的に書くとこうなります。

```
move(上書き元のファイル, 上書き先のファイル);
```

CHAPTER 12 モジュール入門／フォルダー処理、CGI

525

File::Findの説明は以上です。

1つのファイルを処理するプログラムが書ければ、それを上のプログラムのfileProcサブルーチンにはめ込むだけで、大量のファイルを一気に処理できますので、是非活用してください。

12-3 CGIプログラム入門

さて、Perlと言えばCGI、と連想される方も多いと思います。

これは、たいていのUNIXサーバーにPerlが入っていることと、文字列処理が強力なために、わりと最近まで寡占状態だったという事情があります。

いまは、Webで何かちょっといいことをしたければ、PHPやJavaScriptのような選択肢もありますし、大規模な開発であればRubyを使ったRuby on RailsやPerlを使ったCatalystなどのフレームワークと呼ばれるものを使うことも多くなっています。

しかし、あまりにも隆盛を誇ったPerl CGIは現在でも使い継がれていますし、先輩が立ち上げたシステムを営々とメンテナンスする作業も発生すると思います。

CGI入門

本章の後半では、CGIモジュールを使ったCGIプログラムをご紹介します。

その前に、CGIとはそもそも何かを説明します。

CGI（Common Gateway Interface）は、Web上で動作するウェブサービスの一種です。パッと思い浮かぶのはメール フォームや掲示板、ネット通販の注文画面などですね。このように、Webを使って動作し、サーバーとデータのやりとりを行う仕組みのことです。

CGIを動作させるには、まずWebサーバーを動作させて、普通のHTMLを表示させなければなりません。それには、自宅にサーバーを立てて世界に公開するか、レンタル サーバーを借りてWebを公開する環境を整える必要があります。

使用するサーバーが自宅や会社のもので、あなたが管理者である場合は、好きなように環境設定すればOKです。

> **MEMO**
> ただし、CGIサービスを世間に公開する場合は脆弱性が増える（セキュリティ レベルが下がる）可能性があるので注意が必要です。

12.3 CGIプログラム入門

問題はレンタル サーバーを使う場合で、以下の条件を満たしている必要があります。

- Perlが使用可能であること
- CGIの使用を許していること
- SSH（Secure Shell、安全なシェル）という仕組みを使って、UNIXのコマンド ライン シェルにログインが可能であること
- CGIモジュールが使用可能であること

実際には手元のパソコンでプログラミングを完成させて、アップロードすればサーバー側でプログラムを動作させることも可能ですので、SSHを使ってサーバーに直接ログインして操作することは必須ではありませんが、やはり細かい設定もやりたくなりますので、SSHを許可しているサーバーをおすすめします。

ということで、読者の方が上記の条件を満たしたサーバーを使って、固定的なHTMLを表示できる所まではできている、という前提で説明を進めます。

> **MEMO**
>
> ぼくは本書のプログラムは「さくらのインターネット」スタンダード コースを使ってテストしています。WebサーバーのOSはFreeBSD（UNIXの一種）で、WebサービスのApacheを起動しているという、まあまあ標準的な構成です。MacやLinuxでもほぼ動作は同じだと思います。また、これ以降に関してはWindows／IIS環境についてはサポート外とします。ご容赦ください。

CGIはサーバー側で主要な処理を行います。CGIの主な仕組みは以下のようになっています。

(1) クライアント（あなたがお使いのパソコンとブラウザー）側で、テキストボックスに文字列を書いたり、オプションをリストで選択したりして「実行」などと書かれたボタンを押すと、あなたの入力が、インターネット経由で文字列として流れていき、サーバーに伝わります。
(2) サーバー内ではCGIプログラムがその文字列を解釈して、必要な情報をHTMLに組み立ててクライアントに送り返します。（この(2)がPerlの作業です。）
(3) クライアントではHTMLを表示させます。

よって、クライアント側の処理は文字列を送信することと、HTMLを表示させることで、そのほかのデータの加工やデータベースの検索と言った処理はすべてサーバー側に委ねられます。

> CHAPTER **12** モジュール入門／フォルダー処理、CGI

> **M**EMO
> 一方JavaやJavaScriptはクライアント側の処理が可能です。

CGIからごあいさつ

ではまず、CGIから「こんにちはー」とあいさつさせてみましょう。

```perl
#! /usr/bin/perl
#
# cgiHello.cgi -- CGIからこんにちは！

use strict;
use warnings;
use CGI qw/:standard/;
use CGI::Carp qw/fatalsToBrowser warningsToBrowser/;

print header( -charset => "UTF-8" ),
      start_html("CGIからこんにちはー"),
      h1("Perlの勉強はかどってますか！"),
      end_html();
```

このファイルを、サーバーにアップロードします。

使用に当たって、お使いのサーバーについて以下の設定を調べることが必要です。

- サーバーのどこに置いたCGIプログラムが有効になるか
   ぼくの環境では、ユーザーのホーム `/www/` 以下ならどこでも可能でした。
- CGIプログラムの拡張子は何にする必要があるか
   `.cgi`にせよとのことでした。
- シュバング行に設定するPerlの絶対パスはどこか
   `/usr/bin/perl`でした。
- CGIプログラムを実行するための最小のファイル権限は何か
   705でした。

> **M**EMO
> ファイル権限についてはUNIXの入門書を読んで、きちんと理解した上でお使いのサーバーでの最小限の権限を与えてください。UNIXの入門書としては『たのしいUNIX』(坂本 文 著、アスキー刊) などがあります。

では実行してみましょう。と言っても、上のファイルが置いてあるURLを見に行くだけです。

12.3 CGIプログラム入門

図12-1：初めてのCGI

やったー。できましたね。この時点ではHTMLを表示しているのと変わりませんが、一応Perlが動作しています。

ではプログラムの中身をキモだけ説明します。

```
use CGI qw/:standard/;
```

これは`CGI.pm`の使用を宣言します。

`qw/:standard/`はオブジェクト指向ではなく関数指向方式で書くことを意味します。本書ではオブジェクト指向をまだ研究していないので関数指向で通します。もっとも、小さいCGIを作る上ではオブジェクト指向は必要ありません。

```
use CGI::Carp qw/fatalsToBrowser warningsToBrowser/;
```

これは、`CGI::Carp`というモジュールを使って、Perlのプログラムでエラーや警告を発生したときに、我々が大好きなエラー メッセージをブラウザーにそのまま表示させるという指定です。

```
print header( -charset => "UTF-8" ),
    start_html("CGIからこんにちはー"),
    h1("Perlの勉強はかどってますか！"),
    end_html();
```

これは、`print`文を使って、HTTPヘッダー、`<header>`タグ、`<h1>`タグ（見出し）、`<end>`タグというものを表示しています。どんなものを表示しているかは後で詳しく解説します。行を分けていますが、カンマ区切りのリストになっていますので、要は、`print`文を1個実行しているだけですね。

さて、プログラムに間違いがあると動作しなくなります。ちょっとおもしろいのでやってみましょう。サーバー上のプログラムの`print`関数を

```
plint header( -charset => "UTF-8" ),
```

と、ちょっと日本語英語風にナマってみて、さっきのブラウザー画面をリロードしてみます。どうでしょうか。

CHAPTER 12 モジュール入門／フォルダー処理、CGI

図12-2：初めてのCGIエラー

あはは、ちゃんとエラーになりましたね。このように練習で想定内のエラーに遭遇しておけば、いざ本番でエラーになったときにあわてずに済みます。「plintという言葉で文法エラーが発生した」と書いてありますね。その下に「助けが必要ならレンタル サーバーの管理者の人にメールしてください」的なことが書いていますが、この場合はあなたがエラーの原因が分かっている管理者なので、レンタル サーバーの業者にメールしたりしないでオッケーです。

こんなユーザーフレンドリーな（？）エラーが出たのは、`CGI::Carp qw/fatalsToBrowser warningsToBrowser/`を書いたおかげです。これをコメントアウトしてリロードすると「500 Internal Server Error」と表示されます。

> **MEMO**
>
> ただし、こんなプログラムの間違いが赤裸々に表示されてしまうのは、このサイトの開発者である我々にとってはありがたいですが、世界中の他の人からはみっともないしセキュリティ上の問題になります。バグが取れて運用が安定したら、`CGI::Carp`は取り除いた方がいいでしょう。現実には、開発用の秘密サーバーと公開用のサーバーを用意して、開発用サーバーでは`CGI::Carp`を付けて開発を行い、開発が変わったら公開用サーバーにコピーするときに、Perlのスクリプトでも使って`CGI::Carp`を削除すればいいと思います。

`plint`を`print`に戻して、先に進みます。

■ コマンド ラインでCGIを無理矢理実行してみる

ということで、たかだかprint文を1個実行しているだけですので、このプログラムを手元のパソコンのコマンド ラインで実行することができます。やってみましょう。

```
C:\Perl\perl>perl cgiHello.cgi
Content-Type: text/html; charset=UTF-8
```

12.3 CGIプログラム入門

```
<!DOCTYPE html
        PUBLIC "-//W3C//DTD XHTML 1.0 Transitional//EN"
         "http://www.w3.org/TR/xhtml1/DTD/xhtml1-transitional.dtd">
<html xmlns="http://www.w3.org/1999/xhtml" lang="en-US" xml:lang="en-US">
<head>
<title>CGI縺九ｉ縺薙ｓ縺ｫ縺。縺ｯ繧</title>
<meta http-equiv="Content-Type" content="text/html; charset=utf-8" />
</head>
<body>
<h1>Perl縺ｮ蜉ｪ繧ｷ縺ｯ縺ｫ←縺」縺ｦ縺ｾ縺吶°・・/h1>
</body>
</html>
```

　UTF-8なのでWindowsのコマンド ライン プロンプトでは文字化けになりましたが、これぐらいのことではもう動揺しないですね。

> **MEMO**
>
> Mac/UNIXで端末コードをUTF-8にしている方は文字化けしなかったと思います。

　標準出力をファイルにリダイレクトします。

```
C:¥Perl¥perl>perl cgiHello.cgi > hello.txt
```

　ファイルの中身はこうなっています。

```
Content-Type: text/html; charset=UTF-8

<!DOCTYPE html
        PUBLIC "-//W3C//DTD XHTML 1.0 Transitional//EN"
         "http://www.w3.org/TR/xhtml1/DTD/xhtml1-transitional.dtd">
<html xmlns="http://www.w3.org/1999/xhtml" lang="en-US" xml:lang="en-US">
<head>
<title>CGIからこんにちはー</title>
<meta http-equiv="Content-Type" content="text/html; charset=utf-8" />
</head>
<body>
<h1>Perlの勉強はかどってますか！</h1>
</body>
</html>
```

　では解説します。まず、実行するところです。

```
C:¥Perl¥perl>perl cgiHello.cgi > hello.txt
```

> CHAPTER 12 モジュール入門／フォルダー処理、CGI

　最初に「perl」とわざわざ書いていますね。このプログラムは拡張子が.plでなくて.cgiなので、Windowsではスクリプト名だけで実行できません。そこで、perlコマンドを実行して、引数にファイル名cgiHello.cgiを渡しています。

> **MEMO**
> 　Mac/UNIXの方は、#!で始まるシュバング行が効いているので、もしお手元のパソコンとWebサーバーの同じディレクトリーにperlがインストールされていればファイル名だけで実行できます。

　ここからは、スクリプトの内容と、コマンドラインに表示された内容を比較して説明します。

```
print header( -charset => "UTF-8" ),
```

は

```
Content-Type: text/html; charset=UTF-8
```

の部分を表示しています。

　出力されたのはHTTPヘッダーと言うもので、これからUTF-8のHTMLを送るよーということを書いています。そのあとに改行を2回出してからHTML本体に入るのがCGIプログラムの決まりになっています。

　これは、CGIモジュールで定義されたheader関数が返してくれたものです。

　コマンドラインで実行すると、printの書き出し先を特に指定していないので標準出力に出力されました。つまりCGIプログラムでHTMLを表示するには、標準出力に表示するプログラムを書いて、そのCGIプログラムのファイルをブラウザーでアクセスすればいいということが分かります。

　次に

```
    start_html("CGIからこんにちはー"),
```

を表示した結果は

```
<!DOCTYPE html
        PUBLIC "-//W3C//DTD XHTML 1.0 Transitional//EN"
        "http://www.w3.org/TR/xhtml1/DTD/xhtml1-transitional.dtd">
<html xmlns="http://www.w3.org/1999/xhtml" lang="en-US" xml:lang="en-US">
<head>
<title>CGIからこんにちはー</title>
<meta http-equiv="Content-Type" content="text/html; charset=utf-8" />
</head>
<body>
```

の部分です。

これはありがちなHTMLの開始部分です。<!DOCTYPE>宣言、<head>タグ、<title>タグの他に、<body>タグを空けるところまで入っているのが芸が細かいですね。

次に

```
    h1("Perlの勉強はかどってますか！"),
```

を実行した結果

```
<h1>Perlの勉強はかどってますか！</h1>
```

と表示されます。

最後に

```
    end_html();
```

を表示することによって

```
</body>
</html>
```

が表示されます。

ローカルのHTMLを作ってみる

さて、さっきリダイレクトしたファイルを、先頭2行のHTTPヘッダーだけ取り除いて、HTMLファイルに保存してみます。

> **MEMO**
>
> HTTPヘッダーについて詳しくは割愛します。スミマセン。

```
<!DOCTYPE html
        PUBLIC "-//W3C//DTD XHTML 1.0 Transitional//EN"
         "http://www.w3.org/TR/xhtml1/DTD/xhtml1-transitional.dtd">
<html xmlns="http://www.w3.org/1999/xhtml" lang="en-US" xml:lang="en-US">
<head>
<title>CGIからこんにちはー</title>
<meta http-equiv="Content-Type" content="text/html; charset=utf-8" />
</head>
<body>
<h1>Perlの勉強はかどってますか！</h1>
</body>
</html>
```

この状態です。名前はhello.htmlとかでいいんじゃないでしょうか。とりあえず拡張子だけは.htmlにします。で、ダブルクリックしてみると、あら不思議、さっきとまったく同じ状態で表示されます。

図12-3：ローカルのHTML

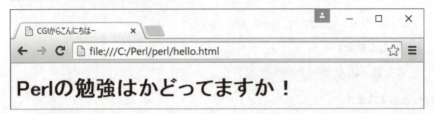

これは、お手元のパソコンのHTMLをブラウザーで開いている状態です。つまり、間にインターネットがはさまっていません。なお、このHTMLをWebサーバーに置いてインターネット越しにブラウザーで表示させても、まったく同じ表示が得られます。

CGI.pmを使わないCGIスクリプトを作ってみる

さて、さっきリダイレクトしたHTMLファイルを改造して、CGI.pmを使わないでCGIスクリプトを作ることができます。こんな感じになります。

```
#! /usr/bin/perl
#
# cgiHello_nopm.cgi -- CGIからこんにちは！（モジュール不使用）

use strict;
use warnings;
use CGI::Carp qw/fatalsToBrowser warningsToBrowser/;

print <<EOS;
Content-Type: text/html; charset=UTF-8

<!DOCTYPE html
        PUBLIC "-//W3C//DTD XHTML 1.0 Transitional//EN"
         "http://www.w3.org/TR/xhtml1/DTD/xhtml1-transitional.dtd">
<html xmlns="http://www.w3.org/1999/xhtml" lang="en-US"
xml:lang="en-US">
<head>
<title>CGIからこんにちは―</title>
<meta http-equiv="Content-Type" content="text/html; charset=utf-8" />
</head>
<body>
```

```
<h1>Perlの勉強はかどってますか！</h1>
</body>
</html>
EOS
```

実行してみると、まったく同じ表示が見えると思います。では説明します。

CGI.pmは使わないので、use CGIの行は削除します。use CGI::Carpはエラー時に備えて残して起きます。

```
print <<EOS;
〜
EOS
```

はヒア ドキュメントというもので、<<EOSと

```
EOS
```

の間をガサガサッと一気にprintするPerlの機能です。詳しい説明は割愛します。

ということで、プログラムを見比べると、明らかにCGI.pmを使った方が短くて分かりやすいので、今後はCGI.pmを使う方式に集中します。

■ フォームからデータを入力する

では、フォームを作ってデータを入力してみましょう。

```perl
#! /usr/bin/perl
#
# cgiForm.cgi -- CGIフォームの実験

use strict;
use warnings;
use CGI qw/:standard/;
use CGI::Carp qw/fatalsToBrowser warningsToBrowser/;

print header( -charset => "UTF-8" ),
      start_html("標準体重を計算します："),
      h2("計算したい身長と体重を入れて実行を押してください！"),
      start_form(),
      "身長:", textfield(-name=>"height", -default=>"", -override=>1),
      "体重:", textfield(-name=>"weight", -default=>"", -override=>1),
      submit("実行"),
      endform();

my ($weight, $height, $std_weight, $diff, $comment,);
if ($weight = param("weight")) {
    $height = param("height");
    $std_weight = sprintf "%1.3f",
```

```
                        ((($height / 100) ** 2) * 22);
        $diff = sprintf "%1.3f", ($weight - $std_weight);
        if ($diff == 0) {
                $comment = "標準体重ぴったりです!";
        } elsif ($diff > 0) {
                $comment = "${diff}kg太りすぎです!";
        } else {
                $diff *= -1;
                $comment = "${diff}kgやせすぎです!";
        }

        print hr(),
                h2("身長${height}cm、体重${weight}kgの人は"),
                h2("標準体重が${std_weight}kgです。"),
                h2("$comment");
}

print end_html();
```

実行するとこうなります。

図12-4:フォームを表示したところ

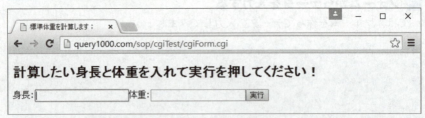

ではここで現在のぼくの数字を入れてみます。[実行]をクリックします。

図12-5:フォームに計算させたところ

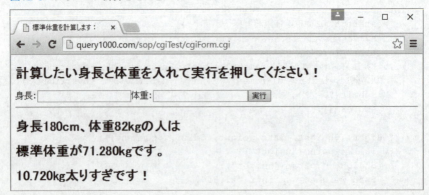

あいかわらずコンピューターは容赦ないアドバイスをくれますが、いい感じに表示されてますね。

さて、このときのHTMLはどうなっているでしょうか？ コマンドラインで実行してもいいですが、ブラウザーの［ソースの表示］機能を使ってみてもいいです。

図12-6：フォームのソース

改行がないので見づらいですね。下のように整理してみました。

```
<!DOCTYPE html
        PUBLIC "-//W3C//DTD XHTML 1.0 Transitional//EN"
         "http://www.w3.org/TR/xhtml1/DTD/xhtml1-transitional.dtd">
<html xmlns="http://www.w3.org/1999/xhtml" lang="en-US"
xml:lang="en-US">
<head>
<title>標準体重を計算します：</title>
<meta http-equiv="Content-Type" content="text/html; charset=utf-8" />
</head>
<body>
<h2>計算したい身長と体重を入れて実行を押してください！</h2>
<form method="post" action="/sop/cgiTest/cgiForm.cgi"
enctype="multipart/form-data">
身長：<input type="text" name="height" value="180" />
体重：<input type="text" name="weight" value="91" />
<input type="submit" name="実行" value="実行" />
</form>
<hr />
<h2>身長180cm、体重82kgの人は</h2>
<h2>標準体重が71.280kgです。</h2>
<h2>10.720kg太りすぎです！</h2>
</body>
</html>
```

では例によってプログラムの中身と比較しながら研究してみましょう。

```
print header( -charset => "UTF-8" ),
      start_html("標準体重を計算します："),
      h2("計算したい身長と体重を入れて実行を押してください！"),
```

ここまではさっき学んだ知識ですね。普通にHTMLを表示しています。ここまでで

```
<!DOCTYPE html
      PUBLIC "-//W3C//DTD XHTML 1.0 Transitional//EN"
       "http://www.w3.org/TR/xhtml1/DTD/xhtml1-transitional.dtd">
<html xmlns="http://www.w3.org/1999/xhtml" lang="en-US"
xml:lang="en-US">
<head>
<title>標準体重を計算します：</title>
<meta http-equiv="Content-Type" content="text/html; charset=utf-8" />
</head>
<body>
<h2>計算したい身長と体重を入れて実行を押してください！</h2>
```

までが表示されました。

```
      start_form(),
      "身長:", textfield(-name=>"height", -default=>"", -override=>1),
      "体重:", textfield(-name=>"weight", -default=>"", -override=>1),
      submit("実行"),
      endform();
```

ここからはフォームを作成しています。フォームをHTMLで見ると

```
<form method="post" action="/sop/cgiTest/cgiForm.cgi"
enctype="multipart/form-data">
身長:<input type="text" name="height" value="180" />
体重:<input type="text" name="weight" value="82" />
<input type="submit" name="実行" value="実行" />
</form>
```

となります。

start_form関数は<form>タグを、endform関数は</form>タグを生成します。

textfield関数はテキストボックスを、submit関数は実行ボタンを生成します。textfield関数に渡した-nameという引数で、身長はheight、体重はweightというキーに関連付けられた値として送信されます。

ここで実行ボタンを押すと、身長のテキストボックスに入力された値がheight、体重のテキストボックスに入力された値がweightというキーに関連

付けられてインターネット経由でサーバーに送られます。

　`cgiform.cgi`の`textfield`関数には以下の2つの引数も渡しています。

　`-default`は、最初にこのフォームが表示されたときのボックスの値で、ここでは空文字列(`""`)をセットします。

　`-override`は[実行]ボタンを押した後のボックスの値を`-default`の値に戻すという設定です。これを真(1)にしています。これで[実行]をクリックした後にボックスの中が空文字列(`""`)に戻ります。

```
if ($weight = param("weight")) {
        $height = param("height");
```

　`param`は、CGIモジュールの`param`関数を呼び出しています。これは、さっきテキストボックスに渡した値を、キー(`"weight"`および`"height"`)に応じて返すものです。

　さて、最初の1回はフォームにデータが設定されていません。よって`param`メソッドはゼロを返しますので、`if`文以降は実行されません。

　フォームにデータが入力された場合のみ、`$weight`に体重が、`$height`に身長がセットされ、後続の処理に向かいます。

```
$std_weight = sprintf "%1.3f",
        ((($height / 100) ** 2) * 22);
$diff = sprintf "%1.3f", ($weight - $std_weight);
if ($diff == 0) {
        $comment = "標準体重ぴったりです！";
} elsif ($diff > 0) {
        $comment = "${diff}kg太りすぎです！";
} else {
        $diff *= -1;
        $comment = "${diff}kgやせすぎです！";
}
```

　この部分は普通の計算です。`$std_weight`に標準体重を、`$diff`に標準体重と入力された体重の差を代入し、`$diff`の値によって`if`文で振り分けて`$comment`に評価メッセージを入れています。

　各々の値を0.0005を足したあと`sprintf`関数を使って小数部を3桁にしている(小数点以下第4位で四捨五入している)ことと、やせすぎの場合は`$diff`の値をプラスマイナス反転していることに注意してください。

```
print hr(),
        h2("身長${height}cm、体重${weight}kgの人は"),
        h2("標準体重が${std_weight}kgです。"),
        h2("$comment");
```

> CHAPTER 12 モジュール入門／フォルダー処理、CGI

```
}
```

このprint関数までがifブロックの中なので、paramに値が入っていた場合のみ実行されます。以下の部分を出力しています。

```
<hr />
<h2>身長180cm、体重82kgの人は</h2>
<h2>標準体重が71.280kgです。</h2>
<h2>10.720kg太りすぎです！</h2>
```

身長、体重、標準体重、評価が表示されます。<hr>タグを使って横線を引き、<h2>タグを使ってみました。

```
print end_html();
```

この部分はifブロックの外にあります。

```
</body>
</html>
```

でHTMLをシメます。

以上、駆け足でしたが、CGIスクリプトの入門を終わります。モジュールを使わないと面倒なことが、使うとちょいちょいとできてしまうのがお分かりいただけるでしょうか。

本書ではここで説明を止めますが、CGI.pmはまだまだおもしろい機能がたくさんあります。perldoc CGI（P.592）を見るか、「CGI.pm」でWebを検索してみてください。

☑ まとめコーナー

本書をまとめるのもこれが最後かと思うと感慨深いものがありますが、しっかり確認してください。

- 本書で扱っていない大きなトピックとしてはリファレンス、モジュール、パッケージ、オブジェクト指向がある
- モジュールの自作は大きなソフトウェアを使わないのであればそんなに必要はない
- ただし、世界中のPerl腕自慢が書いたCPANモジュールは、取り入れて使うと大変便利である
- CPANモジュールは、ドキュメントやサンプルコードが完備されているので、見よう見真似で使うことも可能である
- `File::Find`モジュールを使うと、あるディレクトリー以下の全部のファイルを順次処理できる
- これを使うために必要な、本書で触れていない新知識はサブルーチン リファレンスを取得する「¥&サブルーチン名」と、パッケージ名付きの変数`$File::Find::name`だけ
- CGIはWebサーバー上のプログラムを使って、インターネット越しに情報をやりとりする仕組みのこと
- 処理はサーバー側で行われ、クライアントは文字列で情報を送り、静的なHTMLを返されるだけ
- CGIプログラムはPerlで開発することができる
- CGIプログラムからの出力は、標準出力にHTMLを書き出す
- CGIプログラムへの入力は、HTMLにフォームを書く（`<form>`タグを使う）
- PerlでのCGI開発はCGIモジュールを使うと簡単である
- CGIモジュールの使い方は関数指向とオブジェクト指向がある（本書では関数指向のみを解説する）
- CGIモジュールの関数指向は`use CGI qw/:standard/`と記述して使う

- `CGI::Carp`を使うとエラー メッセージを画面に表示することができる
- ただしセキュリティ ホールになるので本番用サーバーからは外すこと

練習問題 　　　　　　　　　　　　　　　　　　　　（解答はP.564参照）

Q1
引数で正規表現を得て、カレント ディレクトリー以下の全テキスト ファイル（ファイルテスト演算子 -T が真になるファイル）からその正規表現にマッチする文字列を抜き出すプログラムを作ってください。
（いわゆるgrepコマンドみたいな動きをするプログラムになります。）

Q2
CGIを使って、テキストボックスから文字列を得て、それを画面にどんどん追加表示する、ゲストブックを作ってください。以下のようになれば完成です。

図Q12-1：ゲストブック。発言の前に発言した時刻を出してみた

Q3
CGIを使って、テキストボックスから正規表現を得て、それがマッチしたファイル、行番号、行の内容を一覧表示する、一種の検索エンジンを作ってください。

豆プログラム共用のススメ

　あなたがもし会社員で、自分の仕事を自動化するためにプログラムを作っているなら、ぜひその結果を同僚と共用されることをおすすめします。簡単なマニュアルと、最新版のツールへのリンクを貼ったWebページを作ればいいと思います。（マニュアルを作るのが意外と面倒ですが、社内用Wikiやメーリングリストを使うのがいいと思います。）あなたが仕事で困っていたことは、他の人もそのうち困ることがありますので、先回りしてそれを解決しておくと感謝されるでしょう。

　人にプログラムを使ってもらうのが、意外と大変ですが、勉強になります。自分1人でプログラムを作って、使っていると、ついついそのプログラムが得意な（失敗しない）データにばかり適用させてしまうことがあります。人に使ってもらうと「こんなデータがあるのか！」、「こんな風な間違った使い方があるのか！」と目からウロコが落ちます。マニュアルも、ひとりよがりで書いていると説明不足がありますが、人に読ませてみるとどんどんブラッシュアップします。

　プログラムによる自動化が浸透すると、他にも自動化する人が出てくるかもしれません。自動化を共有することで、社内に「自動化文化」ができ、作業がどんどん合理化しますし、プログラム以外のノウハウを共有することで助け合いの社風ができます。自動化すれば機械がやってくれる作業を、わざわざ手動でやって残業なんてダサいですし、ある人がつまづいたことを、別の人もつまづいて悩むのは時間の無駄です。生産性を向上するために、ぜひ自動化と情報共有を推し進めて欲しいと思います。

章末練習問題

解答・解説

以下に各章の末尾の練習問題の解答、解説を掲載します。ある程度ご自分で考えてから見てください。また、問題によっては別解もありえますので1つの例として参考にしてください。

解答・解説

CHAPTER 01 練習問題・解答

A1

エラー メッセージはこうだったと思います。

```
syntax error at C:¥Perl¥perl¥bugHello.pl line 5, near ""こんにちは。Perlの練習です。¥n":"
Execution of C:¥Perl¥perl¥bugHello.pl aborted due to compilation errors.
```

これは前にも出ましたが、文法エラーが5行目の近くにあります、コンパイルエラーによって実行が中止されました、としか教えてくれませんので、メッセージはあまり役に立ちません。しかし、本書で同じバグが発生したときを思い出すと、セミコロン（;）なしで文が連続したときでしたね。

注意深く5行目を見ると、

```
print "こんにちは。Perlの練習です。¥n":
```

ということで、セミコロンではなくコロン（:）で文が終わっています。これをセミコロンに修正するとうまく動くと思います。

A2

エラー メッセージはこうだったと思います。

```
Unrecognized character ¥x81; marked by <-- HERE after print<-- HERE near column 6 at C:¥Perl¥perl¥bugDomo.pl line 5.
```

これは以下のような意味です。
C:¥Perl¥perl¥bugDomo.plの5行目、6桁目の近く、printの後の<-- HEREというマークが付いたところに、\x81という認識できない文字がある。「print<-- HERE」

元プログラムの5行目は、

```
print　"どうもどうも。Perlの練習です。¥n";
```

です。6桁目というのは、前から数えて6文字目で、printの直後ですね。

よくよく見ると（見ても見えないですが）「全角の」（日本語の）スペース「　」が入っています。これは日本人プログラマーを悩ます悪魔の文字で、空白だけに、目に見えません。全角スペースはShift_JISで0x8140ですが、前半の81がPerlの引用符の外で使えるコードではないので、怒られている状態です。これを普通

の「半角」スペース（0x20）に変えてやれば動きます。

なお、Macなどの場合でプログラムをUTF-8で保存している場合は「\xE3」が入っていると怒られたと思います。これもUTF-8の全角スペース「　」の文字コード0xE38080の一部が問題視されている状態です。

CHAPTER 02 練習問題・解答

A1

以下のようになります。

```
#! /usr/bin/perl
#
# power2_0.pl -- 2のゼロ乗を計算

use strict;
use warnings;

print "2のゼロ乗は", 2 ** 0, "です！\n";
```

では実行してみます。

```
C:\Perl\perl>power2_0.pl
2のゼロ乗は1です！
```

これは数学の法則と同じで、2^0は1です。

A2

以下のようになります。

```
#! /usr/bin/perl
#
# divide9_0.pl -- 9÷0を計算（問題あり！）

use strict;
use warnings;

print "9÷0は", 9 / 0, "です！\n";
```

実行してみます。

```
C:\Perl\perl>divide9_0.pl
Illegal division by zero at C:\Perl\perl\divide9_0.pl line 8.
```

怒られましたね。「8行目で不法なゼロによる割り算が行われています」と言っ

解答・解説

ています。これも数学と同じです。0での割り算はできません。

A3

問題文中の面積はSと書いてありましたが、プログラムで小文字の$s、大文字の$Sは見分けづらいので、面積は$spaceとしてみました。

```
#! /usr/bin/perl
#
# heron.pl -- ヘロンの公式で三角形の面積を計算

use strict;
use warnings;

my $a = 3;
my $b = 4;
my $c = 5;

my $s = 1 / 2 * ($a + $b + $c);

my $space = sqrt($s * ($s - $a) * ($s - $b) * ($s - $c));

print "3辺が", $a, "cm,", $b, "cm,", $c, "cmの三角形の面積は",
      $space, "平方cmです¥n";
```

実行結果はこうなります。

```
C:¥Perl¥perl>heron.pl
3辺が3cm,4cm,5cmの三角形の面積は6平方cmです
```

A4

とりあえずheron.plプログラムを改造してみます。

```
#! /usr/bin/perl
#
# heron2.pl -- ヘロンの公式で三角形の面積を計算（エラー！）

use strict;
use warnings;

my $a = 1;
my $b = 1;
my $c = 10;

my $s = 1 / 2 * ($a + $b + $c);
```

```
my $space = sqrt($s * ($s - $a) * ($s - $b) * ($s - $c));

print "3辺が", $a, "cm,", $b, "cm,", $c, "cmの三角形の面積は",
      $space, "平方cmです¥n";
```

実行。

```
C:¥Perl¥perl>heron2.pl
Can't take sqrt of -600 at C:¥Perl¥perl¥heron2.pl line 14.
```

ダメですね。14行目はここです。

```
my $space = sqrt($s * ($s - $a) * ($s - $b) * ($s - $c));
```

ここで、-600の平方根が取れない、と言って怒っているようです。たしかにマイナス600の平方根は虚数になってしまいます。Perlは標準では虚数をサポートしていませんから、エラーになります。お手元に定規とコンパスがあったら、3辺が1cm、1cm、10cmの三角形を書いてみてください。書けませんね。作図不可能な三角形の面積を求めると　エラーになるのは、合理的な動作です。

CHAPTER 03 練習問題・解答

A1

正解は

```perl
#! /usr/bin/perl
#
# lengthContext.pl -- 文脈と長さで遊ぼう！

use 5.010;
use strict;
use warnings;

my $n = "7.0";

say "最初の長さ: ", length($n);

$n += 3;

say "3を足すと長さは: ", length($n);

$n /= 4;

say "4で割ると長さは: ", length($n);
```

解答・解説

です。

「7.0」は文字列コンテキストで解釈すると長さが3になります。

で、3を足す演算を行うと、「10」になるので、長さは2になります。

で、10を4で割ると「2.5」になるので、長さはまた3になります。

A2

こんな感じでしょうか。

```perl
#! /usr/bin/perl
#
# monthName.pl -- 月の名前から順番を割り出そう

use 5.010;
use strict;
use warnings;

my $year = "January 1 February 2 March 3 April 4 May 5 ↵
June 6 July 7 August 8 September 9 October 10 November 11 ↵
December 12";

my $month = "March";  # 他の月を調べたいときはここを変更する

my $name = index($year, $month);
  # これで$monthのオフセットが得られる
my $num_s = index($year, " ", $name) + 1;
  # $monthの次に出てくる空白のオフセットを探す。
  # その次（$num_s）から月の順番が始まる
my $num_e = index($year, " ", $num_s) - 1;
  # さらに次に出てくる空白のオフセットを探す。
  # その前（$num_e）までが月の順番である
my $len = $num_e - $num_s + 1;
  # 月の順番の長さ（9月までは1、10月以降は2）を得る
my $num = substr $year, $num_s, $len;
  # 月の順番を得る

say "英語で$monthは$num月のことです。";
```

$monthをいろいろ変えて試してください。おもしろいことに11月が「Nov」のような省略形でもちゃんと動きます。

CHAPTER 04 練習問題・解答

A1

解答はこうなります。

```
($y, $x) = ($x, $y);
```

($x, $y) から生成されたリストを、($y, $x) で生成されるリストに代入します。よって$yに$xが、$xに$yが代入され、結果的に$xと$yを交換したことになります。

A2

解答はこうなります。

```
say join ":", (localtime(time))[2,1,0];
```

localtime(time)はこのようにリスト値を返すんでしたね。

```
my ($sec,$min,$hour,$mday,$mon,$year,$wday,$yday,$isdst) =
        localtime(time);
```

欲しいのは時($hour)、分($min)、秒($sec)なので、欲しいのはこのリストのインデックス2、1、0の要素です。localtime(time)という呼び出しをカッコ(())で囲んでリストとして扱い、インデックス[2,1,0]を付けてリスト スライスにし、join関数を使ってコロン(:)で結合すれば一丁上がりです。

CHAPTER 05 練習問題・解答

A1

ひねりのない問題ですが、こんな感じです。

```
#! /usr/bin/perl
#
# week.pl -- 曜日を翻訳する

use 5.010;
use strict;
use warnings;

my $name = shift;

my %week = (
        Sunday          =>       "日曜日",
```

解答・解説

```
        Monday          =>      "月曜日",
        Tuesday         =>      "火曜日",
        Wednesday       =>      "水曜日",
        Thursday        =>      "木曜日",
        Friday          =>      "金曜日",
        Saturday        =>      "土曜日",
);

say "$nameは日本語で$week{$name}だよ！";
```

A2

以下のようになります。

```
#! /usr/bin/perl
#
# today.pl -- 今日の曜日を表示する

use 5.010;
use strict;
use warnings;

my $today = (localtime(time))[6]; # 今日の曜日

my @week = (
        Sunday          =>      "日曜日",
        Monday          =>      "月曜日",
        Tuesday         =>      "火曜日",
        Wednesday       =>      "水曜日",
        Thursday        =>      "木曜日",
        Friday          =>      "金曜日",
        Saturday        =>      "土曜日",
); # 英語と日本語の日付が交互に入った配列（前の例題からリサイクル）

my @week_English = @week[0, 2, 4, 6, 8, 10, 12];
# 英語だけ入った配列
my %week = @week; # 英和対訳のハッシュ

say "Today is $week_English[$today]!";
say "今日は$week{$week_English[$today]}だよ！";
```

ハッシュ定義の右側は配列に代入すると(キー，値，キー，値…)というリストになること、%weekというハッシュはリスト リテラルではなく、配列でも初期化できることがポイントです。

CHAPTER 06 練習問題・解答

A1

こんな感じでしょうか。

```perl
#! /usr/bin/perl
#
# heron4.pl -- ヘロンの公式で三角形の面積を計算
#   (エラー メッセージを増強)

use 5.010;
use strict;
use warnings;

scalar @ARGV >= 3 or die "引数が3つ必要です¥n";
my ($a, $b, $c) = @ARGV;

my $s = 1 / 2 * ($a + $b + $c);

my $t = $s * ($s - $a) * ($s - $b) * ($s - $c);

$t > 0 or die "3辺が", $a, "cm,", $b, "cm,", $c,
        "cmの三角形はありえません¥n";

my $space = sqrt($t);

say "3辺が", $a, "cm,", $b, "cm,", $c, "cmの三角形の面積は",
        $space, "平方cmです";
```

実行結果です。

```
C:¥Perl¥perl>heron4.pl
引数が3つ必要です

C:¥Perl¥perl>heron4.pl 1 2
引数が3つ必要です

C:¥Perl¥perl>heron4.pl 1 2 3
3辺が1cm,2cm,3cmの三角形はありえません

C:¥Perl¥perl>heron4.pl 3 4 5
3辺が3cm,4cm,5cmの三角形の面積は6平方cmです
```

なんとなくわれわれのプログラムもプロっぽくなってきましたね。

解答・解説

A2

以下のようになります。

```
say join "¥n", sort { length($b) <=> length($a) } @fruits;
```

要は{}の中の式が、$bが長いときに1、$aが長いときに-1、同じ長さのときに0を返す式を書けばいいわけです。第8章で研究するサブルーチン（自作の関数）と組み合わせれば、より自在な並べ替えが可能です。

CHAPTER 07 練習問題・解答

A1

これぐらいお茶の子ですね。

```perl
#! /usr/bin/perl
#
# ahoNumber.pl -- アホみたいに言うべき数字か調べる

use 5.010;
use strict;
use warnings;

for my $num (1 .. 40) {
        if ($num % 3 == 0 or not index($num, 3) == -1) {
                say "$numっ！（アホみたいに）";
        } else {
                say "$num｡｡｡";
        }
}
```

A2

2つの引数の大きい方を1倍、2倍、3倍…して、それを小さい方で割り切れたら最小公倍数、という判断でいきましょう。たとえば4と6なら、

- 6を1倍すると6、4で割り切れないから6は最小公倍数でない
- 6を2倍すると12、4で割り切れるから12は最小公倍数

こんな感じでしょうか。

```perl
#! /usr/bin/perl
#
# gcm.pl -- 最小公倍数を求める
```

```perl
use 5.010;
use strict;
use warnings;

my ($big, $small) = @ARGV;

if ($big < $small) {
        ($big, $small) = ($small, $big);
}

my $m = $big;

for (my $n = 2; $m % $small != 0; ++$n) {
        $m = $big * $n;
}

say "$bigと$smallの最小公倍数は$mです!";
```

CHAPTER 08 練習問題・解答

A1

以下のように書けます。

```perl
#! /usr/bin/perl
#
# jpnNum.pl -- 英数字を漢数字に変える

use 5.010;
use strict;
use warnings;

say "6:", &jpnNum(6);
say "70:", &jpnNum(70);
say "6700:", &jpnNum(6700);

sub jpnNum { # 英数字を漢数字に変えるサブルーチン
    my $str = shift;
    my @arr = split //, $str;
    my @table = qw/ 零 一 二 三 四 五 六 七 八 九 十 /;

    for my $arr (@arr) {
       $arr = $table[$arr];
    }
    return join "", @arr;
}
```

解答・解説

要点は以下の通りです。

- `split`関数に空のパターン`//`を渡すと文字列を1文字ずつ分解する（P.144参照）
- `qw`演算子で`$table[0]`が「零」、`$table[1]`が「一」になる配列を作る
- `for`ループで入力を分解した配列`@arr`を逐次処理する
- 逐次処理中に`for`の制御変数を書き換えると配列`@arr`の当該要素が変わる
- `join`で空文字をはさんで再結合する

A2

まず問題文のプログラム`heron13.pl`を普通に実行します。

```
C:\Perl\perl>heron13.pl
3辺が 45 m、45 m、30 mの三角形の土地Aの面積は636.396103067893平方mです
Can't take sqrt of -5.6388e+009 at C:\Perl\perl\heron12.pl line 24.
```

`sqrt`関数に負の数を渡しているのが問題でしたね。以下のようにしてみます。

```perl
#! /usr/bin/perl
#
# heron14.pl -- ヘロンの公式で三角形の面積を3回計算
# （エラー チェック付き）

use 5.010;
use strict;
use warnings;

my ($a, $b, $c) = (45, 45, 30);
my $space = &triSpace($a, $b, $c);
if ($space) {
   say "3辺が $a m、$b m、$c mの三角形の土地Aの面積は$space平方mです";
} else {
   say "3辺が $a m、$b m、$c mの三角形の土地Aの面積は計算できません";
}

($a, $b, $c) = (30, 35, 550);
$space = &triSpace($a, $b, $c);
if ($space) {
   say "3辺が $a m、$b m、$c mの三角形の土地Bの面積は$space平方mです";
} else {
   say "3辺が $a m、$b m、$c mの三角形の土地Bの面積は計算できません";
}

($a, $b, $c) = (57, 44, 33);
```

```perl
$space = &triSpace($a, $b, $c);
if ($space) {
   say "3辺が $a m、$b m、$c mの三角形の土地Cの面積は$space平方mです";
} else {
   say "3辺が $a m、$b m、$c mの三角形の土地Cの面積は計算できません";
}

sub triSpace {  # ヘロンの公式で三角形の面積を求める
     my ($a, $b, $c) = @_;
     my $s = 1 / 2 * ($a + $b + $c);
     my $t = $s * ($s - $a) * ($s - $b) * ($s - $c);
     return if $t < 0;  # $tが負の場合はサブルーチンを脱出

     my $space = sqrt($t);
     return $space;
}
```

ありえない三角形を渡されてヘロンの公式がコケるところは第2章の練習問題で研究しましたね。上のサブルーチンでは、ありえない三角形を渡された結果、負の数の平方根を取る直前に、returnで脱出しています。では実行します。

```
C:¥Perl¥perl>heron14.pl
3辺が 45 m、45 m、30 mの三角形の土地Aの面積は636.396103067893平方mです
3辺が 30 m、35 m、550 mの三角形の土地Bの面積は計算できません
3辺が 57 m、44 m、33 mの三角形の土地Cの面積は723.836998225429平方mです
```

オッケーですね。まずはサブルーチン&trispaceを見ます。

```
       return if $t < 0;  # $tが負の場合はサブルーチンを脱出
```

return関数の引数を省略しています。これで戻り値はundefになります。
一方メイン プログラムでは

```perl
my $space = &triSpace($a, $b, $c);
if ($space) {
   say "3辺が $a m、$b m、$c mの三角形の土地Aの面積は$space平方mです";
} else {
   say "3辺が $a m、$b m、$c mの三角形の土地Aの面積は計算できません";
}
```

のように$spaceというスカラーに戻り値を保存して使っています。で、if文ではその値を真偽値コンテキストで評価し、真の場合はそのまま表示、偽の場合はメッセージを出しています。

CHAPTER 09 練習問題・解答

A1

正解は、

`print reverse sort <>`

です。

`print sort reverse <>`

だと

`print sort <>`

と同じ結果になってしまうので注意してください。

`print {$b cmp $a} sort <>`

と書いても正解にします。TIMTOWTDI！

A2

ちょっと難しいですが、ぼくは以下のように書いてみました。

```perl
#! /usr/bin/perl
#
# fdump.pl -- ファイルをダンプする

use 5.010;
use strict;
use warnings;

my $fname = shift
        or die "specify file name! usage: fdump.pl file_name\n";
open FILE, "<", $fname  or die "cannot open $fname because $!";
while (<FILE>) {
        print;
        my @chr = split //;
        my $first_line = "";
        my $last_line = "";
        for my $chr (@chr) {
                my ($first, $last) = split //, unpack("H2", $chr);
                $first_line .= $first;
                $last_line .= $last;
        }
        say $first_line;
        say $last_line;
}

close FILE;
```

CHAPTER 10 練習問題・解答

A1

こんな感じでしょうか。open関数を何回も書いているのがダサいので、文字コード名を入れるスカラー変数$encを導入してif文の外に括り出します。

```perl
#! /usr/bin/perl
#
# black_open2.pl -- ファイル ハンドルで遊ぼう（open関数、短縮版）
# （※UTF-8で保存し、改行コードはLFにする）

…中略…

my $file_name = shift or die "specify input file\n";
$file_name =~ /\.txt$/
        or die "input file name $file_name should be *.txt\n";

my $enc;
if ($^O eq "MSWin32") {
        $enc = "Shift_JIS";
} else {
        $enc = "UTF-8";
}

open IN, "<:encoding($enc)", $file_name
        or die "cannot open $file_name because $!";

$file_name =~ s/\.txt$/_black.txt/;
open OUT, ">:encoding($enc)", $file_name
        or die "cannot open $file_name because $!";

…後略…
```

A2

2パターンを紹介します。

まず、標準入力でShift_JISを受け取って標準出力でUTF-8を書き出すフィルターです。

```perl
#! /usr/bin/perl
#
# s2u.pl -- Shift_JISからUTF-8に変換する（フィルター版）

use 5.010;
use strict;
```

解答・解説

```perl
use warnings;
use utf8;

binmode STDIN, ":encoding(Shift_JIS)";
binmode STDOUT, ":encoding(UTF-8)";

print <STDIN>;
```

使い方は、入力を<、出力を>を使ってリダイレクトします。

`C:¥Perl¥perl>`**`s2u.pl < kansuuji.txt > kansuuji_u.txt`**

次に、open関数を使うパターンです。

```perl
#! /usr/bin/perl
#
# s2u_open.pl -- Shift_JISからUTF-8に変換する (open関数版)

use 5.010;
use strict;
use warnings;
use utf8;

my $file_name = shift or die "specify input file¥n";
$file_name =~ /¥.txt$/
        or die "input file name $file_name should be *.txt¥n";
open IN, "<:encoding(Shift_JIS)", $file_name
        or die "cannot open $file_name because $!";

$file_name =~ s/¥.txt$/_u8.txt/;
open OUT, ">:encoding(UTF-8)", $file_name
        or die "cannot open $file_name because $!";

print OUT <IN>;

close IN;
close OUT;
```

プログラムとしてはちょっとばかり複雑になりましたが、使うときは引数に入力ファイル名を渡すだけで簡単です。保管する出力ファイル名はkansuuji_u8.txtになりますので、ファイル名を考える手間もありません。

`C:¥Perl¥perl>`**`s2u_open.pl kansuuji.txt`**

CHAPTER 11 練習問題・解答

A1

以下のように書いてみました。

```perl
#! /usr/bin/perl
#
# sortNameReading.pl -- ローマ字姓名によってソート

use 5.010;
use strict;
use warnings;

use utf8;

binmode DATA, ":encoding(UTF-8)";

if ($^O eq "MSWin32") {
    binmode STDOUT, ":encoding(Shift_JIS)";
} else {
    binmode STDOUT, ":encoding(UTF-8)";
}

print sort {&seimei($a) cmp &seimei($b)} <DATA>;

sub seimei {
    my $line = shift;
    my (undef, undef, $mail) = split /\t/, $line;
    $mail =~ /^([a-zA-Z]*)_([a-zA-Z]*)/;
    return $2.$1;
}

# 順位（タブ）苗字（空白）名前（タブ）メール アドレス（タブ）チーム名
# （タブ）グループ名（改行）
# メール アドレスは「ローマ字名_ローマ字苗字@example.com」（※架空の
# ものです）

__DATA__
1    指原 莉乃      Rino_Sashihara@example.com        Team-H    HKT48
2    大島 優子      Yuuko_Ohshima@example.com         Team-K    AKB48
3    渡辺 麻友      Mayu_Watanabe@example.com         Team-B    AKB48
4    柏木 由紀      Yuki_Kashiwagi@example.com        Team-B    AKB48
5    篠田 麻里子    Mariko_Shinoda@example.com        Team-A    AKB48
6    松井 珠理奈    Jurina_Matsui@example.com         Team-E    SKE48
7    松井 玲奈      Rena_Matsui@example.com           Team-S    SKE48
8    高橋 みなみ    Minami_Takahashi@example.com      Team-A    AKB48
```

解答・解説

```
9    小嶋 陽菜    Haruna_Kojima@example.com         Team-A    AKB48
10   宮澤 佐江    Sae_Miyazawa@example.com          Team-K    AKB48
11   板野 友美    Tomomi_Itano@example.com          Team-K    AKB48
12   島崎 遥香    Haruka_Shimazaki@example.com      Team-B    AKB48
13   横山 由依    Yui_Yokoyama@example.com          Team-A    AKB48
14   山本 彩      Sayaka_Yamamoto@example.com       Team-N    NMB48
15   渡辺 美優紀  Miyuki_Watanabe@example.com       Team-M    NMB48
16   須田 亜香里  Akari_Suda@example.com            Team-KII  SKE48
```

フェイントで難しい問題ですが、これまで本書に出てきた知識を総動員すれば理解できると思います。

まず、入力をソートして出力するには、以下のようにします。

```
print sort <DATA>;
```

sort関数の引数になった<DATA>は、リスト コンテキストで評価されますので、__DATA__ 以下に指定された全行を、1行1要素のリストにして返します。

で、それをsortした結果を、print関数に渡します。

結果的に、__DATA__ 以下の行をソートして標準出力に出力します。

ただ、これだと行全体を辞書順で並べることになります。

> **MEMO**
>
> 順位順にもなりません。どういう順番になるかテストせずに分かりますか?

で、sort順をカスタマイズします。ここでは、名簿データを1行渡すと、ローマ字苗字とローマ字名前をくっつけて返すサブルーチン&seimeiを考えます。

呼び出し側はこうなります。

```
print sort {&seimei($a) cmp &seimei($b)} <DATA>;
```

呼び出されるサブルーチンについて研究します。これは、

```
1    指原 莉乃    Rino_Sashihara@example.com        Team-H    HKT48
```

という引数(1個の文字列)をまるごと渡されたら、

```
SashiharaRino
```

というローマ字苗字、ローマ字名をくっつけて返します。この文字列をキーにソートすると、望みの順番が得られます。

サブルーチンの中身を見ます。

```
sub seimei {
    my $line = shift;
```

唯一の引数を`$line`というスカラー変数に取ります。この変数には

```
1    指原 莉乃    Rino_Sashihara@example.com    Team-H    HKT48
```

という`__DATA__`の1行がまるごと入っています。先頭は順位、末尾はチーム名（プラス改行）です。

```
    my (undef, undef, $mail) = split /¥t/, $line;
```

`split`関数で`$line`を分解してメール アドレスを取り出し、`$mail`に取ります。

```
    $mail =~ /^([a-zA-Z]*)_([a-zA-Z]*)/;
```

結合演算子（`=~`）を使って`$mail`にマッチ演算子を作用させます。先頭から英字1字以上が名前ですのでカッコで捕獲します。これが`$1`に入ります。アンダースコアをはさんで英字1字以上が苗字ですのでカッコで捕獲します。これが`$2`に入ります。

```
    return $2.$1;
}
```

苗字と名前を反転させてドット演算子（`.`）で結合したものを戻り値にし、サブルーチンを終了します。

A2

置換演算子`s///`と、変換演算子`tr///`を組み合わせてみました。

```perl
#! /usr/bin/perl
#
# trName.pl -- tr///演算子を使った変換

use 5.010;
use strict;
use warnings;

while (<DATA>) {
    my (undef, $jpnName, $mail) = split /¥t/;
    $mail =~ /^([a-zA-Z]*)_([a-zA-Z]*)/;
    $sirName = $2;
    $sirName =~ tr/a-z/A-Z/;
    say "$jpnName¥t$sirName, $1";
}

__DATA__
```

解答・解説

```
1    指原 莉乃    Rino_Sashihara@example.com    Team-H    HKT48
2    大島 優子    Yuuko_Ohshima@example.com     Team-K    AKB48
3    渡辺 麻友    Mayu_Watanabe@example.com     Team-B    AKB48
```

…後略…

ポイントとしては、ローマ字苗字だけを`$sirName`というスカラー変数にコピーしてから`tr///`演算子を掛けていることです。

これを、以下のようにすると、失敗します。

```
$mail =~ /^([a-zA-Z]*)_([a-zA-Z]*)/;
$2 =~ tr/a-z/A-Z/;
```

こうすると、以下のようなエラー メッセージが表示されたと思います。

```
Modification of a read-only value attempted at C:\Perl\perl\trName.pl line 13, <DATA> line 1.
```

これは、別のところに出てきましたが、「読み込み専用の値に対する更新が企てられた」という意味のエラーです。捕獲文字列を格納する`$1`、`$2`は読み込み専用で、更新が許されません。ここではローマ字苗字をカッコで`$2`に捕獲しましたが、この`$2`に`tr///`演算子を作用させようとして、怒られているという状態です。

ですから、`$sirName`という変数を作ってコピーしてから`tr///`演算子を掛けてみました。

CHAPTER 12 練習問題・解答

A1

こんな風に書いてみました。

```perl
#! /usr/bin/perl
#
# globalSearch.pl -- HTML の文字列を検索置換

use strict;
use warnings;
use File::Find;

my $ptn = shift
        or die "give me search pattern!\n usage: $0 search pattern\n";

find(\&fileProc, '.');
```

```perl
sub fileProc {
        return unless -T $_;
        open IN, "<",  $_;
        while (<IN>) {
                print "$File::Find::name ($.): $_" if /$ptn/;
        }
        close IN;
}
```

実行してみます。

```
C:¥foo>globalSearch.pl 引数なしだと使い方を表示
give me search pattern!
 usage: globalSearch.pl search_pattern

C:¥foo>globalSearch.pl 2015
./file.htm (7): (C) White Company Ltd. 2015<br />
./file.html (15): (C) White Company Ltd. 2015<br />
./bar/file.htm (23): (C) White Company Ltd. 2015<br />
./bar/file.html (31): (C) White Company Ltd. 2015<br />
./bar/foo.bar/file.htm (39): (C) White Company Ltd. 2015<br />
./bar/foo.bar/file.html (47): (C) White Company Ltd. 2015<br />
./baz/file.htm (55): (C) White Company Ltd. 2015<br />
./baz/file.html (63): (C) White Company Ltd. 2015<br />
```

A2

こんな風に書いてみました。

```perl
#! /usr/bin/perl
#
# guestBook.cgi -- ゲストブック

use strict;
use warnings;
use CGI qw/:standard/;
use CGI::Carp qw/fatalsToBrowser warningsToBrowser/;

my ($data, @guest_words);
my $file = "guest_words.txt";

# ファイルがあったらその発言を配列に入れる
if (-f $file) {
        open IN, "<", $file
                or die "cannot open $file as IN because $!";
        @guest_words = <IN>;
```

解答・解説

```
        close IN;

# なかったらファイルを作り、最初の1個の発言だけを配列に入れる
} else {
        open OUT, ">", $file
                or die "cannot open $file as OUT because $!";
        @guest_words = ("今日までいただいたお言葉：\n");
        print OUT @guest_words;
        close OUT;
}

print header( -charset => "UTF-8" ),
        start_html("ようこそ！"),
        start_form(),
        "何か書いてください：",
        textfield(-name=>"data", -default=>"", -override=>1),
          hr();

# テキストフィールドに発言があったら、発言に現在時刻を追加して配列に入れる
if (param("data")) {
        my $str = localtime(time);
        push @guest_words, "【$str】".param("data")."\n";
}

# 配列の末尾に<br />タグを付加して表示
for (@guest_words) {
        print $_, br();
}

print br(),
        submit("実行"),
        endform(),
        end_html();

# ファイルを更新する
open OUT, ">", $file
        or die "cannot open $file as OUT because $!";
print OUT @guest_words;
close OUT;
```

A3

解答を省略します。Q1とQ2を組み合わせれば簡単ですね。「検索エンジン」なんかをチョイチョイと開発できるようになった自分を誇らしく思ってください！

付録

以下は付録です。
まず、ご使用のコンピューターに合わせて、「付録-A Windowsによる最初のプログラム」か「付録-B Mac/UNIXによる最初のプログラム」をごらんになって、ご自分の環境でプログラムが動作することを確認してください。
また、「付録-C オンライン マニュアルperldoc」および「付録-D 参考文献」は学習を進めながら適宜ごらんください。

付録

付録 A　Windowsによる最初のプログラム

本章では、第1章で紹介する最初のプログラム、

```
#! /usr/bin/perl
#
# printHello.pl -- こんにちはとあいさつする

print "こんにちは。Perlともうします！\n";
```

がWindowsで動かせるところまでを紹介します。

■ ActivePerlのインストール

Windowsで使えるPerlはいくつかバージョンがあります。ざっと思いつくだけでも

- 安定と実績のActivePerl
- 新進気鋭のStrawberry Perl
- UNIXユーザーがWindowsを使うならCygwin

という選択肢があります。ここでは最も普及しているActivePerlを紹介します。

■ インストーラーのダウンロード

「ActivePerl」で検索して、*http://www.activestate.com/activeperl*に到達してください。

図A-1：ActiveState社へようこそ

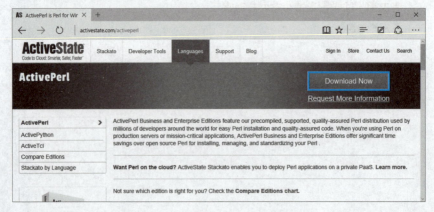

Download Nowボタンがデカデカと表示されているので、これをクリックしてください。

図A-2：どのバージョンにしますか

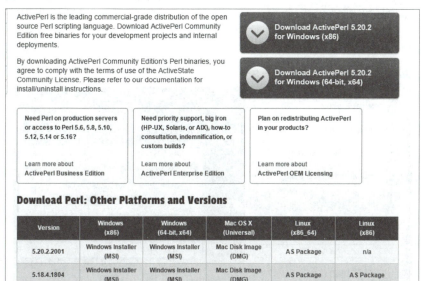

OS、バージョンを選べるようになっています。

ActivePerlというとWindows、というイメージがありますが、実際にはMac、Linux、その他商用UNIXでも使えます。今回はWindows用を使えばいいのですが、x86（32ビットバージョン）とx64（64ビットバージョン）という選択肢があります。お使いのマシンに合わせてください。

もう1つ、最新版のPerlを使うか、古いバージョンを使うかという選択肢があります。普通は最新版を使うのが無難です。（本書では5.16.3でテストしましたが、本書のサンプルプログラムはどれも5.12以降であればまず動くと思います。）

> **MEMO**
>
> いくつか有料版もすすめてきますが、本書がカバーする範囲では無料版でかまいません。ぼくは有料版を使ったことがありません。

実際には、あなたがWindowsのブラウザーでアクセスしていることをActiveState社のWebサーバーが察知して、おすすめを右上に2つ表示しています。「Download ActivePerl 5.xx.x for Windows (x86)」が32ビット版、「Download

付録

ActivePerl 5.xx.x for Windows (64-bit, x64)」が64ビット版ですので(xはバージョンによって異なる番号)、お使いの方を選んでください。

> **MEMO**
>
> お使いのWindowsのバージョンを調べるには、Windows Vistaおよび7の場合はスタート メニューから［コンピューター］を選んで右クリックし、［プロパティ］を表示してください。
>
> **図A-3**：Windows 7のコンピューター
>
>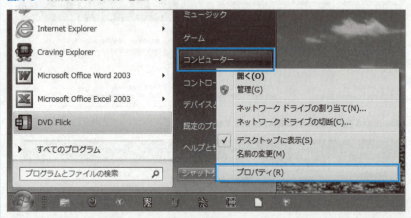
>
> Windows 8.1および10をお使いの場合は、デスクトップのスタートボタンを右クリックし、［システム］をクリックしてください。
>
> **図A-4**：システム画面が表示される
>
>
>
> 表示される［システム］画面で、［システムの種類］という表示項目を探します。上記の画面で、ぼくのパソコンは32ビットのシステムを使っているので、x86版を選べばいいと分かります。

付録 A　Windowsによる最初のプログラム

　Windowsのビット数が分かったところで、ActiveStateのWebサイトで、[Download ActivePerl...]ボタンをクリックすると、すぐにダウンロードが開始します。ここでアンケート画面が出てきますが、答えないでもかまいません。

　ダウンロードが終わったら`ActivePerl-5.16.3.1603-MSWin32-x86-296746.msi`などというファイルがローカルに保存されます。(多くの場合`C:¥Users¥ユーザー名¥Downloads`に保存されます。バージョン番号によってファイル名が変わります。)

インストーラーの実行

　ダウンロードされたmsiをダブルクリックします。すると、以下のようなありがちな質問をされます。大体肯定的なことをバンバン答えていればOKです。

- 発行元を確認できませんでした。このソフトウェアを実行しますか？と言われる⇒[実行]をクリック
- Welcome to ActivePerl... という画面が表示される⇒[Next]をクリック
- License Agreementが表示される⇒[I accept...]を選択して[Next]をクリック
- インストールするものを選択できるようになっている。初期値では全部を入れることになっている⇒そのまま[Next]をクリック

- 次の2つが選択できるようになる
  * Add Perl to the PATH environment variable (PATH環境変数にperl.exeを入れる。これでカレント ディレクトリーがどこでもperlと入力するだけでPerlが起動する)
  * Create Perl file extension association (拡張子.plをperl.exeに関連付ける。これでスクリプト ファイルの拡張子を.plにするとアイコンが真珠のようになり、コマンドのように実行できるようになる(Perlが自動的に起動する))
  ⇒両方オンにして[Next]をクリックする (選択できない項目は気にしない)
- Ready to Installという画面が表示される⇒[Install]をクリック

- しばらく待つ
- Completing the ActivePerl (バージョン番号) Setup Wizard... と表示される⇒[Finish]をクリックする
- ブラウザーが開き、リリースノートが表示される。理解できなくても気にしないで閉じる
- Windowsを再起動する

Windowsエクスプローラーのメニューバーを表示する

ここで一瞬Perlを離れ、Windowsの話になります。

Windows 8.1や10の場合、エクスプローラーのリボンの［ファイル］タブから［コマンド プロンプトを開く］をクリックすると、エクスプローラーで開いていたフォルダーからコマンド プロンプトが開きます。

MEMO

Windows 7の場合は、少々カスタマイズが必要です。フォルダーを開くと現れるエクスプローラーですが、Windowsを買ったままの状態だとメニューバーというものが表示されていません。これを表示するために、［整理］-［レイアウト］-［メニューバー］を選択して、メニューバーをオンにします。

図A-5：メニューバーをオンにする

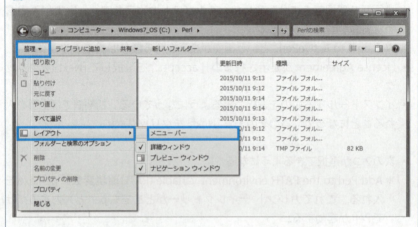

これで、［ファイル］、［編集］などのメニューバーが表示されます。

図A-6：メニューバーが表示された

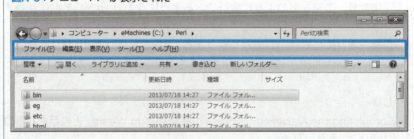

これでファイルメニューから［コマンド ウィンドウをここで開く］を選択できます。

図A-7：[コマンド プロンプトを開く] を選択

これを選択すると、コマンド プロンプトが開くと同時に、エクスプローラーでファイルメニューを選択したフォルダーがカレント ディレクトリーになります。

図A-8：コマンド プロンプトが開く（カレント ディレクトリーはC:¥Perl）

Perlの動作確認をする

上記のようにして、適当な場所でコマンド プロンプトを開いたら、以下のようなコマンドを打ち込んでください。

```
C:¥Perl>perl -v
```

これはperl.exeというプログラム（Perlエンジンの本体）に「-v」というオプションを渡して実行しています。これでPerlのバージョンを表示します。

図A-9：Perlのバージョンを表示する

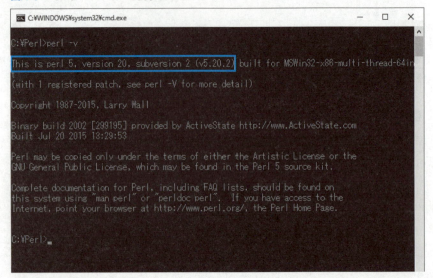

　これでインストールした通りのバージョンがインストールされ、ちゃんと動作することが確認できます。`perl -v`の表示が出ない場合、Windowsを再起動するとうまくいくことがあります。

■ プログラムを作るフォルダーを作る

　自作のPerlプログラムを保存しておくフォルダーを作りましょう。どこでもいいですが、特に要望がない人はぼくに合わせて`C:¥Perl¥perl`に作ってください。以下はそこに作ったという前提で説明します。

> **MEMO**
> 64ビット版の場合は`C:¥Perl64¥perl`にするといいでしょう。

■ 環境変数を設定する

　WindowsにもMac/UNIXにも**環境変数**（environment variable）というものがあって、いろいろな値を設定して動作をカスタマイズできるようになっています。さっきも「環境変数変えていいですか」的なことを聞かれましたね。まずはこれを確認してみましょう。

　さっきコンピューターが32ビットか64ビットか確認したときの手順に従って、［システム］画面を表示し、［システムの詳細設定］というリンクをクリックしてください。

図A-10：左の上から4番目のリンクをクリックする

［システムのプロパティ］画面が表示されますので、一番下の［環境変数］ボタンをクリックしてください。

図A-11：［システムのプロパティ］画面

［環境変数］ボックスが表示されます。下の［システム環境変数］というボックスをスクロールさせて、「Path」という環境変数を確認してください。

図A-12：Path環境変数

　Path環境変数の値の最初に「C:¥Perl¥site¥bin;C:¥Perl¥bin」という2つのディレクトリーがセミコロン;区切りで入っています。これが、Perlのインストールによって追加されたディレクトリーです。

> **MEMO**
> 64ビット版の場合は「C:¥Perl64¥site¥bin;C:¥Perl64¥bin」となります。以下すべて、C:¥Perlと書かれている部分はC:¥Perl64と読み替えてください。

　さっき「perl -v」というコマンドを実行するとき実行されたperl.exeというプログラム（Perlエンジン）は、C:¥Perl¥binというディレクトリーに入っていました。しかし、どこのディレクトリーがカレント ディレクトリーであっても、「perl」とさえ打ち込めば「C:¥Perl¥bin¥perl.exe」が実行されるようになっています。これは、Path環境変数の値として「C:¥Perl¥bin」が入っているからです。つまり、Path環境変数の値に入っているディレクトリーに入っているプログラムは、コマンド プロンプトでどのディレクトリーをカレント ディレクトリーにしても、実行できるということになります。

付録 A Windowsによる最初のプログラム

　では、この環境変数の先頭に、これからプログラムを作る`C:¥Perl¥perl`を追加して、自作のプログラムもサッと実行できるようにしましょう。

　`Path`環境変数が反転した状態で、［システム環境変数］の下の［編集］ボタンをクリックします。最初は`Path`環境変数の値全体を選択した状態になっているので、Home キーを押して最初にカーソルを入れるようにしてください。で、「`C:¥Perl¥perl;`」という文字列を先頭に挿入します。（末尾にセミコロンをはさむことに注意。）この状態で下の画面写真を撮りました。

図A-13：Path環境変数を変更した瞬間

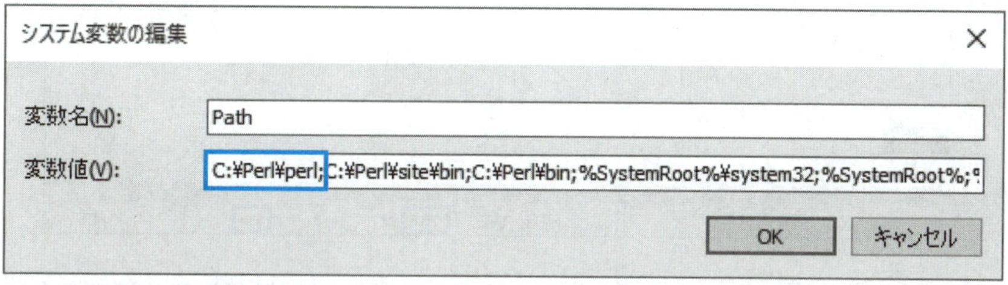

　これでOKを押して終了です。

プログラムを作成

　いよいよプログラムを作成して保存します。

　第1章で最初に実行するプログラムを、以下のようにテキスト エディターで打ち込んで`C:¥Perl¥perl¥printHello.pl`として保存します。

```perl
#! /usr/bin/perl
#
# printHello.pl -- こんにちはとあいさつする

print "こんにちは。Perlともうします！¥n";
```

> **MEMO**
>
> 　本書で作成するプログラム ファイルは、すべてサポート サイトからダウンロードできます。Windows用とMac/UNIX用があるので、Windows用を選んでください。
>
> サポートサイト
> *http://gihyo.jp/book/2016/978-4-7741-7791-5/support/*

　テキスト エディターはWindows付属のメモ帳でもやればできますが、ある程度高機能なものを使った方がいいと思います。とりあえず「Shift_JIS」と「UTF-8」

577

付録

の両方で保存できること、どちらで保存しているか画面で確認できることの2点を押さえたものを使ってください。ぼくはふだんは「サクラエディタ」や「xyzzy」などを使っています。

現時点でファイルはShift_JIS、改行コードはCR+LFで保存します。

図A-14：プログラム完成

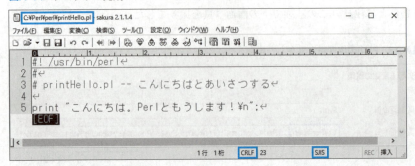

上図は最初のプログラムをサクラエディタで作成して、保存したところです。

ファイルが「C:\Perl\perl\printHello.pl」として保存されていること、文字コード表示が「SJIS」に、改行コードが「CRLF」になっていることを確認してください。

プログラムを実行

エクスプローラーでC:\Perl\perlフォルダーを開いて、[ファイル]タブの[コマンド プロンプトを開く]を実行します。

図A-15：C:\Perl\perlフォルダーでコマンド プロンプトを開く

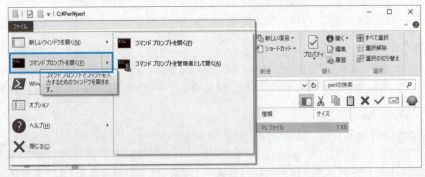

さっき環境変数を設定したからどこでも実行できると書いたところではあるの

ですが、やはりC:¥Perl¥perlをカレント ディレクトリーにした方がちょっぴりラクチンです。

図A-16：`C:¥Perl¥perl`フォルダーで開いたコマンド プロンプトで、`p`と入力

上では開いたコマンド プロンプトで、「p」とだけ入力しました。

ここで Tab キーを押すと、`printHello.pl`が一気に入力されます。これを補完（completion、コンプリーション）と言います。

現在C:¥Perl¥perlフォルダーには、pで始まる名前のファイルが`printHello.pl`ただ1つしかないので、正しく名前が補完されました。この補完機能が使えることが、C:¥Perl¥perlをカレント ディレクトリーにするとラクチンな理由です。

> **MEMO**
>
> Mac/UNIXのbashはこの点ちょっと進んでいて、プログラムがPATH環境変数のフォルダーにさえ入っていればどこをカレント ディレクトリーにしようが補完が行われます。この機能はぜひWindowsも取り入れて欲しいです。

話が長くなりましたが、名前を打ち込んだところで、 Enter キーを押して実行します。

> **MEMO**
>
> Windows 10の場合は［このファイルを開く方法を選んでください。］と表示されるので、［Perl Command Line Interpreter］を選択し、［OK］をクリックします。再度名前を打ち込んで、 Enter キーを押します。

こんにちは。`Perl`ともうします！

という文字列が表示されたら、完了です。おめでとうございます！ 第1章に進んでください。

付録

図A-17：やったー

　表示されない場合、エラーが出た場合は、何かが間違っています。以下の手順をいろいろ試してください。

「'printHello.pl' は、内部コマンドまたは外部コマンド、操作可能なプログラムまたはバッチ ファイルとして認識されていません。」
というエラーが出た場合は、

- `C:¥Perl¥perl¥printhello.pl`という名前でちゃんとファイルを作ったかどうか
- Perlが正しくインストールされているか(`perl -v`でちゃんとバージョンが出るか)
- 拡張子`.pl`が正しくPerlと関連付けられているか(`printHello.pl`のアイコンがちゃんと変わっているか。5.16.3の場合は青い透明な球の中に黒いヤモリが丸まっているアイコンになっています)
- `C:¥Perl¥perl`にちゃんと`Path`が通っているか(コマンド プロンプトで「`set path`」と打ち込むと`Path`環境変数の中身が表示されるので確認することができます。)

を確認してください。

　英語でエラーが出た場合はPerlのスクリプトの間違いです。

　たとえば`print`を`prin`と打った場合は

```
C:¥Perl¥perl>printHello.pl
String found where operator expected at C:¥Perl¥perl¥printHello.pl line 5, near "prin "こんにちは。Perlともうします！¥n""
        (Do you need to predeclare prin?)
syntax error at C:¥Perl¥perl¥printHello.pl line 5, near "prin "こんにちは。Perlともうします！¥n""
Execution of C:¥Perl¥perl¥printHello.pl aborted due to compilation errors.
```

などと表示されます。

　なんとか`printHello.pl`の実行結果が正しく実行できるようになったら、第1章に進んでください。

付録-B　Mac/UNIXによる最初のプログラム

本章では、第1章で紹介する最初のプログラム、

```
#! /usr/bin/perl
#
# printHello.pl -- こんにちはとあいさつする

print "こんにちは。Perlともうします！\n";
```

がMac (OS X) で動かせるところまでを紹介します。

MEMO
> LinuxやBSDや、商用UNIXの方も本章を参考にしてください。

本章では、OS Xを対象とします。
　画面左上のアップルメニューをクリックして、[このMacについて]を確認してください。「OS X バージョン 10.x.x」(xはバージョン番号) などと書かれていればOKです。
　「Mac OS バージョン J1-9.0」などの古いOSでも、Perlの使用は可能ですが、本書では説明を割愛します。ご容赦ください。
　なお、本書では「Mac OS X バージョン 10.9.4」の「MacBook Pro Retina, 13-inch, Late 2013」で動作確認を行いました。

■ OS XではPerlはもともとインストールされている (はず)

さてインストールですが、必要ないと思います。OS XではPerlはもともとインストールされているからです。ではそれを確認してみましょう。

■ ターミナルを開く

まずMacのコマンドライン環境を開きます。これはアプリケーション／ユーティリティ／ターミナルというプログラムを使います。
　この先良く使うことになるので、Dockに起動アイコンを作っておけばいいと思います。Finderでユーティリティを表示させ、Dockにドラッグ＆ドロップすると、ターミナルのアイコンができます。
　これをクリックすると、ターミナルが起動します。起動したら、「perl -v」と入力します。これで、Perlが正しくインストールされている場合は、バージョン番号が表示されます。

付録

図B-1：Perlのバージョンを調べてみた

```
[~]$ perl -v

This is perl 5, version 12, subversion 3 (v5.12.3) built for darwin-thread-multi
-2level
(with 2 registered patches, see perl -V for more detail)

Copyright 1987-2010, Larry Wall

Perl may be copied only under the terms of either the Artistic License or the
GNU General Public License, which may be found in the Perl 5 source kit.

Complete documentation for Perl, including FAQ lists, should be found on
this system using "man perl" or "perldoc perl".  If you have access to the
Internet, point your browser at http://www.perl.org/, the Perl Home Page.

[~]$
```

5.12.3とまずまず新しいですね。本書のプログラムは5.10以降であれば確実に動作するので、これでいいとします。

> **MEMO**
> 古い場合は、MacPortsやHomebrewなどを使って新しいPerlをインストールするか、OS X自体をアップグレードする方法が考えられると思います。

では、この`perl`というプログラムがどこにインストールされているかを調べてみます。「which perl」と入力します。

```
/usr/bin/perl
```

と言う風に表示されたでしょうか。

このディレクトリーは、お使いのOSおよびPerlのインストール状況によって変化することがありますので、これ以外の場合はメモして置いてください。

本書およびサポートサイトのプログラムは、すべて「/usr/bin/perl」にPerlがあると仮定しています。

文字コードの環境確認

さてターミナルを選択した状態で、[ターミナル]-[環境設定]メニューを選択します。

図B-2：ここから環境設定を選択

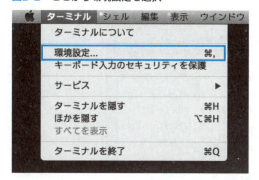

設定ダイアログが表示されたら、[設定]タブの[詳細]の一番下、[言語環境の文字エンコーディング]を「Unicode（UTF-8）」に、[起動時にロケール環境変数を設定]をオンにします。

図B-3：UTF-8になっていればOK

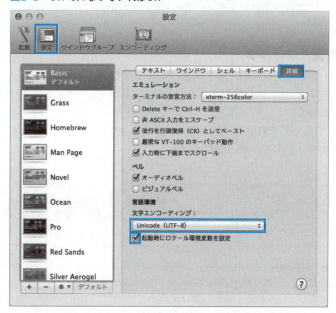

さらに、[エンコーディング]タブで「Unicode（UTF-8）」を有効にします。

付録

図B-4：UTF-8が使えればOK

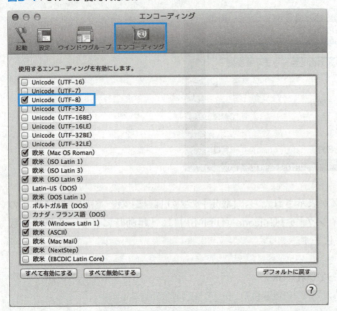

■ プログラムを置くフォルダー

それではここで、プログラムを置くフォルダーを作ります。

特に好みがなければ、~/perl（自分のホームの下にperlというサブフォルダーを作る）にしてください。

「cd」と引数なしで入力して自分のホームの下に移動し、「mkdir perl」と入力してそこにフォルダーを作るのが一番簡単です。

> **MEMO**
>
> なお、本書ではMac購入時のデフォルトの、シェルはbashで、文字コード設定はUTF-8、改行コードはLF（0x0A）である、という前提に立っています。また、Mac/UNIXの細かい使い方については説明を割愛しますのでご容赦ください。

> **MEMO**
>
> ぼくはマシン名がプロンプトに表示されないように.bashrcを直しましたので、みなさんがごらんになっている画面と違うと思います。

図B-5：ホームディレクトリーに移動し、サブディレクトリーperlを作り、これからnanoを起動して.bashrcを編集するところ

```
Last login: Fri Jul 19 13:08:52 on ttys000
[~]$ perl -v

This is perl 5, version 12, subversion 3 (v5.12.3) built for darwin-thread-multi
-2level
(with 2 registered patches, see perl -V for more detail)

Copyright 1987-2010, Larry Wall

Perl may be copied only under the terms of either the Artistic License or the
GNU General Public License, which may be found in the Perl 5 source kit.

Complete documentation for Perl, including FAQ lists, should be found on
this system using "man perl" or "perldoc perl".  If you have access to the
Internet, point your browser at http://www.perl.org/, the Perl Home Page.

[~]$ cd
[~]$ mkdir perl
[~]$ nano .bashrc
```

PATHを通す

Mac/UNIXには（Windowsにもですが）**環境変数**（environment variable）というものがあって、これを使ってシステムの動作を変えます。

PATHという環境変数にディレクトリーを追加すると、その中に入っているプログラムはシステムのどこをカレント ディレクトリーにしても実行できます。ですから、PATH環境変数にさっき作った~/perlというディレクトリーを追加します。

まず、.bashrc（ドット バッシュ アールシー。ピリオドで始まることに注意）というファイルを編集します。（存在しない場合は作成します。）

これは、ユーザー各自のホーム ディレクトリーに置くテキストファイルで、シェル（ユーザー入力を解釈して他のプログラムを実行するプログラムのこと。ここで説明するのはbash）の動作を決定します。

.bashrcをいじるにはテキスト エディターを使います。vimやEmacsが使えるならそれを使ってください。ターミナルでエディターを使うのが初めてなら、比較的簡単なnanoを使えばいいと思います。以下はこれを使います。

付録

> **MEMO**
>
> やはり改行をUnix（LF）にするように注意してください。従来動いていた.bashrcがある場合はすでに改行がLFになっているし（なっていないとエラーになるので）、nanoで新規ファイルを作成した場合はデフォルトがLFになるので問題ないと思います。他のエディターで改行をLFにするにはやり方を調べてください。一般にMac/UNIXのエディターはデフォルトがLFになっていると思います。

さきほど図示した画面のように、「nano .bashrc」と打ち込んでください。（存在しない場合は作成されます。）

で、以下のような行を追加してください。

```
PATH=~/perl:"$PATH"
```

これは、$PATH（従来の環境変数PATH、Macのシステムによっていろいろ設定されていた）の先頭に、~/perl、つまりホームディレクトリーの下にさっき作ったフォルダーを追加するということです。

図B-6：.bashrcをnanoで編集（2行目に注目してください）

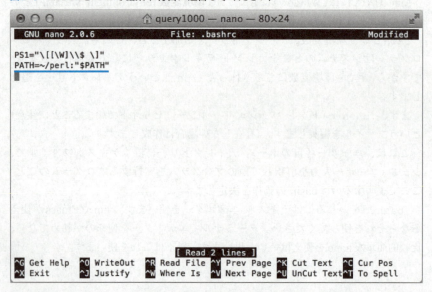

Ctrlキーを押しながらXキーを押すと、ファイルを保存しますかと聞かれるので、Y（はい）と答え、もう一度ファイル名を確認されるので、returnキーを押すとnanoから脱出します。

次に、.bash_profile(ドット バッシュ プロファイル。ピリオドで始まる。バッシュとプロファイルの間はアンダースコア)を同じように作成/編集します。

> **MEMO**
> このファイルも改行をUnix改行(LF)になるように注意してください。

「nano .bash_profile」と起動し、以下のように入力します。

```
if [ -f ~/.bashrc ]; then
. ~/.bashrc
fi
```

図B-7：.bash_profileをnanoで編集

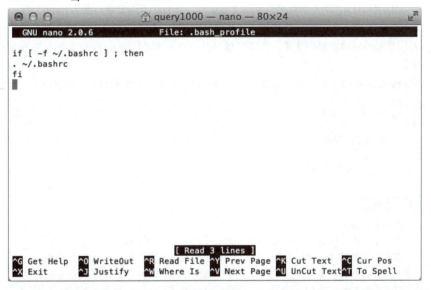

ここまで入力したら、Ctrlキーを押しながらXキーを押してnanoを終了します。変更中のファイルを保存するか聞かれますので、Yキーを押し、returnキーを押します。ここでいったんウィンドウ左上の赤いクローズ ボタンを押して一度ターミナルを終了してから再起動し、「set | grep PATH」と入力してみてください。

付録

図B-8：PATHの設定成功！

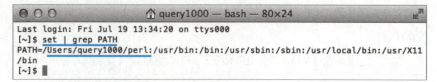

　PATH環境変数の値を表示していますが、「PATH=」の直後に、「/Users/あなたのログインID/perl:」と表示されているでしょうか。であれば、これでPATHの設定に成功です。お疲れ様でした。

プログラムを作成する

　さて、ついにプログラムを作成しましょう。プログラムをさっきのnanoで作ってもいいんですが、やっぱりちょっとツラいので、何か高機能なエディターを導入した方がいいと思います。ここではフリーウェアの「CotEditor」を使ってみます。

　お気に入りのエディターを使って、以下のファイルを作成してください。

```perl
#! /usr/bin/perl
#
# printHello.pl -- こんにちはとあいさつする

print "こんにちは。Perlともうします！\n";
```

> **MEMO**
>
> 　本書で作成するプログラム ファイルは、すべてサポート サイトからダウンロードできます。Windows用とMac/UNIX用があるので、Mac/UNIX用を選んでください。
>
> 　なお、日本語キーボードの付いたMacで ¥ キーを押すと、\ではなくて¥が入力されることがあります。この¥と\とは（本書でMac/UNIXで使うUTF-8では）違う字です。もし¥が入力される場合は、option キーを押しながら ¥ キーを押してみてください。\が入力されると思います。
>
> 　常に ¥ キーを押すと\が入力されるようにしたい場合は、以下の手順に従ってください。
>
> （1）メニューバーに A が表示される状態にする（英数字入力状態にする）
> （2） A アイコンをクリックし「"日本語"環境設定を開く」を選択する
> （3）「JISキーボードの¥キーで入力する文字」が「￥」になっているので「\」に変更する
>
> 　ただしこうすると、 ¥ キーを押しただけでは¥が入力できなくなります。¥を入力するには、option を押しながら ¥ を押します。

図B-9：プログラムを作りUTF-8で保存

上の図のように、自分のホーム（図ではquery1000）の下のperlというフォルダーにprintHello.plが作成されていることを確認してください。

また、プログラムは#!という記号に続いて、/usr/bin/perlと書かれています。これをシュバング行と言って、このシステムにおけるperlコマンドのフルパス名が書かれています。さっきお使いのperlの位置をwhichで調べたら違うパスが書かれていた方は、ここを直してください。

> **MEMO**
>
> Mac/UNIXではシュバング行でperlの位置を指定すれば、このスクリプトがPerlのスクリプトであることをシステムが認識します。よって、スクリプトの拡張子を.plにする必要はないのですが、Windowsと同じスクリプトを使う関係上.plという名前を付けています。

改行コードが「LF」、エンコーディングが「UTF-8」になっていることも確認してください。

付録

■ パーミッションを変更する

　さて、Mac/UNIX特有の作業ですが、このスクリプトの「実行権限」を与えてやる必要があります。

　まずターミナルを開き、「cd perl」と打ち込んで~/perlに移動して、「ls -al」と入力してみてください。

　printHello.plの左横に「-rw-r--r--」などと書かれていると思います。

　これは、このスクリプトが、オーナー（あなた自身）には読み込み（Read）／書き込み（Write）が可能で実行（eXecute）が不可能、その他のユーザーは読み込みだけが可能という権限（パーミッション）になっていることを示します。

　ここでは全員に実行権限を与えるので「chmod a+x printHello.pl」と実行します（AllにeXecute権限を与える）。

　もう1回「ls -al」と入力すると「-rwx-r-xr-x」と表示が変わったと思います。

図B-10：権限を変えてみた

```
[perl]$ ls -al
total 8
drwxr-xr-x   3 query1000   staff   102  7 19 13:52 .
drwxr-xr-x+ 29 query1000   staff   986  7 19 14:08 ..
-rw-r--r--@  1 query1000   staff   130  7 19 13:52 printHello.pl
[perl]$ chmod a+x printHello.pl
ls -al
total 8
drwxr-xr-x   3 query1000   staff   102  7 19 13:52 .
drwxr-xr-x+ 29 query1000   staff   986  7 19 14:08 ..
-rwxr-xr-x@  1 query1000   staff   130  7 19 13:52 printHello.pl
[perl]$
```

MEMO

　今後いちいちこの作業をするのかと思うとユーウツですね。もしサポートサイトから持ってきたプログラムを一気に変更する場合は、すべてのプログラムを~/perlに置いて一気にchmodすればいいと思います。「~/perlに入っている拡張子が.plのファイルは自分用のPerlのスクリプトで信用できる」という前提があるので「chmod a+x *.pl」と入力すれば一発で全ファイルに実行パーミッションが付きます。

MEMO

　逆に、1個1個ちまちまプログラムを自分で打ち込んで行きたいと思っておられる方は、printHello.plの次の作品をprintHello2.plとすると、「cp printHello.pl printHello2.pl」のようにして前のプログラムをコピーして新しいプログラムを作ればいいと思います。これでパーミッションも受け継がれますし、さきほど説明したシュバング行も受け継がれます。新しいプログラムを作るときは、それに似た感じの古いプログラムを別名保存して改造するとラクチンです。

いよいよ実行

ついに実行です。

ターミナルで「`printH`」まで打ち込んで[Tab]キーを押すと「`printHello.pl`」まで補完されると思います。(`print、`などだと他の候補も表示されてそれ以上補完が進まなくなります。)

「`printHello.pl`」まで入力されたら、[return]キーを押して実行してください。

図B-11：やったー

これで1本目のプログラムが実行されました。お疲れ様でした。もっとも、こんなに苦労するのは最初の1本だけです。では第1章に進んでください。

うまくいかない場合は原因を調べてください。以下にありがちなエラーを挙げます。

- `command not found`→ファイル名やPATH指定がうまく行っていない
- `bad interpreter`→スクリプトの改行コードがCR+LFになっていて、シュバング行の`/usr/bin/perl`のうしろに変なゴミが入っている
- `bad interpreter`→シュバング行が正しく指定されていない。「`perl`」を「`pearl`」などと書いている
- `Permission denied`→実行権限の設定ができていない
- `syntax error`→Perlのスクリプトが正しく書かれていない。`print`を`plint`などと書いている

なんとか`printHello.pl`まで実行できるようになったら、第1章に進んでください。

付録

付録-C　オンライン マニュアル perldoc

Perlには、最強のオンライン マニュアルperldocが付いています。これは、単行本10冊分とも言われる内容ですが、ふだんは隠れています。コマンドラインから見る場合は以下のように入力します。

```
$ perldoc perltoc          目次（Table of contents）を見る
$ perldoc perlop           演算子（operator）の使い方を見る
$ perldoc perlfunc         関数（function）の使い方を見る
$ perldoc perlre           正規表現（regular expression）の使い方を見る
$ perldoc perluniprops     Unicodeプロパティの使い方を見る
```

　Mac/UNIXからごらんの場合はlessコマンドで表示されるので、詳しい使い方はお使いの環境のlessコマンドの使い方をごらんください。

　Windowsの場合はコマンドラインによる表示が少し使いにくいです。

　ActivePerlをお使いの場合はActivePerlのドキュメントを見ればいいと思います。これはWebコンテンツをローカルのパソコンに持っています。

　Windows 7以前の場合［スタート］、［すべてのプログラム］、［ActivePerl 5.xx. Build xxxx］（xはバージョン番号）、［Documentation］の順にクリックします。

　Windows 8.1の場合はスタート画面の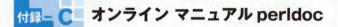をクリックし、［アプリ］画面から［ActivePerl 5.xx.x Build xxxx］というグループを探しだして、その下のDocumentationをクリックします。

　Windows 10の場合は、スタートメニューの［すべてのアプリ］をクリックし、［ActivePerl 5.xx.x Build xxxx］の中の［Documentation］をクリックします。

　上の方はActivePerl独自の情報で埋まっていますが、下の方のPerl Core Documentationに、perldocの内容がそのまま収録されています。「perltoc」というリンクがperldocの目次なので、ここからたどればいいでしょう。

　また、Webからもperldocを参照することができます。

http://perldoc.perl.org/

　ここでショックなお知らせですが、これらの情報は、**英語**です。ただ、書いていることはおなじみの話題ですので、必要な情報を得ることはできると思います。

　特に、perlopとperlfuncは愛用すると思います。使い方を読めるだけでなく、サンプルコードをコピペできるのが便利です。

付録 C オンライン マニュアル perldoc

図C-1：ActivePerlのドキュメントから、perltocを表示した

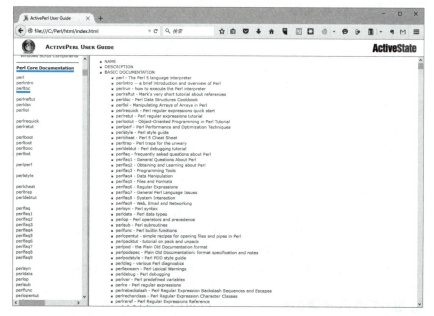

どんな言語を使っていても、コンピューターを突っ込んで学んでいると英語は避けて通れないので、perldocあたりからなじむというのはいいことだと思いますが、無理矢理やる気を出して長編のチュートリアルなどを英語で読破するというのは、英語が特に得意でない場合は辛いものがあるでしょう。

perldocを日本語訳するプロジェクトもあります。

http://perldoc.jp/

最初からここを紹介すればよかったかもしれませんが、かなりの内容が翻訳されています。逆に英語が得意な方は、プロジェクトに参加して翻訳で貢献してはいかがでしょうか。

なお、perldocは内容が参考文献にも挙げた『Programming Perl』（ラクダ本）とかなり重複しています。こちらは近藤嘉雪さんという方の非常にすばらしい翻訳で完全に翻訳されています。

Perlを愛用するなら、ラクダ本を1冊手元に置いて、パラパラ拾い読みした方がいいと思います。

付録

付録-D 参考文献

　本章では、著者が本書を書くために参考にした本、かつ、読者のみなさんが本書のあとに読んで欲しい本について述べます。

■ プログラミング Perl〈VOLUME1〉、〈VOLUME2〉

　Larry Wall（原著）、Jon Orwant（原著）、Tom Christiansen（原著）、近藤 嘉雪（翻訳）
　オライリー・ジャパン刊

　いわゆるラクダ本。
　Perlの父、Larry Wallさんが書いたPerlの原典と言われる本です。
　分厚くて、高いし、内容は難しいと言われることが多いのですが、時間があるときにゆっくり読むとおもしろくてためになります。
　こんなに大喜びでいろんなことを教えてくれる本を他に知りません。

■ 初めてのPerl 第6版

　Randal L. Schwartz（著）、brian d foy（著）、Tom Phoenix（著）、近藤 嘉雪（翻訳）
　オライリー・ジャパン刊

　いわゆるリャマ本。
　ぼくはこの本でPerlを学びましたが、同時に結構難しい本だなーとも思いました。
　本書より数段高度なので、この本を読み終わったら挑戦するといいと思います。

■ Perlクックブック〈VOLUME1〉、〈VOLUME2〉

　Tom Christiansen（原著）、Nathan Torkington（原著）、Shibuya Perl Mongers（翻訳）、ドキュメントシステム（翻訳）
　オライリー・ジャパン刊

　上記の2冊が、ふだんPerlを学ぶ本だとすれば、この本はピンチのときにPerlに救ってもらうための本と言えます。
　「こんなことができたらなー！」と言うとき、ちょうどいいPerlの知識を教えてくれます。

まるごと Perl! vol.1

小飼 弾（著）、宮川 達彦（著）、伊藤 直也（著）、川合 孝典（著）、水野 貴明（著）
インプレスコミュニケーションズ刊

　本というよりムックなのですが、Encodeモジュールによる Unicode の扱いや、Perl 6の仕様について簡潔明瞭に書かれていてお買い得な本です。

すぐわかるオブジェクト指向 Perl

深沢 千尋著
技術評論社刊

　自分の本でスミマセン。
　本書卒業以降の、リファレンス、パッケージ、モジュール、オブジェクト指向についてこってり書いた本です。
　上に紹介した本に比べて明らかにヌルい本ですので、疲れたときにパラパラお読みいただけると思います。

文字コード【超】研究（改訂第2版）

深沢 千尋著
ラトルズ刊

　もう一冊自分の本です。
　Shift_JIS、EUC-JP、Unicodeの文字コードについての理解を、Perlをやたら使って研究する本です。
　文字コードで困っている方のヒントになればいいなーと思います。

エラー メッセージ索引

Argument ～ isn't numeric in exponentiation (**) at ～ ... 90
bad interpreter: No such file or directory ... 407, 591
Can't declare constant item in "my" ... 108
Can't modify constant item in list assignment ... 108
command not found ... 591
～ does not map to shiftjis at ～ ... 404, 422
～ does not map to shiftjis, ～ line ～ ... 413, 442
Execution of ～ aborted due to compilation errors.
 ... 32, 55, 71, 474, 530, 546, 580
Global symbol ～ requires explicit package name at ～ ... 55, 70, 474
Illegal division by zero at ～ ... 547
Malformed UTF-8 character (unexpected continuation byte ～, with
 no preceding start byte) at ～ ... 405
Modification of a read-only value attempted at ～ ... 252, 564
"my" variable ～ masks earlier declaration in same scope at ～ ... 283
Name ～ used only once: possible typo at ～ ... 54
No such file or directory ... 335
Number found where operator expected at ～ ... 132
Permission denied ... 591
Possible unintended interpolation of ～ in string at ～ ... 474
readline() on closed filehandle ～ at ～ ... 334
String found where operator expected at ～ ... 580
syntax error at ～ ... 32, 530, 546, 580, 591
Unrecognized character ～ marked by <-- HERE after ～<-- HERE
 near column ～ at ～ ... 546
Useless use of division (/) in void context ... 62
Use of uninitialized value ～ in ～ at ～
 ... 54, 87, 88, 103, 104, 110, 114, 125, 137, 166, 316
Wide character in say at ～ ... 392, 397, 398

索引

記号

!=演算子	210
!~演算子	468
""	68
$（シジル）	44
$（正規表現）	449
$!特殊変数	335
$&特殊変数	445
$.特殊変数	321
$/特殊変数	506
$0特殊変数	505
$1、$2特殊変数	459
$^O特殊変数	409
$_特殊変数	253, 255, 318
%（シジル）	155
%演算子	41
%=演算子	52
&（シジル）	271
()	59, 457, 458
(?:~)	460
*（正規表現）	444
*演算子	39
**演算子	42
**=演算子	52
*=演算子	52
+演算子	38
++演算子	50
+=演算子	49
,	98
-（正規表現）	451
-演算子	39
--演算子	51
-=演算子	49
-fファイルテスト演算子	342
-vオプション	22, 573
.（正規表現）	439
.演算子	73
..演算子	119, 241
.=演算子	75
.bash_profile	587
.bashrc	585
/演算子	39
//演算子	436
/=演算子	52
/a修飾子	477
/e修飾子	495
/g修飾子	481, 493
/i修飾子	479
/s修飾子	508
/x修飾子	480
:encoding	399, 421
;	31
<演算子	212
<=演算子	212
<=>演算子	217
<>演算子	325
<~>（山型カッコ）演算子	312, 330
<ファイルハンドル>式	330
=演算子	45
==（演算子）	185, 210
=>	157

=~演算子 ... 467, 490, 509
>(リダイレクト) ... 305
>演算子 ... 212
>=演算子 ... 211
?(正規表現) ... 448
@(シジル) ... 100, 473
@ARGV ... 124
@_ 特殊変数 ... 273
[] ... 100
[](正規表現) ... 451
¥ ... 24, 72
\ ... 24, 588
¥b ... 450
¥n ... 27
¥p{Han} ... 457
^(正規表現) ... 449, 452
__DATA__ ... 345
{} ... 71, 159, 186, 281, 443
|(正規表現) ... 460

数字

0x00 ... 316
16進数 ... 302, 359
2>(リダイレクト) ... 310
2進数 ... 360
3値演算子 ... 217
5C問題 ... 376

A

ActivePerl ... 568
and演算子 ... 201

andの短絡 ... 208
ASCII ... 303, 356, 360

B・C

binmode関数 ... 397
catコマンド(Mac/UNIX) ... 307
CGI ... 526
CGI::Carpモジュール ... 529
chmodコマンド(Mac/UNIX) ... 590
chomp関数 ... 333
close関数 ... 331
cmp演算子 ... 220
CotEditor(Mac) ... 363, 588
CPAN ... 518
CRLF ... 359
C言語風のfor ... 257

D

darwin ... 410
DATAファイルハンドル ... 345
decode関数 ... 422
delete関数 ... 165
die関数 ... 167, 199, 310

E

else ... 185
elsif ... 195
encode関数 ... 425
eq演算子 ... 214
eval関数 ... 127

example.com ... 437
exists関数 ... 167

F

File::Copyモジュール ... 522
File::Findモジュール ... 519
fileコマンド(Mac/UNIX) ... 520
for ... 241, 249, 250, 256, 257
foreach ... 239

G・H・I・J・K

gt演算子 ... 215
hexdumpコマンド(Mac/UNIX) ... 307, 365
if ... 181, 184, 198
index関数 ... 84
join関数 ... 145
keys関数 ... 169, 242

L

last ... 249
last文 ... 236
le演算子 ... 215
length関数 ... 79, 394
LF ... 364
local ... 507
localtime関数 ... 146

M

m//演算子 ... 477

Mac/UNIXでのプログラムの作成 ... 581
Mac/UNIX用のスクリプト ... 427
MSWin32 ... 410
my ... 56, 277

N

next ... 233, 249
ne演算子 ... 214
not演算子 ... 200
no utf8 ... 392

O

open関数 ... 329, 334, 335, 342, 420
or演算子 ... 203
orの短絡 ... 208
OSの名前 ... 409

P

PATH環境変数(Mac/UNIX) ... 585
Path環境変数(Windows) ... 575
perl(コマンド) ... 23
perldoc ... 342, 410, 592
pop関数 ... 134
print関数 ... 26, 61, 255, 336
push関数 ... 134

Q・R

qw演算子 ... 130
return関数 ... 275, 288

reverse関数 ... 141

S

s///演算子 ... 484
say関数 ... 78, 255, 306, 336
scalar関数 ... 122
select関数 ... 338
Shift_JIS ... 366, 369
shift関数 ... 134, 274
sort関数 ... 140, 215
sort関数のカスタマイズ ... 217
split関数 ... 142, 413, 465
sprintf関数 ... 284
sqrt関数 ... 58
STDERR ... 309
STDIN ... 312, 318
STDOUT ... 306
strictプラグマ モジュール ... 52
sub ... 273
substr関数 ... 80, 394

T

time関数 ... 146
tr///演算子 ... 508
treeコマンド(Windows) ... 520

U

undef(未定義値) ... 53, 86
undef関数 ... 87, 467
Unicode ... 383

Unicodeの文字プロパティ ... 454
unless ... 198
unshift関数 ... 135
use ... 52, 391
UTF-8 ... 383
UTF-8内部文字列 ... 391, 423
UTF-8フラグ ... 391
utf8プラグマ モジュール ... 391, 396, 441

V・W

values関数 ... 170
warningsプラグマ モジュール ... 52
warn関数 ... 307
whichコマンド(Mac/UNIX) ... 582
while ... 229
while(後置式の) ... 238
Windows版Perl ... 315, 568
Windows用のスクリプト ... 427

X

x(エックス)演算子 ... 74
x=演算子 ... 75
xdump(Windows) ... 301, 359

あ行

値(ハッシュの) ... 156
アペンド(追加書き) ... 342
位置指定の正規表現 ... 449, 486
一気読み ... 501
入れ子 ... 248

インクリメント	50
インデックス	100, 108
インデント	100
宇宙船演算子	217
右辺値	82
閏年	195
エスケープ	72, 472
エスケープ文字列	28
枝分かれ	178
エラー コード	335
エンコード	360
演算子	41, 49
演算子(真偽値の)	199
演算子(配列関連の)	127
演算子(比較)	210
オペランド	41

か行

改行	27, 304, 313, 359, 364
改行の自動変換(Windows版Perl)	315
カタカナ	455
かつ	201
環境変数(Mac/UNIX)	585
環境変数(Windows)	574
漢字	456
関数	27
関数(数値の)	58
関数(配列の)	127
関数(ハッシュの)	165
関数(文字列の)	78
漢数字	555
偽	183

キー(ハッシュの)	156
行番号	321
虚数	549
切り捨て	284
空行	25
区切り文字	476
グループ化	457, 491
グローバル変数	280
警告	54
結合演算子	467, 490, 509
結合の優先順位	41
厳格な	55
権限	590
交換(スカラー変数の値の~)	551
降順	219
構造化プログラミング	266
後置式	51
後置式の`for`	256
後置式の`if`	198
後置式の`unless`	198
後置式の`while`	238, 501
コード	360
コード表	371
コマンド プロンプト	572
コメント	25
コンテキスト	88, 121, 188

さ行

最小公倍数	554
最小マッチ	448
最大マッチ	446
削除(文字列の)	488

サブルーチン	268
サブルーチン(sort関数と〜)	290
左辺値	82
式	31
式の値	45
字下げ	100
四捨五入	285
シジル	44, 175, 271
自動生成	113
自動判定	370
指標	100
修飾子	477
シュバング行	26
順次処理	179
順不同	169
丈	443
条件	183
昇順	219
ショートカット	453
真	183
真偽値	185, 187, 192
真偽値コンテキスト	188
真偽値の演算子	199
シンタックス シュガー	157, 241
真理値表	202
数値	76
数値コンテキスト	88
数値の関数	58
数値リテラル	44
スカラー	44, 185
スカラー コンテキスト	121, 323
スコープ	282
スライス	116
正規表現	436
制御	179, 271
制御構造	178, 266
制御変数	239, 250, 253
ゼロ乗	547
ゼロによる割り算	547
全角スペース	546
選択条件	460
前置式	51
ソート	140
素数	245

た行

ターミナル(Mac)	581
大小文字を区別しない	479
代入	45
ダイアモンド演算子	325
タブ	28
単語境界	450
ダンプ	301, 359
短絡(and、orの)	208
置換演算子	484
テキスト ファイル	300
デクリメント	51
デコード	360

な行

二重引用符の変数展開	69
二重ループ	248
日本語の文字クラス	455
ヌル文字	315

ネスティング	248
ネストしたカッコ	496

は行

パーミッション	590
バイト	360
バイナリー ファイル	300
配列	100
配列の関数	127
パターン	441, 465
バックスラッシュでエスケープする	72
ハッシュ	154, 242
ハッシュ エントリー	156
ハッシュ エントリーの追加	162
ハッシュ スライス	160
ハッシュ定義（おすすめの方法）	157
ハッシュの値の上書き	164
ハッシュの関数	165
反復処理	228
比較（数値の）	210
比較（文字列の）	214
比較演算子	210
引数	27, 59, 124, 272, 422
否定	200
評価する	121
標準エラー出力	307, 310
標準出力	305
標準入力	311, 318
ひらがな	455
ファイル	300
ファイルテスト演算子	342
ファイルハンドル	312, 330, 338, 345
フィルター	320
フォーム	535
複合条件	205
フラグ	193
プラグマ モジュール	52
ブロック	186, 281
文	31
分岐処理	178, 182
文脈	88
べき乗	42
ヘロンの公式	65
変換演算子	508
変数	42, 464
変数展開	69
変数のスコープ	282
捕獲	458, 489

ま行

マジック インクリメント	120
または	203
マッチ演算子	436, 476
マッチ変数	445
未定義値	53
無限ループ	234
メイン プログラム	270
メタ文字	470
文字クラス	451, 473
文字クラスの否定	452
文字コード	302, 356, 360, 582
文字化け	376, 393
モジュール	518
モジュロ演算子（%）	41

文字列 ……………………………………… 76
文字列コンテキスト ……………………… 88
文字列の演算子 …………………………… 73
文字列の関数 ……………………………… 78
文字列の大小比較 ……………………… 215
文字列リテラル …………………………… 68
戻り値 …………………………………… 275

や行

要素 ……………………………………… 98
要素数 …………………………………… 122
よくばり(配列) ………………………… 112
呼び出す(サブルーチンを) …………… 271

ら行

ラベル付きfor ………………………… 247
リスト …………………………………… 98
リスト コンテキスト ………… 121, 323, 327
リストの重複を除去 …………………… 243
リスト要素 ……………………………… 250
リダイレクト ………………… 305, 310, 318
リテラル ………………………………… 68
量指定子 …………………………… 443, 491
ループ置換 ……………………………… 496
ローカル変数 …………………………… 277
論理積 …………………………………… 203

あとがき

　技術評論社の矢野さんから、新しいPerlの入門書を書いてみませんかと言われたのは、2010年のことでした。1999年に出した『すぐわかるPerl』がある程度手ごたえがあったので、二つ返事で引き受けました。しかし、それから大変苦しみました。結局3回ぐらい構成から書き直して、現在の形になりました。気に入っていただけたら幸いです。

　昔の本はUNIX推しで、「手元にUNIX環境がないから動かない」という苦情を多くいただきました。実際、ぼくも当時はPerlといえばUNIXのサーバーで動かすものと言う偏見があったのですが、勉強するとPerlはWindowsでも問題なく作業でき、PerlコミュニティはWindowsにも偏見がなく、Windows使いでPerlの濃い人もたくさんいるということが分かりました。そこで、本書は思いっきりWindows推しにしました。と言っても、Mac/UNIXハッカーの方も本書程度のプログラムであれば動かすのはそれほど大変ではないと思います。また、両者の違いについての説明も、役に立つと思います。

　本書を執筆している長い間に、地震があり、原発事故があり、ぼく個人については父親を亡くし、人が生きているとは奇跡のようなことだなー、自分にも何があるか分からないなーという不安を持ちました。そんな時、Twitterやメールで昔の本を読んだ方から熱い感想をいただいて、月並みですが人とのつながりの中に生きる力をいただきました。いつも感想をいただく読者の方には、本当に感謝しています。これからもよろしくお願いします。

　技術評論社の矢野さんには大変ご迷惑をお掛けしました。こんなあとがきとか書いてる時点ではまだまだ苦労が残っていますがんばりましょう。

　そしてTwitterなどで知己を得たPerl者のみなさんもありがとうございます。本書を2011年7月に亡くなった父・深澤洋一の魂に捧げます。父が小学校のころ「アシモフの科学エッセイ」を読ませてくれなかったら、こんなに狂ったように説明するのが好きな人間は育たなかったと思います。

　現代は日本にも、世界にも、たくさんの問題があります。本書が、微力ながら「単純作業は機械化する」、「物事を論理的に考える」、「自分が解いた問題は人と共有する」、「誰かが困っているときは助け合う」と言ったことによって、さまざまな問題を解決する助けになればいいと思っています。

　疑問、感想があれば、また筆者にお便りください。一緒にがんばりましょう！

2015年12月吉日　深沢千尋

●著者略歴

深沢 千尋（ふかざわ ちひろ）

汎用機の SE、技術翻訳会社でのツール開発および社員教育担当を経て、現在はフリーのテクニカルライター、プログラマー。

著書に『すぐわかる Perl』、『すぐわかるオブジェクト指向 Perl』（ともに技術評論社刊）、『文字コード【超】研究 改訂第 2 版』（ラトルズ刊）など。

また、Amazon から Kindle 電子書籍として『すぐわかる電子出版』、『睡眠時無呼吸症候群とぼく』なども刊行中。

モバイル・ガジェット、音楽関係の雑誌記事も数多い。

E-mail: suguwakaruPerl@gmail.com
Twitter: @query1000
Blog: http://blog.query1000.com/

●著者公式「かんたん Perl」サポートブログ『かんたん Perl 倶楽部』のお知らせ

　読者のみなさんが本書を確実に読了するための手助けをし、さらなる情報発信と交流の場を持つために、特設ブログを始動します。

URL: blog.kanpee.club
（「かんぴークラブ」と覚えてください）

　以下のような内容を予定しています。

・ここでつまづいている！ 質問コーナー（Facebook やメールなどで質問を受け付けます）
・ややマニアック？ 関数、演算子のコーナー
・こうすれば出せる！ エラー メッセージ コレクションのコーナー
・こんな感じで Perl 使ってます。動画コンテンツ（Excel や Web サービスとの連携など、文章では伝えにくい情報を紹介する予定です）
・著者と学ぶ！ セミナーのお知らせ（予定）

　Perl の世界はまだまだ奥深いものがありますので、読者のみなさんとともに成長する場となればいいなあと思っています。
　どうぞ奮ってアクセスしてください。

◆ご質問について
●本書に掲載されている内容に関するご質問以外に対しては、一切お答えすることができません。
●頂きましたご質問には迅速にお答えできるよう努めますが、頂いた順に回答をお送りしているため、返答に時間がかかる場合がございます。そのため、回答の期日をご指定になっても、ご希望に添えるとは限りません。
●電話でのご質問は、一切受け付けておりません。FAXか書面にて、下記宛先までお送りください。

宛先：〒162-0846 東京都新宿区市谷左内町21-13
　　　　　株式会社技術評論社　書籍編集部「かんたん　Perl」質問係
FAX番号：03-3513-6167
※該当ページ・お名前・返信先を必ず明記してください。

●弊社の書籍紹介ページでは、質問フォームによる質問の送付も可能です。本書の補足情報が掲載される場合もございますので、逐次ご確認ください。
●なお、ご質問の際に記載いただいた個人情報は、質問の返答以外の目的には使用いたしません。また、質問の返答後は速やかに破棄させていただきます。

URL: http://book.gihyo.co.jp/2016/978-4-7741-7791-5

カバーデザイン……………田邉 恵里香
イラスト……………………唐沢 なをき
本文制作……………………はんぺんデザイン
編集…………………………矢野 俊博

かんたん　Perl（パール）

2016年2月25日　初版　第1刷発行

著者………………………深沢 千尋（ふかざわ ちひろ）
発行者……………………片岡　巌
発行所……………………株式会社技術評論社
　　　　　　　　　　　東京都新宿区市谷左内町21-13
　　　　　　　　　　　電話　03-3513-6150　販売促進部
　　　　　　　　　　　　　　03-3513-6160　書籍編集部
　　　　　　　　　　　URL　http://book.gihyo.jp
印刷／製本………………日経印刷株式会社

●定価はカバーに表示してあります。
●本書の一部または全部を著作権法の定める範囲を超え、無断で複写、複製、転載、テープ化、ファイルに落とすことを禁じます。
●造本には細心の注意を払っておりますが、万一、乱丁（ページの乱れ）や落丁（ページの抜け）がございましたら、小社販売促進部までお送りください。送料小社負担にてお取り替えいたします。

© 2016　Chihiro Fukazawa
ISBN978-4-7741-7791-5 C3055
PRINTED IN JAPAN